# 火力发电厂金属技术监督
## 工作手册

HUOLI FADIANCHANG JINSHU JISHU JIANDU
GONGZUO SHOUCE

米树华　主编

中国电力出版社
CHINA ELECTRIC POWER PRESS

## 内 容 提 要

为进一步提高火力发电厂对金属技术监督工作的重视程度和火电机组全寿命周期的金属技术监督管理水平，中国国电集团公司组织编写了《火力发电厂金属技术监督工作手册》。本书根据国家现行标准，结合电力生产的实际，着重介绍了金属技术监督的基本要求，实际工作中涉及的检验检测方法，金属材料的基本知识，常见的失效形式，常用金属材料，锅炉、汽轮机、发电机及大型铸件的监督要求，检测新技术、新方法及应用案例等实用内容。

本书的出版对提升火力发电厂金属技术监督人员管理水平，提高工作质量，进一步规范日常管理，指导金属技术监督人员科学开展监督工作有很大的帮助。

本书的编写主要以火力发电厂金属技术监督管理为基础，内容涵盖了金属技术监督人员的日常工作，其他发电企业金属技术监督人员和相关管理人员等也可参考使用。

**图书在版编目（CIP）数据**

火力发电厂金属技术监督工作手册 / 米树华主编. —北京：中国电力出版社，2017.9（2017.12重印）
ISBN 978-7-5198-1173-0

Ⅰ. ①火…　Ⅱ. ①米…　Ⅲ. ①火电厂–设备管理–技术监督–手册　Ⅳ. ①TM621-62

中国版本图书馆 CIP 数据核字（2017）第 232737 号

出版发行：中国电力出版社
地　　址：北京市东城区北京站西街 19 号（邮政编码 100005）
网　　址：http://www.cepp.sgcc.com.cn
责任编辑：郑艳蓉（63412379）
责任校对：常燕昆
装帧设计：郝晓燕　赵姗姗
责任印制：蔺义舟

印　　刷：北京瑞禾彩色印刷有限公司
版　　次：2017 年 9 月第一版
印　　次：2017 年 12 月北京第二次印刷
开　　本：787 毫米×1092 毫米　16 开本
印　　张：19.25
字　　数：468 千字
印　　数：5001–7000 册
定　　价：98.00 元

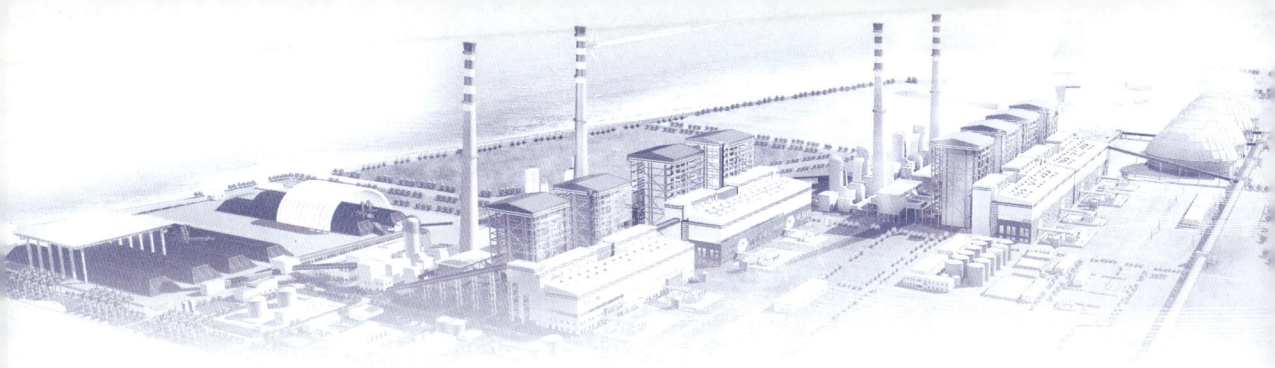

# 本 书 编 委 会

**主　编**　米树华

**副主编**　王忠渠　刘建民　李文学　胡先龙

**编　委**　（按姓氏笔画排序）

马庆忠　王　强　王立波　王志永　王志国　牛晓光

邓　韬　邓黎明　代　真　代小号　毕虎才　朱立平

刘红权　汤淳坡　祁金惠　孙学海　李　宏　李　岩

李　涛　李为民　李永生　李辰飞　李树军　李雪阳

杨希刚　杨新军　肖德铭　吴国忠　张　强　张广兴

张曰涛　张艳森　陈　兵　纳日苏　罗为民　周　江

周智华　郑相锋　赵良举　郝晓军　姚纪伟　秦青献

袁廷壁　徐　贤　高斌斌　唐茂林　陶业成　黄　宣

黄桥生　常　青　常金旺　崔　崇　章亚林　董勇军

蒋海涛　韩宗国　谢航云　蔡　培

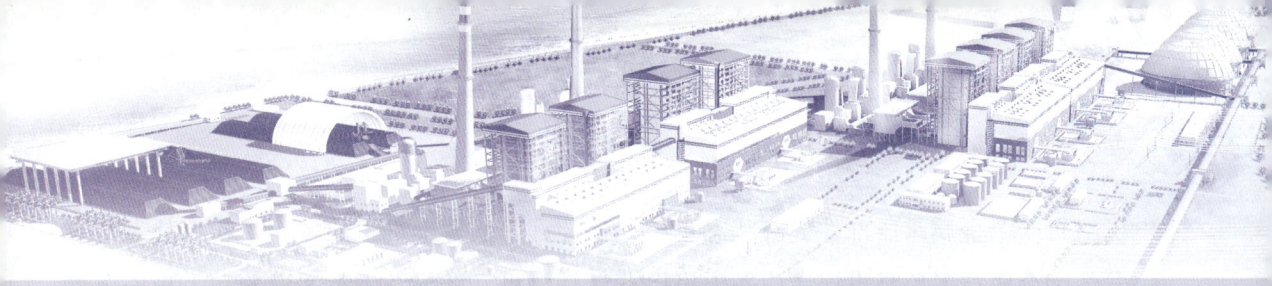

# 前　言

　　近年来，我国电力工业高速发展，大容量、高参数火力发电机组比重不断提升，金属材料也更加复杂。截至 2016 年年底，全国火电装机容量达到 10.5 亿 kW，较 2010 年增长了 48%。随着机组蒸汽温度和压力的提高，火力发电厂发电机组金属重要承压部件如主蒸汽管道、再热蒸汽管道、压力容器、重要转动部件、紧固件、锅炉受热管件等大量采用新型耐热钢，如 T92/P92、E911、T23、T24 等铁素体耐热钢及 TP347HFG、Super304H、HR3C 等奥氏体耐热钢，钢种日益增多，材质日趋复杂。许多新钢种在我国火力发电机组应用运行时间较短，机组运行经验积累不够，高温金属运行后材质劣化机理以及金属技术监督措施尚在逐步探索完善中，迫切需要精准掌握机组承压部件的健康状况及劣化规律。不仅如此，火力发电厂技术监督管理体系当前正处于由省网电科院向各发电集团自有电科院的过渡时期，有的企业金属技术监督的管理体制机制还不顺畅，管理工作还有盲点和漏洞，这些都导致金属部件失效风险上升，严重威胁电厂的安全经济运行。近年来，一些新投运的超超临界机组受热面管出现大面积氧化皮脱落、集箱大三通焊口开裂、高合金钢管道硬度偏低、受热面异种钢焊口开裂、支吊架失效等危害机组安全运行的事故;一些运行时间较长的机组，材质逐渐老化，高温持久性能逐渐下降，机组承压部件的健康状况逐渐恶化，构成重大安全隐患，难以做到安全风险可控在控，金属技术监督工作亟待强化。

　　火力发电厂金属监督工作涉及锅炉、汽轮机、化学、热控等多个专业，要做到责任明确、目标清晰、程序规范、过程可控、持续推进，明确各级金属技术监督责任，并将每一项责任精准落实到金属技术监督网的每一位成员，将每一个受监金属承压部件的监督内容和监督措施精细化;要将金属监督标准化管理和日常管理紧密结合起来，建立制度体系，形成长效机制，从组织管理与机制入手，强化刚性管理，确保做到金属监督部件检验合规率 100%、金属监督部件缺陷处理率 100%、检验计划完成率 100%;要推广利用超声相控阵检测技术、TOFD 超声检测技术等先进技术开展金属技术监督工作，适应金属新材料检测工作需求，满足复杂工件现场检测需要，提高检测效率和精度，确保发电机组每一个金属承压部件健康状态可控、在控，降低发电机组的障碍率和事故率，避免发生因金属技术监督失误造成发电机组非计划停机，杜绝发生重大设备和人身安全事故，建设安全、健康、环保的现代化发电企业。

为深入落实集团公司安全生产标准化指导意见，加强集团各级金属技术监督管理，国电集团组织编写了这本《火力发电厂金属技术监督工作手册》（以下简称"手册"），突出规范，理顺管理体制机制，促进金属技术监督工作标准化、系统化、规范化、精细化，切实做到每个过程的监督有章可循、内容清晰明了、手段安全可靠、记录准确规范。《手册》在引用国家规程、国电集团有关文件要求的前提下，按机组部件进行了分类编写，便于金属技术监督人员针对日常工作和近期暴露的问题进行查阅和标准化处理，更好地学习、查阅金属技术监督相关规程、标准、检验、检测方法，了解每一种承压部件常见的失效形式，指导金属监督人员在火电机组基建、在役运行、大修技改工程中的设计、制造、安装（包括工厂化配管）、工程监理、调试、试运行、运行、停用、检修、技术改造各个环节金属技术监督工作。同时，《手册》也兼顾了金属材料、焊接、无损检测、理化分析等专业知识，便于生产技术管理人员简要了解金属专业知识和技术。

本书是我们第一次就火力发电厂金属技术监督编制的工作手册，其中错漏之处难免，如有任何意见和问题，欢迎读者与中国电力出版社联系，便于在以后的版本修订中加以完善。

最后，希望本书成为广大金属技术监督人员的工具书，对火力发电厂金属技术监督工作有所助益，为提高火电机组全寿命周期的金属技术监督水平发挥积极作用，为更安全、更高效、更清洁、更灵活的火力发电，打造更坚强的钢铁基础。

2017 年 9 月 15 日

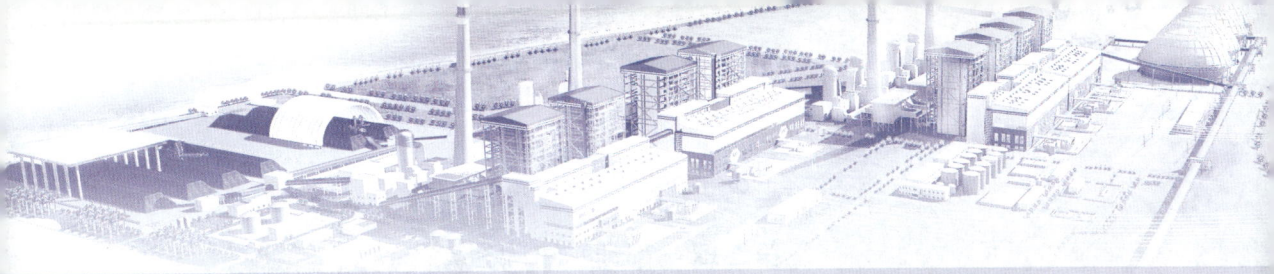

# 目 录

前言

## 第一篇 基 础 知 识 篇

第一章 金属材料基础知识 …………………………………………………………… 1

第二章 常用钢号表示方法 ………………………………………………………… 10

    第一节 电厂常用中国钢号表示方法 ……………………………………… 10

    第二节 电厂常用美国钢号表示方法 ……………………………………… 11

    第三节 电厂常用欧洲（德国）钢号表示方法 …………………………… 12

第三章 焊接知识 …………………………………………………………………… 15

    第一节 焊接基础知识 ……………………………………………………… 15

    第二节 超（超）临界机组锅炉焊接技术 ……………………………… 26

第四章 涂层防护 …………………………………………………………………… 34

    第一节 涂层技术与分类 …………………………………………………… 34

    第二节 发电厂常用涂层技术 ……………………………………………… 34

    第三节 涂层防护项目的质量控制 ………………………………………… 40

第五章 金属监督部件常用检验方法 …………………………………………… 44

    第一节 金相检验 …………………………………………………………… 44

    第二节 力学检验 …………………………………………………………… 48

    第三节 光谱检验 …………………………………………………………… 55

    第四节 超声波检测 ………………………………………………………… 59

    第五节 射线检测 …………………………………………………………… 61

    第六节 磁粉检测 …………………………………………………………… 62

    第七节 渗透检测 …………………………………………………………… 64

    第八节 涡流检测 …………………………………………………………… 67

    第九节 磁记忆检测 ………………………………………………………… 70

第六章 常用金属材料及失效形式 ……………………………………………… 73

    第一节 火力发电厂常用金属材料 ………………………………………… 73

    第二节 监督部件常见失效形式 ………………………………………… 103

# 第二篇 管 理 知 识 篇

**第七章 金属技术监督管理要求** ······ 131

　　第一节　总体要求 ······ 131

　　第二节　组织机构及职责 ······ 131

　　第三节　金属技术监督任务、实施范围及目标 ······ 135

　　第四节　金属材料管理 ······ 137

　　第五节　焊接管理 ······ 138

　　第六节　基建管理 ······ 139

　　第七节　运行管理 ······ 144

　　第八节　检修管理 ······ 146

　　第九节　金属试验管理 ······ 147

　　第十节　缺陷及事故管理 ······ 147

　　第十一节　告警管理 ······ 148

　　第十二节　档案管理 ······ 149

　　第十三节　信息管理 ······ 150

　　第十四节　会议、培训、计划和总结 ······ 150

　　第十五节　检查与考核 ······ 151

# 第三篇 专 业 知 识 篇

**第八章 锅炉相关部件金属监督** ······ 154

　　第一节　钢结构的金属监督 ······ 155

　　第二节　主蒸汽管道和再热蒸汽管道及导汽管的金属监督 ······ 156

　　第三节　高温集箱的金属监督 ······ 170

　　第四节　给水管道和低温集箱的金属监督 ······ 174

　　第五节　受热面管的金属监督 ······ 175

　　第六节　锅筒、汽水分离器的检验监督 ······ 183

　　第七节　大直径三通及其焊接接头监督 ······ 185

**第九章 汽轮机相关部件的金属监督** ······ 186

　　第一节　汽轮机部件的金属监督 ······ 186

　　第二节　紧固件的金属监督 ······ 189

**第十章 发电机部件的金属监督** ······ 191

**第十一章 大型铸件和安全阀的金属监督** ······ 194

**第十二章 无损检测新技术** ······ 196

　　第一节　新技术简介 ······ 196

第二节　新技术应用案例 ················································· 209

附录 A　中华人民共和国特种设备安全法 ················· 233
附录 B　火力发电厂金属技术监督规程（DL/T 438—2016） ·············· 246
参考文献 ······························································· 297

# 第一篇 基础知识篇

# 第一章 金属材料基础知识

## 一、金属

金属是指具有良好的导电性和导热性、有一定的强度和韧性，并具有特殊光泽的物质。分为黑色金属和有色金属。

（1）黑色金属。包括铁、铬、锰三种。

（2）有色金属。除黑色金属以外的其他金属称为有色金属，如铜、铝和镁等。

## 二、金属材料

金属材料是指金属元素或以金属元素为主要成分，并具有金属特性的工程材料，包括纯金属和合金。

（1）纯金属是指不含其他杂质或其他金属成分的金属。

（2）合金是指由两种或两种以上的金属与金属或非金属经一定方法合成的具有金属特性的物质。一般通过熔合成均匀液体和凝固而得。根据组成元素的数目，可分为二元合金、三元合金和多元合金。

实际使用的金属材料绝大部分是合金，如碳钢是铁碳合金，12Cr1MoV 是 Fe、C、Cr、Mo、V 合金，黄铜是铜锌合金等。

## 三、铁、钢与生铁

（1）铁是一种金属元素，原子序数为 26，单质化学式为 Fe。

纯铁是白色或者银白色的，有金属光泽，熔点为 1538℃。

纯铁也叫熟铁，含碳量小于 0.021 8%（质量分数），其余为铁，硬度低、塑形好，实际应用不多。

（2）钢是指含碳量在 0.021 8%～2.11%之间的铁合金，应用比较广泛。

（3）铸铁也叫生铁，是指含碳量大于 2.11%的铁合金，硬度高，脆性大，几乎没有塑性。

## 四、金属的结构与结晶

### （一）晶体与非晶体

在物质内部，凡是原子作有序、有规则排列的称为晶体。绝大多数金属和合金都属于金属晶体。在物质内部，凡是原子呈无序堆积状况的，称为非晶体，如普通玻璃、松香和树脂等。

**（二）晶格和晶胞**

（1）表示原子在晶体中排列规格的空间格架称为晶格。

（2）能够完整反映晶格特征的最小几何单元称为晶胞。

## 五、金属的晶体结构

（1）将金属原子视为小球，小球的堆积方式有三种。金属的三种晶体结构如图1-1所示。

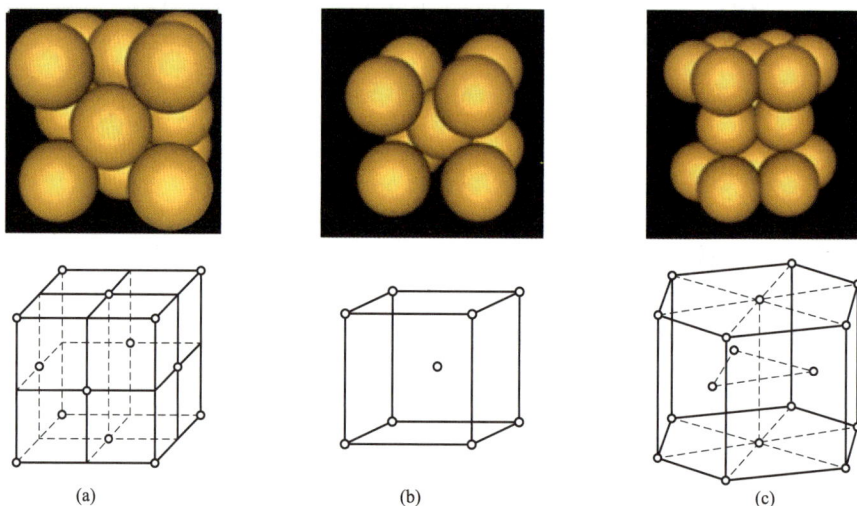

图1-1　金属的三种晶体结构

（a）面心立方；（b）体心立方；（c）密排六方

（2）铁有两种方式的晶体结构：面心立方和体心立方。

## 六、纯铁的晶体结构

（1）纯铁在1394℃以上体心立方结构（δ–Fe）稳定存在。

（2）纯铁在1394～912℃范围面心立方结构（γ–Fe）稳定存在。

（3）纯铁在912℃以下又重新回复到体心立方结构（α–Fe）。

体心立方结构（δ–Fe）如图1-2所示，面心立方结构（γ–Fe）如图1-3所示。

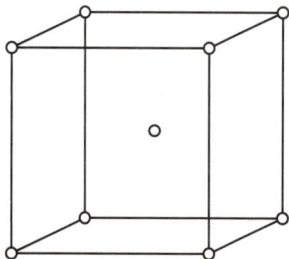

图1-2　体心立方结构（δ–Fe）

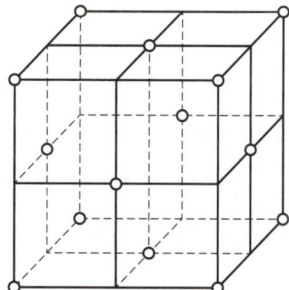

图1-3　面心立方结构（γ–Fe）

### 七、炼铁及炼钢

（1）炼铁。是用碳还原铁矿石的过程。在高温下还原的铁会溶入大量的碳，因此得到的产物是铸造生铁和炼钢生铁。

（2）炼钢。以生铁为主要原料，把生铁熔化成液态，利用氧化作用降低含碳量，同时将其他元素的含量调整到规定的范围之内，就得到了钢。

### 八、铁合金——碳钢与合金钢

碳钢与合金钢都是铁的合金，所不同的是合金元素。

#### 1. 碳钢

主要合金元素为碳的钢是碳钢。在炼铁炼钢中不可避免地会将碳溶入到铁中，也很难将碳百分之百完全除去，而且一定的含碳量对钢的性能也有提升。

#### 2. 合金钢

合金钢是在普通碳素钢基础上添加适量的一种或多种合金元素而构成的铁碳合金。根据添加元素的不同，并采取适当的加工工艺，可获得高强度、高韧性、耐磨、耐腐蚀、耐低温、耐高温、无磁性等特殊性能。

### 九、合金的相与组织

（1）相。是指材料中结构相同、化学成分及性能均一的组成部分，相与相之间由界面分开。从结构上讲，相是合金中具有同一原子的聚集状态。

（2）组织。一般是指用肉眼或在显微镜下所观察到的材料内部所具有的某种形态特征或形貌图像，实质上它是一种或多种相按一定方式相互结合所构成的整体的总称。

单相或者多个相构成了组织，而不同的组织直接影响合金的性能，这也是研究合金中相与组织变化的原因。

### 十、铁碳合金相图

（1）相图。用来描述合金的组成与一些参数（如温度、压力）之间关系的一种图。

（2）铁碳合金相图。铁碳合金相图是研究铁碳合金的工具，是研究碳钢和铸铁成分、温度、组织和性能之间关系的理论基础，铁碳合金相图实际上是 $Fe-Fe_3C$ 相图，铁碳合金的基本组元也应该是纯铁（Fe）和渗碳体（$Fe_3C$）。

（3）铁素体（F）。是指碳溶解于α-Fe 中形成的间隙固溶体，用符号 F 来表示。室温时，铁素体中的碳含量只有 0.000 8%，在 727℃溶解度最大时也仅为 0.021 8%。所以其性能与纯铁相似，具有良好的塑性和韧性，而强度和硬度却较低。

（4）奥氏体（A）。碳溶解于γ-Fe 中形成的间隙固溶体，用符号 A 来表示。奥氏体的强度和硬度不高，但具有良好的塑性。

（5）渗碳体（$Fe_3C$）。铁与碳的金属化合物，其分子式为 $Fe_3C$。渗碳体中碳的质量分数为 6.69%，熔点为 1227℃。渗碳体的硬度很高，塑性很差，是一种硬而脆的组织。

铁碳合金相图如图 1-4 所示，铁碳合金相图各点含义见表 1-1，铁碳合金相图特性线含义见图 1-2。

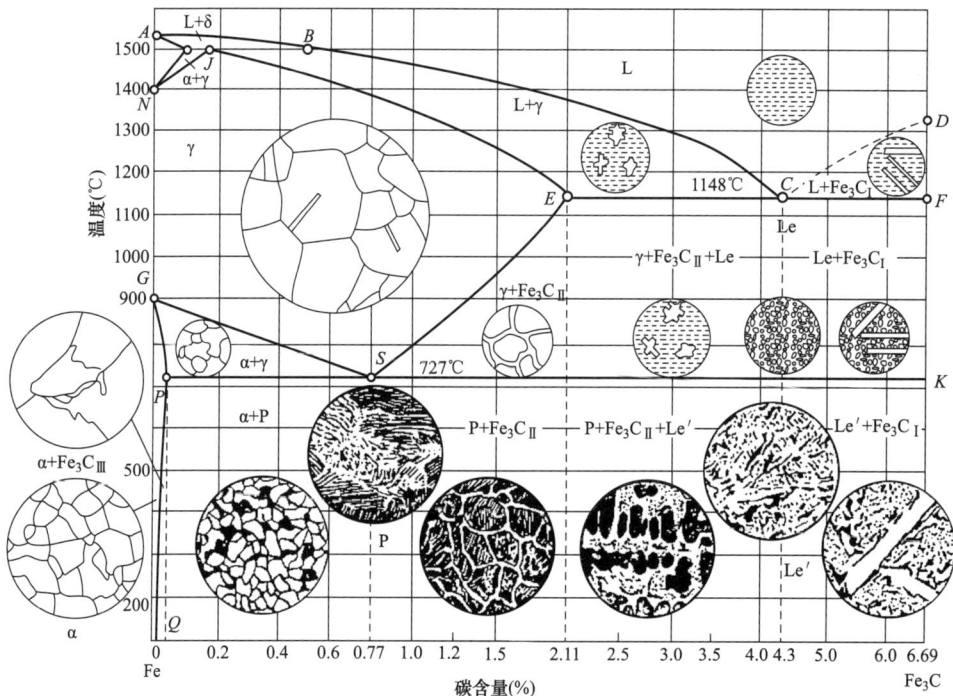

图 1-4 铁碳合金相图

表 1-1 　　　　　　　　　　　　Fe-Fe₃C 合金相图各点含义

| 特性点符号 | 温度（℃） | 含碳量（%） | 说　　明 |
|---|---|---|---|
| A | 1538 | 0 | 纯铁的熔点 |
| B | 1495 | 0.51 | 包晶反应时液态合金的浓度 |
| C | 1148 | 4.3 | 共晶点 |
| D | 1227 | 6.69 | 渗碳体熔点 |
| E | 1148 | 2.11 | 碳在 $\gamma$-Fe 中的最大溶解度 |
| F | 1148 | 6.69 | 渗碳体 |
| G | 912 | 0 | $\alpha$-Fe $\rightleftharpoons$ $\gamma$-Fe 同素异构转变点（$A_3$） |
| H | 1495 | 0.09 | 碳在 $\delta$-Fe 中的最大溶解度 |
| J | 1495 | 0.17 | 包晶点 |
| K | 727 | 6.69 | 渗碳体 |
| N | 1394 | 0 | $\gamma$-Fe $\rightleftharpoons$ $\delta$-Fe 同素异构转变点 |
| P | 727 | 0.021 8 | 碳在 $\alpha$-Fe 中的最大溶解度 |
| S | 727 | 0.77 | 共析点 |
| Q | 600 | 0.005 7 | 碳在 $\alpha$-Fe 中的溶解度 |

表 1-2 　　　　　　　　　　　　铁碳合金相图特性线含义

| 特性线 | 含　　义 |
|---|---|
| ABCD | 液相线 |
| AECF | 固相线 |
| GS | 常称 $A_3$ 线。冷却时不同含碳量的奥氏体中结晶出铁素体的开始线 |

续表

| 特性线 | 含 义 |
|---|---|
| ES | 常称 $A_{cm}$ 线。碳在 $\gamma$-Fe 奥氏体中的固溶线 |
| ECF | 共晶线 |
| PSK | 共析线，常称 $A_1$ 线 |

### 十一、铁碳合金相图的用途

#### （一）在钢铁材料选用方面的应用

若需要塑性、韧性好的材料，可以选择低碳钢（碳质量分数为 0.10%～0.25%）；需要强度、塑性及韧性都较好的材料，应该选择中碳钢（碳质量分数为 0.25%～0.60%）；需要硬度高、耐磨性好的材料，要选择高碳钢（碳质量分数为 0.60%～1.3%）。

一般低碳钢和中碳钢主要用来制造建筑结构或制造机器零件；高碳钢用来制造各种工具；白口铸铁具有很高的硬度和脆性，难以切削加工，也不能锻造，因此，白口铸铁的应用受到一定的限制。但是白口铸铁具有很高的抗磨损能力。可以用来制作需要耐磨而不受冲击的零件，如拔丝模、球磨机的铁球等。

#### （二）在热加工工艺方面的应用

1. 在铸造工艺方面的应用

根据铁碳合金相图可以找出不同成分的钢铁的熔点，为制定铸造工艺提出基本数据。

2. 在热锻、热轧工艺方面的应用

由于奥氏体强度低、塑性好，便于零件成型，所以，锻造与轧制通常选择在单相奥氏体区的适当温度进行。

3. 在焊接工艺方面的应用

焊接过程中，高温熔融焊缝与母材各区域的距离不同，导致各区域受到焊缝热影响的程度不同，可以根据铁碳合金相图来分析不同温度的各个区域，在随后的冷却过程中，可能会出现组织和性能变化情况，应采取措施，保证焊接质量。此外，一些焊接缺陷往往采用焊后热处理的方法加以改善。相图为焊接和焊后对应的热处理工艺提供了依据。

#### （三）在热处理方面的应用

热处理是通过对钢铁材料进行加热、保温和冷却过程来改善和提高钢铁材料性能的一种工艺方法，由铁碳合金相图可以看出，何种成分的铁碳合金可以进行何种热处理，以及各种热处理方法的加热温度是多少。因此，铁碳合金相图是制定热处理工艺的重要参考依据。

### 十二、合金元素对相图的影响

实际使用的钢种除了碳钢之外，大量使用了合金钢，在电厂常用的钢中如 12Cr1MoV、15CrMo、T23、T91、0Cr18Ni9 等都是合金钢。加入了合金元素，应该用多元相图，如 Fe-Cr-C 三元相图，但是基于以下两点原因对合金钢还是继续使用铁碳相图。

（1）常用合金钢加入的合金元素较少，对相图影响不大。

（2）三元相图测定比较复杂，使用起来也不方便。

使用铁碳相图来制定合金钢的各种加工工艺的前提是研究各合金元素对铁碳相图的影响，合金元素的存在将使铁碳相图发生变化。

例如，T91 的 $A_1$ 线的温度不是 727℃，而是在 800～830℃ 之间。

因为合金钢影响了 $A_1$、$A_3$ 线的温度，所以合金钢在热处理加热或冷却时，其相变点就不能直接按平衡状态下的铁碳相图来确定。

**（一）使奥氏体相区缩小的合金元素**

铬、钨、钼、钒、钛、铝、硅等元素的加入将使奥氏体区缩小，Cr 对铁碳合金相同 γ 相区的影响如图 1–5 所示。当铬的含量超过 19% 时，奥氏体区消失，此时，钢在室温下的平衡组织是单项的铁素体，这种钢称为铁素体钢。

**（二）使奥氏体相区扩大的合金元素**

镍、锰、氮、钴元素的加入使奥氏体相区扩大，Mn 对铁碳合金相图 γ 相区的影响如图 1–6 所示。随着这类元素在钢中含量的增加，奥氏体区逐渐扩大并一直延展到室温以下。此时，钢在室温下平衡组织就是稳定的单相奥氏体，这种钢称为奥氏体钢。

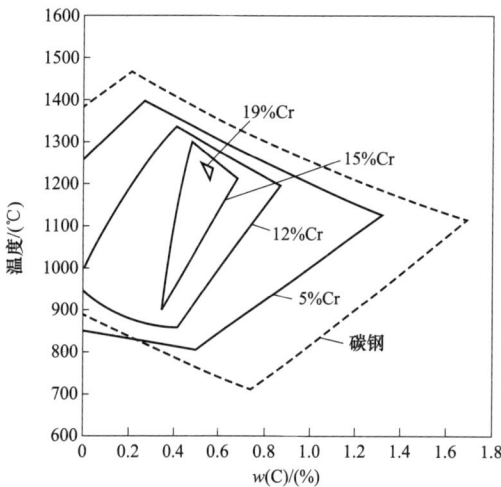

图 1–5　Cr 对铁碳合金相图 γ 相区的影响

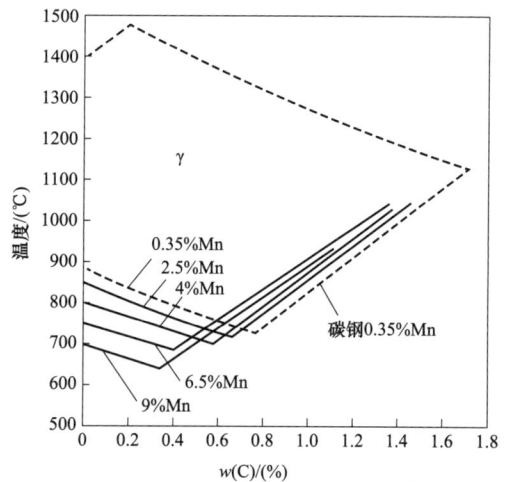

图 1–6　Mn 对铁碳合金相图 γ 相区的影响

## 十三、合金元素对钢的性能的影响

### 1. 碳（C）

碳是对钢的性能影响最大的基本元素。不同的碳含量依据钢中杂质元素含量和轧后冷却条件的不同对于钢的性能影响是不同的。总的来说，随着钢中碳含量的增加，碳钢在热轧状态下的硬度直线上升，塑性和韧性降低。在亚共析范围内，碳对抗拉强度的影响是随着碳含量增加，抗拉强度不断提高，超过共析范围后，抗拉强度随碳含量的增加减缓，最后发展到随碳含量的增加抗拉强度降低。另外，含碳量增加时碳钢的耐蚀性降低，同时，碳也使碳钢的焊接性能和冷加工（冲压、拉拔）性能变差。

### 2. 硅（Si）

硅是作为炼钢时的脱氧剂而加入到钢中的。随着硅含量的提高，钢的抗拉强度提高，屈服点提高，伸长率下降，钢的面缩率和冲击韧性显著降低。

3. 锰（Mn）

锰是作为脱氧除硫的元素加入到钢中的。锰可以提高硅和铝的脱氧效果，可以同硫形成硫化锰，相当程度上降低硫在钢中的危害。锰对碳钢的力学性能有良好的影响，它能提高钢热轧后的硬度和强度，原因是锰溶入铁素体中引起固溶强化。

4. 硫（S）

一般来说硫是有害元素，它来源于炼铁和炼钢时加入的矿石和燃料中的 $SO_2$，炼钢时难以除尽，硫以硫化物夹杂的形式存在于固态钢中。硫的最大危害是产生热脆，即引起钢在热加工时的开裂。硫对钢的焊接性有不良影响，容易导致焊缝热裂。

5. 磷（P）

一般来说磷是有害元素，它来源于炼铁和炼钢时加入的矿石和燃料，炼钢时难以除尽。磷能提高钢的强度、硬度，但是韧性降低，尤其低温时更严重，也就是造成钢的冷脆。

6. 铬（Cr）

铬能增加钢的淬透性并有二次硬化的作用，可提高碳钢的硬度和耐磨性而不使钢变脆。含量超过 12% 时，使钢有良好的高温抗氧化性和耐氧化性腐蚀的作用，还增加钢的热强性。铬为不锈钢耐酸钢及耐热钢的主要合金元素。铬能提高碳素钢轧制状态的强度和硬度，降低伸长率和断面收缩率。

7. 钼（Mo）

钼具有较强的碳化物形成能力，使较低含碳量的合金钢也具有较高的硬度。而且钼能够阻止奥氏体化的晶粒粗大。另外，钼会造成过冷奥氏体等温转变曲线右移，其结果就是减小了过冷度，极大地提高了淬透性，进而提高钢的高温强度。

8. 钒（V）、铌（Nb）、钛（Ti）

钒（V）、铌（Nb）、钛（Ti）是强碳化物形成元素，在钢中能与碳形成碳化物，能细化晶粒，既能提高钢的强度，又能保持钢的良好塑性和韧性。

## 十四、热处理

热处理是将金属材料放在一定的介质内加热、保温、冷却，通过改变材料表面或内部的组织结构，来改变其性能的一种金属热加工工艺。热处理工艺大体分为整体热处理、表面热处理和化学热处理三大类。根据加热介质、加热温度和冷却方法的不同，每一大类又可区分为若干不同的热处理工艺。

整体热处理分为正火、退火、淬火、回火、调质、稳定化处理、固溶处理、水韧处理、时效处理。其中正火、退火、淬火、回火称为热处理中的"四把火"。表面热处理的主要方法有火焰淬火和感应加热热处理。化学热处理主要分为渗碳、渗氮、碳氮共渗等。

### （一）正火

1. 定义

正火又称为常化，是将工件加热至 $A_{c3}$（$A_{c3}$ 是指加热时自由铁素体全部转变为奥氏体的终了温度，一般是为 727～912℃）或 $A_{cm}$（$A_{cm}$ 是实际加热中过共析钢完全奥氏体化的临界温度线）以上 30～50℃，保温一段时间后，从炉中取出在空气中或喷水、喷雾或吹风冷却的金属热处理工艺。

2．目的

（1）去除材料的内应力。

（2）增加材料的硬度。

3．主要应用范围

（1）用于低碳钢。

（2）用于中碳钢。

（3）用于工具钢、轴承钢、渗碳钢等。

（4）用于铸钢件。

（5）用于大型锻件。

（6）用于球墨铸铁。

## （二）退火

1．定义

退火是指将金属缓慢加热到一定温度，保持足够时间，然后以适宜速度冷却（通常是缓慢冷却，有时是控制冷却）。

2．目的

（1）降低硬度，改善切削加工性。

（2）消除残余应力，稳定尺寸，减少变形与裂纹倾向。

（3）细化晶粒，调整组织，消除组织缺陷。

（4）均匀材料组织和成分，改善材料性能或为以后热处理做组织准备。

3．主要应用范围

（1）完全退火主要用于亚共析钢的铸件、锻轧件、焊件，以消除组织缺陷，使组织变细和变均匀，以提高钢件的塑性和韧性。

（2）不完全退火主要用于中碳和高碳钢及低合金结构钢的锻轧件，使晶粒变细，同时也降低硬度，消除内应力，改善被切削性。

（3）球化退火主要用于过共析的碳钢及合金工具钢。其主要目的为降低硬度、改善切削加工性，并为淬火做好准备。

（4）去应力退火主要适用于毛坯件及经过切削加工的零件，目的是为了消除毛坯和零件中的残余应力，稳定工件尺寸及形状，减少零件在切削加工和使用过程中的形变和裂纹倾向。

## （三）淬火

1．定义

淬火是指将金属工件加热到某一适当温度并保持一段时间，随即浸入淬冷介质中快速冷却的金属热处理工艺。常用的淬冷介质有盐水、水、矿物油、空气等。

2．目的

（1）提高钢件的机械性能，如硬度、耐磨性、弹性极限、疲劳强度等。

（2）改善某些特殊钢的物理或者化学性能，如增强磁钢的铁磁性，提高不锈钢的耐蚀性等。

3．应用范围

广泛用于各种工具、模具、量具及要求表面耐磨的零件（如齿轮、轧辊、渗碳零件等）。机械中的重要零件，尤其在汽车、飞机、火箭中应用的钢件几乎都经过淬火处理。

## （四）回火

### 1. 定义

回火一般紧接着淬火进行，是将经过淬火的工件重新加热到低于下临界温度的适当温度，保温一段时间后在空气或水、油等介质中冷却的金属热处理工艺。

### 2. 目的

（1）消除工件淬火时产生的残留应力，防止变形和开裂。

（2）调整工件的硬度、强度、塑性和韧性，达到使用性能要求。

（3）稳定组织与尺寸，保证精度。

（4）改善和提高加工性能。

### 3. 应用范围

回火分为低温回火、中温回火和高温回火，其中低温回火主要应用于刃具、量具、模具、滚动轴承、渗碳及表面淬火的零件等；中温回火主要应用于弹簧、锻模、冲击工具等；高温回火广泛用于各种较重要的受力结构件，如连杆、螺栓、齿轮及轴类零件等。

## （五）调质

### 1. 定义

调质是将钢材或钢件进行淬火及高温回火（500～650℃）的复合热处理工艺。使用于调质处理的钢称调质钢。它一般是指中碳结构钢和中碳合金结构钢。

### 2. 应用范围

调质后的工件即在保持较高的强度的同时又具有很好的塑性和韧性，较好的耐磨性、抗弯曲性能。常用于各种机器和机构的结构件，如轴类、连杆、螺栓、齿轮等，在机床、汽车和拖拉机等制造工业中用得很普遍。尤其是对于重型机器制造中的大型部件，调质处理用得更多。

# 第二章 常用钢号表示方法

## 第一节 电厂常用中国钢号表示方法

碳素结构钢和低合金高强度结构钢牌号表示方法分通用钢和专用钢两大类，通用钢采用代表屈服点的拼音字母 "Q"、屈服点数值（单位为 MPa）和质量等级、脱氧方法等符号，按顺序组成牌号；专用钢屈服点数值后的字母表示用途，如 R 表示容器用钢。

例如：碳素结构钢牌号表示为 Q235AF、Q235BZ；低合金高强度结构钢牌号表示为 Q345C、Q345D。碳素结构钢的牌号组成中，镇静钢符号 "Z" 和特殊镇静钢符号 "TZ" 可以省略，例如：质量等级分别为 C 级和 D 级的 Q235 钢，其牌号表示应为 Q235CZ 和 Q235DTZ，但可以省略为 Q235C 和 Q235D。低合金高强度结构钢有镇静钢和特殊镇静钢，但牌号尾部不加写表示脱氧方法的符号。

### 一、合金结构钢

合金结构钢牌号采用阿拉伯数字和合金元素符号表示。共有四个部分。

（1）第一部分：用两位阿拉伯数字表示平均含碳量（以万分之几计），放在牌号头部。

（2）第二部分：合金元素含量以百分之几计依次排列，平均含量小于 1.50% 时，牌号中仅标明元素，一般不标明含量；平均含量大于 1.50% 时，合金元素含量以百分之几，计放在合金元素后。

（3）第三部分：钢材的冶金质量，如 A 表示高级优质钢，E 表示特级优质钢。

（4）第四部分（必要时）：产品用途、特性或工艺方法，如 12Cr1MoVG、G 表示锅炉用无缝钢管。

### 二、珠光体型耐热钢

电厂常用珠光体型耐热钢的牌号表示方法与合金结构钢相同，即前两位用阿拉伯数字表示平均含碳量（以万分之几计），后边为元素符号和表示合金元素平均含量的百分数。例如：

（1）15CrMoG：表示平均含碳量为 0.15% 且含铬和钼的高压锅炉用钢。

（2）20Cr3MoWVA：表示平均含碳量为 0.20%、平均含铬量为 3% 且含钼、钨、钒的高级优质钢。

### 三、耐热钢和不锈钢

耐热钢和不锈钢的牌号表示方法相同，一般采用规定的合金元素符号和阿拉伯数字表示。通常在牌号的第一位用一位阿拉伯数字表示平均含碳量（以千分之几计）；当平均含碳量不小于 1.00% 时，采用两位阿拉伯数字表示；当含碳量上限不大于 0.03% 时（超低碳或极低碳），以两位阿拉伯数字表示（以万分之几计）。当含碳量上限小下 0.1% 时，以 "0" 表示含碳量；当含碳量上限不大于 0.03% 且大于 0.01% 时（超低碳），以 "03" 表示含碳量；当含碳量上限不大于 0.01%时（极低碳），以"01"表示含碳量。合金元素平均含量小于 1.50%时，牌号中仅标明元素符号，一般不标明含量，合金元素平均含量为 1.50%～2.49%、2.50%～3.49%、22.50%～23.49%时，相应地写成 2、3、23……。专门用途、工艺方法或易切削的耐热钢，在牌号前面冠以专用钢、专用工艺方法或易切削钢的符号。例如：

（1）2Cr13：表示平均含碳量为 0.20%的平均铬含量为 13%的铬耐热钢。

（2）0Cr18Ni10Ti：表示含碳量低于 0.10%但大于 0.03%的平均含铬 18%、含镍 10%且含钛的低碳铬镍钢。

（3）03Cr19Ni10（原牌号为 00Cr19Ni10）：表示含碳量低于 0.03%的平均含铬 19%、含镍 10%的超低碳铬镍钢。

（4）01Cr19Ni11：表示含碳量低于 0.01%的平均含铬 19%、含镍 11%的极低碳铬镍钢。

（5）Y1Cr18Ni9Se：表示平均含碳量为 0.10%的平均含铬量为 18%、含镍量为 9%且含易切削元素硒的易切削铬镍钢。

（6）ML1Cr18Ni12：表示平均含碳量为 0.10%的平均含铬量为 18%、含镍量为 12%的冷顶锻用（即铆螺用）铬镍钢。

（7）11Cr17：表示平均含碳量为 1.10%的平均含铬量为 17%的高碳铬钢。

（8）4Cr10Si2Mo：表示平均含碳量为 0.40%的平均含铬量为 10%、平均含硅量为 2%且含钼的铬硅钼钢。

### 四、耐热铸钢

耐热铸钢与一般耐热钢的牌号表示方法基本相同，只是在牌号前冠"ZG"字母（"Z"、"G"分别为"铸"和"钢"汉语拼音的首位字母），以区别于各类变形钢。例如：
ZG1Cr18Ni9Ti 是和 1Cr18Ni9Ti 成分相近的耐热铸钢。

## 第二节　电厂常用美国钢号表示方法

重点介绍 ASME 钢号的表示方法，ASME 钢号基本分为 6 位。

（1）第一位：S。ASME 标志代号。

（2）第二位：X。分"A""B"两种，A 表示铁基材料，B 表示非铁基材料。

（3）第三位：XXX。表示钢号序号。如 53、106、335、213、216、240 等，也可以理解为标准号。

（4）第四位：XX。常用的有 TP、WC、GRADE（简写为 Gr）、TYPE（T）、CLASS（简写为 CL）、F 等，其表示的意义如下：

1）TP：不锈钢耐热钢。

2）WC：可焊铸钢。

3）GRADE：按化学成分分的类别。

4）F：锻件。

5）TYPE：按化学成分的类型。

6）CLASS：按成分或强度分的类别。

7）T：小口径管。

8）P：大口径管。

（5）第五位：XXX。数字或英文字母，部分数字意义如下：

1）1 表示 0.5Mo。

2）2 表示 0.5Cr–0.5Mo。

3）11 表示 1.25Cr–0.5Mo。

4）12 表示 1Cr–0.5Mo。

5）22 表示 2.25Cr–1Mo。

6）91 表示 9Cr–1Mo。

7）92 表示 9Cr–2W。

8）122 表示 12Cr–2W。

（6）第六位：X。附加说明，如 H—表示含碳量较高，（C=0.04%～0.1%），L—表示含碳量较低（C＜0.035%），N—表示含氮。

# 第三节　电厂常用欧洲（德国）钢号表示方法

欧洲标准化委员会于 1992 年颁发了钢号表示方法，其中 EN10027.1—1992《钢的命名体系》是以符号表示钢号，EN10027.2—1992《钢的命名体系》是以数字表示钢号。

电厂常用的欧洲（德国）牌号 15NiCuMoNb5（WB36）、10CrMo910、X20CrMoV121 等都以符号来表示钢号，因此，主要介绍 EN10027.1—1992《钢的命名体系》的钢号表示方法。

钢号表示分为两组：

## 一、Ⅰ组

钢牌号以其用途及力学性能或物理性能表示。Ⅰ组使用下列符号（字母），字母大部分用英文字母表示，个别也有例外。

G 代表铸件，来自德文（Guβs Tucke），铸件有按Ⅰ组表示的，也有按Ⅱ组表示的。

按Ⅰ组表示者，使用下列字母：

（1）S——结构钢。

（2）P——压力用途钢。

（3）L——管道用钢。

（4）E——工程用钢。在字母之后用数字表示，数字是最低屈服强度值，单位为 N/mm²，以最薄一档的屈服强度标准值表示。

（5）B——钢筋混凝土用钢，在字母后的数字是屈服强度标准值，单位为 N/mm²。

（6）Y——预应力钢筋混凝土用钢，其后数字用最低抗拉强度值表示，单位为 N/mm²。

（7）R——钢轨用钢或铁道用钢，其后数字以最低抗拉强度规定值表示，单位为 N/mm²。

（8）H——高强度钢供冷成形用冷轧扁平产品，其后数字是屈服强度最小规定值，单位为 N/mm²。当钢只规定抗拉强度最小值时，则改用字母 T，随后数字是抗拉强度最小规定值。

（9）D——冷成形用扁平产品（除 e 以外），在字母 D 之后，用下列符号（字母）表示。

1）C——冷轧产品。

2）D——直接冷成形的热轧产品。

3）X——轧制状态下不作硬性规定的产品。

典型牌号如 St45.8，是 DIN17175 中的无缝钢管，表示抗拉强度为 45.8kg/mm² （约 450MPa）。

## 二、Ⅱ组

钢牌号以化学成分表示，分为以下四个亚组。

### （一）1 亚组

1 亚组为非合金钢（易切削钢除外），平均含锰量（质量分数）小于 1%。其牌号由以下两部分符号组成：

（1）字母 C。

（2）平均含碳量（%）×100，当碳含量没有规定范围时，由标准技术委员会确定一个恰当的数值。

### （二）2 亚组

平均含锰量（质量分数）大于或等于 1%的非合金钢、非合金易切削钢及合金钢（高速钢除外），当平均合金元素含量（质量分数）小于 5%时，钢的牌号由以下几部分组成：

（1）平均含碳量（%）×100，当碳含量不规定范围值时，由标准技术委员会确定一个恰当的数值。

（2）钢中合金元素用化学符号表示，元素符号的顺序应以含量递减的顺序排列，当两个或两个以上元素的成分含量相同时，应按字母的顺序排列。

（3）每一合金元素的平均值应乘以相应的系数，然后修约为整数值，各元素的整数值与相应的元素符号顺序相对应，用连字符隔开。

Cr、Co、Mn、Ni、Si、W 系数为 4，Al、Be、Cu、Mo、Nb、Pb、Ta、Ti、V、Zr 系数为 10，Ce、N、P、S 系数为 100，B 系数为 1000。

### （三）3 亚组

3 亚组为合金钢（高速钢除外）。当合金元素含量至少有一个元素含量（质量分数）大于或等于 5%时，其牌号由下列几部分组成：

（1）字母 X。

（2）平均含碳量（%）×100，当钢中含碳量没有规定范围时，由标准技术委员会确定一个适当的数值。

（3）钢中合金元素用化学符号表示，元素符号的顺序以含量递减顺序排列，当两个或两个以上元素的成分含量相同时，应按字母的顺序排列。

（4）钢中合金元素的平均含量应修约为整数，各元素的含量顺序应分别与该元素符号对应排列，并用连字符隔开。

### （四）4 亚组

4 亚组为高速钢，其牌号由以下几部分组成：

（1）字母 HS。

（2）合金元素的百分含量按以下顺序排列：钨（W）、钼（Mo）、钒（V）、钴（Co）。含量以平均值并修约为整数表示，数值之间用连字符隔开。系数值大小是按照钢中元素含量大小规律制定的，系数大者，钢中该元素含量小；系数小者，钢中含量多。

Cr、Co、Mn、Ni、Si、W 系数 4；Al、Be、Cu、Mo、Nb、Pb、Ta、Ti、V、Zr 系数 10；Ce、N、P、S 系数 100；B 系数 1000。

例如：

1）St45.8 表示抗拉强度为 45.8kg/mm² （约 450MPa）。

2）10CrMo910 表示平均含碳量为 0.1%，平均含铬量为［9（含量）/4（系数）］%=2.25%，平均含 Mo 量为［10（含量）/10（系数）］%= 1%。

3）X20CrMoV121 表示平均含碳量为 0.2%，平均含铬量为 12%，平均含 Mo 量为 1%。

4）15NiCuMoNb5 表示平均含碳量为 0.15%，平均含 Ni 量为（5/4）%=1.25%，含有 Cu、Mo、Nb。

国内外常用钢材对照表见表 2-1。

表 2-1　　　　　　　　　　　　国内外常用钢材对照表

| 序号 | GB 5310—2008《高压锅炉用无缝钢管》牌号 | 其他相近牌号 | | | |
| --- | --- | --- | --- | --- | --- |
| | | ISO | EN | ASME/ASTM | JIS |
| 1 | 20G | PH26 | P235GH | 106B | STB 410 |
| 2 | 20MnG | PH26 | P235GH | — | STB 410 |
| 3 | 25MnG | PH29 | P265GH | 106C | STB 510 |
| 4 | 15MoG | 16Mo3 | 16Mo3 | — | STBA 12 |
| 5 | 20MoG | — | — | T1a | STBA 13 |
| 6 | 12CrMoG | — | — | T2/P2 | STBA 20 |
| 7 | 15CrMoG | 13CrMo4-5 | 10CrMo5-5、13CrMo4-5 | T/P12、T/P11 | STBA 22 |
| 8 | 12Cr2MoG | 10CrMo9-10 | 10CrMo9-10 | T22/P22 | STBA 24 |
| 9 | 12Cr1MoVG | | | | |
| 10 | 12Cr2MoWVTiB | | | | |
| 11 | 07Cr2MoW2VNbB | | | T23/P23 | |
| 12 | 12Cr3MoVSiTiB | | | | |
| 13 | 15Ni1MnMoNbCu | 9NiMnMoNb5-4-4 | 15NiCuMoNb5-6-4 | T36/P36 | — |
| 14 | 10Cr9Mo1VNbN | X10CrMoVNb9-1 | X10CrMoVNb9-1 | T91/P91 | STBA 26 |
| 15 | 10Cr9MoW2VNbBN | — | — | T92/P92 | — |
| 16 | 10Cr11MoW2VNbCu1BN | | | T122/P122 | |
| 17 | 11Cr9Mo1W1VNbBN | | E911 | T911/P911 | — |
| 18 | 07Cr19Ni10 | X7CrNi18-9 | X6CrNi18-10 | TP304H | SUS304H TB |
| 19 | 10Cr18Ni9NbCu3BN | — | — | SUPER304 | — |
| 20 | 07Cr25Ni21NbN | | | TP310HNbN | — |
| 21 | 07Cr19Ni11Ti | X7CrNiTi18-10 | X6CrNiTi18-10 | TP321H | SUS321H TB |
| 22 | 07Cr18Ni11Nb | X7CrNiNb18-10 | X7CrNiNb18-10 | TP347H | SUS347H TB |
| 23 | 08Cr18Ni11NbFG | — | — | TP347HFG | — |

# 第三章 焊 接 知 识

## 第一节 焊 接 基 础 知 识

### 一、焊接工艺

焊接是"通过将材料加热到焊接温度、加压或不加压，或仅通过加压，使用或不使用填充材料而将金属或非金属在局部接合的过程"，接合即"连接在一起"，因此，焊接是指实现连接的操作活动。

为了从焊接的角度分析研究焊接接头某些特定的性能，就有了焊接性的问题。

金属焊接性就是金属是否能适应焊接加工而形成完整的、具备一定使用性能的焊接接头的特性。也就是说，金属焊接性的概念有两方面内容：

（1）金属在焊接加工中是否容易形成缺陷。

（2）焊成的接头在一定的使用条件下可靠运行的能力。

这就是常说的工艺焊接性和使用焊接性。

### 二、焊条电弧焊（SMAW）

#### （一）概念

焊条电弧焊是通过带药皮的焊条和被焊金属间的电弧将被焊金属加热，从而达到焊接的目的。焊条电弧焊实际操作及各组成部分示意如图 3–1 所示。从图 3–1 中可以看出，焊条和工件的电弧是由电流引起的，电弧提供热能并将母材、填充金属以及焊条药皮熔化，随着电弧向右移动，焊缝金属得以凝固并在表面形成一层焊渣，焊渣是在熔化金属的凝固过程中浮上来的，因此，焊接缺陷夹渣，即使很少，也有可能留在焊缝中。焊条药皮在加热并分解后产生大量的保护气体，为电弧周围的熔化金属提供气–渣双重保护。

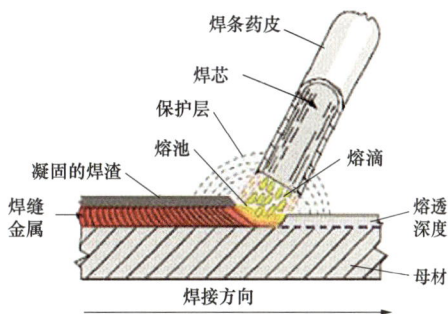

(a)　　　　　　　　　　　　　　(b)

**图 3-1　焊条电弧焊实际操作及各组成部分示意图**

（a）实际操作；（b）各组成部分示意图

**（二）焊条**

焊条电弧焊中焊条是最重要的要素，它是由金属芯外覆一层粒状粉剂和某种黏接剂制作而成的。

焊条药皮烘干时为非导体，引燃电弧后产生以下作用：

（1）保护。药皮中某些物质分解后产生的气体为熔融金属提供保护。

（2）脱氧。药皮有造渣作用，去除杂质、氧以及其他的大气气体。

（3）合金化。药皮为焊缝提供合金元素。

（4）离子化。药皮熔化后改善电弧特性，增强电弧稳定性。

（5）保温。凝固的焊渣覆盖在焊缝金属上，降低了焊缝金属的冷却速度。

**1. 非合金钢及细晶粒钢焊条**

由于焊条在焊条电弧焊中的影响很大，所以有必要了解其分类和品种。GB/T 5117—2012《非合金钢及细晶粒钢焊条》中规定了非合金钢及细晶粒钢焊条的型号、技术要求、试验方法、检验规则、包装、标志和质量证明。适用于抗拉强度低于 570MPa 的非合金钢及细晶粒钢焊条。焊条型号由五部分组成：

（1）字母"E"表示焊条。

（2）字母"E"后面的紧邻两位数字，表示熔敷金属的最小抗拉强度。

（3）字母"E"后面的第三和第四两位数字，表示药皮类型、焊接位置和电流类型。

（4）熔敷金属的化学成分分类代号，可为"无标记"或短划"–"后的字母、数字或字母和数字的组合。

（5）熔敷金属的化学成分代号之后的焊后状态代号，其中"无标记"表示焊态，"UP"表示热处理状态，"AP"表示焊态和焊后热处理两种状态均可。

除以上强制分类代号外，根据供需双方协商，可在型号后依次附加可选代号：

1）字母"U"。表示在规定试验温度下，冲击吸收能量可以达到 47J 以上。

2）扩散氢代号"HX"。其中 X 代表 15、10 或 5，分别表示每 100g 熔敷金属中扩散氢含量的最大值（mL）。

焊条电弧焊焊条的标识方法如图 3-2 所示，GB/T 5117—2012 中焊条符号的含义如图 3-3 所示。

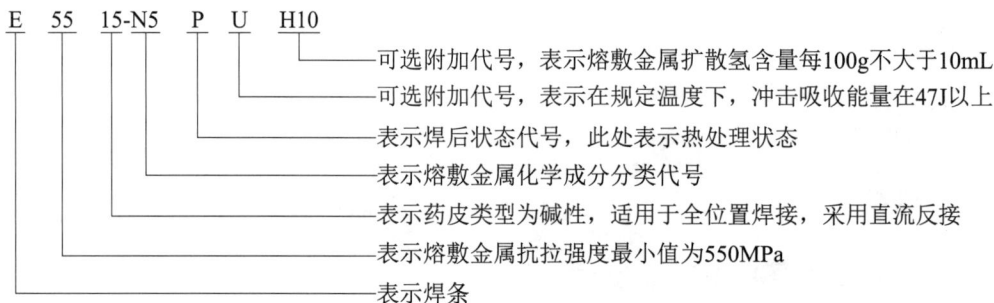

图 3-2　焊条电弧焊焊条的标识方法

药皮决定了操作性能和电流极性：AC（交流）、DCEP（直流反接）或 DCEN（直流正接）。焊条最后一个数字为"5"、"6"和"8"，表示低氢焊条。

```
E    43    03 ——— 表示药皮类型为钛型，适用于全位置焊接，采用交流或直流正反接
           └———————— 表示熔敷金属抗拉强度最小值为430MPa
      └———————————— 表示焊条
```

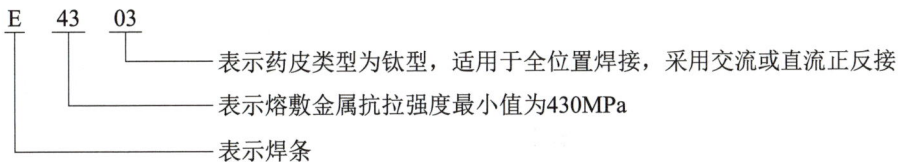

**图 3-3 GB/T 5117—2012 中焊条符号的含义**

焊条的储存库应保持适宜的温度及湿度。室内温度应在 20℃以上，相对湿度不超过 60%，室内应保持干燥、清洁，不得存放有害介质。使用时，对于碱性药皮类型焊条，试验前应进行 260～430℃烘焙 1h 以上或按制造商推荐的烘焙规范烘干，其他药皮类型焊条可在供货状态下使用或按制造商推荐的烘焙规范烘干。现场使用时宜装入温度为 80～110℃的专用保温筒内，随用随取。

**2. 热强钢焊条（低合金钢焊条）**

热强钢焊条（低合金钢焊条）焊条型号组成如下：

（1）字母"E"表示焊条。

（2）字母"E"后，前两位数字表示熔敷金属抗拉强度的最小值。

（3）字母"E"后面的第三和第四两位数字，表示药皮类型、焊接位置和电流类型。

（4）短划"-"后的字母、数字或字母和数字的组合表示熔敷金属的化学成分根据协商可增加。

（5）扩散氢代号"HX"，其中 X 代表 15、10 或 5，分别表示每 100g 熔敷金属中扩散氢含量的最大值（mL）。热强钢焊条型号的标识方法如图 3-4 所示。

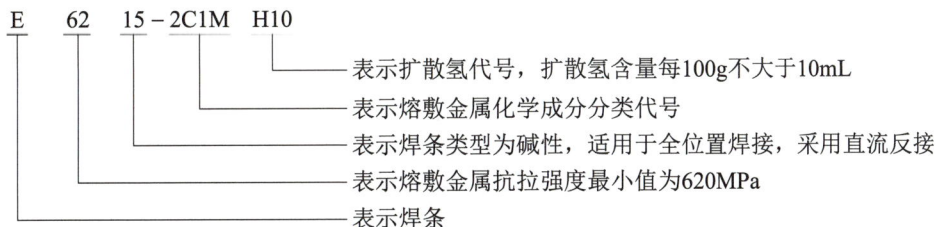

```
E  62  15 - 2C1M  H10 ——— 表示扩散氢代号，扩散氢含量每100g不大于10mL
                   └———— 表示熔敷金属化学成分分类代号
              └————————— 表示焊条类型为碱性，适用于全位置焊接，采用直流反接
         └———————————— 表示熔敷金属抗拉强度最小值为620MPa
    └——————————————— 表示焊条
```

**图 3-4 热强钢焊条型号的标识方法**

**3. 不锈钢焊条**

以焊条型号 E308-15 为例，字母 E 表示焊条，E 后面的数字表示熔敷金属化学成分分类代号，如有特殊要求的化学成分，该化学成分用元素符号表示，放在数字的后面，短划"-"后面的两位数字表示焊条药皮类型、焊接位置及焊接电流种类。不锈钢焊条型号的标识方法如图 3-5 所示。

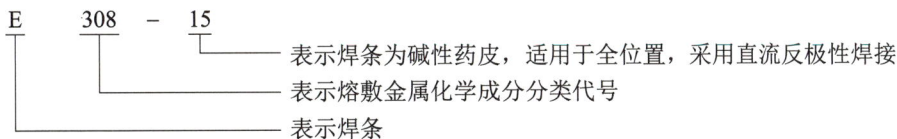

```
E  308 - 15 ——— 表示焊条为碱性药皮，适用于全位置，采用直流反极性焊接
         └———— 表示熔敷金属化学成分分类代号
    └————————— 表示焊条
```

**图 3-5 不锈钢焊条型号的标识方法**

**（三）焊接设备**

焊条电弧焊的设备相对简单，图 3-6 所示为整流式焊条电弧焊机，图 3-7 所示为逆变式

焊条电弧焊机。可以看出，一根电线连接焊接电源和待焊工件；另一根电线连接焊接电源和挟持焊条的焊把，当焊条和工件接触后生成焊接电弧，其产生的热量熔化焊条和母材。

图 3-6　整流式焊条电弧焊机　　　　图 3-7　逆变式焊条电弧焊机

　　焊条电弧焊的电源就是通常所说的恒流电源，它具有"陡降"的特性，当焊工增加弧长时，电流通过的距离增加，则焊接回路的电阻增加，从而导致电流的轻微下降（10%），电流的下降促使电压急剧地上升，电压的上升又反过来限制了电流的进一步下降。从工艺控制的角度看，这点很重要，因为焊工可通过改变电弧长度来增减焊缝熔池的流动性。但是，太大的电弧长度将使电弧的集中度降低，从而导致熔池热量的损失，使电弧稳定性降低，也导致焊接熔池的保护效果变差。

　　**（四）应用和特点**

　　1. 应用

　　焊条电弧焊在大多数工业中大量使用。但它也是一种相对传统的焊接方法，有些新的焊接工艺在某些方面的应用上已经取代了它，即使这样，焊条电弧焊仍然在焊接工业中广泛应用。

　　（1）设备简单，这就使得焊条电弧焊很轻便。在没有电的边远地区焊接时，采用汽油或柴油驱动的电焊机。

　　（2）有一些新的电焊机体积小、质量轻，焊工便于携带。

　　（3）焊条种类的多样化使得焊条电弧焊应用广泛。

　　（4）随着设备和焊条的不断改进，焊条电弧焊始终能保持很高的焊接质量。

　　2. 缺点

　　焊条电弧焊的缺点如下：

　　（1）焊接速度。由于焊工要更换 230～460mm 长的焊条，所以这种周期性的停顿限制了焊接速度。焊条电弧焊在许多应用场合已被其他半自动、机械化和自动化的焊接工艺所取代，原因就是这些工艺与焊条电弧焊相比，有着更高的生产效率。

　　（2）焊后焊渣的清理也会影响焊件生产率，而且，当使用低氢焊条时，还需要有适当的储存设施，如烘箱，以保持其较低的潮湿度。

　　（3）焊条电弧焊为手工焊，受操作者的技能、身体和精神状态、责任心等因素影响较大。

### 三、钨极氩弧焊（GTAW）

#### （一）概念

钨极氩弧焊是采用不熔化的钨极作为电极，使用氩气作为保护气体的一种焊接方法。简称为 GTAW。它利用钨极与工件之间产生的电弧热量来熔化母材和填充焊丝，利用从焊枪喷嘴喷出的氩气在电弧周围形成保护气氛。钨极氩弧焊可焊接易氧化的有色金属及合金、不锈钢、高温合金、难熔活性金属等。钨极氩弧焊电弧稳定，适宜薄板焊接，可以进行全位置焊接，容易实现单面焊双面成形，焊缝成形好，无飞溅。GTAW 焊接实际操作及各组成部分示意图如图 3-8 所示。

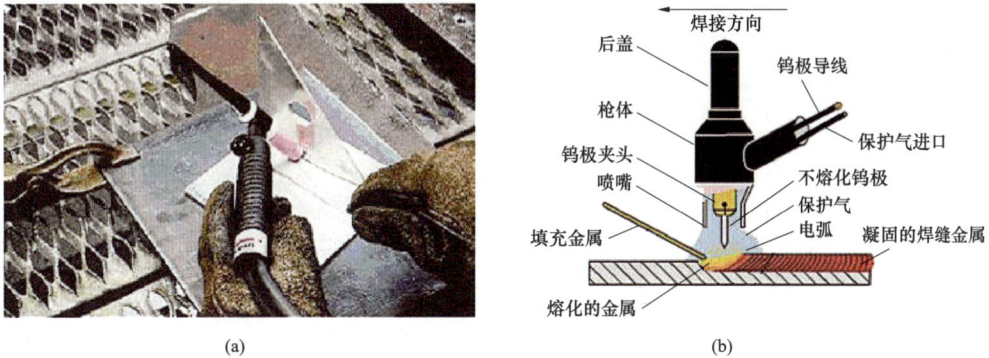

**图 3-8 GTAW 焊接实际操作及各组成部分示意图**
（a）焊接实际操作；（b）组成部分示意图

#### （二）焊接材料

各种类型的钨极有一个容易标识的系统。该标识系统由一系列字符组成，以字符"E"开头表示电极；接下来的字母"W"是钨的化学符号；然后是字符的数字，它们表示合金类型。由于只有 5 种不同的类型，通常使用颜色进行系统区分。钨极的分类见表 3-1。氧化钍或氧化锆的加入可帮助电极改善电特性，其结果是使钨极的发射能力得到轻微的提高。简单地说，就是氧化钍或氧化锆型的钨极比纯钨更容易起弧。因为纯钨电极端部在加热时形成"球"状，所以经常用于铝焊接。和尖形钨极相比，球形钨极具有较低的电流密度，从而减小了钨极烧损的可能性。EWTh-2 钨极是黑色金属焊接中最常用的电极。

表 3-1　　　　　　　　　　　钨 极 的 分 类

| 类　别 | 合　金 | 类　别 | 合　金 |
|---|---|---|---|
| EWP | 纯钨 | EWLa-2 | 2%氧化镧 |
| EWCe-2 | 1.8%～2.2%氧化铈 | EWTh-1 | 0.8%～1.2%氧化钍 |
| EWLa-1 | 1%氧化镧 | EWTh-2 | 1.7%～2.2%氧化钍 |
| EWLa-1.5 | 1.5%氧化镧 | EWZr | 0.15～0.40 氧化锆 |

GTAW 使用惰性气体作为保护。所谓惰性，是指这种气体不会与金属发生反应，但可以保护金属免受污染。氩气和氦气是两种用于 GTAW 的惰性气体。一些机械化的不锈钢焊接生产，使

用由氩气和少量的氢气组成的保护气体，但这在钨极氩弧焊应用中只占极少的一部分。

**（三）设备**

GTAW 可以采用直流反接（DCEP）、直流正接（DCEN）或交流（AC）。直流反接将在电极上产生较多的热量，而直流正接则在工件上产生更多的热量。交流则在电极和工件之间交替变换热量。交流主要用于铝镁焊接，这是因为电流的变换会提高清洁作用，从而提高焊接质量。直流正接通常用于钢的焊接。焊接电流类型对钨极氩弧焊熔深的影响见表 3–2。

表 3–2　　　　　　　　　　　焊接电流类型对钨极氩弧焊熔深的影响

| 电流类型 | DC | DC | AC（对称） |
|---|---|---|---|
| 钨极极性 | 负 | 正 | |
| 电子与离子流向熔深 | | | |
| 清除氧化物作用 | 没有 | 有 | 有，每半个循环一次 |
| 电弧热量的分配 | 70%在工件端、30%在电极端 | 30%在工件端、70%在电极端 | 50%在工件端、50%在电极端 |
| 熔深 | 深、窄 | 浅、宽 | 适中 |
| 电极承载能力 | 极好（例 3.18mm–400A） | 不好（例 6.35mm–120A） | 好（例 3.18mm–225A） |

GTAW 设备的主要电源部分如同 SMAW 设备一样，采用陡降特性的电源。由于使用气体，需要由相关辅助设备来控制和传送气体。熔化极气体保护电弧焊设备如图 3–9 所示。该设备一般配备一个直流反接高频发生器，它协助起弧，起弧后即关闭。当使用交流电时，则全部时间保持高频，在电流反向过程中，帮助每个半周引弧。为了在焊接过程中改变热输入，可能还需要附加电流遥控装置，该电流遥控装置可以是脚控，也可以是安装在手把上的其他装置，特别适用于需要进行即时控制的运用场合，如薄板焊接和易氧化的高合金材料的焊接。

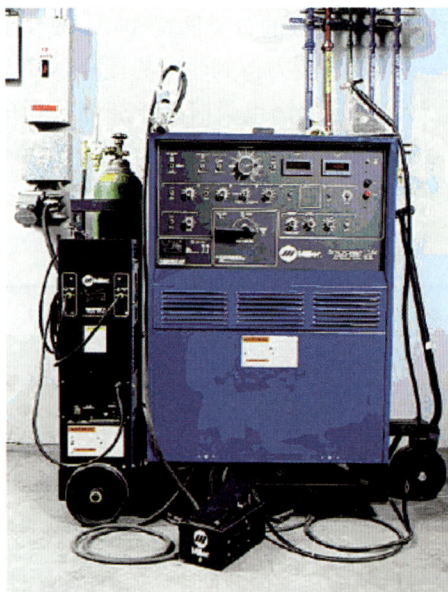

**（四）特点**

1. 优点

GTAW 在许多工业领域有着广泛的应用。

（1）GTAW 能焊接几乎所有的材料，而许多材料采用其他的焊接方法是很难焊的。如果接头设计允许，有些材料的焊接可以不用填充材料。

（2）GTAW 具有在极低电流情况下焊接的能力，使得钨极氩弧焊可用于极薄材料的焊接。

图 3–9　熔化极气体保护电弧焊设备

（3）电弧清洁且容易控制，使它成为苛刻条件下应用的首选，如太空、食品和药品加工、石化和动力管道工业。

（4）GTAW 的主要优势在于它能焊接出高质量的焊缝和优异的焊缝外观。同样，由于没有焊剂，所以焊缝非常干净。如前所说，能焊接极薄的材料。

（5）根据需要，大部分金属都可做成丝状填充材料。如某种特定的合金材料，市场上没有可选用的焊丝，那么可以简单地从这种母材上剪一块，作成窄条状当作焊丝，用手工送丝。

2. 缺点

（1）GTAW 是所有可选用的焊接方法中效率最低的。

（2）在 GTAW 产生干净的焊缝熔敷时，对污染很敏感。因此，焊前必须对母材和填充材料进行认真的清理。

（3）当采用焊条方法时，GTAW 要求焊工具有很高的技能水平，焊工必须一只手控制电弧，而另一只手送进填充材料。

（4）夹钨。由钨极上的小块熔入焊缝金属造成。

## 四、埋弧焊（SAW）

### （一）概念

埋弧焊是目前在焊缝金属熔敷效率上较高的一种典型焊接方法。SAW 用实芯焊丝连续送进，焊丝产生的电弧完全被颗粒状的焊剂层所覆盖，因而被命名为埋弧焊。埋弧焊各组成部分示意图如图 3-10 所示。焊丝送进到焊接区域的方式与气体保护焊和药芯焊丝焊非常一致，最大的差别是保护方式。对于埋弧焊工艺，颗粒状焊剂被置于焊丝的前部或周围来实现对熔化金属的保护。焊接过程中，焊道上有一层焊渣和未熔化的颗粒状焊剂。焊渣清除后通常被丢弃。未熔化的焊剂可回收并与新的焊剂混合后再使用，但需要清洁和重新烘烤。

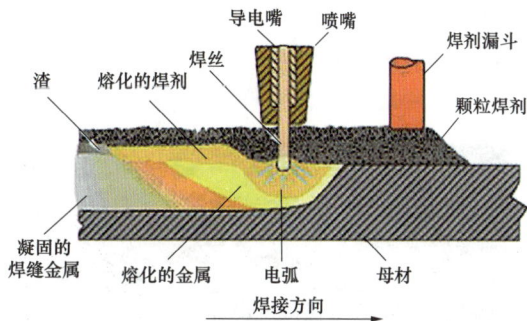

图 3-10 埋弧焊各组成部分示意图

### （二）焊接材料

由于 SAW 的焊丝和焊剂是各自分开的，所以对某个接头会有多种组合可选用。对于合金钢焊缝。一般有两种组合：合金焊丝配合中性焊剂、低碳焊丝配合合金焊剂。因此，为了正确地描述 SAW 的填充材料，美国焊接学会的标识系统包括了焊丝和焊剂。埋弧焊焊丝型号的标识方法如图 3-11 所示。GB/T 5293《埋弧焊用碳钢焊丝和焊剂》和 GB/T 12470《埋弧焊用低合金钢焊丝和焊剂》型号根据焊丝–焊剂组合的熔敷金属力学性能、热处理状态进行划分，焊丝–焊剂组合的型号编制方法如下：

（1）字母"F"表示焊剂。

（2）第一位数字表示焊丝–焊剂组合的熔敷金属抗拉强度的最小值。

（3）第二位字母表示试件的热处理状态，A 表示焊态，P 表示焊后热处理状态。

（4）第三位数字表示熔敷金属冲击吸收功不小于 27J 时的最低试验温度。

（5）"–"后面表示焊丝的牌号。如果需要标注熔敷金属中扩散氢含量，可用后缀"HX"表示。

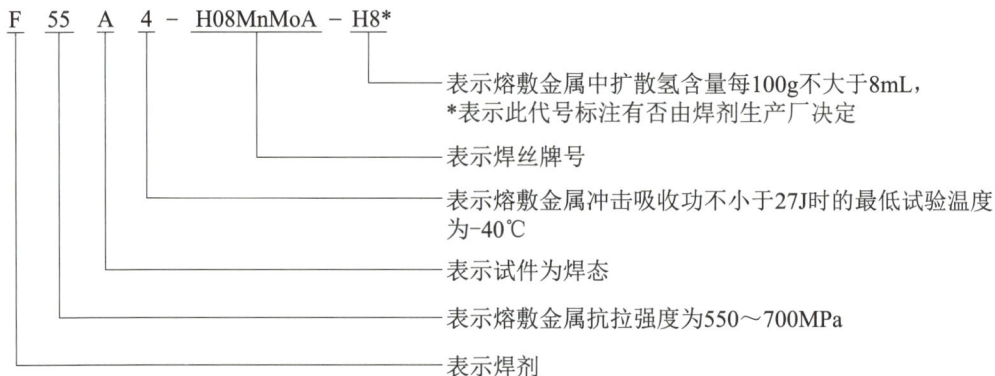

F 55 A 4 - H08MnMoA - H8*

表示熔敷金属中扩散氢含量每100g不大于8mL，
*表示此代号标注有否由焊剂生产厂决定

表示焊丝牌号

表示熔敷金属冲击吸收功不小于27J时的最低试验温度
为-40℃

表示试件为焊态

表示熔敷金属抗拉强度为550～700MPa

表示焊剂

图 3-11　埋弧焊焊丝型号的标识方法

**（三）设备**

自动埋弧焊设备及实际操作如图 3-12 所示。该工艺能够实现自动化或半自动化。在半自动埋弧焊中，焊丝和焊剂通过焊枪送给，靠焊工使焊枪沿接头方向移动，称为手持埋弧焊。虽然大部分埋弧焊使用平特性电源，但是仍有一定数量的应用选择陡降特性电源。与 GMAW 和 FCAW 一样，送丝机构强迫焊丝通过软管送到焊枪。焊剂必须放置在焊接区域；对于自动焊，焊剂一般放置在机头上部的焊剂料斗中。靠重力送料，通过围绕导电嘴的送料嘴把焊剂送至电弧前面一点或周围。对于半自动埋弧焊，焊剂采用压缩空气强制送到焊枪，压缩空气使颗粒状焊剂产生"焊剂流"；或通过直接连在手提焊枪上的料斗直接送到焊枪。设备的另外一个差异就是在交流直流正接或直流反接之间选择。焊接电流的类型影响焊缝熔深和断面形状。对于一些应用，可以使用多丝焊。这些焊丝可能采用一个电源供电，或需要多个电源。多丝的使用可以提供多样性的工艺。

(a)　　　　　　　　　　　　　　　　　　(b)

图 3-12　自动埋弧焊设备及实际操作

（a）自动埋弧焊设备；（b）实际操作

**（四）应用和特点**

SAW 已在许多工业领域得到认可，并可用在许多金属上。由于很高的熔敷效率，它在表面堆焊上表现出很高的效率。在表面需要改善耐腐蚀或耐磨性能的情况下，在不耐蚀或不耐磨金属表面覆盖耐蚀或耐磨焊缝是一种非常经济的办法。如果要实现自动化堆焊，埋弧焊是最佳选择。SAW 最大的优势是它的高熔敷效率。埋弧焊的劳动条件好，没有可见的弧光和烟尘，允许操作工在没有佩戴防护镜和其他厚重保护服的情况下对焊接进行控制。该方法的其他一个特点是它在许多应用中具有获得满意熔深的能力。

SAW 的缺点如下：

（1）它只能在焊剂可以被支撑在焊接接头的位置进行焊接。当焊接不是在常规的平焊或横焊位置进行时，就需要更多的工装和变位装置来保持焊剂在适当的位置，使焊接可以进行。

（2）与其他使用焊剂的方法一样，焊接结束后，焊缝上有一层必须去掉的焊渣。当焊接参数不恰当时，则焊缝成形会使清渣变得非常困难。

（3）当熔敷焊剂在保护焊工免受电弧伤害时，也阻挡了焊工准确观察电弧在接头中的位置。如果电弧偏离，则会产生未熔合缺陷。

### 五、焊接术语、符号和焊接缺陷

#### （一）术语

（1）焊缝：是指焊件经焊接后所形成的结合部分。

（2）焊接接头：包括焊缝、熔合区、热影响区、母材，如图 3-13 所示。

（3）热影响区：就是这样一个区域，它靠近焊缝金属，并从恰好低于钢的转变温度升温到恰好低于钢的熔化温度。

（4）余高：焊缝表面焊趾连线上面部分金属的高度。

（5）焊趾：焊缝表面与母材的交界处。

（6）焊缝宽度：焊缝表面两焊趾之间的宽度。

（7）焊根：焊缝底部与母材的交接处。

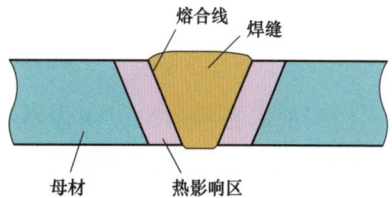

图 3-13　焊接接头各部分示意图

（8）焊层：多层焊时的每一个分层。每个焊层可由一条焊道或几条并排相搭的焊道所组成。

（9）焊道：每一次熔敷所形成的一条单道焊缝。

（10）焊后热处理（PWHT）：GB/T 3375《焊接术语》定义为焊后为改善焊接接头的组织与性能或消除残余应力而进行的热处理；NB/T 47014《承压设备焊接》定义为能改变焊接接头的组织和性能或残余应力的热过程。

焊接接头形式和坡口形式如图 3-14、图 3-15 所示。

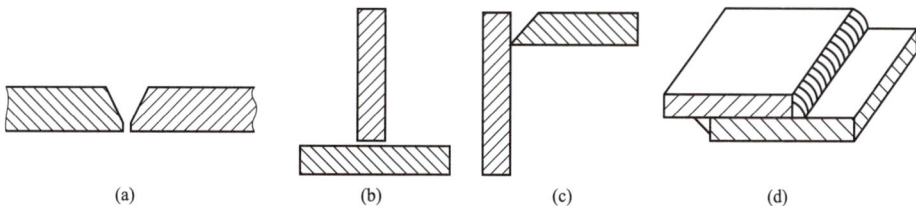

（a）　　　　　　（b）　　　　（c）　　　　　　（d）

图 3-14　接头形式

（a）对接；（b）T 接；（c）角接；（d）搭接

#### （二）焊接符号

（1）焊缝符号代号。焊缝的结构形式用焊缝代号来表示，焊缝代号主要由基本符号、辅助符号、补充符号、指引线和焊缝尺寸等组成，如图 3-16 所示。

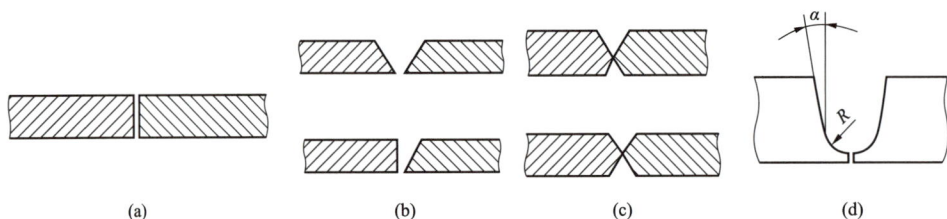

图 3-15　坡口形式

（a）Ⅰ形坡口；（b）Ⅴ形坡口；（c）Ⅹ形坡口；（d）Ⅱ形坡口

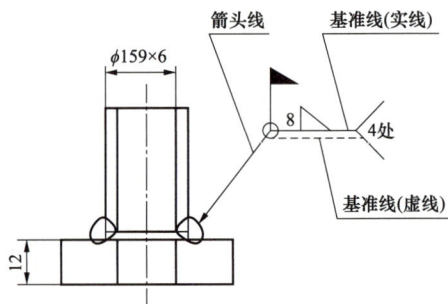

图 3-16　焊接符号示意（单位：mm）

（2）基本符号用来说明焊缝横截面的形状，线宽为标注字符高度的 1/10，如字高为 3.5mm，则符号线宽为 0.35mm，见表 3-3。

表 3-3　　　　　　　　　　　　　　　　　基 本 符 号 及 名 称

| 焊缝名称 | 焊缝形式 | 符号 | 焊缝名称 | 焊缝形式 | 符号 |
|---|---|---|---|---|---|
| Ⅴ形 |  | ∨ | Ⅰ形 |  | ‖ |
| 单边Ⅴ形 |  | Ⅴ | 点焊 |  | ○ |
| 带纯边Ⅴ形 |  | Ⅴ | 角焊 |  | △ |
| Ⅱ形 |  | Ⅱ | 堆焊 |  | ⌒ |

（3）辅助符号是表示焊缝表面形状的符号，见表 3-4。

**表 3-4**                                辅 助 符 号

| 名 称 | 示 意 图 | 符 号 | 说 明 |
|---|---|---|---|
| 平面符号 | | —— | 焊缝表面平齐（一般通过加工） |
| 凹面符号 | | ⌣ | 焊缝表面凹陷 |
| 凸面符号 | | ⌢ | 焊缝表面凸起 |

（4）补充符号是用来表示焊缝的范围等特征的符号，见表 3-5。

**表 3-5**                                补 充 符 号

| 名 称 | 示 意 图 | 符 号 | 说 明 |
|---|---|---|---|
| 带垫板符号 | | ▭ | 表明焊缝底部有垫板 |
| 三面焊缝符号 | | ⊏ | 表示三面带有焊缝 |
| 周围焊缝符号 | | ○ | 表示四周有焊缝 |
| 现场焊接符号 | | ◤ | 表示在现场进行焊接 |

（5）符号举例见表 3-6。

**表 3-6**                                符 号 举 例

| 标注示例 | 说 明 |
|---|---|
| 70° / 6 / 111 | V 形焊缝，坡口角度为 70°，焊缝有效高度为 6mm |
| 4 | 角焊缝，焊角高度为 4mm，在现场沿工件周围焊接 |
| 5 | 角焊缝，焊角高度为 5mm，三面焊接 |
| 5 □ 8×(10) | 槽焊缝，槽宽（或直径）为 5mm，共 8 个焊缝，间距为 10mm |
| 5 12×80(10) | 断续双面角焊缝，焊角高度为 5mm，共 12 段焊缝，每段 80mm，间隔 30mm |
| 5 | 在箭头所指的另一侧焊接，连续角焊缝，焊缝高度为 5mm |

### （三）焊接缺陷

焊接缺陷是指焊接接头中的不连续性、不均匀性以及其他不健全性等欠缺。

**1. 坡口和装配的缺陷**

（1）角度、间隙、错边、直线度、棱角度。

（2）坡口表面有深的切痕、龟裂、熔渣、锈及其他污物。

**2. 焊缝形状、尺寸和接头外部的缺陷**

（1）焊缝截面不丰满或余高过高、满溢、咬边、表面气孔、表面裂纹。

（2）变形、翘曲。

**3. 焊缝和接头内部的缺陷**

气孔（$H_2$、$N_2$、CO、$H_2O$）、裂纹（热裂纹、再热裂纹、冷裂纹、层状撕裂、应力腐蚀裂纹）、未焊透、夹渣、夹杂（O、N、S 化物）、未熔合、偏析、显微缺陷（位错、空穴、微裂纹等）。

（1）未焊透：焊接时接头根部未完全熔透的现象。

（2）未熔合：熔焊时，焊道与母材之间或焊道与焊道之间，未完成熔化结合的部分。

（3）咬边：由于焊接参数选择不当或操作方法不正确，沿焊趾的母材部位产生的沟槽或凹陷。

（4）焊瘤：焊接过程中，熔化金属流淌到焊缝之外未熔化的母材上所形成的金属瘤。

（5）凹坑：焊后在焊缝表面或焊缝背面形成的低于母材表面的局部低洼部分。

（6）下塌：单面熔化焊时，由于焊接工艺不当，造成焊缝金属过量透过背面，使焊缝正面塌陷、背面凸起的现象。

# 第二节　超（超）临界机组锅炉焊接技术

随着我国电力工业的进一步发展，大容量、高参数火电机组逐渐开始投入商业运营。我国首台国产超临界 600MW 机组已于 2004 年 9 月 30 日并网发电。

从目前世界火力发电技术水平看，提高火力发电厂效率的主要途径是提高蒸汽参数，即提高蒸汽的压力和温度，可使得供电煤耗大幅度下降，电厂效率大幅度提高。提高参数的关键在于金属材料能否耐高温、高压。

电厂承压部件用耐热钢主要分为铁素体和奥氏体耐热钢，其中铁素体耐热钢发展可以分为两条主线，一是纵向的主要耐热合金元素 Cr 成分逐渐提高，从 2.25 到 12；另一是横向的通过填加 V、Nb、Mo、W、Co 等合金元素，600℃、$10^5$h 的蠕变断裂强度由 35MPa 级向 60MPa 级、100MPa 级、140MPa 级、180MPa 级发展。

耐热钢发展路线如图 3-17 所示。

## 一、新型铁素体耐热钢焊接性

新型铁素体耐热钢主要指 T23/P23、T24/P24、T91/P91、T92/P92（E911、NF616）、T122/P122 等。

焊接性的主要问题是焊接冷裂纹、焊缝韧性低、热影响区软化及Ⅳ型裂纹。

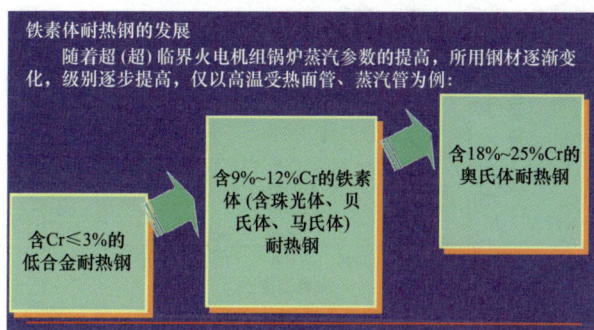

图 3-17 耐热钢发展路线

## （一）冷裂纹敏感性

新型铁素体耐热钢中 C、S、P 等元素含量低，具有晶粒细、强度高的特点。碳元素及杂质元素的严格控制，使新型铁素体耐热钢焊接冷裂纹倾向大大降低。但仍具有一定的冷裂纹倾向，焊接时必须采取一些必要的预防措施。

冷裂纹敏感性的增高顺序为 T23→P92→P122→P91→P22，合金元素含量增加的顺序为 P22→T23→P91→P92→P122。

上述顺序与采用传统碳当量评估冷裂纹结果不一致。

T23、P91、P22 钢焊接接头斜 Y 坡口试验裂纹率与预热温度间的关系如图 3-18 所示，P122（HCM12A）、P91 钢焊接接头斜 Y 坡口试验裂纹率与预热温度间的关系如图 3-19 所示，P92（NF616）钢焊接接头斜 Y 坡口试验裂纹率与预热温度间的关系如图 3-20 所示。

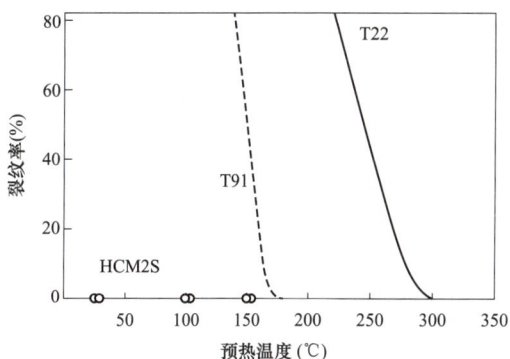

图 3-18 T23、P91、P22 钢焊接接头斜 Y 坡口试验裂纹率与预热温度间的关系

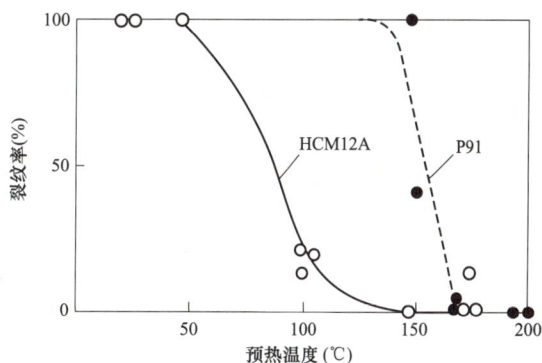

图 3-19 P122（HCM12A）、P91 钢焊接接头斜 Y 坡口试验裂纹率与预热温度间的关系

## （二）焊缝韧性低

焊缝是由温度非常高的熔融状态冷却下来的铸造组织，由于熔池的高温以及快速的凝固冷却，熔敷金属中的 Nb、V 等微合金化元素可能仍大部分固溶在金属中，不能获得以极细颗粒弥散析出的 Nb、V 碳氮化合物和高度细化了的晶粒。所以，焊接过程中的单一固溶强化降低焊缝韧性，不具备细晶强韧化的条件。

## （三）影响焊缝金属韧性的因素及改善途径（以 P91 为例）

1. 焊接方法的影响（以某公司试验为例）

（1）钨极氩弧焊（GTAW）焊缝的冲击韧性已超过 P91 钢母材的韧性。

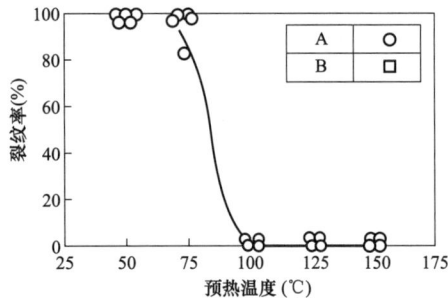

图 3-20　P92（NF616）钢焊接接头斜 Y 坡口试验裂纹率与预热温度间的关系

（2）熔化极氩弧焊（GMAW）焊缝金属的冲击韧性数值分散。

（3）手工电弧焊（SMAW）焊缝金属的冲击韧性已满足 ASME 和 EN 标准要求。

（4）埋弧焊（SAW）焊缝金属的韧性最差。

焊缝金属与 P91 常温力学性能比较见表 3-7。

表 3-7　　　　　　　　　　　焊缝金属与 P91 常温力学性能比较

| 焊接方法及钢号 | 焊后热处理 | 抗拉强度 $\sigma_b$（MPa） | 延伸率 $\delta_4$（%） | 断面收缩率 $\psi$（%） | 冲击功 $A_{kV}$（J） |
|---|---|---|---|---|---|
| GTAW | （750±15）℃×4h | 660～740 | 20～26 | 68～74 | 175～258 |
| GMAW | （750±15）℃×4h | 610～670 | 19～20 | 62～68 | 27～142 |
| SMAW | （750±15）℃×4h | 600～640 | 19～23 | 65～66 | 81～122 |
| SAW | （750±15）℃×4h | 640～660 | 19～23 | 63～69 | 34～81 |
| P91 | — | 590～630 | 23～25 | 70～71 | 142～165 |

2. 焊缝金属化学成分的影响

当焊缝金属成分与母材成分完全一致时，其冲击韧性较低。

P91 钢中 Cr、Mo、V、Nb 等铁素体形成元素较多，若焊缝与母材的化学成分相同，那么在焊缝冷却凝固过程中，在焊缝中很容易形成 $\delta$-Fe。

美国 CE 公司的铬当量公式为

$$C_{req}=Cr+6Si+4Mo+1.5W+11V+5Nb+9Ti+12Al-40C-30N-4Ni-2Mn-1Cu$$

当 $C_{req} \leqslant 10$ 时，不会出现 $\delta$-Fe；$C_{req} \geqslant 12$ 时，出现 $\delta$-Fe；$C_{req}$ 值越高，$\delta$-Fe 的含量越高。

3. 预热、层间温度的影响

P91 钢的预热温度和层间温度为 200℃即可，考虑到壁厚的影响，控制在 200～300℃为宜。

过高的预热温度和层间温度对防止冷裂纹没有必要，而且还会因在焊接热循环的共同作用下，使焊缝金属在高温（1100℃以上）停留时间长，晶粒长大变脆，致使焊缝金属韧性降低。

4. 焊接热输入量的影响

采用大焊接热输入量、高的层间温度（60kJ/cm，250～350℃）时，韧性仅为 3.9～19.5J/cm²；降低焊接热输入量和合适的层间温度（25kJ/cm，220～250℃）时，韧性达到 73.2～113.6J/cm²。

焊接热输入量主要影响到焊缝冷却时间，其主要指标为 $t_{8/5}$，即焊缝从 800℃ 冷却至 500℃ 所经历的时间。图 3-21 所示为波兰焊接研究所用模拟热循环进行的试验结果，它说明试样的冲击韧性对 800～500℃ 区间的冷却速度极其敏感。图 3-21 中焊缝韧度随着 $t_{8/5}$ 的增加而降低，当 $t_{8/5}$ 超过 100s 后，焊缝韧度降得更加厉害，如图 3-21 中曲线 1 所示。

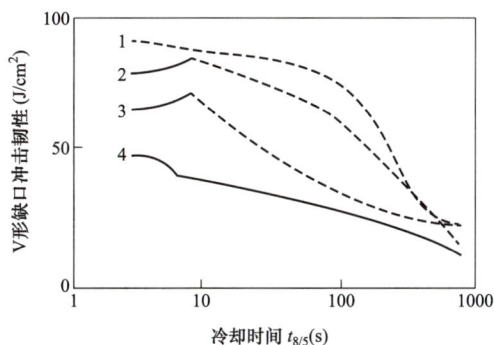

图 3-21　冷却时间 $t_{8/5}$ 与 V 形缺口冲击韧性的关系曲线

P91 焊缝金属对第一次回火的温度敏感，在工艺设计时，应努力使先焊焊缝落在后焊焊道 750℃ 以上的热影响区内，即每层焊层不能厚，防止焊态的熔敷金属经历温度低于 750℃ 的第二次热循环或回火。

某单位 P91 焊接规范见表 3-8、表 3-9。

表 3-8　　　　　　　　　　　　P91 焊 接 规 范 1

| 层号 | 焊接方法 | 焊条（焊丝） | | 焊接电流（A） | 焊接速度（mm/min） | 冲击功（J） | |
| | | 牌号 | 规格 | | | 熔合区 | 焊缝 |
|---|---|---|---|---|---|---|---|
| 1 | GTAW | 9CrMoV-NGTAW | $\phi2.5$ | 100～110 | 100～140 | 86、60、98 | 35、23、45 |
| 2 | SMAW | CHROMET 9MV | $\phi2.5$ | 100～110 | 100～140 | | |
| 3 | SMAW | CHROMET 9MV | $\phi3.2$ | 120～130 | 120～160 | | |
| 4～6 | SMAW | FOX C MV | $\phi4.0$ | 140～150 | 120～170 | | |

表 3-9　　　　　　　　　　　　P91 焊 接 规 范 2

| 层号 | 焊接方法 | 焊条（焊丝） | | 焊接电流（A） | 焊接速度（mm/min） | 冲击功（J） | |
| | | 牌号 | 规格 | | | 熔合区 | 焊缝 |
|---|---|---|---|---|---|---|---|
| 1 | STAW | 9CrMoV-N STAW | $\phi2.5$ | 100～110 | 100～140 | 76、93、110 | 50、63、47 |
| 2 | SMAW | CHROMET 9MV | $\phi2.5$ | 100～110 | 100～140 | | |
| 3～8 | SMAW | CHROMET 9MV | $\phi3.2$ | 120～130 | 120～160 | | |

某单位 T23 钢焊接规范见表 3-10、表 3-11。

表 3–10 　　　　　　　　　　　　T23 焊 接 规 范 1

| 焊接方法 | 焊接材料 | 焊接位置 | 焊接电流（A） | 预热温度（℃） | 层间温度（℃） | 热处理 | 各焊接位置的冲击试验结果（J） | | | | |
|---|---|---|---|---|---|---|---|---|---|---|---|
| | | | | | | | 平焊 | 上 45° | 立焊 | 立焊 | 仰焊 |
| GTAW | UNION ICr2WV | 5G | 100～120 | 无 | 200～230 | 730～750℃/2h | 98 | 78.5 | 224 | 265 | 210 |

表 3–11 　　　　　　　　　　　　T23 焊 接 规 范 2

| 牌号 | 焊后热处理 | 冲击试验（J） | |
|---|---|---|---|
| | | 0℃ | 20℃ |
| HCM2S | 不做 | 34、32、40，平均 35 | 53、32、34，平均 40 |
| | 715℃、30min | 62、107、110，平均 93 | 142、213、227，平均 194 |

5. 焊后热处理规范的影响

P91 钢纯焊缝金属在不同 PWHT 条件（温度/时间）下对焊缝冲击韧性的影响如图 3–22 所示。

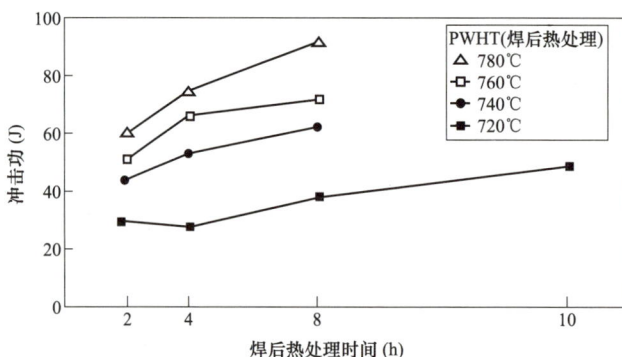

图 3–22　P91 钢纯焊缝金属在不同 PWHT 条件（温度/时间）下对焊缝冲击韧性的影响

不同热处理时间的焊接接头冲击韧性试验参数见表 3–12。

表 3–12 　　　　　　　　　不同热处理时间的焊接接头冲击韧性试验参数

| 保温时间 | 2h（J/cm²） | | | | 8h（J/cm²） | | |
|---|---|---|---|---|---|---|---|
| 试样号 | 焊缝 | 焊缝 | 焊缝 | 焊缝 | 焊缝 | 母材 | 热影响区 |
| 1 | 12.25 | 13.75 | 15.0 | 15.25 | 90 | 212.5 | 152 |
| 2 | 14.5 | 17.25 | 18.75 | 19.5 | 117.5 | 208 | 210 |
| 3 | | | | | 110 | 215 | 157.5 |

另外，焊接热影响区软化及Ⅳ型裂纹在新型耐热钢焊接接头性能劣化中也是不可忽视的，可以通过减少热影响区的宽度，降低该影响。

6. 新型铁素体耐热钢焊接及焊后热处理工艺

（1）焊接工艺方法的选用。

（2）焊工资质与能力培训。

（3）焊接材料的合理选配。

（4）坡口形状。

（5）预热及层间温度。

（6）组装点固焊。

（7）TIG（钨极氩弧焊）打底焊及管内充氩保护。

（8）焊接热输入量。

（9）焊接操作技术。

（10）焊后后热及中间冷却温度与时间。

（11）焊后热处理温度、时间和升温速度。

推荐新型铁素体钢的焊接及焊后热处理工艺热参数见表 3-13。

表 3-13　　　　　　　　推荐新型铁素体钢的焊接及焊后热处理工艺热参数

| 钢号 | 焊前预热及焊后热处理（℃） | | 焊后保温温度（℃） | 焊后热处理温度（℃） |
| --- | --- | --- | --- | --- |
| | TIG | SMAW | | |
| P91 | 150～200 | 200～250 | 80～100 | 760±10 |
| P92 | 150～200 | 200～250 | 80～100 | 760±10 |
| E911 | 200～250 | 200～250 | 80～100 | 760 |
| P122 | 200～250 | 200～250 | 80～100 | 740 |

## 二、新型奥氏体耐热钢焊接性

按照成分和 ASME 标准，将奥氏体钢分为 18%Cr（以 18Cr-8Ni 为代表）和 20%～25%Cr（以合金 800H 为代表）两大系列。现今在火电机组用钢中常见的是 ASME TP304H、TP347H、TP316H。20 世纪 90 年代末，H Grade 系列奥氏体已经发展到热强性更高的 TP347HFG、Tempaloy A-1、Super 304H 等钢种；而 20%～25%Cr 系列在原来 800 合金的基础上发展成 NF709、HR3C、Tempaloy A-3 等钢种。

### （一）新型奥氏体耐热钢焊接难点及处理措施

为了保证焊接街头和母材具有较佳的匹配性，焊接材料的选取也必须为奥氏体型焊接材料。奥氏体耐热钢由于热膨胀系数大，导热性能差，在焊接和使用焊接 Cr、Ni 纯奥氏体钢过程中容易出现下列问题：

#### 1. 焊接裂纹

焊接 Cr、Ni 纯奥氏体钢容易出现焊接高温裂纹，它们是结晶裂纹、高温液化裂纹和高温脆性裂纹。

熔融的熔敷金属在凝固结晶过程中，当残留在凝固晶粒间的液体薄膜被收缩应力拉开而又不能用足够的液体金属填充满时，就会形成结晶裂纹，这种裂纹常出现在焊缝中，尤其容易发生在焊缝收尾部分和弧坑处。

在焊接热影响区的过热区，焊接的高温加热，使该区域母材局部熔化，在冷却时的凝固过程中，局部熔融的母材金属的晶界也可能出现上述晶间的液体薄膜被拉开而无法填补的现象，导致在热影响区的过热区形成裂纹，这种裂纹称为高温液化裂纹。高温液化裂纹发生在热影响区的母材过热区中，在多层多道焊情况下，也可能发生在焊缝中的焊层间和焊道间的热影响区中。

上述这些裂纹都与材料中的 Ni、C、Si、Nb、S、P、Sn、Sb 等元素的含量有关。它们会明显提高形成这些裂纹的敏感性，其中 Ni、Nb 是必须按量加入的，其他元素的含量为避免这类裂纹的产生要给予严格限制。随着 Cr、Ni 含量的提高，对 C、S、P 含量的限制就越加严格，控制的含量水平也越低。这个原则也必然成为选择和设计焊接奥氏体耐热钢熔敷金属成分的准则。

用可调拘束法试验 TP347HFG、Super304H、HR3C、NF709 四种钢的裂纹敏感性，其结果和刚性固定法试验的结果基本一致。四种钢的裂纹敏感性增大顺序是 TP347HFG→super304H→HR3C→NF709。其中 TP347HFG 和 Super304H 的裂纹敏感性明显低于 TP347H 钢，HR3C 和 NF709 的裂纹敏感性略高于传统的 TP347QMQ。此外，TP347HFG 和 Super304H 焊缝的裂纹敏感性远比热影响区的高。

2. 接头抗腐蚀性能的降低

（1）刀状腐蚀：18-8 型 Cr-Ni 奥氏体钢焊接以后若经过敏化，接头的 HAZ 可能发生晶间腐蚀。含有稳定化元素的 Cr-Ni 奥氏体钢焊接以后经过敏化，在腐蚀介质作用下，会出现沿熔合线的晶间腐蚀，因形状似深沟刀痕状，又称刀状腐蚀。

（2）应力腐蚀：发生在含有 Cl 的介质中，而且介质温度越高越容易发生应力腐蚀破裂。Cr-Ni 奥氏体钢最容易发生应力腐蚀的温度范围是 50～300℃，而且经常发生。

火力发电厂奥氏体不锈钢应力腐蚀大多是在热水或高温水和氯化物介质中发生的。在这种条件下影响应力腐蚀破坏的因素主要有介质的特性、应力、冷作变形和钢材的成分。

在热水和高温水（或水蒸气）介质中，氯离子和氧离子的浓度对应力腐蚀有重要影响，随着氯离子含量的增加，应力腐蚀破裂速度加快。但是溶解氧对应力腐蚀破裂起了决定性的作用，一般情况下，在仅有微量 Cl 而没有氧存在的情况下，Cr-Ni 不锈钢不会产生应力腐蚀。可见溶解氧和氯离子的同时存在是产生应力腐蚀的必要条件。

一般认为应力腐蚀应力（$\sigma$）和破裂的时间（$t_s$）间的关系可用方程表示为

$$\log t_s = a + b\sigma$$

式中　　$a$、$b$——常数。

显然应力增加应力腐蚀破裂速度加快。

冷加工变形和钢材成分对应力腐蚀破裂具有明显的影响。

3. 接头的脆化

Cr-Ni 纯奥氏体钢在固溶状态下具有优良的塑性。除了 TP347H/HFG、TP304H 以外，其余新型奥氏体耐热钢都含有众多提高其高温蠕变强度的沉淀强化元素。材料在高温运行过程中，这些元素逐渐以碳化物、氮化物或金属间化合物形式弥散析出，它们在强化材料的同时，明显降低材料的塑性和韧性。试验表明这类钢本身的时效脆化倾向是很大的。用这些钢材制成的锅炉部件，其运行温度恰好在这些钢 $\sigma$ 相析出的温度区。因此，在开发设计时就要考虑避免钢材因析出 $\sigma$ 相而脆化的倾向。焊缝金属也会有时效脆化的倾向，因此除了防止时效造成的脆化以外还需要防止 $\sigma$ 相脆化。焊接时如果焊接材料选择得正确，也就可以避免 $\sigma$ 相脆化的产生。

**（二）焊接新型奥氏体钢的工艺原则**

焊接新型奥氏体钢首先要克服的是焊接裂纹，在获得完整的焊接接头的情况下，还要避免接头发生应力腐蚀破裂和焊缝 $\sigma$ 相脆化的危险。因此，为了防止焊缝发生高温裂纹，只能采用降低焊接热输入、降低层间温度的工艺方法和工艺措施，也就是说，应尽量采用焊接热输入低的 TIG 焊接工艺以及确保层间温度低的短焊道和间断焊方法。对直径不大、管壁不厚的小直径管道的焊接，应采用全氩弧焊焊接。

熔敷金属只考虑选择采用和母材成分相同且杂质含量低的材料或采用镍基焊材如 Inconel 82 等焊材。

为了防止发生应力腐蚀破裂，需要确认施工过程以及随后的储存、运输、运行过程中是否存在氯离子，如果无法避免氯离子对焊接热影响区的污染，就需要进行焊后固溶处理，以消除焊接应力。此外，焊接和焊后热处理以后应避免进行冷作变形加工。

### 三、新型耐热钢的异种钢的焊接

**（一）异种钢的分类**

（1）9%～12%Cr 钢与其他低合金耐热钢焊接。

（2）9%Cr 钢与 12%Cr 钢的焊接。

（3）铁素体耐热钢与奥氏体不锈耐热钢焊接。

**（二）焊接材料的选择类型**

美国 AWS D10.8《管线·铬钼钢管焊接》和英国 BS2633《输送流体用铁素体钢管道工程的一级电弧焊规范》提供了一些指导性意见。在 AWS D10.8 中列举了四种可能的选择。

（1）焊缝成分与低合金钢一侧材料的成分一致（低匹配）。

（2）焊缝金属与高合金材料侧成分一致，用 9Cr-1Mo-V 合金系统焊材（高匹配）。

（3）焊缝金属取两种材料中间的成分如 5CrMo 或 9CrMo（中间匹配）。

（4）焊缝金属采用镍基合金焊材。

**（三）焊接材料选用的基本原则及规范**

（1）焊接材料选用的基本原则一般均偏向取低合金成分。

（2）BS2633 规范与基本原则相似，但建议涉及 P91 钢的异种钢焊接时，宜选用 9CrMo 焊材。

（3）AWSD 10.8 认为无须使用镍基，除非 P91 钢是与奥氏体不锈钢或镍基合金焊接。

另外，也可参照 DL/T 752《火力发电厂异种钢焊接技术规程》中相关规定。

（4）镍基合金的使用在一定程度上影响无损检测的范围。

**（四）焊接异种钢常见问题**

（1）靠近熔合线的焊缝金属出现的过渡层称为凝固过渡层。在通常的手工电弧焊情况下这个凝固过渡层的厚度在 $100\mu m$ 左右。

（2）由于熔合线两侧存在悬殊的成分差别，促使碳元素在焊后热处理或随后的加热过程中不断地从低合金侧向高合金侧迁移，使高合金侧增碳形成增碳层，低合金侧脱碳出现脱碳层。

（3）成分和组织不同的母材其线膨胀系数不同，使焊接的应力和变形比同种钢焊接时大，而且不可能用焊后热处理方法加以消除。

# 第四章 涂 层 防 护

## 第一节 涂层技术与分类

材料的特殊性能要求往往是发生在材料工作的表面。加上高性能结构材料的成本逐年上升，改善材料的表面性能，使材料表面具有多重功能已成为最为迫切的技术需求。涂层技术是将固体材料表面预处理后，通过表面覆盖涂层以获得所需要的表面性能的系统工程。其发展符合绿色再制造工程和可持续发展战略的需要。

按照涂层的工艺原理，涂层技术大致分为喷涂（热喷涂和冷喷涂）、堆焊、电镀和化学镀和气相沉积（溅射、物理气相沉淀 PVD、化学气相沉积 CVD），如图 4-1 所示。

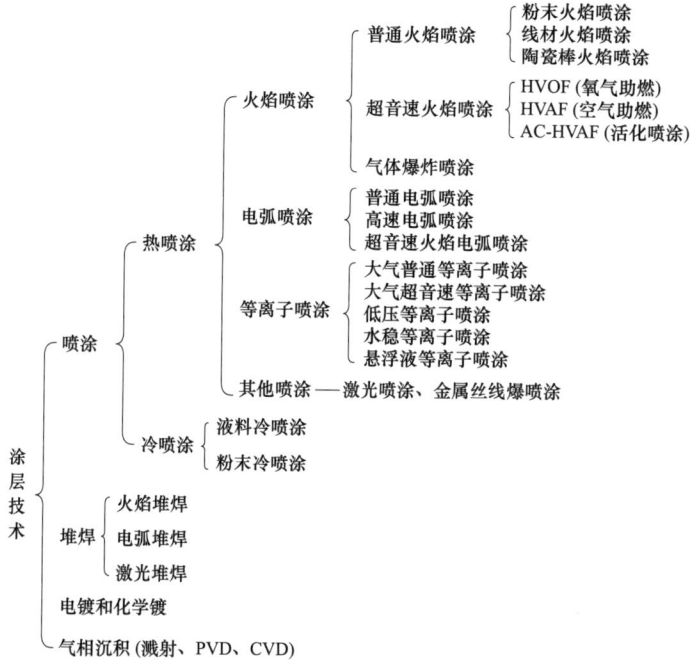

图 4-1 涂层技术分类

## 第二节 发电厂常用涂层技术

### 一、热喷涂技术

热喷涂技术采用的原材料极为广泛，纯金属、合金、陶瓷、金属-陶瓷、塑料等均可形成涂层，材料形式可以为粉末、丝材、棒材或悬浮液。采用的热源主要有火焰、电弧、等离子弧、激光等。材料送入热源后完成加热、雾化和加速过程，形成高温高速的粒子射流。大量

34

的熔融或半熔融粒子高速撞击经过预处理的基材表面，迅速冷却、变形并堆积形成热喷涂层。涂层的形成和结合机制如图4-2所示。

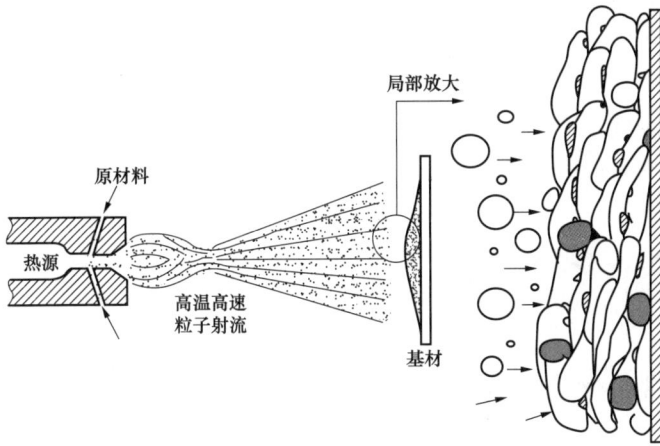

图4-2 涂层的形成和结合机制

基材表面预处理要求彻底去除表面的油污、氧化皮及其他附着物，并形成具有一定粗糙度的清洁、活化的表面。预处理工艺一般采用喷砂，辅助采用化学清洗。视具体情况也可采用机械拉毛、粗砂纸打磨等。

喷涂材料在热源中被迅速加热，并被热源的射流加速、雾化，以熔融或半熔融粒子的形态高速喷射到经预处理的基材表面。粒子撞击基材后发生变形、铺展和润湿，并以每秒百万摄氏度的速度迅速冷却、凝固，整个过程在数十微秒的极短时间完成，大量变形粒子堆垛形成涂层。

以在大气环境中进行的喷涂为例，高温、高速飞行的涂层材料粒子与氧气发生化学反应，在粒子表面形成氧化薄膜。大量粒子互相交错波浪形堆叠在一起而形成层状组织结构（如图4-3所示）。因此，热喷涂层是由变形颗粒、气孔和氧化物组成的复合结构。涂层的孔隙率（单位体积涂层内的气孔体积百分比）、氧化物含量取决于热源、材料及喷涂条件。

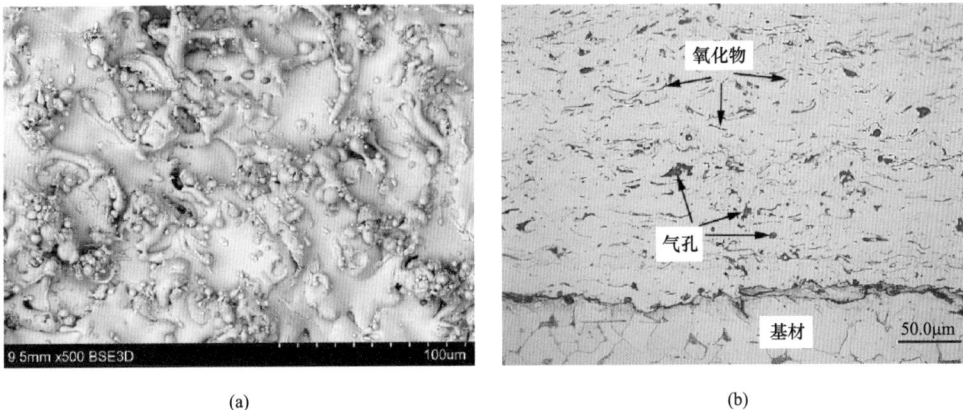

(a)

(b)

图4-3 涂层的断面微观组织

（a）自然表面；（b）横截面

涂层的结合包括涂层与基材表面的结合以及涂层粒子之间的内聚结合。涂层与基材表面的结合称为结合强度，涂层粒子之间的内聚结合称为内聚强度。一般情况两者没有显著分别，均以机械结合为主、兼有个别微小区域的冶金结合和物理结合机制。机械结合是变形、铺展成条状、薄片状的粒子紧贴在基材表面的凹凸点上，在冷凝收缩时紧咬住凸点（或称抛锚点）形成的一种结合机制（如图 4-4 所示）。微区冶金结合是高温的涂层粒子与基材表面形成微区扩散、合金化的一种结合机制，在结合面的某些微区可形成金属间化合物或固溶体。物理结合是分子间的范德华力形成的结合机制。

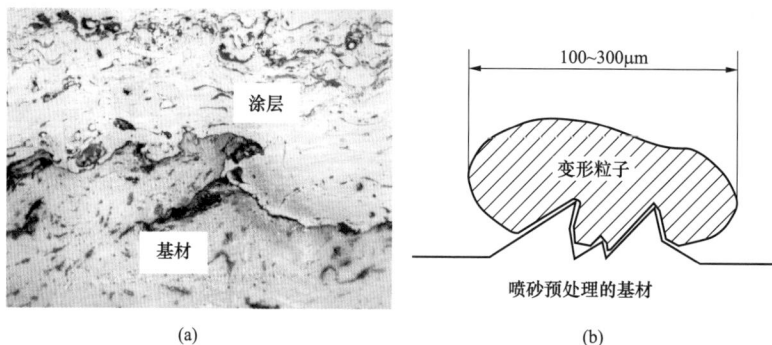

图 4-4　涂层与基材的结合机制

（a）结合面（200X）；（b）单粒子结合机制

热喷涂材料分类方法很多，按化学成分分为金属与合金、陶瓷、金属陶瓷、塑料等；按性能分为防腐材料、耐磨材料、抗高温材料、减摩材料及其他功能材料；按形态分为粉末、线材和棒材，如图 4-5 所示。由于除金属材料外大多数材料难以拉拔成为丝材，所以多数热喷涂材料为粉末形态。其中复合线材类似于药芯焊丝，扩展了线材的应用范围。

超音速火焰喷涂也称为高速氧燃料喷涂（HVOF），是近 30 年得到快速发展的先进热喷涂技术。1991 年美国 TAFA 公司推出 JP-5000 型超音速火焰喷涂系统，成为经典的 HVOF 枪型，如图 4-6 所示。该系统使用液体煤油作为燃料，相比气体燃料提高了安全性；以压缩氧气助燃，非常适合于喷涂金属陶瓷类粉末材料。例如喷涂 WC-Co 金属陶瓷涂层硬度高达 1200HV 以上，具有优异的耐磨性能，涂层致密度高，经磨制后可达光亮镜面，在绝大多数场合可替代电镀硬铬工艺。

超音速火焰喷涂能够产生速度高达 1000m/s 以上的高温高速粒子射流，极大地提高了飞行粒子的动能和减少了其在空气中的滞留时间，涂层氧化物夹杂含量显著降低，致密度（孔隙率低于 2%）和结合强度（可达 90MPa 以上）显著提高。HVOF 工艺制备碳化物金属陶瓷涂层可用于电站锅炉水冷壁严重磨损区域、引风机叶片、汽轮机末级叶片以及各种轴颈的表面抗磨强化，如图 4-7 所示。

电弧喷涂利用成一定夹角、连续送进的 2 根丝材作为电极，电极接触的端部产生持续燃烧的电弧（DC 18-40V），用压缩空气将电弧区熔化的材料进行雾化和加速，喷向经过预处理的工件表面形成涂层，如图 4-8 所示。

电弧喷涂设备主要包括喷枪以及与电源集成在一起的控制面板和送丝机构。压缩空气是对液态金属进行雾化和加速的主要动力来源，通常在压缩空气入口处安装拉瓦尔喷管，在入

热喷涂材料

粉末
- 金属
  - 纯金属：Zn、Al、Fe、Cu、Ni、Co、W、Mo、Ta、Nb等
  - 合金
    - 铁基合金：碳钢、工具钢、轴承钢、不锈钢、合金钢、Fe–Ni、FeCrBSi、FeCrAlY
    - 铜基合金：黄铜、铝青铜、镍铝青铜、锡青铜、硅青铜、铜镍合金
    - 镍基合金：Ni–Cr、NiCrFe、NiCrAl、NiCrFeAl、NiCrSi、NiCrMoFe、Ni–Al、NiCrAlY、NiTi、NiCrTi、Ni–Cu
    - 钴基合金：CoCrWC、CoCrMoNiFe、CoCrAlY
    - 铝合金：Zn–Al、Al–Si、Al–Mg
    - 其他金属合金
  - 自熔性合金
    - Ni基自熔合金：NiCrBSi、NiBSi、NiCrBSi＋Mo、Cu、WC等
    - Co基自熔合金：CoCrWB、CoCrBSi、CoCrWBNi
    - Fe基自熔合金：FeNiCrBSi
    - Cu基自熔剂合金
- 陶瓷
  - 金属氧化物
    - Al系：$Al_2O_3$、$Al_2O_3 \cdot SiO_2$、$Al_2O_3 \cdot MgO$
    - Ti系：$TiO_2$
    - Zr系：$ZrO_2$、$ZrO_2 \cdot SiO_2$、$Y_2O_3–ZrO_2$、$CaO–ZrO_2$、$MgO–ZrO_2$
    - Cr系：$Cr_2O_3$、$Cr_2O_3–TiO_2$
    - 其他氧化物：BeO、$SiO_2$、MgO
  - 金属碳化物及硼氮硅化物
    - WC、$W_2C$、TiC
    - $Cr_3C_2$和$Cr_{23}C_6$
    - $B_4C$、SiC、VC
- 复合物
  - 包覆粉：Ni包Al、Ni包金属及合金、Ni包陶瓷、Ni包有机材料
  - 团聚粉：金属＋合金；金属＋自熔性合金、WC或WC–Co＋金属及合金；WC或WC–Co＋自熔合金＋包覆粉、氧化物＋金属及合金；氧化物＋包覆粉；氧化物＋氧化物
  - 烧结粉：碳化物＋自熔合金、WC–Co
  - 机械混合：Ni/Al＋陶瓷、Ni/Al＋合金粉
- 塑料
  - 热塑性粉末：聚乙烯、尼龙、聚苯硫醚
  - 热固性粉末：环氧树脂

线材
- 金属线材：Zn、Al、Cu、Ni、Mo、Sn、Ti、Ti–Ni、Ti–6Al–4V、Zn–Al、Al–Re、Cu–Zn、Cu–Al、Cu–Ni、Cu–Sn、Pb–Sn、Pb–Sn–Sb（巴氏合金）、Fe–Cr、不锈钢、Fe–Cr–Al、Ni–Cr–Al、Ni–Cr–Fe、Ni–Cu–Fe（蒙乃尔合金）
- 复合线材：铝包镍、镍包铝、金属包碳化物、金属包氧化物、塑料包金属、塑料包陶瓷、金属有机物复合软丝

棒材：$Al_2O_3$、$TiO_2$、$Cr_2O_3$、$Al_2O_3＋SiO_2$、$SiO_2$、$ZrO_2$

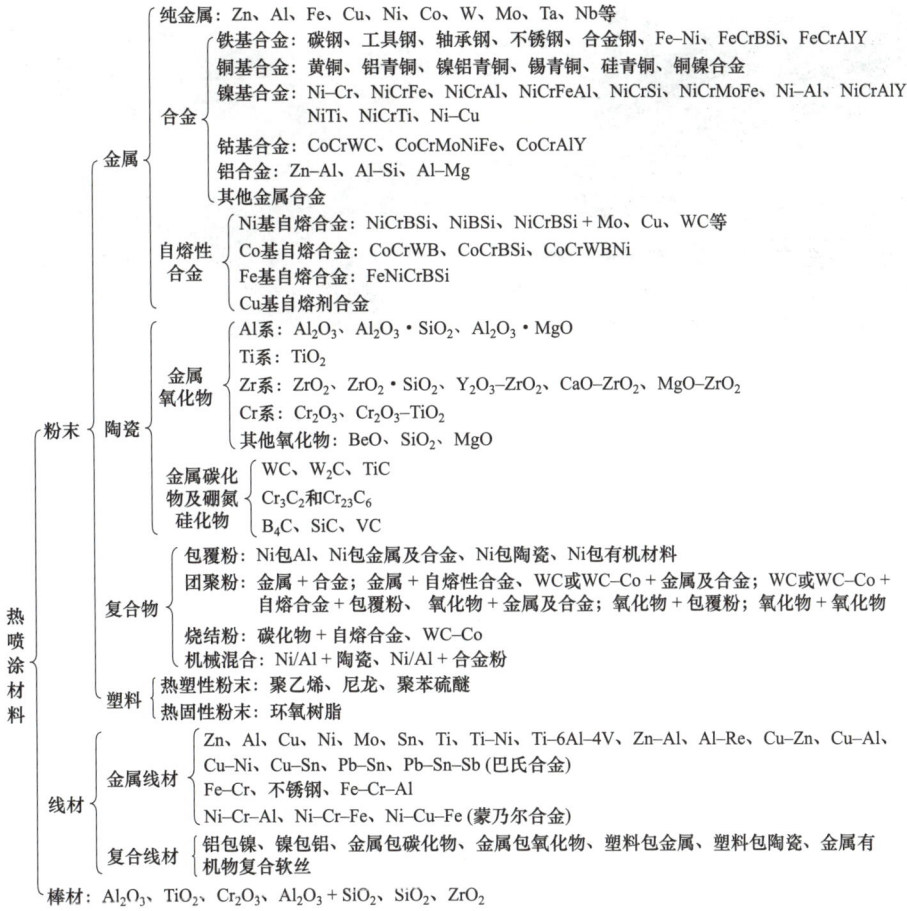

图 4–5　热喷涂材料的分类

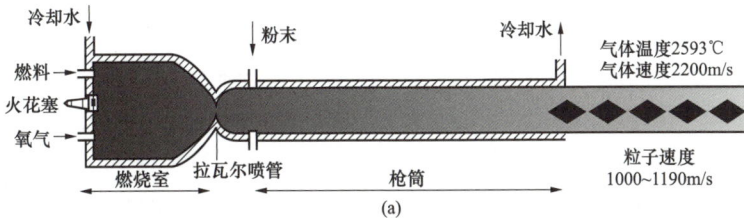

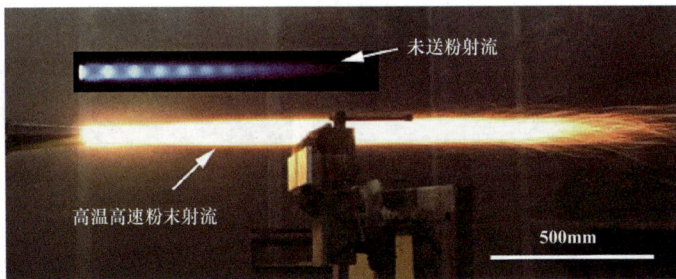

冷却水　燃料　火花塞　氧气　燃烧室　拉瓦尔喷管　粉末　枪筒　冷却水　气体温度2593℃　气体速度2200m/s　粒子速度1000~1190m/s

(a)

未送粉射流

高温高速粉末射流

500mm

(b)

图 4–6　超音速火焰喷涂原理

（a）设计结构图；（b）高温高速射流

(a)                    (b)

图 4-7  超音速火焰喷涂的应用

（a）磨抛后的印刷辊；（b）汽轮机末级叶片

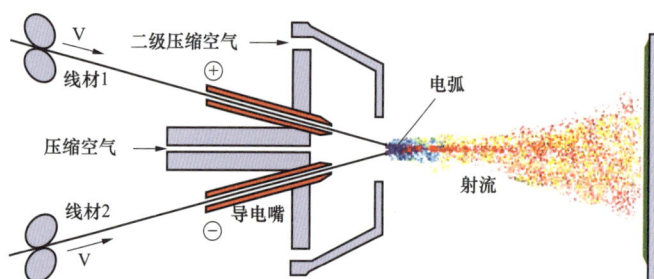

图 4-8  电弧喷涂原理

口气压大于设计值时，可获得超音速气流，提高雾化效果和射流速度，通常称为超音速电弧喷涂。由于电弧喷涂设备及工艺简单、现场适应性好、生产效率高，在对涂层质量要求不高的工况下获得了广泛的应用。

影响涂层质量的主要因素包括线材特性、电弧电压和电流、压缩空气以及喷涂距离。常规超音速电弧喷涂制备的涂层氧化物夹杂含量较高，结合强度为 25～35MPa。为了进一步提高雾化和加速效果，获得粒径细小、飞行速度高的射流，美国 TAFA 公司近年来成功设计出采用超音速火焰代替压缩空气进行雾化和加速的 HVAF-ARC300 型超音速电弧喷涂系统。其采用气冷式环形燃烧室兼加速器，喷射速度可达 800m/s，制备的合金涂层结合强度可超过 60MPa，如图 4-9 所示。国电锅炉压力容器检验中心购置了该系统并可进行现场技术服务。

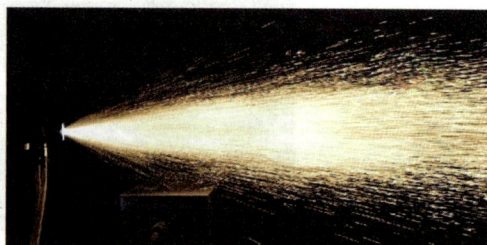

(a)                    (b)

图 4-9  超音速火焰电弧射流

（a）未送丝的超音速射流；（b）粒子流

## 二、纳米陶瓷涂层技术

一般金属及合金材料不具有防结渣性能，锅检中心开发了新型纳米陶瓷涂层技术，可显著降低机组结渣，并具有优异的抗高温腐蚀性能。电站锅炉进行低氮燃烧改造后，在水冷壁的燃烧器与燃尽风之间的区域形成高浓度的 $CO$、$H_2S$ 等还原性贴壁气氛。由于氧含量极低，传统的抗氧化钢材、电弧喷涂的高 Cr 合金涂层等均无法在表面形成连续、致密的氧化物薄膜，防腐蚀性能降低。

纳米陶瓷涂层主要成分为水基溶液+分散剂+黏结剂+纳米陶瓷（$B_4C$+BN+SiC+$SiO_2$），采用悬浮液为喷涂材料，涂层施工工艺过程主要包括管子表面喷砂–冷喷涂–涂层干燥（晾置 12～24h），如图 4-10 所示。涂层厚度为 0.05～0.15mm，在锅炉启动过程中，涂层发生陶瓷化反应。由于涂层与高温熔融态飞灰之间的润湿性差，飞灰在凝固过程中易脱落，所以涂层具有优良的抗结渣性能；陶瓷涂层的化学惰性强，抗还原性气氛腐蚀性能显著提高。对于烟气冲刷的适用性有待于进一步改进和提高。

图 4-10　纳米陶瓷涂层现场应用

## 三、堆焊涂层技术

在严重冲刷作用下，纳米陶瓷涂层由于厚度薄（约 0.1mm）防护效果差，而电弧喷涂涂层由于与基材结合强度低（0.5mm，<40MPa）易出现早期剥落失效，超音速火焰喷涂可获得优质涂层但施工价格高（>8000 元/m²）。因此，开发了全自动化电弧堆焊技术，在受热面管表面制备 1.5～2.5mm 的焊接合金涂层，以较低成本有效地解决了涂层剥落失效问题。

电弧堆焊技术采用自动控制的二维行走机架，夹持多把 MIG 焊枪，沿经过喷砂清理的锅炉受热面管进行小电流堆焊，如图 4-11 所示。根据磨损和腐蚀情况，一般选择与基材成分相同的丝材或不锈钢、镍基合金等耐蚀丝材。由于焊接的热输入大，在进行较大范围的炉管堆焊前，为准确预测焊接变形，需进行有限元模拟计算，优化焊接次序和参数，确保锅炉结构安全。

图 4-11  自动化电弧堆焊现场应用

# 第三节  涂层防护项目的质量控制

## 一、概述

涂层防护效果依赖于基材表面预处理（喷砂）质量、涂层材料以及形成涂层的工艺过程。可用于电站锅炉水冷壁防腐、耐磨在线施工的涂层技术，见表 4-1。

目前热喷涂涂层剥落是水冷壁防护失效的主要原因之一。由于焊接涂层与管基材形成牢固的冶金结合，涂层较厚且致密，通常其防护寿命高于其他两者。不推荐采用氧—乙炔喷焊和等离子熔覆技术进行水冷壁在线涂覆施工。

表 4-1　　　　　　　　　电站锅炉水冷壁防腐、耐磨在线施工的涂层技术

| 技术分类 | | 常用防腐蚀材料 | 预处理 | 涂层特性（在线施工） | | |
|---|---|---|---|---|---|---|
| | | | | 厚度（mm） | 孔隙率（%） | 结合强度（MPa） |
| 堆焊 | 电弧堆焊 | 不锈钢丝、镍基合金丝等 | 喷砂 Sa2.5 级 | 1～2 | 0 | 冶金结合 |
| 热喷涂 | 超音速电弧喷涂* | 镍基合金丝（如 PS45**）、金属—陶瓷复合粉芯丝等 | 喷砂 Sa3 级 | 0.3～0.6 | 3～6 | 20～40 |
| | 超音速火焰喷涂 | 金属—陶瓷复合粉末（如 WC–Co、$Cr_3C_2$–NiCr 等 | 喷砂 Sa3 级 | 0.2～0.3 | 2～4 | 50～70 |
| 冷喷涂 | 纳米陶瓷涂层 | 水基浆料 | 喷砂 Sa3 级 | 0.08～0.15 | 0 | — |

*　新型超音速火焰—电弧喷涂工艺可提高结合强度到 40MPa 以上；

**　PS45 为 Ni 基合金丝材牌号，Cr 含量最高可达 45%，防腐蚀性能良好。

## 二、施工单位

（1）施工单位应具有专业配置齐全、结构合理、数量足够的施工队伍以及健全的安全、

质量保证体系。

（2）施工单位在项目开始前应提交施工方案或作业指导书。主要内容应包括项目人员、材料及设备清单，人员简历和有关专业培训证书，各施工环节的操作步骤和质量保证方案。

（3）对于电弧堆焊，为避免水冷壁塑性变形破坏，施工前必须提交单独的堆焊工艺造成水冷壁应力变形的计算机有限元模拟分析报告，并在此基础上制定合理的施工参数和堆焊顺序。

### 三、施工人员

1. 技术负责人

技术负责人应为大专以上学历，具有金属材料或焊接相关专业知识背景。主要负责编写作业指导书，监督检查预处理、涂覆中及后处理各环节的工作质量，并记录相关检测数据。

2. 预处理（喷砂）作业人员

作业人员应经过喷砂专业技能培训。

3. 电弧堆焊/热喷涂/冷喷涂作业人员

电弧堆焊作业人员应经过堆焊专业技能培训，并持有电力行业焊工证书；热喷涂及冷喷涂作业人员应经过热喷涂专业技能培训。

### 四、施工设备

（1）堆焊设备应采用可移动的、具有弧长跟踪调控功能的自动化焊接设备。为保证焊接过程稳定性和涂层质量，推荐使用经检测认证的设备。

（2）热喷涂应采用超音速喷涂设备以提高涂层性能，如采用超音速电弧喷涂、超音速火焰喷涂、超音速火焰–电弧喷涂等。

（3）冷喷涂应采用雾化颗粒细小、喷雾流量均一稳定的喷枪；应配备液体浆料自动搅拌装置，做到边搅拌、边喷涂。

### 五、施工质量控制要求

#### （一）表面预处理

（1）喷砂前应对喷砂施工条件进行检查和确认，包括劳保用品及现场安全条件、砂料粒度和数量、喷砂枪出口处压缩空气压力、油水分离器及其有效性等。

（2）热喷涂的喷砂处理应采用带有尖锐棱角的石英砂，喷砂工艺应采用二步法：首先采用粗粒度砂料（如 10～14 号）去除水冷壁表面的渣/焦、油污和厚氧化皮等，然后采用较细粒度的砂料进行表面粗化。

（3）热喷涂的喷砂处理后的表面清洁度和粗糙度须达到 Sa 3 级。

（4）电弧堆焊可以使用喷砂或喷丸预处理。电弧堆焊的表面预处理应去除金属基体表面异物，对表面粗糙度没有要求。进行电弧堆焊的管子壁厚不应小于 3mm。

#### （二）涂层材料

（1）施工单位应提交涂层材料以及过渡涂层材料（如有）的质量证明书，明确材料化学组成、规格数量、产品供应商以及生产日期。

（2）发电厂应做好涂层材料的现场抽样检查工作。

（3）在还原性的锅炉燃烧气氛（低氧含量）中，电弧喷涂的 PS45 等高 Cr 含量合金层由于涂层界面结合强度低，且涂层含孔隙导致防腐蚀性能降低。推荐采用超音速火焰喷涂或与基材冶金结合的电弧堆焊涂层或惰性的纳米陶瓷涂层获得更好的防腐蚀效果。

（4）为提高热喷涂涂层与基材的结合强度，热喷涂工艺应在喷砂粗化后首先喷涂过渡涂层。过渡涂层一般可选择 Ni–Al 复合丝材或粉末，厚度一般为 0.08～0.12mm。

### （三）涂覆工艺过程

1. 电弧堆焊工艺控制

（1）应选用直径为 1.0mm 或 1.2mm 的焊丝，以小线能量施焊，尽量减小热输入，控制水冷壁变形。在条件许可的情况下，推荐使用管内水冷却工艺，降低焊接变形。

（2）应严格执行作业指导书的堆焊顺序，并采用立向下堆焊，改善焊道成形。

（3）堆焊设备应随水冷壁表面高低变化进行高灵敏度的弧长自动调节，以获得稳定的焊接参数和良好的堆焊层质量。

（4）水冷壁管与鳍片应分别采用不同的堆焊工艺参数。

（5）电弧堆焊稀释率（被熔化的母材占焊缝金属的体积百分比）应控制在 5%～10%。

2. 热喷涂/冷喷涂工艺控制

（1）应采用经过优化的工艺参数进行热喷涂施工。由于喷涂设备设计结构有差异，不同厂家的涂层材料工艺适应性不同，有必要对同一批次的涂层材料和特定的喷涂设备进行一组或几组不同工艺参数的喷涂试验，检测涂层厚度、结合强度和孔隙率，并筛选获得优化的工艺参数。

（2）喷涂过程中，喷枪的移动轨迹应有序推进（例如从左至右，从上至下）；为避免基材过热应适当提高喷枪移动速度；喷涂距离应和其他工艺参数相配合，超音速电弧喷涂一般为 150～180mm，超音速火焰喷涂一般为 200～300mm。

（3）每完成 1～2 遍喷涂，应采用基于电磁原理涂层厚度测试仪检测涂层厚度。

（4）应配备足够数量的易损件及其他备品件（如电弧喷涂的导电嘴、超音速火焰喷涂的枪管等），避免喷涂过程由于射流束失稳或暂停时间过长造成涂层质量问题。

### （四）热喷涂工艺的后处理

（1）热喷涂层由于内部存在孔隙，在防腐蚀应用时一般应进行封闭孔隙的后处理。

（2）封孔剂一般应选择耐高温专用的有机硅添加铝粉（JC 型 A、B 组分），如 LG–3 耐高温有机硅封孔剂等。

（3）可采用手工涂刷、滚刷、气喷涂等方法，为保证封孔质量，一般应进行 2～3 次封孔。

## 六、质量监督和验收检验

### （一）审核施工单位相关资料

应对施工单位的业绩、人员素质、人员持证情况、设备和工器具、施工方案或作业指导书进行核查，确认相关事项符合本导则要求以及合同约定。

### （二）涂层材料抽验

在施工开始前及施工过程中，应对涂层材料进行随机抽样检验。一般取样质量丝材需 2～3kg，粉末材料需 30～50g，液体浆料需 80～100g。随机抽样检验发现材料质量问题时，应立即停止施工，并确定已完成涂层的处理方案。

**（三）施工前喷涂试样**

在施工开始前，施工单位应在发电企业监督下，采用与正式施工相同的涂层材料及工艺参数制备涂层样品，每台涂覆设备和每个操作人员各不少于 1 个试样。

**（四）施工过程监督**

（1）基材表面预处理（喷砂）完毕后，施工单位应根据要求进行表面清洁度和粗糙度自检，确认合格后及时通知发电企业进行检查确认，获得认可后方可进行下一步工作。

（2）涂覆作业完成后，施工单位应进行涂层厚度和化学成分自检，确认合格后及时通知发电企业进行检查确认，获得认可后方可进行下一步工作。涂层厚度检验应符合 GB/T 11374《热喷涂涂层厚度的无损测量方法》要求，对厚度测量结果有争议时，可采用断面显微测量法检测涂层厚度，涂层厚度不应超过合同约定值以及表 4-1 的推荐值。可依据 DL/T 991《电力设备金属光谱分析技术导则》对涂层进行化学成分检验。

**（五）外观检验**

热喷涂和冷喷涂涂层表面应色泽均一、颗粒细小、无起皮、鼓泡、大熔滴、裂纹、剥落及其他影响涂层使用的缺陷。电弧堆焊涂层不能有裂纹和未搭接缺陷。

**（六）涂层缺陷处理**

涂层出现缺陷的部位应依据严重程度，进行补充喷涂/堆焊或重新喷砂后进行喷涂。根据缺陷情况，也可能需要局部割管换管后进行喷砂或堆焊。

**（七）运行后涂层的检查**

一般应要求涂层防护寿命不小于 3 年。对水冷壁高温腐蚀区域的涂层应坚持"逢停必检"，对出现涂层剥落、破损的区域应视情况进行处理。

## 七、技术资料管理

以下技术资料应归档。
（1）施工单位人员培训证书复印件。
（2）施工单位业绩材料。
（3）涂层材料质量证明书。
（4）涂层材料检验报告。
（5）涂层试样检验报告。
（6）施工过程监督资料。
（7）项目竣工验收单。
（8）质量验收资料。

# 第五章　金属监督部件常用检验方法

## 第一节　金　相　检　验

金相组织分析的目的在于通过材料的微观组织结构来解释材料的宏观性能，是对材料的组元、成分、结构特征以及材料组织形貌或缺陷等进行观察和分析的过程，在不同层面上研究材料的微观组织，借助于不同的分析方法和设备，如金相显微镜、扫描电子显微镜和透射电子显微镜，甚至高分辨率电子显微镜和原子力电子显微镜等大型现代化精密设备来观察与分析。

金属材料的宏观组织主要是指肉眼或低倍（≤50倍）下所见的组织。宏观分析的优点是方法简便易行，观察区域大，可以纵观全貌。它的不足之处是人眼分辨率有限，缺乏洞察细微的能力，这就促使人们找寻新的工具和手段，突破视觉的生理界限，逐步发展微观组织分析方法。

金属材料的显微组织是指在放大倍数较高的金相显微镜下观察到的组织。光学显微镜用于金相分析已有一百多年的历史，比较成熟，目前仍是生产检验的主要工具。它的最大分辨率在 $0.2\mu m$ 左右，使用放大倍数一般小于 2000 倍。

电子显微组织分析是利用电子显微镜来观察分析材料组织的方法，其放大倍数和分辨率较金相显微镜更大，可达几十万倍，甚至可观察到材料表面的原子像。

金相分析技术是研究材料微观组织的最基本、最常用的技术，它在提高材料内在质量的研究，在新材料、新工艺、新产品的研究开发和产品检验、失效分析、优化工艺等方面应用最广。随着计算机技术与数字技术的发展，为金相技术提供了更快、更有效的方法与设备。

### 一、宏观（低倍）分析方法

宏观分析是常用的检验方法，主要用于检查原材料或零件的宏观质量，评定各种宏观缺陷，检验工艺过程和进行失效分析。

宏观分析一般可包括下述内容：

（1）铸态的结晶组织。如各层晶带（柱晶带、等轴晶带）、晶粒形状（如树枝晶）及晶粒大小等。

（2）某些元素的宏观偏析，如钢中硫、磷的偏析等。

（3）压力加工所形成的流线、纤维组织及粗晶区（如铝合金中的粗晶环）等，热处理零件的淬硬层、渗碳层及脱碳层等。

（4）金属铸件凝固时形成的缩孔、疏松、气泡；各种焊接缺陷、白点、夹杂物以及各种裂纹等。

（5）断口的其他宏观缺陷及特征。宏观检验的方法很多，如热蚀试验、冷蚀试验、硫印试验、断口检验和塔形车削发纹检验等。不少已有标准规定，可供查考。几种常用宏观浸蚀剂见表5–1。

表 5-1                                 几种常见宏观浸蚀剂

| 序号 | 浸蚀剂成分 | 浸蚀条件 | 适用范围 | 备注 |
|---|---|---|---|---|
| 1 | 50mL 蒸馏水、50mL 盐酸（浓度可变） | 5～30min、65～80℃ | 碳钢和合金钢，检验组织和偏析 | |
| 2 | 90mL 酒精、10mL 硝酸（浓度可变） | 1～5min | 铁和钢，检验增碳或脱碳层，偏析 | Nital 试剂 |
| 3 | 10～15g 过硫酸铵、100mL 蒸馏水 | 2～10min | 碳钢和低合金钢，或与 2 号试剂共用 | |
| 4 | 120mL 蒸馏水、20g 氯钢酸铵、50mL 盐酸、25mL 硫酸钢饱和水溶液 | 2～10min 几秒到几分钟 | 低碳钢，检验磷偏析，焊缝区域组织，纤维方向奥氏体钢和耐热钢 | Heyn 试剂 Marble 试剂 |
| 5 | 15%～20%盐酸水溶液 | 电压 20V，电流密度 0.1～1A/cm²，5～30min | 碳钢和合金钢 | |
| 6 | 120mL 蒸馏水、30mL 盐酸、10g 氯化铁（浓度可变） | 几分钟 | 铜及铜合金 | |

## 二、热蚀试验（热酸试验法）

钢的热酸试验法见 GB 226《钢的低倍组织及缺陷酸蚀检验法》，其中对试样的制备及试验方法已有明确规定。一般应根据检验目的，确定有代表性的部位及检查面，加工粗糙度应不大于 1.6μm，试样在截取及加工过程中，应注意防止造成假象。

钢材热蚀试验最常用的试剂是 50%（体积）的盐酸水溶液，加热至（70±5）℃，进行热蚀的时间因钢材成分、状态、表面光洁度、检验目的及溶液的新旧程度等不同而异，一般情况时间要偏短一些，不要过度浸蚀。

试验结果的评定，对结构钢的低倍组织可参考 GB/T 1979《结构钢低倍组织缺陷评级图》进行。

实践证明，热酸法酸的损耗多，操作条件差，劳动强度大，试样浸蚀程度不一致，使低倍试验工作存在一定的困难。

有的工厂采用电蚀试验法，以低电压大电流电解腐蚀钢的低倍试样。取得良好效果。电蚀法采用 15%～20%（体积百分比）盐酸水溶液，在室温进行，试样放在两块电极板中间，电极板用普通碳钢板，选用电流密度约为 0.01A/mm²，时间为 5～15min。

## 三、冷蚀试验

冷蚀试验是在室温进行的酸蚀试验，作用较热蚀法缓和，多用于截面较大，不便于作热蚀的钢材切片及已加工成形的零件的检验。

冷蚀试剂的种类很多，可按具体要求参考有关手册选用。表 5-2 仅列举两种用于一般钢材的冷蚀试剂。

表 5-2　　　　　　　　　　两种冷蚀试剂的配方及工作条件

| 序号 | 组　　成 | 工作条件 | 应用范围 |
|---|---|---|---|
| 1 | （1）过硫酸铵：15g；<br>水：85mL；<br>（2）硝酸：10mL；<br>水：90mL | 室温下可单独使用，或先用（1）试剂擦拭 10min，再用（2）试剂擦拭 10min | 显示碳钢、低中合金钢的低倍组织夹杂物、发纹、裂纹、白点等缺陷，以及上述钢材的焊缝低倍组织及缺陷 |
| 2 | （1）盐酸：500mL；<br>（2）硫酸：35mL；<br>（3）硫酸钢：150g | 在浸蚀过程中，用毛刷不断擦拭试样表面，去除表面沉淀物 | 碳钢、合金钢 |

## 四、硫印试验

硫在钢中以硫化物形式存在，用硫印方法可以显示钢材整个截面上硫的分布情况和浓度高低。

硫印操作方法是：将印相纸先在 2%～5%的硫酸水溶液中浸润，然后以此印相纸的药面紧贴在磨光（1.6μm）去油的试样表面上，经 5 分钟左右后揭下，用清水冲洗，再定影、冲洗和烘干，然后按相纸上的棕色斑点，评定钢中硫化物的分布及含硫量高低。

形成棕色硫化银斑点的反应过程如下：

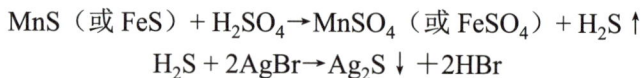

$$MnS（或 FeS）+ H_2SO_4 \rightarrow MnSO_4（或 FeSO_4）+ H_2S \uparrow$$

$$H_2S + 2AgBr \rightarrow Ag_2S \downarrow + 2HBr$$

因此，照相纸上出现棕色斑点处便是钢中存在硫化物的地方。

硫印法尚无统一标准，一般根据斑点数量、大小、色泽深浅及分布均匀性等评定。主要用于碳钢及低、中合金钢件。

## 五、显微硬度

硬度测定是机械性能测定中最简便的一种方法。用小的载荷使压痕尺寸缩小到显微尺度以内，就称为显微硬度测定法。

显微硬度广泛用于测定合金中各组成相的硬度，如研究钢铁、有色金属以及硬质合金中各组成相的性能。

显微硬度还可研究扩散层的性能，如渗碳层、氮化层以及金属扩散层等，也可用来研究金属表层受机械加工、热加工的影响。

由于显微硬度对于化学成分不均匀的相具有较敏感的鉴定能力，故常用于研究晶粒内部的不均匀性（偏析）等。

测量显微硬度时，试样需经磨平、抛光与浸蚀。测试可以用金相显微镜的显微硬度附件或在专门的显微硬度计上进行。采用的压头形式有两种，如图 5-1 所示。

两种显微硬度的特点比较见表 5-3，两种显微硬度的压痕尺寸如图 5-2 所示。

HV 与 HK 的数值可以换算。在相同负荷下，HK 的压痕比较浅，更适于测定薄层的硬度以及由表层过渡到心部的硬度分布。

显微硬度测定中的主要缺点是测量结果的精确性、重演性和可比性较差。同一材料、不同仪器、不同试验人员往往会测得不同结果。即使同一材料，同一试验人员在同一仪器上测量，如果选取载荷不同，结果误差也较大，难以进行比较。为了找出上述问题的原因，曾进

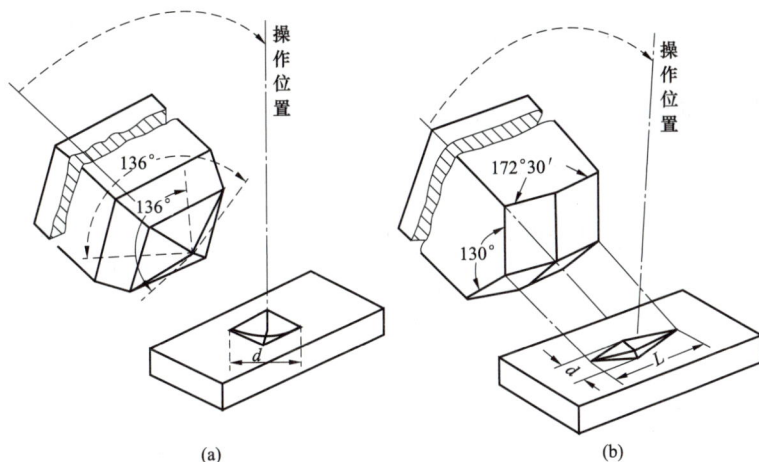

图 5-1　显微硬度计压头形式

（a）维氏（Vickers）HV；（b）努氏（Knoop）HK

表 5-3　　　　　　　　　　两种显微硬度的特点比较

| HV（维氏） | HK（努氏） |
| --- | --- |
| 金刚锥方形压头：<br>相对面夹角为 136°，相对边夹角为 148°6′20″，压痕深度为 $t\sim\dfrac{d}{7}$<br>计算式为<br>$$HV=\dfrac{1854.4\times P}{d^2}$$<br>式中　$P$——负荷，g；<br>　　　$d$——压痕对角线长，μm | 金刚锭菱形压头：<br>长边夹角为 172°30′，短边夹角为 130°，压痕深度为 $t\sim\dfrac{L}{30}$<br>计算式为<br>$$HK=\dfrac{14\,220\times P}{L^2}$$<br>式中　$L$——压痕对角线长，μm |

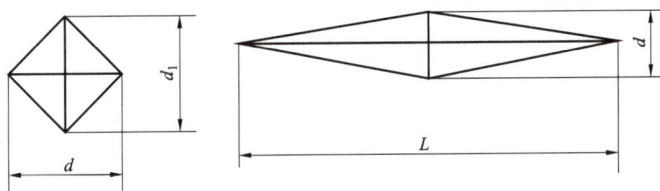

图 5-2　两种显微硬度的压痕尺寸

注：$L$、$d$、$d_1$——压痕对角线尺寸，μm。

行大量的研究工作，认为影响显微硬度精确性的因素中除了仪器本身精度、试样制备优劣、样品成分组织、结构的均匀性以及测试方法的误差以外，最主要的是在小负荷下载荷与压痕不遵守几何相似定律。

例如，宏观维氏硬度测定时应用的公式是建立在"硬度与负荷无关"的几何相似定律，即

$$HV=1854.4\frac{P}{d^2}$$

基础之上的。它在 10～100kg 载荷下试验得到证实，然而在很小载荷（1～1000g）下试验表明，几何相似定律不再适用。同一试样用不同载荷测得的显微硬度值不同。因此有人建议用

压痕直径分别为 5、10、20μm 时的标准压痕直径显微硬度值 H5μm、 H10μm 和 H20μm 来表示。

例如，含 3.8% Si 的 Fe-Si 固溶体，用不同载荷测得其硬度见表 5-4。

表 5-4　　　　　　　　不同载荷测得其硬度（含 3.8%Si 的 Fe-Si 固溶体）

| 载荷（kg） | 压痕对角线长 d（μm） | $d^2$（μm²） | 显微硬度值 HV（kg/mm²） |
|---|---|---|---|
| 1 | 2.26 | 5.1 | 361 |
| 2 | 3.24 | 10.5 | 354 |
| 5 | 5.21 | 27.2 | 341 |
| 10 | 7.61 | 58.0 | 320 |
| 25 | 12.13 | 147 | 316 |
| 50 | 17.5 | 306 | 303 |
| 100 | 25.1 | 630 | 295 |

再作出压痕对角线长 d 与显微硬度 $H_m$ 的曲线，如图 5-3 所示。由图 5-3 可求得 H5μm=342kg/mm²，H10μm = 315kg/mm²，H20μm = 300kg/mm²。

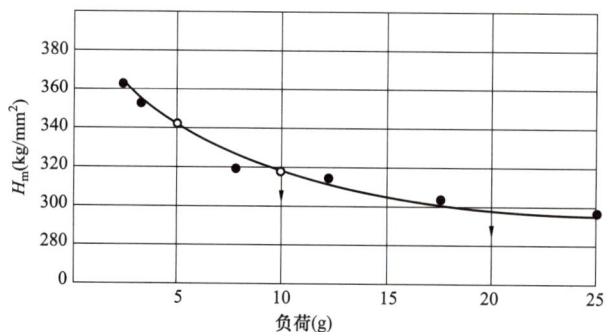

图 5-3　Fe-Si 合金压痕对角线长 d 与显微硬度 $H_m$ 的关系

可见为了测定标准显微硬度先要测一系列不同载荷的硬度值，而 d-$H_m$ 曲线是双曲线型，用双对数坐标可整理成直线，使用比较方便。

最近有人通过系统试验研究提出以 1g 载荷测出的 $H_m$ 作为被测物的常量显微硬度值。

虽然测定组成相的标准显微硬度不是很方便，但在选定载荷下测定各相的相对显微硬度进行比较，还是简便可取的方法。

# 第二节　力　学　检　验

## 一、强度

强度是指金属在外力（静载荷）作用下，抵抗永久变形或破坏的能力。

金属材料在拉伸试验时产生的屈服现象是开始产生宏观塑性变形的一种标志。由于部件在实际使用过程中大都处于弹性变形状态，不允许产生微量塑性变形，所以出现屈服现象就标志着产生了过量塑性变形失效。

具有屈服强度的拉伸曲线如图 5–4 所示。

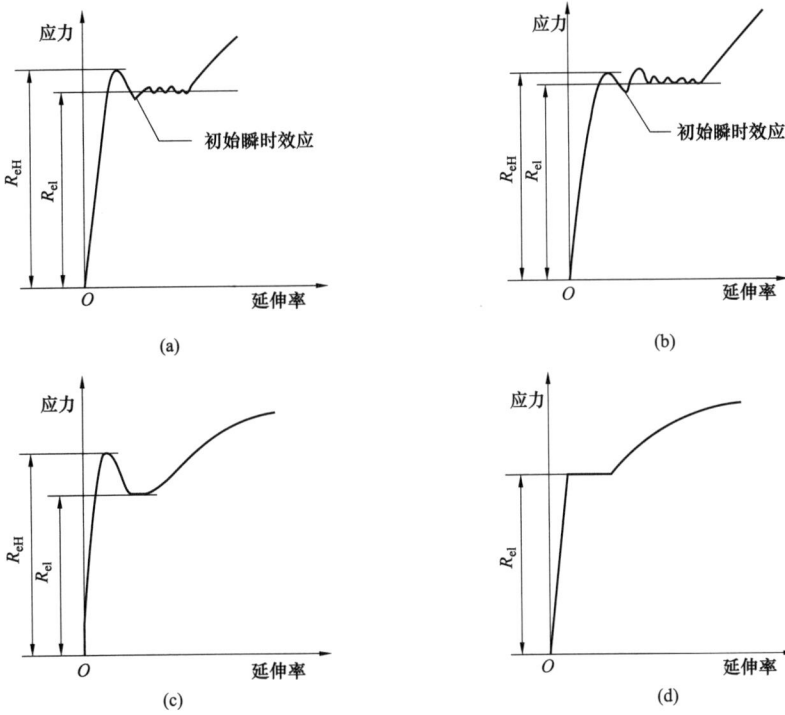

图 5–4　具有屈服强度的拉伸曲线

（a）曲线 1；（b）曲线 2；（c）曲线 3；（d）曲线 4

注：$R_{eH}$——上屈服强度；

$R_{el}$——下屈服强度。

## 二、塑性

塑性是指金属在外力作用下，抵抗永久变形而不会被破坏的能力。

### （一）塑性–延伸率（$A$）

（1）延伸率 $A$ 为

$$A = \frac{L_u - L_0}{L_0} \times 100\%$$

式中　$L_u$——断后标距；

　　　$L_0$——原始标距。

（2）比例试样（标准试样）为

$$L_0 = 5.65\sqrt{S_0}$$

式中　$S_0$——原始横截面积。

（3）原始标距应满足 $L_0 \geqslant 15\text{mm}$。当原始标距不满足 $L_0 \geqslant 15\text{mm}$ 时，优先选用长试样，即

$$L_0 = 11.3\sqrt{S_0}$$

或采用非比例试样。非比例试样的原始标距 $L_0$ 与原始截面积 $S_0$ 无关。

**（二）塑性–断面收缩率（$Z$）**

断面收缩率为

$$Z = \frac{S_0 - S_u}{S_0} \times 100\%$$

$$S_0 = \left(\frac{d_0}{2}\right)^2 \pi$$

$$S_u = \left(\frac{d_u}{2}\right)^2 \pi$$

式中　$S_u$——断后最小横截面积；

　　　　$d_0$——对圆形试样原始直径；

　　　　$d_u$——断裂后最小横截面的直径。

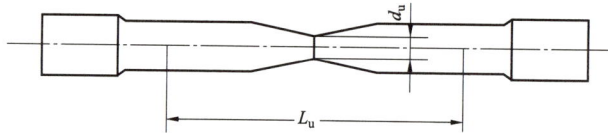

图 5-5　拉断后示意

### 三、硬度

硬度是指金属抵抗比其更硬的物体压入的能力，常用几种硬度包括：

（1）布氏硬度：HBW。

（2）洛氏硬度：HRA、HRB、HRC。

（3）维氏硬度：HV。

（4）里氏硬度：HL。

**（一）布氏硬度**

GB/T 231.1《金属材料　布氏硬度试验　第 1 部分：试验方法》取消了用钢球压头（HBS）进行试验的规定，仅使用硬质合金球压头，试验范围上限为 650HBW。用硬质合金球以一定压力压入表面，保持一定时间后测量压痕的面积。

布氏硬度值与试验条件有关，硬度值标记由 4 种符号组成：

（1）球体材料：硬质合金球。

（2）球体直径：10（标准压头）、5、2.5、1mm。

（3）试验力：其大小与压头直径有关。一般 $F/D^2$（$F$ 为试验力，$D$ 为硬质合金球直径）为 30 倍、15 倍、10 倍、5 倍、2.5 倍、1 倍。

（4）试验力的保持时间：黑色金属为 10s、有色金属为 30s、HBW＜35 的材料为 60s，10～15s 时不标注。

如 120HBW10/30/20 表示如下：

1）120—硬度值；

2）HBW—硬度符号；

3）10—硬质合金球直径；

4）30—施加的试验力标称值；

5）20—试验力保持时间。

试验步骤如图 5-6 所示。

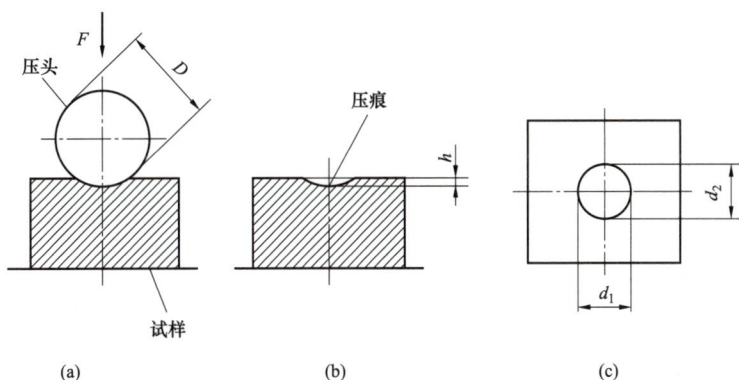

**图 5-6　试验步骤**
（a）步骤 1；（b）步骤 2；（c）步骤 3

### （二）洛氏硬度

1. 原理

将压头（金刚石圆锥、硬质合金球）按要求压入试样表面，经保持规定时间后，卸除主试验力，测量在初试验力下的残余压痕深度。

（1）试验条件：尽可能保证试验面是平面。

（2）执行标准：GB/T 230.1《洛氏硬度试验方法》。

（3）试样厚度：用金刚石圆锥压头试验时，试样厚度应不小于压痕深度的 10 倍，用钢球压头试验时，试样厚度应不小于压痕深度的 15 倍。

（4）两相邻压痕中心间距至少应为压痕直径的 4 倍，但不得小于 2mm。

2. 标尺

洛氏硬度有三个标尺 HRA、HRC、HRB，不同标尺的测量范围如下：

（1）HRA：20～88 圆锥形金刚石压头，负荷为 60kg。

（2）HRC：20～70 圆锥形金刚石压头，负荷为 150kg。

（3）HRB：20～100 淬硬钢球压头，负荷为 100kg。

各标尺均有一定的测量范围，应根据标准规定正确使用，如硬度高于 HRB100，应采用 C 标尺的试验条件进行试验。同样，硬度低于 HRC20，应换用 B 标尺试验；硬度高于 HRC70，应换用 A 标尺试验。

3. 标尺材料

不同标尺测量的金属材料如下：

（1）HRA：用来测定 HB ＞700 的高硬材料。

（2）HRB：用来测定 HB=60～230 之间比较软的金属及低碳钢。

（3）HRC：用来测定 HB=230～700 的调质钢及淬火钢。

4. 洛氏硬度的优缺点

（1）优点：

1）可测高硬度材料。

2）压痕小，可测成品和薄板，对工件无损坏。

3）测量方法简便，从刻度盘直接读出硬度值。

（2）缺点：

1）压痕小，结果准确性低，通常应多测几点取其平均值。

2）不同标尺的硬度不能统一、各标尺硬度值不能直接进行比较。

**（三）维氏硬度**

（1）原理：用四方锥体型金刚石压头压入试样表面，保持一定时间后卸载，测定压痕两对角线长度取平均值。

主要用于测定显微硬度。

（2）优点：精度高、测量范围宽（软硬材料都可以测试）、不同标尺的硬度能够统一。

（3）缺点：测定繁琐，工作效率低。

**（四）里氏硬度**

里氏硬度是指测量钢球冲击试样表面回弹时，距试样表面 1mm 处的回跳速度与冲击速度的比值。执行标准为 GB/T 17394.1《金属材料里氏硬度试验 第 1 部分：试验方法》，计算式为

$$HL = 1000 \frac{v_R}{v_A}$$

式中　$v_R$ ——回弹速度，m/s；

　　　$v_A$ ——冲击速度，m/s。

优点是可便携，5kg 以上的部件放稳即可用；可方便的换算为布氏硬度、洛氏硬度、维氏硬度。

里氏硬度是一种动态硬度试验方法，考察的是材料的弹性形变，表现为反弹速度的大小。

1. 测试时材料种类的选择

里氏硬度试验法是一种动载测试方法，它的测试值与金属的弹性模量 $E$ 有关，材料不同所对应的弹性模量也不同，因而应按材料的种类进行分类测试。

2. 注意事项

（1）试样的质量和厚度要求见表 5-5。

表 5-5　　　　　　　　　　　　　　　　试样质量和厚度要求

| 冲击设备类型 | 最小质量（kg） | 最小厚度（未耦合，mm） | 最小厚度（耦合，mm） |
|---|---|---|---|
| D、DC、DL、D+15、S、E | 5 | 25 | 3 |
| G | 15 | 70 | 10 |
| C | 1.5 | 10 | 1 |

（2）试验时的环境温度宜为 10～35℃，不在此范围内的应记录。

（3）测试前应用硬度标块对仪器进行检验（示值误差±12HLD），数值偏差超过标准时

应给予校准。

（4）在大批量检验过程中应经常用硬度标块对仪器进行校对，在检验工作完成后也应对仪器进行校对，确认在整个测试过程中硬度计的测试误差在规定范围内，以保证测试结果的真实性。

（5）选择被测材料种类。

（6）选择冲击方向：冲击方向应垂直于试验面。

（7）给冲击装置加载时，应将加载套管压缩到底，然后缓慢松回原位。不可松手使其自由弹回，否则极易损坏机件。

（8）给加载套管加载时，不可将冲击装置支撑在试件上。

（9）测试前应擦去试件表面的油污、铁屑、灰尘。

（10）按释放按钮时不可过快、过重，以致使加载套管移动，测试值失准。

（11）每两次测试时间间隔不应少于 3s。

（12）两相邻压痕中心距离至少应为压痕直径的 3 倍，压痕中心距试样边缘距离大于 5mm。

（13）不可在同一点上重复测试，否则会引起较大的误差。同时会减少传感器的使用寿命。

（14）试验应至少进行 3 次，并计算其算术平均值。如果硬度值相互之差超过 20HL，应增加试验次数，并计算算术平均值。

（15）应保证冲击瞬间垂直位置偏差在 0.5mm 之内，否则会使硬度值偏低。

（16）被测试样表面的曲率半径应大于或等于 30mm；对曲率半径小的工件可使用支撑环（测外圆柱面、内圆柱面、外球面、内球面、不规则曲面），以保证测试方向能够垂直试件表面。

（17）试样质量小于 5kg 时应夹持。

（18）试件不应带有磁性，带有磁性的试件将使测量值偏低。

（19）使用完毕后，应将冲击体释放，否则将加速加载弹簧的疲劳。

3．试验结果处理

（1）用 5 个有效试验点的平均值作为 1 个里氏硬度试验数据。

（2）尽量避免将里氏硬度换算成其他硬度，当必须进行换算时可参考相应标准。

（3）里氏硬度表示方法：700HLD、450HLG。

（4）用里氏硬度换算的其他硬度，应在里氏硬度符号之前附以相应的硬度符号，如 400HVHLD。

## 四、韧性

韧性是指金属在冲击载荷作用下，抵抗破坏的能力。冲击试验方法示意图如图 5-7 所示。有些材料在静力作用下，表现出很高的强度，但在冲击力的作用下，表现得很脆弱，如高碳钢、铸铁。

## 五、蠕变极限

蠕变极限是指高温长期载荷下材料抵抗塑性变形的能力。
测定方法是在给定温度下，使试样产生规定蠕变速率的应力值。

(a)

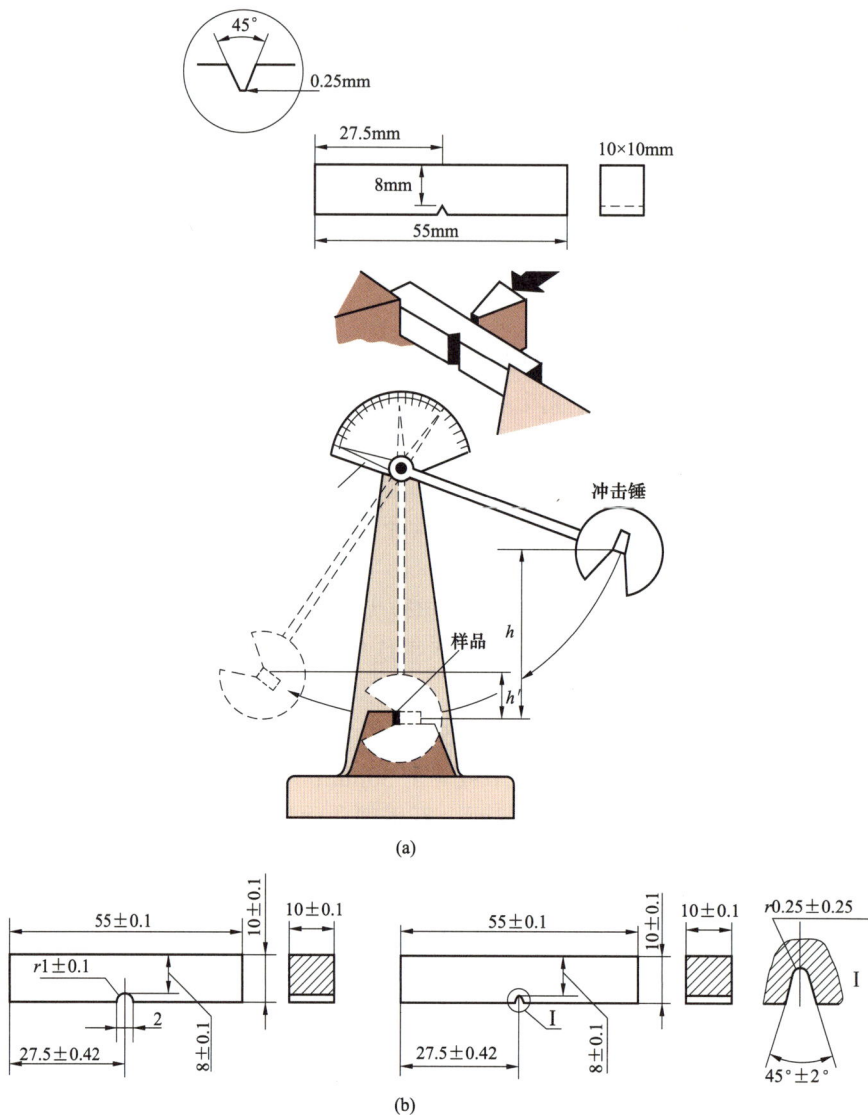

(b)

**图 5-7　冲击试验方法示意图**

（a）冲击试验示意图；（b）冲击试样尺寸图

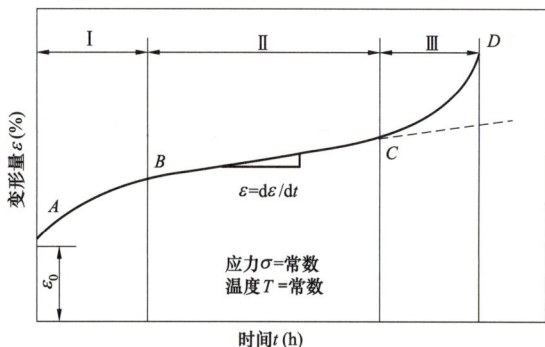

**图 5-8　金属蠕变过程**

如果不考虑环境介质的影响，可认为材料的常温静载力学性能与载荷持续时间关系不大。但在高温下，载荷持续时间对力学性能有很大影响。

高温下钢的抗拉强度也随载荷持续时间的增长而降低。

在高温短时载荷作用下，材料的塑性增加。但在高温长时载荷作用下，金属材料的塑性却显著降低，缺口敏感性增加，往往呈现脆性断裂现象。金属蠕变过程如图5-8所示。

### 六、持久强度

持久强度是指高温长期载荷下材料抵抗断裂的能力。是在一定温度下，规定时间内使材料断裂的最大应力值。

与常温下的情况一样，金属材料在高温下的变形抗力与断裂抗力是两种不同的性能指标。因此，对于高温材料除测定蠕变极限外还必须测定其在高温长时载荷作用下抵抗断裂的能力，即持久强度。

高温下钢的抗拉强度随载荷持续时间的增长而降低。

金属材料的持久强度是在给定温度下，恰好使材料经过规定时间发生断裂的应力值。这里所指的规定时间是以机组的设计寿命为依据的。

例如，对于锅炉、汽轮机等，机组的设计寿命为数万小时以至数十万小时。而航空喷气发动机则为一千或几百小时。某材料在 700℃承受 30MPa 的应力作用，经过 1000h 后断裂，则称这种材料在 700℃、1000h 的持久强度为 30MPa。

# 第三节 光 谱 检 验

## 一、分析化学的分类

分析化学广泛地应用于地质普查、矿产勘探、冶金、化学工业、能源、农业、医药、临床化验、环境保护、商品检验、考古分析、法医刑侦鉴定等领域。分析化学分类如图 5-9 所示。常说的光谱分析包含了光学分析法中的所有方法。

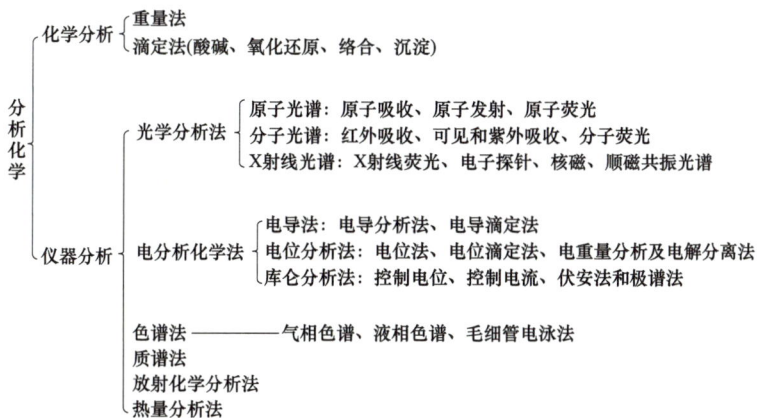

```
            ┌ 化学分析 ─┬ 重量法
            │          └ 滴定法(酸碱、氧化还原、络合、沉淀)
            │
            │          ┌ 光学分析法 ┬ 原子光谱：原子吸收、原子发射、原子荧光
            │          │           ├ 分子光谱：红外吸收、可见和紫外吸收、分子荧光
 分                    │           └ X射线光谱：X射线荧光、电子探针、核磁、顺磁共振光谱
 析                    │
 化  ┤              ┌ 电分析化学法 ┬ 电导法：电导分析法、电导滴定法
 学         仪器分析 ┤            ├ 电位分析法：电位法、电位滴定法、电重量分析及电解分离法
            │       │            └ 库仑分析法：控制电位、控制电流、伏安法和极谱法
            │       │
            │       ├ 色谱法 ──── 气相色谱、液相色谱、毛细管电泳法
            │       ├ 质谱法
            │       ├ 放射化学分析法
            └       └ 热量分析法
```

图 5-9　分析化学分类

1. 光谱分析

光谱分析是指利用光谱学的原理和实验方法以确定物质的结构和化学成分的分析方法。英文为 spectral analysis 或 spectrum analysis。各种结构的物质都具有自己的特征光谱，光谱分析就是利用特征光谱研究物质结构或测定化学成分的方法。

2. 原子发射光谱分析

原子发射光谱分析是指利用物质在热激发或电激发下，每种元素的原子或离子发射特征光谱来判断物质的组成，而进行元素的定性与定量分析的方法。

3．看谱分析

看谱分析是指直接用眼睛观测原子或离子发射特征光谱的波长和强度，进行元素定性和半定量的方法。

## 二、光谱检验现状

过去的十几年，我国几大发电集团的火力发电厂装机数量猛增，且以超临界和超超临界机组为主，由于锅炉参数变大，涉及的耐热合金钢的种类也越来越多。电建公司在安装过程中，对合金钢材要进行 100% 的光谱验证，且检验周期短，安装周期在 1 年左右，实际检验周期不超过半年，检验工作非常巨大。看谱镜对现场大批量检验具有便携、分析速度快、仪器成本低的优点，使用看谱镜对钢材进行钢材牌号验证成了首选。

## 三、看谱分析

看谱分析是指由光源激发产生的谱线经过棱镜或光栅进行分光，然后由人眼对试样元素含量进行鉴别的过程。

### （一）看谱分析的三个过程

（1）激发：火花和电弧等。

（2）分光：棱镜和光栅等。

（3）鉴别：人眼。

### （二）看谱分析方法的优点和缺点

1．优点

（1）快速方便。

（2）设备简单、容易掌握。

（3）灵敏度高。

（4）应用范围广。

（5）对样品破坏小。

（6）能同时测定多个元素，分析速度快。

（7）排污少，费用省。

2．缺点

（1）材料不均匀时，代表性差。

（2）肉眼易造成误差。

（3）受环境条件影响。

### （三）看谱镜的五大用途

（1）对金属材料进行分类。

（2）冶炼前对金属炉料进行分析。

（3）热处理前对钢号进行核对。

（4）机器设备的检修及样机测绘。

（5）化学分析前的预分析。

**（四）看谱分析的准备工作**

1. 固定电极的选择

看谱分析常用的电极有纯铜、纯铁两种，有时也用纯锌电极、石墨电极。

纯铜电极具有下列优点：

（1）导电性优良。

（2）导热性好，散热快。

（3）不易氧化。

（4）灼烧程度低，连续光谱辐射少。

（5）可以制得很纯，加工清理方便。

因此，在大多数场合使用纯铜电极。

铁电极在分析钢铁及其他金属中的铜元素时使用。在分析有色金属时，铁电极能够引入丰富的铁谱线，因此用铁电极。

2. 分析前试样的处理

（1）清除试样表面氧化皮。

（2）清除油污。

（3）注意试样表面是否进行电镀（Cr、Ni、Cu、Au、Zn）、电化及化学热处理等。

3. 分析条件的选择

（1）激发条件。分析易激发元素时，用电弧光源，如 Cr、Mo、V、W、Ti、Mg、Cu；分析难熔元素时，则用火花光源，如 Si、Al；而分析 C、S、P、Si 等用高能火花光源。

（2）电极距离。分析试样与固定电极之间的距离一般为 2～3mm。分析易熔金属时，极距要小。

（3）燃烧时间。分析易挥发元素时，预燃和燃弧时间要短；分析难熔元素时，预燃和燃弧时间要长。

1）预燃：点燃起弧熔化金属。

2）燃弧：气化激发辐射谱线。

**（五）激发后形成分析误差的可能性**

（1）激发部位不对，如熔合比的存在引起误判（激发部位不在要求的关键处）。

（2）电极污染，如激发高 Cr 含量不锈钢后的电极直接去激发碳钢。

（3）引燃时间太短（一般需要引燃 10s），而易挥发元素燃烧时间又不能太长。

（4）试件表面没有处理，带漆、氧化皮、表面缺陷（如夹渣、裂纹、凹坑等）都影响分析结果。

（5）分析条件与分光标志中的条件不符。

（6）强光直射。

（7）第三元素的存在引起的干扰，如 Cr14922.3Å 线受 Ti 4921.8Å 线干扰。

**（六）对特殊部件进行看谱分析的注意事项**

（1）对大型工件、铸件及易产生成分偏析的部件，应在一定距离范围内进行多点、多次分析。

（2）对于易产生裂纹的高合金钢材料（如 T91/P91、T92/P92 等）或刚性大的金属部件（如锅筒、集箱等），分析后应及时用砂轮磨去燃弧斑点。

（3）对薄小部件，应注意燃弧部位及燃弧时间可能对精度或性能造成的影响。

### 四、看谱分析的定性分析

看谱分析的定性分析是指原子在激发（电弧、火花）状态下，每种原子发出自己特有的谱线。根据产生谱线的波长来决定钢中含有哪些元素。

1. 看谱分析的元素

常用的有 Cr、Mo、V、Ni、W、Ti、Mn、Co、Mg、Ca、Cu 等。

不常用的有 Nb、Ba、Ag、Sn、Zn、Pb、Bi、K、Na 等。

2. 铁谱特征

钢铁的基体元素是铁，因此激发时从紫色区到红色区存在许多条特征铁谱线，通过铁谱特征找到分析线的大致区域，最后找到所需的分析线。

利用铁谱线作为比较线的原因如下：

（1）铁的谱线较多，谱线之间的距离较近。

（2）铁谱线波长准确。

（3）在可见光范围内均有容易记忆的特征光谱。

3. 灵敏线和最后线的关系

定量分析依据的是原子特征谱线，通常将元素特征谱线中强度较大的谱线称为元素的灵敏线，或者说在原子光谱中激发电位低或易于激发的谱线（跃迁概率大的谱线）称为灵敏线。只要在试样光谱中检出了某元素的灵敏线，就可以确定试样中存在该元素。而若在试样中未检出某元素的灵敏线，说明该元素的含量在检出灵敏度以下。

元素谱线的强度随试样中该元素的含量减少而降低，灵敏度较低的谱线将逐渐消失。样品中被测元素浓度逐渐减小而最后消失的谱线称为最后线。

最后线就是最灵敏的谱线。

4. 看谱定性分析的方法

（1）色散曲线法：用特征铁谱线的波长为纵坐标、鼓轮的刻度为横坐标，绘制仪器的色散曲线。利用色散曲线，调整看谱镜鼓轮读数到所要识别元素谱线波长的位置。

（2）铁光谱比较法：根据不同色区铁谱线的一些特征，可以很容易地找到分析线。铁光谱比较法是实际工作中最常用的方法。

（3）标准试样光谱比较法：用纯金属元素的光谱来找谱线，该方法快速、可靠，但只限于指定元素分析，标样不易获得，有一定的局限性。

（4）利用双台式看谱镜作定性分析：一台放分析样，一台放对比样，同时激发，在视场里同时出现两条并列的光谱，通过对照，可以很清楚地确定分析样中含有哪些元素。该方法直观、可靠。

### 五、看谱分析的半定量分析

半定量是指含量的近似值。

看谱半定量分析是用分析线和比较线（基体线）进行强度的相对比较来确定，这种根据谱线相对强度估计元素含量的方法是看谱分析最基本、最普遍的方法。

看谱半定量分析选择分析线和比较线的注意要点如下：

（1）分析线要有足够的灵敏度和明显的强度变化，即谱线亮度不呈饱和状态。

（2）要选择一组强弱不同的比较线，强度要有高、中、低变化。

（3）分析线和比较线的匀称性要好，同是离子线或同是火花线。

（4）分析线和比较线在同一色区，相距要近。最好选择在眼睛灵敏度高的区域，尽量不要选择两种颜色的交界处。

（5）分析线和比较线无谱线重叠干扰，谱线的形状易于观察。

# 第四节 超声波检测

超声检测是五大常规无损检测技术之一，是目前应用最广泛，使用频率最高且发展较快的一种无损检测技术。超声检测是产品制造中实现质量控制、节约原材料、改进工艺、提高劳动生产率的重要手段，也是设备维护中不可或缺的手段之一。我国特种设备相关法规，如TSG 21《固定式压力容器安全技术监察规程》、TSG G0001《锅炉安全技术监察规程》等都对特种设备的制造、安装、修理改造或定期检验等环节提出了超声检测的要求。

## 一、超声波检测基础

超声波检测一般是指使超声波与工件相互作用，就反射、衍射、透射和散射的波进行研究，对工件进行宏观缺陷检测、几何特性测量、组织结构和力学性能变化的检测和表征，并进而对其特定应用性进行评估的技术。在特种设备行业中，超声检测通常指宏观缺陷检测和材料厚度测量。

利用声响来检测物体的好坏，这种方法早已被人们采用。如用手拍西瓜，听是否熟了；敲瓷碗，听是否裂了。声音反映物体内部某些性质，早已为人所知。人类很早就意识到，可能存在着人耳听不到的"声音"。1817年克拉尼就指出了人的听觉所能听到的声音的最高频率为每秒22 000次（22 000Hz）。1830年，法国物理学家萨伐尔（Felix Savart，1791～1841年）制作了一个高转速齿轮，用以拨动一片金属片而产生了高达24 000Hz的超声波。

而真正促使人类研究利用超声波进行探测的事件是泰坦尼克号沉没事件。1912年4月10日，被称为"世界工业史上奇迹"的"永不沉没"的"泰坦尼克号"从英国南安普顿出发驶往美国纽约开始其处女航。15日23时40分，载着1316名乘客和891名船员的豪华巨轮与冰山相撞继而沉没，1500人葬身海底，造成了在和平时期最严重的一次航海事故。此后不久，一个叫瑞查得森的人就向英国专利局申请了用在空气和水下传播的声音回声定位的专利。利用上述方案进行探测的设备于1914年由美国的瑞格纳德·A·泰森德（Reginald A. Tessenden）完成并在美国获得专利。

在第一次世界大战中，法国著名科学家郎之万（Langevin）经过反复试验改进发明了现今在科研军事民用范围内仍广泛应用的水底探测技术——声纳。1929年，苏联科学家索科夫提出利用超声波良好穿透性来检测不透明体内部缺陷，工业无损检测的新纪元就此开始。根据索科夫提出的原理制成的穿透法检测仪器，于第二次世界大战后研制并出现在市场上。但由于这种仪器利用穿过物体的透射声能进行检测，发射和接收探头需置于工件相对两侧并保持其相对位置，同时对缺陷检测灵敏度也较低，所以其应用范围受到很大制约，不久后就被淘汰了。

1940年，密歇根大学的法尔斯通教授（Floyd Firestone）提交了一种采用超声波脉冲反射法的检测装置的专利申请,使超声波无损检测成为一种实用技术。1946 年,英国的 D.O.Spronle 研制成第一台 A 型脉冲反射式超声波检测仪。利用该仪器,超声波可以从物体的一面发射和接收,能够检出小缺陷,并能够确定缺陷的位置和尺寸。20 世纪 60 年代以来计算机技术的飞速发展,几乎给每一个行业都带来了革命性的影响,超声波检测也不例外。以前制约仪器电子性能的很多指标,如放大器线性等主要性能指标都获得了显著提高,焊缝检测问题得到了很好的解决。从此,脉冲反射法检测开始获得大量的工业应用。

超声波在国防和国民经济中的用途可分为两大类,一类是利用它的能量来改变材料的某些状态,为此,需要产生相当大或比较大能量的超声波,实际上是大功率超声波或简称功率超声波,包括超声波清洗、超声波焊接、超声波切割等。超声波用途的第二类是利用它来采集信息,特别是材料内部的信息,也就是超声波检测。超声波能够用于检测是由于它具有以下特性。

(1)超声波穿透能力强。它几乎能穿透任何材料。对某些其他辐射能量不能穿透的材料,超声波便显示出这方面的可用性,例如,第一次世界大战中科学家考虑用超声波来侦察潜艇,便是因为熟知的光波、电磁波都不能渗透海洋。后来又兴起超声波检测、超声波诊断等,也都是因为金属、人体等都是不透光介质。

(2)超声波波长短,方向性好。

(3)超声波波长短,能够像光波一样在界面产生反射、折射、衍射等现象。

## 二、超声波检测的分类

(1)按超声波检测原理划分:包括脉冲反射法、穿透法和共振法三种。目前用得最多的是脉冲反射法。

(2)按超声波检测图形的显示方式划分:有 A 型显示、B 型显示、C 型显示等。

(3)按检测波型分类:大致可分为纵波检测法、横波检测法、表面波检测法、板波检测法、爬波法等。

(4)按接触方法分类:有直接接触法和液浸法、电磁耦合法。

1)直接接触法就是在探头和试件表面之间涂有很薄的耦合剂,可以认为试件与探头直接接触。

2)液浸法是在探头和试件之间有液体,超声波通过液体传播进入试件,液浸法受试件表面状态影响不大,可以进行稳定的检测。

3)电磁耦合法是利用电磁探头产生的洛伦兹力或磁致伸缩效应在试件中激发和接收超声波进行检测,探头和试件之间可以不接触,对工件表面状态要求低。

## 三、超声波检测的特点

(1)超声波检测的特点:面积型缺陷的检出率较高,而体积型缺陷的检出率较低。

理论上讲,反射超声波的缺陷面积越大,回波越高,越容易检出。因为面积型缺陷反射面积大而体积型缺陷反射面积小,所以面积型缺陷的检出率高。实践中,对较厚(约 30mm 以上)焊缝的裂纹和未熔合缺陷检测,超声波检测确实比射线照相灵敏。

必须注意,面积型缺陷反射波并不总是很高的,有些细小裂纹和未熔合反射波并不高,因而也有漏检的例子。此外,厚焊缝中的未熔合缺陷反射面如果较光滑,单探头检测可能接收不到回波，也会漏检。对厚焊缝中的未熔合缺陷检测可采用一些特殊超声波检测技术，如TOFD（超声波衍射时差法检测）技术等。

（2）适合检验厚度较大的工件，不适合检验较薄的工件。超声波对钢有足够的穿透能力，检测直径达几米的锻件、厚度达上百毫米的焊缝并不太困难。另外，对厚度大的工件检测，表面回波与缺陷波容易区分。因此，相对于射线检测来说，超声波更加适合检验厚度较大的工件。但对较薄的工件，如厚度小于 8mm 的焊缝和 6mm 的板材，进行超声波检测则存在困难。薄焊缝检测困难是因为上下表面形状回波容易与缺陷波混淆，难以识别；薄板材检测困难除了表面回波容易与缺陷波混淆的问题外，还因为超声波检测存在盲区以及脉冲宽度影响纵向分辨率。

（3）应用范围广，可用于各种试件。超声波检测应用范围包括对接焊缝、角焊缝、T 形焊缝、板材、管材、棒材、锻件，以及复合材料等。但与对接焊缝检测相比，角焊缝、T 形焊缝检测工艺相对不成熟，有关标准也不够完善。板材、管材、棒材、锻件，以及复合材料的内部缺陷检测，超声波检测是首选方法。

（4）检测成本低、速度快。仪器体积小、质量轻，现场使用较方便。

（5）无法得到缺陷直观图像，定性困难，定量精度不高。

（6）对缺陷在工件厚度方向上的定位较准确。它是相对射线照相说的。由于射线照相无法对缺陷在工件厚度方向上定位，射线照相发现的缺陷通常要用超声波检测定位。

（7）材质、晶粒度对检测有影响。晶粒粗大的材料，如铸钢、奥氏体不锈钢焊缝、未经正火处理的电渣焊焊缝等，一般认为不宜用超声波进行检测。这是因为粗大晶粒的晶界会反射声波，在屏幕上出现大片"草状回波"，容易与缺陷波混淆，因而影响检测可靠性。

近年来，对奥氏体不锈钢焊缝超声波检测技术研究结果表明，采用特殊的探头（纵波窄脉冲宽频带探头）降低信噪比，并制订专门工艺，可以实施奥氏体不锈钢焊缝超声波检测，其精度和可靠性基本上是能够得到保证的。

（8）工件不规则的外形和一些结构会影响检测。如台、槽、孔较多的锻件，不等厚削薄的焊缝，管板与筒体的对接焊缝，直边较短的封头与筒体连接的环焊缝，高颈法兰与管子对接焊缝等，会使检测变得困难。对锻件，一般在台、槽、孔加工前进行超声波检测。管板与筒体的对接焊缝，直边较短的封头与筒体连接的环焊缝结构对超声波检测的影响，主要是探头扫查面长度不够。可通过增加扫查面，或采用两种角度探头，或把焊缝磨平后检测等方法来解决。不等厚削薄的焊缝或类似结构的问题使扫查面不规则。对此可通过改变扫查面或采用计算法选择合适角度探头和对缺陷定位等方法来解决。

（9）不平或粗糙的表面会影响耦合和扫查，从而影响检测精度和可靠性。探头扫查面的平整度和粗糙度对超声波检测有一定影响。一般轧制表面或机加工表面即可满足要求。严重腐蚀表面，铸、锻原始表面无法实施检测。用砂轮打磨处理表面要特别注意平整度，防止沟槽和凹坑的产生，否则会严重影响耦合以及检测的进行。

# 第五节　射　线　检　测

当强度均匀的射线束透照物体时，如果物体局部区域存在缺陷或结构存在差异，它将改变物体对射线的衰减，使得不同部位透射射线强度不同，这样，采用一定的检测器材（例如，射线照相中采用胶片）检测透射射线强度，就可以判断物体内部的缺陷和物质分布等，从而完成对被检测对象的检测。

射线检测常用的方法有 X 射线检测、γ 射线检测、高能射线检测和中子射线检测。对于常用的工业射线检测来说，一般使用的是 X 射线检测和 γ 射线检测。

射线检测是应用较早的材料检测方法之一。1896 年，即德国物理学家伦琴发现 X 射线的第二年，英国的霍尔–爱德华兹（Hall–EdWards）和拉德克利夫（Radcliffe）便把 X 射线用于医疗诊断；不久又将 X 射线用于检查金属中缺陷。γ 射线检测始于 1925 年，当时，皮隆（H.Pilon）和拉博德（M.A.Laborde）用镭对蒸汽机进行射线检查。1948 年以后，由于人工放射性同位素的出现，γ 射线检测的应用日趋广泛。

射线检测在工业上有着非常广泛的应用，它既用于金属检查，也用于非金属检查。对金属内部可能产生的缺陷，如气孔、夹杂、疏松、裂纹、未焊透和未熔合等，都可以用射线检查。应用的行业有承压设备、航空航天、船舶、兵器、水工成套设备和桥梁钢结构。

## 一、射线照相法的原理

X 射线和 γ 射线的波长短，能够穿过一定厚度的物质，并且在穿透的过程中与物质中的原子发生相互作用。这种相互作用引起辐射强度的衰减，衰减的程度又同受检材料的厚度、密度和化学成分有关。因此，当材料内部存在某种缺陷而使其局部的有效厚度、密度和化学成分改变时，就会在缺陷处和周围区域之间引起射线强度衰减的差异。如果用适当介质将这种差异记录或显示出来，就可据以评价受检材料的内部质量。

X 射线检测和 γ 射线检测，基本原理和检测方法无原则区别，不同的只是射线源的获得方式。X 射线源是由各种 X 射线机、电子感应加速器和直线加速器构成的从低能到高能的系列，可以检查厚至 600mm 的钢材。γ 射线是放射性同位素在衰变过程中辐射出来的。

## 二、射线检测的特点

射线检测既适宜检测各种熔化焊接方法（电弧焊、气体保护焊、电渣焊、气焊等）的对接接头，也适宜检查铸钢件、有色金属、角焊缝等；一般不适宜检测钢板、钢管、锻件等。

1. 射线检测的优点

（1）对体积型缺陷（气孔、夹渣）具有较高检出率。

（2）检测结果缺陷形象直观，定性、定量、定位准确（平面）。

（3）检测结果可以长期保存。

（4）对工件形状、晶粒度、表面粗糙度等没有严格要求。

2. 射线检测的缺点

（1）对裂纹类面积型缺陷，检出率受透照角度的影响很大。不能检测出与检测面平行的钢板分层。厚壁工件中裂纹的检出率低。

（2）检测周期长，成本高。

（3）对人体有害。

# 第六节 磁 粉 检 测

自然界有些物体具有吸引铁、钴、镍等物质的特性，把这些具有磁性的物体称为磁体。

使原来不带磁性的物体变得具有磁性叫磁化，能够被磁化的材料称为磁性材料。磁体各处的磁性大小不同，在它的两端最强。这两端称为磁极。每一磁体都有一对磁极即 N 极和 S 极。它们具有不可分割的特性，即使把磁体分割成无数小磁体，每一个小磁体同样存在 N 极和 S 极。

## 一、磁粉检测原理

铁磁性材料和工件被磁化后，由于不连续性的存在，使工件表面和近表面的磁力线发生局部畸变而产生漏磁场，吸附施加在工件表面的磁粉，形成在合适光照下目视可见的磁痕，从而显示出不连续性的位置、形状和大小，如图 5-10 所示。

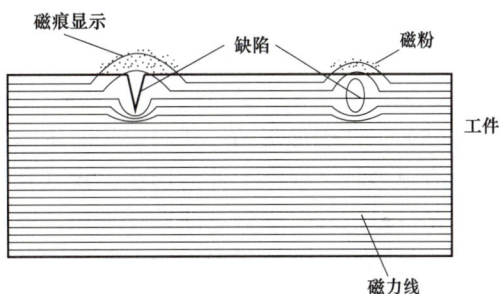

图 5-10 不连续性处漏磁场分布

## 二、磁粉检测方法分类

磁粉检测的检测方法，一般根据磁粉检测所用的载液或载体不同，分为湿法和干法检测；根据磁化工件和施加磁粉或磁悬液的时机不同，分为连续法和剩磁法检测。

## 三、磁粉检测的一般程序

（1）预处理。是把试件表面的油脂、铁锈、氧化皮等去掉，以免妨碍磁粉吸附到缺陷上。用干磁粉时还应该使试件表面干燥。组装的部件要拆开后检测。

（2）磁化。选定适当的磁化方法和磁化电流值，然后接通电源，对试件进行磁化操作。

（3）施加磁粉或磁悬液。按所选的干法或湿法施加干粉或磁悬液。磁粉的喷撒时间，按连续法和剩磁法两种施加方式。连续法是在磁化工件的同时喷撒磁粉，磁化一直延续到磁粉施加完成为止。而剩磁法则是在磁化工件之后才施加磁粉。

（4）磁痕的观察与记录。磁痕的观察是在施加磁粉后进行的，用非荧光磁粉检测时，在光线明亮的地方，用自然的日光和灯光进行观察；而用荧光磁粉检测时，则在暗室等暗处用紫外线灯进行观察。为了记录磁粉痕迹，可采用照相或用透明胶带把磁痕沾下的方法备查。

（5）缺陷评级。根据相关标准对缺陷的等级进行评定。

（6）退磁。对有要求的工件进行退磁，将工件中的剩磁降到满足要求的程度。

（7）后处理。清洗、防锈、封堵、标记等。

## 四、磁粉检测的特点

（1）适宜铁磁材料检测，不能用于非铁磁材料检测。用于制造承压类特种设备的材料中，属于铁磁材料的有各种碳钢、低合金钢、马氏体不锈钢、铁素体不锈钢、镍及镍合金；不具有铁磁性质的材料有奥氏体不锈钢、钛及钛合金、铝及铝合金、铜及铜合金。

（2）可以检出表面和近表面缺陷，不能用于检查内部缺陷。可检出的缺陷埋藏深度与工件状况、缺陷状况以及工艺条件有关，对光洁表面，例如经磨削加工的轴，一般可检出深度为 1～2mm 的近表面缺陷，采用强直流磁场可检出深度达 3～5mm 的近表面缺陷。但对焊缝检测来说，因为表面粗糙不平，背景噪声高，弱信号难以识别，近表面缺陷漏检的概率比较高。

（3）检测灵敏度很高，可以发现极细小的裂纹以及其他缺陷。有关理论研究和试验结果表明：磁粉检测可检出的最小裂纹尺寸大约为：宽度 1μm、深度 10μm、长度 1mm，但实际现场应用时可检出的裂纹尺寸达不到这一水平，比上述数值要大得多。虽然如此，在 RT、UT、MT、PT 四种无损检测方法中，对表面裂纹检测灵敏度最高的仍是 MT。

（4）检测成本很低，速度快。磁粉检测设备不贵，锅炉压力容器压力管道常用的磁轭式磁粉检测机和用于荧光磁粉检测的黑光灯都只有几千元，用于轴类工件直接通电检测的固定床式大功率检测机也就几万元。至于消耗材料，费用更低，一台大型球罐检测所消耗的材料成本只有几十元。磁粉检测速度很快，例如使用交叉磁轭检测焊缝，每分钟检测速度可达 2m 左右，轴类工件直接通电检测，完成磁化只需数秒。

（5）工件的形状和尺寸对检测有影响，有时因其难以磁化而无法检测。磁粉检测的磁化方法有很多种，根据工件的形状、尺寸和磁化方向的要求，选取合适的磁化方法是磁粉检测工艺的重要内容。磁化方法选择不当，有可能导致检测失败。对不利于磁化的某些结构，可通过连接辅助块加长或形成闭合回路来改善磁化条件。对没有合适的磁化方法且无法改善磁化条件的结构，应考虑采用其他检测方法。

# 第七节　渗　透　检　测

## 一、渗透检测基础知识

### （一）渗透检测

渗透检测（Penetrant Testing，PT）是以毛细管作用原理为基础，检查表面开口缺陷的一种无损检测方法。

### （二）渗透检测的工作原理和检测步骤

1. 工作原理

零件表面被施加含有荧光染料或着色染料的渗透液后，在毛细管作用下，经过一定时间的渗透，渗透液可以渗进表面开口缺陷中；经去除零件表面多余的渗透液和干燥后；再在零件表面施加显像剂；同样，在毛细管作用下，显像剂将吸引缺陷中的渗透液，即渗透液回渗到显像剂中；在一定的光源下（黑光或白光），缺陷处的渗透液痕迹被显示（黄绿色荧光或红色），从而探测出缺陷的形貌及分布状态。

2. 检测步骤

渗透检测步骤如图 5-11 所示。

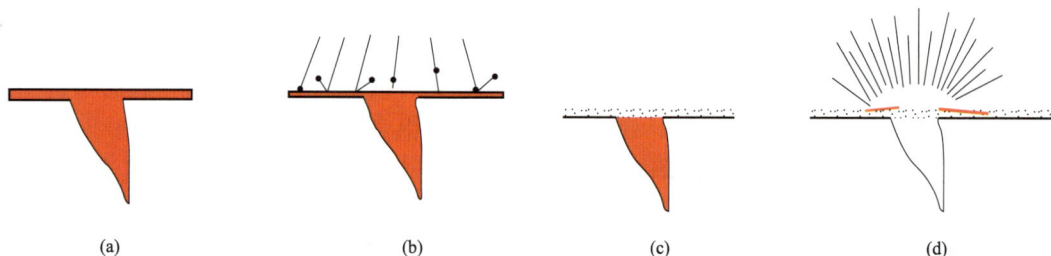

图 5-11　渗透检测步骤
（a）渗透；（b）去除；（c）显像；（d）观察

（1）渗透。应根据零件大小、形状、数量和检查部位选择喷涂、刷涂、浇涂、浸涂，将渗透剂施加到工件表面。所选方法应保证被检部位完全被渗透液覆盖，并在整个渗透时间内保持润湿。

（2）去除。将多余的渗透剂从零件表面去除。

（3）显像。显像的过程是把显像剂施加到工件表面，将缺陷处的渗透液吸附到零件表面，产生清晰可见的缺陷图像。

（4）观察。显像后在一定的光照条件下就可以看到缺陷的痕迹显示，称为观察。

## 二、渗透检测的分类

### （一）根据渗透液所含染料成分分类

根据渗透液所含染料成分，可分为荧光法、着色法、着色荧光法三大类。

（1）渗透液内含有荧光物质，缺陷图像在紫外线下能激发荧光的为荧光法。

（2）渗透液内含有有色染料，缺陷图像在白光或日光下显色的为着色法。

（3）渗透液使用特殊的染料，缺陷图像既可以在可见光下显色，又可以在紫外线下激发出荧光的为着色荧光法。

### （二）根据渗透液去除方法分类

根据渗透液去除方法，可分为水洗型、后乳化型和溶剂去除型。

（1）水洗型渗透法所用渗透液内含有一定量的乳化剂，零件表面多余的渗透液可直接用水洗掉。有的渗透液虽不含乳化剂，但溶剂是水，即水基渗透液，零件表面多余的渗透液也可直接用水洗掉，也属于水洗型渗透法。

（2）后乳化型渗透法所用渗透液不能直接用水从零件表面洗掉，必须增加一道乳化工序，即零件表面上多余的渗透液要用乳化剂"乳化"后方能用水洗掉。

（3）在溶剂去除型渗透法中，要用有机溶剂去除零件表面多余的渗透液。

### （三）渗透检测方法

按以上两种分类方法，可组合成六种渗透检测方法。

（1）水洗型荧光渗透检测法。

（2）后乳化型荧光渗透检测法。

（3）溶剂去除型荧光渗透检测法。

（4）水洗型着色渗透检测法。

（5）后乳化型着色渗透检测法。

（6）溶剂去除型着色渗透检测法。

## 三、显像法的种类

在渗透检测中，显像的方法主要有湿式显像、干式显像和自显像法等。

（1）湿式显像法。包括水溶式、水悬浮式、溶剂悬浮式（速干式）、薄膜式（干粉悬浮于树脂清漆中）。将湿式显像剂施加到工件表面，干燥后在工件表面就形成一层白色显像薄膜，由白色显像薄膜吸出缺陷中的渗透液而形成显示痕迹。这种方法适合于大批量工件的检测，其中水洗型荧光渗透检测法用得最多。但必须注意，缺陷显示痕迹是会扩散的，因此随着时间的推移，痕迹大小和形状会发生变化。

（2）干式显像法。干式显像法直接使用干燥的白色显像粉末（干粉显像剂为白色无机粉末，如氧化镁、氧化锌、碳酸钙、氧化钛粉末等），一般与荧光液配合使用。

作为显像剂的一种方法。显像时，直接把白色显像粉末喷洒到试件表面，显像剂附着在试件表面上并从缺陷中吸出渗透液，形成显示痕迹。用这种方法，缺陷部位附着的显像剂粒子全部附在渗透液上，而没有渗透液的部分就不附着显像剂。因此，显像痕迹不会随着时间的推移发生扩散而能显示出鲜明的图像。这种显像方法在后乳化型荧光渗透检测和水洗型荧光渗透检测中用得较多。而着色渗透检测法显示痕迹的识别性能很差，因此不适于干式显像法。

（3）自显像法。是在清洗处理之后，不使用显像剂来形成缺陷显示痕迹的一种方法。它在用高辉度荧光渗透液水洗型荧光渗透检测法中，或者在把试件加交变应力的同时作渗透检测的方法中使用。这种方法与干式显像法一样，其缺陷显示痕迹是不会扩散的。

### 四、各种渗透检测方法的优缺点

着色法只需在白光或日光下进行，在没有电源的场合下也能工作，荧光法需要配备黑光灯和暗室，无法在没电的场合下工作。

水洗型渗透适于检查表面较粗糙的零件（铸造件、螺栓、齿轮、键槽等），操作简便，成本较低，特别适合批量零件的渗透检测，可以检查不接触油类的特殊零件；后乳化型渗透适于表面光洁，灵敏度要求高的零件，例如发动机涡轮片、涡轮盘等；后乳化型荧光法配合溶剂悬浮式显像被认为是灵敏度最高的一种渗透方法。

溶剂去除型着色法由于可以使用在没有水和电的场合，因而应用非常广泛，特别是喷罐使用，可简化操作，适用于大型零件的局部检测（如锅炉、压力容器的焊缝检测等），该法成本较高，不适于大批量零件的渗透检测。

### 五、渗透检测操作注意事项

（1）预处理时，要在试件表面上造成充分的湿润条件，以便形成渗透液的薄膜。要充分除去试件表面油脂、涂料、锈蚀和水等影响渗透液渗透的障碍物。

（2）根据渗透液的种类，试件的材质、预计缺陷种类和大小以及渗透时的温度等来考虑确定适当的渗透时间。正常的渗透温度范围为 $15\sim50\,℃$，渗透时间不得少于 10min。

（3）去除时，只需除去附着在试件表面的渗透液，不要过度清洗，不要使缺陷中的渗透液流出。采用溶剂清洗时，只能用蘸有溶剂的布或纸擦洗，且应沿一个方向擦拭，不得往复擦拭，不得用清洗剂直接冲洗。

（4）干式显像前进行干燥时，要有合适的干燥温度，在尽可能短的时间里有效地完成干燥。

### 六、渗透检测的安全管理

渗透检测所用的检测剂几乎都是油类可燃性物质。喷罐式检测剂有时是用强燃性的丙烷气充装的，使用这种检测剂时，要特别注意防火。它属于消防法规所规定的危险品。因此，必须遵守有关法规规定的储存和使用要求。

渗透检测所用的检测剂一般是无毒或低毒的，但是如果人体直接接触和吸收渗透液、清洗剂等，有时会感到不舒服，会出现头痛和恶心。尤其是在密封的容器内或室内检测时，容易聚集挥发性的气体和有毒气体，因此必须充分地进行通风。使用有机溶剂，应根据有机溶剂预防中毒的规则，限定工作场所空气中有机溶剂的含量。

荧光法检测时，规定波长范围内的紫外线对眼睛和皮肤是无害的，但必须注意，如果长时间地直接照射眼睛和皮肤，有时会使眼睛疲劳和灼红皮肤。在检测操作中，必须注意保护眼睛和皮肤。

### 七、渗透检测的特点

（1）渗透检测可以用于除了疏松多孔性材料外任何种类的材料。工程材料中，疏松多孔性材料很少。绝大部分材料，包括钢铁材料、有色金属、陶瓷材料和塑料等都是非多孔性材料。因此渗透检测对承压类特种设备材料的适应性是最广的。但考虑到方法特性、成本、效率等各种因素，一般对铁磁材料工件首选磁粉检测，渗透检测只是作为替代方法。但对非铁磁材料，渗透检测是表面缺陷检测的首选方法。

（2）形状复杂的部件也可用渗透检测，并且一次操作就可大致做到全面检测。工件几何形状对磁粉检测影响较大，但对渗透检测的影响很小。对因结构、形状、尺寸不利于实施磁化的工件，可考虑用渗透检测代替磁粉检测。

（3）同时存在几个方向的缺陷，用一次检测操作就可完成检测。

（4）一般不需要大型的设备，可不用水、电。对无水源、电源或高空作业的现场，使用携带式喷罐着色渗透检测剂十分方便。

（5）试件表面粗糙度影响大，检测结果往往容易受操作人员水平的影响。工件表面粗糙度高会导致对比降低，影响缺陷识别，因此，表面粗糙度值越低，渗透检测效果越好。渗透检测是手工操作，过程工序多，如果操作不当，就会造成缺陷漏检。

（6）只能检测表面开口缺陷。由渗透检测原理可知，渗透液渗入缺陷并在清洗后能保留下来，才能产生缺陷显示，缺陷空间越大，保留的渗透液越多，检出率越高。对于闭合型的缺陷，因为渗透液无法渗入，所以无法检出。

（7）检测工序多，速度慢。渗透检测至少包括预清洗、渗透、去除、显像、观察等步骤。即使很小的工件，完成全部工序也要 20～30min。大型工件大面积渗透检测是非常麻烦的工作。每一道工序，包括预清洗、渗透、去除、显像，都很费时间。

（8）检测灵敏度比磁粉检测低。从实际应用的效果评价，渗透检测的灵敏度比磁粉检测要低很多，可检出缺陷尺寸要大 3～5 倍。

（9）材料较贵、成本较高。最常用的携带式喷罐着色渗透检测剂，每套可探测的焊缝长度约为十多米。由于检测工序多，速度慢，人工成本也是很高的。

（10）渗透检测所用的检测剂大多易燃有毒，必须采取有效措施保证安全。为确保操作安全，必须充分注意工作场所通风，以及对眼睛和皮肤的保护。

# 第八节　涡　流　检　测

## 一、涡流检测的原理

### （一）涡流检测的定义

涡流检测是建立在电磁感应原理基础之上的一种无损检测方法。

当把导电试件置于交变磁场之中时，在工件中就有感应电流存在，即产生涡流。工件自身物理性质（如电导率、磁导率、形状、尺寸和缺陷等）的变化，会导致涡流的变化。通过观测工件中涡流的变化，就可以判定工件的性质、状态，称为涡流检测。

**（二）涡流检测的原理**

如图5-12所示，试件中的涡流与给试件施加交流磁场线圈的电流相反。由涡流所产生的交流磁场也产生交变磁力线，它通过激励线圈时又感生出反作用电流。如果工件中涡流变化，这个反作用电流也变化。测定它的变化，就可以测得涡流的变化，从而得到试件的信息。

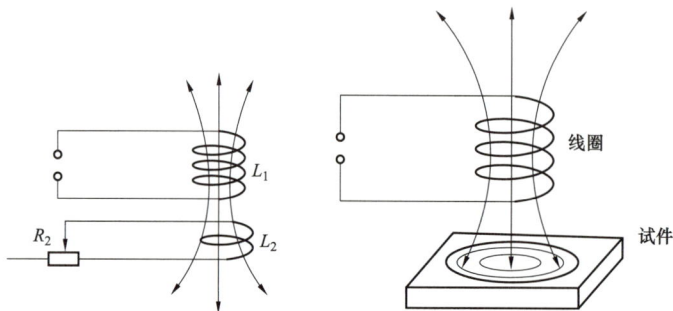

图5-12  涡流检测的原理示意图

试件中涡流的分布及其电流大小由线圈的形状和尺寸，试验频率，导体的电导率、磁导率、形状和尺寸，导体与线圈间的距离以及导体表面的缺陷所决定。因此，根据检测到的试件中的涡流，就可以取得关于试件材质、缺陷和形状尺寸等信息。

由于激励电流和反作用电流的相位会出现一定差异，这个相位差随着试件的性质而改变，因此，常通过测量这个相位的变化来检测试件的有关信息。这个相位的变化与线圈阻抗的变化密切相关，现在，大多数的涡流检测仪器都以阻抗分析法为基础，来识别各种引起涡流变化的因素。

**（三）涡流检测的适用范围**

（1）涡流检测只适用于检测导电材料。

（2）由于涡流具有集肤效应，所以涡流检测只能检测表面和近表面的缺陷。

（3）由于试件形状的不同、检测部位的不同，所以检测线圈的形状与接近试件的方式也不尽相同。为了适应各种检测的需要，人们设计了各种各样的检测线圈和涡流检测仪器。

**二、涡流检测系统**

涡流检测系统包括涡流检测仪、检测线圈、对比试样等。

**（一）涡流检测仪**

涡流检测仪是根据不同的检测目的，应用不同的方法抑制干扰信息，拾取有用信息的电子仪器。

**1. 涡流检测仪的原理**

振荡器产生各种频率的振荡电流通过检测线圈产生交变磁场在试件中感生涡流。当试件存在缺陷或物性变化时，线圈电压发生变化，通过信号输出电路将线圈电压变化量输入放大器放大，经信号处理器消除各种干扰信号，最后将信号输入显示器显示检测结果。

**2. 涡流检测仪的组成**

一般的涡流检测仪主要由振荡器、信号输出电路、放大器、信号处理器、显示器、电源等部分组成。涡流检测原理框图如图 5-13 所示。

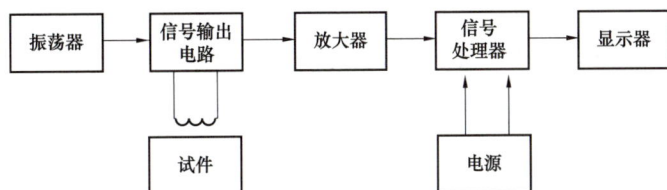

图 5-13 涡流检测原理框图

## （二）检测线圈（探头）

**1. 检测线圈的作用**

（1）在交变的激励电流作用下产生交变磁场，使试件感生涡流。

（2）拾取因试件物性变化引起涡流磁场变化的信息，并将其转换为电信号。

**2. 检测线圈的种类**

（1）按用途分：

1）外穿过式线圈。

2）内通过式线圈。

3）放置式线圈。

按用途分类的线圈如图 5-14 所示。

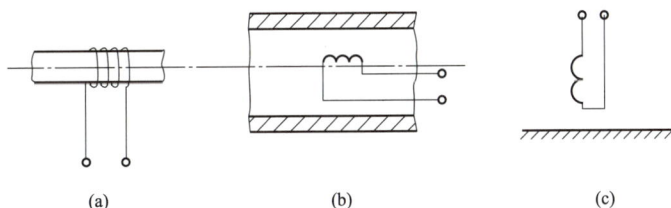

图 5-14 按用途分类的线圈

（a）外穿过式；（b）内穿过式；（c）放置式

（2）按结构分：

1）自感式线圈。

2）互感式线圈。

按结构分类的线圈如图 5-15 所示。

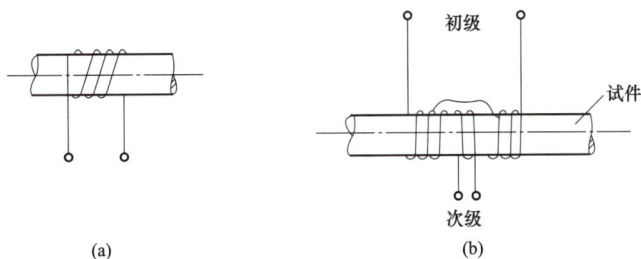

图 5-15 按结构分类的线圈

（a）自感式；（b）互感式

（3）按使用方式分：

1）绝对式线圈。

2）自比式线圈。

3）他比式线圈。

按使用方式分类的线圈如图 5-16 所示。

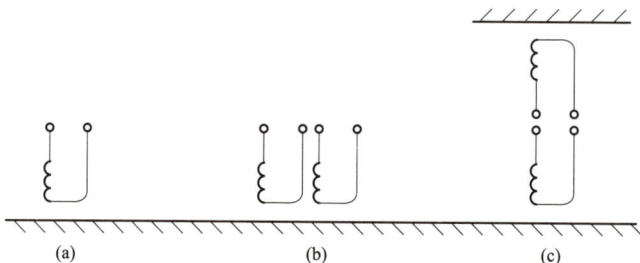

**图 5-16 按使用方式分类的线圈**

（a）绝对式；（b）自比式；（c）他比式

## （三）对比试样

涡流检测中的对比试样是按一定的用途设计制作的具有人工缺陷的试样，用于进行对比实验。

### 三、涡流检测的优缺点

（1）适合各种导电材料的试件检测。

（2）可以检出表面和近表面缺陷。

（3）探测结果以电信号给出，容易实现自动化。

（4）由于采用非接触检测，所以检测速度很快。

（5）对形状复杂的试件很难应用；一般用于管材、棒材、板材等。

（6）不能显示缺陷图形，因此无法从显示信号判断出缺陷性质。

（7）检测干扰因素多，容易引起杂乱信号。

（8）由于趋肤效应，埋藏较深的缺陷无法检出。

（9）不能用于非导电的材料。

（10）适用于高温，不拆保温层测厚。

# 第九节　磁记忆检测

电力工业中设备运行的可靠性非常重要，它和设备零部件的疲劳损伤有关，也和设备制造安装及修理过程中留下的缺陷有关。尽管采用了传统的方法如超声波、磁粉、着色和涡流检测等，做了百分之百的检测，但大修后意外的疲劳损伤还经常发生。

产生损伤的根源是工件内部的应力集中。出现应力集中的部位是由工作负荷的作用和部件的缺陷决定的。采用传统的检测方法只能检查出已经产生的缺陷，而无法查出有损伤倾向的应力集中部位。

为有效查明有损伤倾向或已经损伤的零件，就需要有和机械应力息息相关的诊断技术方法。在评价设备的应力分布状态方面，金属磁记忆法是卓有成效的。理论研究和实验证明，工件运行时受工作载荷的作用，其剩余磁场强度能够改变和重新分布，剩余磁场强度的产生是磁弹性和磁机械效应两者作用的结果。

现已证明，剩余磁场强度在工件表面的法向分量在拉伸、挤压、扭曲和周期性载荷作用下的变化，与最大工作应力有单一的关系。

工件用磁记忆法诊断的基本原理：当处于地磁场环境中的铁磁性构件受到外部载荷作用时，在应力集中区域会产生具有磁致伸缩性质的磁畴组织定向和不可逆的重新取向，该部位会出现磁畴的固定节点，产生磁极，形成退磁场，从而使此处铁磁金属的导磁率最小，在金属表面形成漏磁场。该漏磁场强度的切向分量具有最大值，法向分量改变方向并具有零值。这种磁状态的不可逆变化在工作载荷消除后依然保留"记忆"着应力集中的位置。磁记忆诊断通过检测工件表面法向分量，来分析工件运行状态下的应力分布。测量工件表面磁场方向的变化或测量工件表面磁场法向分量为零的位置，检测出工件上有应力集中的区域。

新的诊断方法可在电力系统机组大修时，早期地查明造成零部件损伤的应力集中线。

## 一、磁记忆诊断法的优点

磁记忆诊断方法和传统的检测方法相比，具有下列优点：

（1）不需要专门的磁化设备。金属的磁化是零件在运行过程中的磁致伸缩磁化现象。

（2）在检测过程中确定零件的应力集中线。

（3）不要求清理金属表面，也不要求其他的准备工作。

（4）检测仪器体积小，自带电源和记录装置，操作方便。

（5）能评价工件运行状态下的应力分布。

## 二、磁记忆法与磁粉检测的区别

### （一）磁化机理不同

普通磁粉检测，工作磁化需要对工件施加足够的外磁场，使工件整体或局部达到磁饱和，当工件中存在缺陷时，磁通会向工件表面以外"泄漏"并吸附磁粉颗粒，达到显示缺陷的目的。

磁记忆诊断工件的磁化过程是工件运行中由于磁弹性作用和磁机械作用工件自发磁化的过程。

### （二）检测目的不同

磁粉检测的检测目的是检测工件表面或近表面的缺陷，可直接显示缺陷的形状和大小。

磁粉检测可在适当的工序中将缺陷检出，实际生产中原材料冶炼生产直到最精密加工的每道工序，都可以进行磁粉检测。

工件运行时受工作负载的作用，其磁场强度能够改变并重新分布，对磁场分布的分析可检测出工件上的应力集中区。磁记忆诊断适用于工件的在役检测。

### （三）检测作用不同

（1）磁粉检测主要用于检测工件表面和近表面缺陷。

1）预制工序中对坯件的检测。用来检查从浇铸直到凝固成为钢锭，并由钢锭制造成零件基本形态的各道工序。

2）后续工序中对在制部件的检测。用来检查将成为精加工部件的制造质量；锻造、机械加工、焊接和热处理过程中产生的缺陷。

3）在役检验。用于检测因过载和疲劳引起的裂纹。

（2）磁记忆诊断主要用于评价在役工件的应力分布，确定出现应力集中的区域。

1）缺陷形成的应力集中。

2）结构不合理形成的应力集中。

3）工作应力失常造成的应力集中。

（3）磁记忆诊断用于其他方面。

1）在工件形成裂纹之前，确定最大的机械应力集中区。

2）与传统的检测方法相结合，确定生成的裂纹和其他缺陷的存在与尺寸。

3）查清造成应力集中区和损坏的结构、修理和使用方面的原因。

4）决定是否要更换零件，进行寿命评估，确定准确的维修工作量，在机组检修期间在应力最大部位进行系统的变化监测。

**（四）检测准备不同**

磁粉检测前需要对工件表面进行严格的清理，将工件表面的氧化皮、油漆及其他污垢清理干净，为磁粉良好的流动创造条件，并获得良好的观察反差。

磁记忆检测不需要清理工件表面，且要求尽可能保持工作表面的原貌。若工件外表面保温层厚度较薄（＜100mm）且无金属（或金属丝）外壳，可在保温层外进行检测。

# 第六章　常用金属材料及失效形式

## 第一节　火力发电厂常用金属材料

本章主要介绍几种火力发电厂常用的金属材料，给出了各主要部件材料及性能要求表、汽水管道选材推荐表等。

### 一、电厂各主要部件用钢要求

#### （一）转子材料要求

转子属于大型锻件，为了获得良好的综合力学性能和组织，转子必须采用适当的热处理工艺。但由于转子尺寸和质量较大，对转子的热处理工艺提出了更高的要求，为获得良好的芯部组织还必须通过合金元素的复合作用来提高材料的淬透性。一般加入 Ni、Cr、Mo、V 等合金元素。Cr 元素既可提高钢的强度，还可以右移等温转变曲线，增加淬透性，在钢中一部分形成碳化物，一部分溶入铁素体。Ni 元素对钢的塑性和韧性都有良好的作用，尤其可以提高低温时的冲击韧性，不形成碳化物，几乎全部溶入铁素体，会使共析成分的碳含量减少，使共析温度下降，降低马氏体转变开始温度，提高钢的淬透性。试验表明，Cr 和 Ni 的复合作用，远比单独元素的作用大，Cr 与 Ni 的比例在 1:3 时效果最佳。Mo 元素可有效地减少钢的回火脆性，也可进一步提高钢的高温强度。V 元素是强碳化物形成元素，可以起到细化晶粒的作用。

基于以上考虑，Cr、Ni、Mo、V 是转子的主要合金元素，随着汽轮机的大型化和蒸汽参数的提高，CrNiMoV 的使用温度受到限制，因此需要开发新型的高温强度优良的转子材料，在 12%Cr 钢的基础上添加强化元素 W，调整 Mo 含量，同时降低 S、P、As、Sn、Sb 等有害杂质，进一步降低含碳量，从而大幅提高蠕变强度。

#### （二）护环材料要求

由于护环的主要失效是腐蚀，其环境介质又比较复杂，所以不同材料的腐蚀敏感性有很大的差别。为减少发电机端部的电磁损耗，提高发电效率，要求护环无磁性，以减少漏磁，因此，护环锻件材料一般都选用无磁性奥氏体钢。另外，护环在运行时受到很大的离心力，为了保证汽轮发电机组的长期安全运行，护环材料应该有较高的强度，特别是较高的屈服强度，同时具有尽可能高的塑性和韧性。此外，还要求护环的残余应力小而分布均匀，以防止由于变形、疲劳、应力腐蚀的发展及各种应力叠加造成的破坏事故。

奥氏体不锈钢能满足电磁性能和力学性能方面的要求。此外，护环钢要达到上述的性能要求，需经过特殊的热处理过程。

目前，主要的护环材料是 18Mn5Cr 和 18Mn18Cr 两个系列，由于 18Mn5Cr 抗应力腐蚀较差，即使验收合格，但是在库房存放时间较长，再次使用时最好进行一次表面探伤和金相检查，在大修中也应作为重点监督对象。18Mn18Cr 护环相比 18Mn5Cr 抗应力腐蚀较好，在检修中可以适当延长无损探伤或微观裂纹检查周期。

### （三）叶片材料要求

根据叶片的工作条件和工作环境，叶片材料在工作温度下应具有良好的耐腐蚀性能、良好的减振性能、优良的抗疲劳性能、足够的室温和高温力学性能、高的组织稳定性。此外，材料还应具备一定的焊接性能。火电机组最常用的叶片材料为 1Cr13 和 2Cr13，他们属于马氏体型耐热钢，具有足够的室温和高温力学性能、良好的抗疲劳性能，以及较高的耐蚀性和减振性。1Cr13 和 2Cr13 的区别在于 2Cr13 比 1Cr13 的含碳量高，因而 2Cr13 比 1Cr13 强度高、塑韧性低。一般 1Cr13 用于前几级叶片，2Cr13 用于后几级叶片。1Cr13 和 2Cr13 虽然具有许多优点，但是他们的热强性较低，当温度超过 500℃时，热强性明显降低。

为了提高材料的热强性，在 1Cr13 和 2Cr13 钢的基础上添加 Mo、W、V、Nb、N 等元素，形成了如 1Cr12Mo、1Cr11MoV、12CrMoVNbN 等强化型不锈钢。它们的热强性能有了大幅度的提高，可以在 550～600℃下长期运行。这些材料可以概括成 13%Cr 型和强化 12%Cr 型不锈钢。

随着超（超）临界机组的发展，叶片材料中增添了许多新的成员。一方面，超（超）临界机组的主蒸汽温度和再热蒸汽温度达到了 566℃或超过了 600℃，甚至达到了 650℃，为了进一步提高材料的蠕变强度和组织稳定性，在强化 12%Cr 型不锈钢的基础上，进一步调整化学成分，增加 Mo 当量，使 Mo/W 比值保持合适的范围，并添加 Co 和 B，降低 N 含量等。另外，超（超）临界机组叶片的长度和重量明显增加，尤其末级叶片的长度将会达到或超过 1000mm，这样大幅度提高了叶片的离心力，使得叶片的受力状态更加复杂。因此，在叶片材料中还有沉淀硬化型马氏体不锈钢，如 0Cr17Ni4Cu4Nb 钢，其强度等级很高，可用于低压级长叶片和拉筋中。

### （四）螺栓材料要求

螺栓材料在工作温度下应具有良好的抗松弛性、良好的强度和塑性配合、小的蠕变缺口敏感性、小的热脆性倾向、良好的抗氧化性能、优良的抗疲劳性能、足够的室温和高温力学性能、高的组织稳定性；同时还要考虑材料的线膨胀系数，使螺栓及被紧固部件的线胀值尽可能一致，从而使附加应力最小。抗松弛性能是螺栓设计时强度核算的主要依据。采用高抗松弛性能的材料，可使螺栓在同样的初紧力和同样的运行时间内，应力降低最少。

为使螺栓初紧时不产生屈服，就要求材料具有高的屈服强度，但屈服强度过高，会增大钢的应力集中敏感性，从而增加钢的蠕变脆性倾向。螺栓材料要求强度和塑性的良好配合，蠕变缺口敏感性小，以有利于防止螺纹根部应力集中部位发生脆性断裂。良好的抗氧化性可以防止螺栓长期运行后因螺纹氧化而发生螺栓与螺纹的咬死现象。为防止螺纹咬死和减少磨损，选材时，螺栓和螺母应采用不同钢号材料，因为螺母的工作条件要好于螺栓，所以螺母材料强度级别应比螺栓材料低一级，硬度比螺栓低 HBW20～HBW50。

目前，常用的螺栓主要有 CrMoV 系列，争气钢（争气一号、争气二号）、10%～12%Cr 马氏体钢以及高温合金（R26、GH4145、In783 等）。25Cr2MoV 主要用于 510℃以下螺栓，是最广泛使用的螺栓材料之一，该钢在高温长期运行中会发生热脆性而引起螺栓断裂；25Cr2Mo1V 属于中碳珠光体耐热钢，主要用于 550℃以下螺栓，该钢对热处理敏感，存在回火脆性倾向。在 540℃长期运行会出现硬度明显升高、室温冲击大幅下降的现象。25Cr2Mo1V 长期在高温下运行会在奥氏体晶界上形成网状碳化物，也会在亚晶界上形成碳化物。

争气钢是我国自行开发的低合金高强钢，包括争气一号（20Cr1Mo1VNbTiB）和争气二号（20Cr1Mo1VTiB），使用温度可以达到 570℃，这两种钢采用多元复合强化，大幅提高了持久强度、蠕变极限、抗松弛性能、持久塑形和缺口敏感性。争气一号 20Cr1Mo1VnbTiB 在生产过程中会出现粗晶的情况，也就是程度不同的混晶，造成冲击韧性大幅下降。在实际检验中争气二号（20Cr1Mo1VTiB）也同样存在粗晶的现象。避免使用宏观粗晶的材料是防止螺栓发生断裂的关键。

10%～12%Cr 马氏体钢螺栓包括 C–422、2Cr12WmoVNbB、2Cr11Mo1NiWVNbN、1Cr11MoNiW1VNbN、1Cr10Co3MoWVNbNB 等，这些钢采用多元复合强化，进一步提高了热强性和抗松弛性能，降低了缺口敏感性，可用于 600℃ 以下的高温螺栓。

R26 是 Ni–Cr–Co 高温合金，主要用于制造温度在 677℃ 以下的高中压内缸螺栓。GH4145 是我国自行开发的镍基高温合金，主要用于制造温度在 677℃ 以下的高温螺栓。

In783 是美国 Special Metal 公司开发的低膨胀系数高温合金，目前主要用在超临界机组上，该钢是钴基高温合金，同时含有 Al 为 5%～6%，在晶界上析出 β 相，提高了晶界稳定性。热处理工艺采用三级时效，组织为 $\gamma + \gamma' + \beta$。

### （五）汽缸材料要求

汽缸在机组运行时主要承受蒸汽的内压力、转子重量引起的静应力、温差产生的热应力及变化的热应力引起的热疲劳现象。

在超（超）临界机组中，主汽门、喷嘴室、高中压内外缸等是温度最高、受力较大的构件，如常规材料，在设计上就要比以往的机组增大壁厚，这样在启停时会产生大的内外温差，造成过大的热应力。随着频繁的启停，材料的抗热疲劳能力会不断降低。因此，对于超（超）临界汽轮机，为把壁厚控制在以往部件的同样水平上，除考虑材料的制造性、热处理性及焊接性外，还必须考虑材料的持久强度。

### （六）受热面材料要求

用于受热面管的材料大致分为两类：一类为铁素体钢，在工作中人们习惯称之为珠光体钢、贝氏体钢、马氏体钢，主要应用于亚临界参数的机组中；另一类是奥氏体不锈钢，主要应用于亚临界参数机组的高温段和超（超）临界参数机组中。

为了适应超（超）临界机组的发展需求，国外经过近 20 年的研究、开发、实验、应用，使新型的锅炉用钢系列发生了一些变化，增添了一些新成员。高压锅炉钢管从早期的碳钢、碳锰钢发展成低合金铬（钼）钢，再到中合金铬钼钢，形成了完整的用钢系列，基本满足了从低参数到高参数机组不同档次的锅炉用钢的要求。这些新钢种的特点是基本上是在 T91、TP304H、TP347H 及 HR3C 奥氏体不锈钢的基础上添加 Nb、W、V、Ti、N、Cu、B 等强化元素，综合性能比以前的钢种性能更为优越，能够适应常规参数和更高参数压力和温度的机组，且能降低用钢成本。

在选用受热面管材料时，就技术而言，要综合考虑以下几方面的因素：

（1）抗高温蠕变性能。

（2）抗烟气腐蚀性能。

（3）抗蒸汽氧化性能。

（4）加工性能、焊接性能和短时力学性能等。

对于设计者而言，还要考虑材料成本。然而安全和成本是一对矛盾，安全性高，成本就大；成本低，安全性就低。受热面材料使用的都是极限温度，对于超（超）临界机组的安装，受热面的安全性非常重要。

### （七）锅筒材料要求

锅炉锅筒由钢板焊接而成，锅筒钢板处于中温（360℃）高压状态下工作，它除承受较高的内压外，还会受到冲击、疲劳载荷及水和蒸汽介质的腐蚀作用。其工作条件要比一般的机械设备恶劣得多。随着锅炉设计参数的提高，锅筒的工作压力和温度也不断提高。锅炉启停时，锅筒上下部分和内外壁温差会产生很大的热应力，特别是管孔周围等部位，由于温度的交变造成的低周疲劳和应力集中的作用，容易造成事故。根据锅筒的工作条件和工作环境，锅筒材料应在工作温度下具有足够高的力学性能、优良的抗疲劳性能、良好的耐蚀性能。此外，由于锅筒产生裂纹性缺陷后，修复难度较大，材料还应具备一定的焊接性能。

### （八）集箱材料要求

集箱所用材料由其工作条件决定，集箱用钢基本上与同参数蒸汽管道一致，集箱构造较为复杂，上面有许多的接管座。由于集箱和蒸汽管道一旦发生泄漏事故将对人身及设备带来严重危害，因此，对于同一钢号，用于蒸汽管道或集箱的最高使用温度应比用于过热器管的最高使用温度低 30～50℃。

### （九）管道材料要求

蒸汽管道部件材料的选择主要取决于部件工质的温度、应力和服役环境，应具有足够高的蠕变强度、持久强度、持久塑性和抗氧化性能。

火电机组汽水管道主要指主蒸汽管道、高温再热蒸汽管道、低温再热蒸汽管道和高压给水管道，锅炉高温部件则包括集汽集箱、高温过热器集箱和高温再热器集箱，以及高温过热器管、高温再热器管。选材时，应根据工作温度，优先考虑钢材的热强性和组织稳定性。对于同一钢号钢材，用于蒸汽管道时所允许的最高使用温度应比用于过热器管的耐热温度低一些。

### 二、电厂各主要部件材料及性能要求表

电厂各主要部件材料及性能要求见表 6–1。

表 6–1　　　　　　　　　电厂各主要部件材料及性能要求

| 序号 | 部件 | 材料性能要求 | 主要金属材料 |
|---|---|---|---|
| 1 | 低压转子和发电机转子 | 强度、塑性、韧性；力学均匀性；断裂韧性；残余应力；材料均匀性；细小均匀的晶粒度；高疲劳强度 | 34CrMoA、34CrMo1A、34CrNi1Mo、34CrNi2Mo、34CrNi3Mo、25CrNi1MoV、30Cr2Ni4MoV |
| 2 | 高、中压转子 | 较好的综合力学性能，轴向和周向性能要均匀一致；足够的热强性能和持久塑性；良好的组织稳定性；良好的淬透性和工艺性能 | 17CrMo1V、35CrMoV、30Cr1Mo1V、27Cr2MoV、28CrNiMoV、25Cr2NiMoV、30Cr2Ni4MoV、20Cr3MoWV、33Cr3MoWV、18Cr2MnMoB、12%Cr |
| 3 | 护环 | 均匀性；残余应力；晶粒度；力学性能 | 50Mn18Cr5、50Mn18Cr5N、50Mn18Cr4WN、1Mn18Cr18N |
| 4 | 叶片 | 良好的耐蚀性能；良好的减振性能；优良的抗疲劳性能；足够的室温和高温力学性能、高的组织稳定性 | 1Cr13、2Cr13、1Cr12Mo、1Cr11MoV、2CrWMoV、2CrNiMo1W1V、12CrMoVNbN |
| 5 | 高温螺栓 | 良好的抗松弛性；良好的强度和塑性配合；小的蠕变缺口敏感性；小的热脆性倾向；良好的抗氧化性能；优良的抗疲劳性能；足够的室温和高温力学性能；高的组织稳定性；材料的线膨胀系数 | 35、45、20CrMo、35CrMo、42CrMo、25Cr2MoV、25Cr2Mo1V、20Cr1Mo1V1、20Cr1Mo1VNbTiB、20Cr1Mo1VTiB、C–422、R–26、GH4145 |
| 6 | 汽缸 | 良好的浇筑性能；较高的持久强度、塑性，一定的冲击韧性和良好的组织稳定性；良好的抗氧化性能、耐磨性能和抗疲劳性能；良好的焊接性能 | ZG230–450、ZG20CrMo、ZG20CrMoV、ZG15Cr1Mo1V、12%Cr 铸钢 |

续表

| 序号 | 部件 | 材料性能要求 | 主要金属材料 |
|---|---|---|---|
| 7 | 受热面管 | 高温蠕变性能；抗烟气腐蚀性能；抗蒸汽氧化性能；加工、焊接和短时力学性能；许用应力和最高使用温度 | 20G、15CrMo、12Cr1MoV、10CrMo910、G102、T91、T92、TP304H、TP347H、Super304H、TP347HFG、HR3C、NF709 |
| 8 | 锅筒 | 足够高的力学性能；优良的抗疲劳性能；良好的耐蚀性能；一定的焊接性能 | 20g、22g、12Mng、16Mng、19Mn5、SA299、15MnVg、14MnMoVg、18MnMoNbg、13MnNiMo54（BHW35） |
| 9 | 集箱、管道 | 高的强度和良好的持久塑性；良好的导热性能和低的线膨胀系数；高的组织稳定性；高的抗氧化及抗腐蚀性能；良好的工艺性能 | P22、12Cr1MoV、15Cr1Mo1V、P91、P92、A672B70CL32（低再）、WB36（给水） |

## 三、火电机组汽水管道选材推荐

火电机组汽水管道选材推荐见表6-2。

表6-2 　　　　　　　　　　火电机组汽水管道选材推荐

| 机组类别 | 主蒸汽管道 | 高温再热蒸汽管道 | 低温再热蒸汽管道 | 主给水管道 |
|---|---|---|---|---|
| 高温高压 | 12Cr1MoVG、10CrMo910（P22） | | | 20G |
| 超高压 | 12Cr1MoVG、10CrMo910（P22）、X20CrMoV121（F12） | 12Cr1MoVG、10CrMo910（P22） | 20G、P11、15SiMn | 20G、St45.8/Ⅲ、SA106B、STB42 |
| 亚临界 | 12Cr1MoVG、10CrMo910（P22）、15Cr1Mo1V、X20CrMoV121（F12） | 12Cr1MoVG、10CrMo910（P22）、15Cr1Mo1V | 20G、P11、15SiMn、15MoG、SA515Gr.60、SA106B | 20G、St45.8/Ⅲ、SA106B、STB42 |
| 超临界 | 10CrMo910（P22）、15Cr1Mo1V P91、X20CrMoV121（F12） | 12Cr1MoVG P91、10CrMo910（P22）、15Cr1Mo1V SA387-22 | P11、SA515Gr.60、15Mo3、SA106B | St45.8/Ⅲ、15SiMn、SA106C、WB36、SA106B |
| 超超临界 | P92、P122、E911 | 10CrMo910（P22）、15Cr1Mo1V P91 | A672B70CL32、A691Cr1-1/4、SA106B | SA106C、WB36、SA106B |

## 四、常用金属材料简介

### （一）30Cr1Mo1V、30Cr2Ni4MoV

30Cr1Mo1V、30Cr2Ni4MoV 主要用于制作汽轮机转子，30Cr2Ni4MoV 增加了 Cr 含量，同时添加了 3.5% 的 Ni，进一步提高了淬透性，因而提高了强度和韧性，由于属于大型锻件，对其化学成分中的杂质和气体均有严格的要求，其化学成分及力学性能见表6-3、表6-4。

表6-3 　　　　　　　30Cr1Mo1V、30Cr2Ni4MoV 化学成分

| 钢号 | C[①] | Mn | Si | P | S | Cr | Ni | Mo | V | Cu | Al | Sn | Sb[②] | As |
|---|---|---|---|---|---|---|---|---|---|---|---|---|---|---|
| 30Cr1Mo1V | 0.27～0.34 | 0.70 | 0.20～0.35 | ≤0.012 | ≤0.012 | 1.05～1.35 | ≤0.50 | 1.00 | 0.21 | ≤0.15 | ≤0.010 | ≤0.015 | ≤0.0015 | ≤0.020 |
| 30Cr2Ni4MoV | ≤0.35 | 0.20 | ≤0.10 | ≤0.010 | ≤0.010 | 1.50 | 3.25～3.75 | 0.25～0.60 | 0.07 | ≤0.15 | ≤0.010 | ≤0.015 | ≤0.0015 | ≤0.020 |

① 在力学性能达到要求的前提下，尽可能降低 30Cr2Ni4MoV 钢的含碳量。

② Sb 为目标值。

表 6-4                     **30Cr1Mo1V、30Cr2Ni4MoV 力学性能**

| 项目 | 取样位置 | 锻件强度级别 | | |
|---|---|---|---|---|
| | | 590 | 690 | 760 |
| 屈服强度（MPa） | 本体径向、轴端 | 590～690 | 690～790 | 760～860 |
| | 中心孔（纵向） | ≥550 | ≥660 | ≥720 |
| 抗拉强度（MPa） | 本体径向、轴端 | ≥720 | ≥790 | ≥860 |
| | 中心孔（纵向） | ≥690 | ≥760 | ≥830 |
| 断后延伸率（%） | 本体径向、轴端 | ≥15 | ≥18 | ≥17 |
| | 中心孔（纵向） | ≥15 | ≥18 | ≥16 |
| 断面收缩率（%） | 本体径向、轴端 | ≥40 | ≥56 | ≥53 |
| | 中心孔（纵向） | ≥40 | ≥53 | ≥45 |
| 冲击吸收能量（J） | 本体径向 | ≥8 | ≥95 | ≥81 |
| | 中心孔（横向） | ≥7 | ≥61 | ≥41 |
| 韧脆转变温度（℃） | 本体径向 | ≤116 | ≤−18 | ≤−7 |
| | 中心孔（横向） | ≤121 | ≤10 | ≤27 |
| 上平台能量（J） | 本体径向 | ≥75 | ≥95 | ≥81 |
| | 中心孔（横向） | ≥47 | ≥68 | ≥54 |
| 推荐用钢 | | 30Cr1Mo1V | 30Cr2Ni4MoV | |

### （二）50Mn18Cr5

50Mn18Cr5 属于 18Mn-5Cr 系列，用于发电机护环，该钢耐应力腐蚀较差，因此在投运前以及检修中要注意增加表面无损检测和微观裂纹检测，一般在每次 A 修进行检测。特别要说明的是入库经检测合格的此种材料的护环，如果放置时间较长，在投运前需要再做一次表面无损检测。

其化学成分和力学性能见表 6-5、表 6-6。

表 6-5                     **50Mn18Cr5 化学成分**

| 材料牌号 | C | Mn | Si | P | S | Cr | N | Al | W |
|---|---|---|---|---|---|---|---|---|---|
| 50Mn18Cr5 | 0.40～0.60 | 17.00～19.00 | 0.30～0.80 | ≤0.060 | ≤0.025 | 3.50～6.00 | — | — | — |

表 6-6                     **50Mn18Cr5 力学性能**

| 锻件强度级别 | 屈服强度（MPa） | 抗拉强度（MPa） | 断后伸长率（%） | 断面收缩率（%） | 推荐材料 |
|---|---|---|---|---|---|
| I | ≥585 | ≥735 | ≥25 | ≥35 | 50Mn18Cr5 |

### （三）1Mn18Cr18N

1Mn18Cr18N 属于 18Mn-18Cr 系列，用于发电机护环，该钢具有较好的耐应力腐蚀性能，一般在每次 A 修进行检测。

其化学成分和力学性能见表 6-7、表 6-8。

表 6-7 1Mn18Cr18N 化学成分

| 材料牌号 | C | Mn | Si | P | S | Cr | Al | N | B |
|---|---|---|---|---|---|---|---|---|---|
| 1Mn18Cr18N | ≤0.12 | 17.50～20.00 | ≤0.80 | ≤0.050 | ≤0.015 | 17.50～20.00 | ≤0.030 | ≥0.47 | ≤0.001 |

注 分析 Ni、Mo、V、W、As、Bi、Sn、Pb、Sb、Cu、Ti 的含量作为参考。

表 6-8 1Mn18Cr18N 力学性能

| 锻件强度级别 | 切向力学性能 | | | | |
|---|---|---|---|---|---|
| | 抗拉强度（MPa） | 屈服强度（MPa） | 断后伸长率（%） | 断面收缩率（%） | 冲击吸收能量（J） |
| 1 | ≥830 | ≥760 | ≥25 | ≥60 | ≥95 |
| 2 | ≥860 | ≥830 | ≥23 | ≥58 | ≥88 |
| 3 | ≥930 | ≥930 | ≥19 | ≥56 | ≥81 |
| 4 | ≥965 | ≥965 | ≥17 | ≥55 | ≥79 |
| 5 | ≥1000 | ≥1000 | ≥15 | ≥54 | ≥75 |
| 6 | ≥1030 | ≥1030 | ≥14 | ≥53 | ≥72 |
| 7 | ≥1070 | ≥1070 | ≥13 | ≥52 | ≥68 |
| 8 | ≥1140 | ≥1140 | ≥10 | ≥51 | ≥54 |
| 9 | ≥1170 | ≥1170 | ≥10 | ≥50 | ≥47 |

## （四）1Cr13

1Cr13 为马氏体不锈钢，淬透性好，一般油淬或空冷即可得到马氏体组织，该钢具有较高的硬度、韧性，较好的耐磨性、热强性和冷变形性能，减振性也很好。使用温度为 450～475℃，常用作汽轮机低温段长叶片，也可以用作其他耐蚀部件，其化学成分和力学性能见表 6-9、表 6-10。

表 6-9 1Cr13 化 学 成 分

| 牌号 | 化学成分（质量分数，%） | | | | | | | | | | | | | |
|---|---|---|---|---|---|---|---|---|---|---|---|---|---|---|
| | C | Si | Mn | P | S | Ni | Cr | Mo | W | V | Cu | Al | Ti | N | Nb+Ta |
| 1Cr13 | 0.10～0.15 | ≤1.00 | ≤1.00 | ≤0.030 | ≤0.025 | ≤0.60 | 11.50～13.50 | | | | ≤0.30 | | | |

表 6-10                                                                                                1Cr13 力 学 性 能

| 序号 | 牌号 | 热处理 | | 力 学 性 能 | | | | | 硬度 HBW |
|---|---|---|---|---|---|---|---|---|---|
| | | 淬火温度（℃） | 回火温度（℃） | 延伸率为 0.2% 时的规定非比延伸强度（MPa） | 抗拉强度（MPa） | 断后伸长率（%） | 断面收缩率（%） | 冲击吸收能量（J） | |
| | | | | 不小于 | | | | | |
| 1 | 1Cr13 | 980～1040 油 | 660～770 空 | 440 | 620 | 20 | 60 | 35 | 187～229 |

### （五）2Cr13

2Cr13 属于马氏体不锈钢，与 1Cr13 相比，2Cr13 钢的含碳量较高，因此室温强度和硬度较高，而硬度和耐蚀性稍低，2Cr13 使用温度为 400～450℃，常用作汽轮机低温段长叶片、阀杆以及发电机模锻风叶等。用于汽轮机末级叶片时，其抗水滴冲蚀性能不足，需要表面强化或镶焊硬质合金处理。其化学成分和力学性能见表 6-11、表 6-12。

表 6-11                                                                                                2Cr13 化 学 成 分

| 牌号 | 化学成分（质量分数，%） | | | | | | | | | | | | | | |
|---|---|---|---|---|---|---|---|---|---|---|---|---|---|---|---|
| | C | Si | Mn | P | S | Ni | Cr | Mo | W | V | Cu | Al | Ti | N | Nb+Ta |
| 2Cr13 | 0.16～0.24 | ≤0.60 | ≤0.60 | ≤0.030 | ≤0.025 | ≤0.60 | 12.00～14.00 | | | | ≤0.30 | | | | |

表 6-12                                                                                                2Cr13 力 学 性 能

| 牌号 | 热处理 | | 力 学 性 能 | | | | | 试样硬度 HBW |
|---|---|---|---|---|---|---|---|---|
| | 淬火温度（℃） | 回火温度（℃） | 屈服强度（MPa） | 抗拉强度（MPa） | 断后伸长率（%） | 断面收缩率（%） | 冲击吸收能量（J） | |
| | | | 不小于 | | | | | |
| 2Cr13 | 950～1020 空、油 | 660～770 油、水、空 | 490 | 665 | 16 | 50 | 27 | 207～241 |

### （六）1Cr12Mo

1Cr12Mo 是 12% 型马氏体硬化不锈钢，是根据美国 AIS403 汽轮机叶片钢研制，该钢具有较高的室温强度，较高的韧性和冷变形性能，较高的热强性和耐蚀性，用于 450℃下汽轮机叶片以及其他耐腐蚀零件。其化学成分和力学性能见表 6-13、表 6-14。

表 6-13                                                                                                1Cr12Mo 化 学 成 分

| 牌号 | 化学成分（质量分数，%） | | | | | | | | | | | | | | |
|---|---|---|---|---|---|---|---|---|---|---|---|---|---|---|---|
| | C | Si | Mn | P | S | Ni | Cr | Mo | W | V | Cu | Al | Ti | N | Nb+Ta |
| 1Cr12Mo | 0.10～0.15 | ≤0.50 | 0.30～0.60 | ≤0.030 | ≤0.025 | 0.30～0.60 | 11.50～13.00 | 0.30～0.60 | | | ≤0.30 | | | | |

表 6-14　　　　　　　　　　　1Cr12Mo 力 学 性 能

| 牌号 | 热处理 | | 力 学 性 能 | | | | | 硬度 HBW |
|---|---|---|---|---|---|---|---|---|
| | 淬火温度（℃） | 回火温度（℃） | 屈服强度（MPa） | 抗拉强度（MPa） | 断后伸长率（%） | 断面收缩率（%） | 冲击吸收能量（J） | |
| | | | 不小于 | | | | | |
| 1Cr12Mo | 950～1000 油 | 650～710 空 | 550 | 685 | 18 | 60 | 78 | 217～248 |

## （七）1Cr11MoV

1Cr11MoV 是马氏体耐热不锈钢，具有良好的组织稳定性、热强性、减振性及工艺性能，线膨胀系数小，对回火脆性不敏感，该钢可进行氮化处理以提高钢的表面耐磨性，可用于 540℃以下工作的汽轮机叶片、围带、阀杆。其化学成分和力学性能见表 6-15、表 6-16。

表 6-15　　　　　　　　　　　1Cr11MoV 化 学 成 分

| 牌号 | 化学成分（质量分数，%） | | | | | | | | | | | | | | |
|---|---|---|---|---|---|---|---|---|---|---|---|---|---|---|---|
| | C | Si | Mn | P | S | Ni | Cr | Mo | W | V | Cu | Al | Ti | N | Nb+Ta |
| 1Cr11 MoV | 0.11～0.18 | ≤0.50 | ≤0.60 | ≤0.030 | ≤0.025 | ≤0.60 | 10.00～11.50 | 0.50～0.70 | | 0.25～0.40 | ≤0.30 | | | | |

表 6-16　　　　　　　　　　　1Cr11MoV 力 学 性 能

| 牌号 | 热处理 | | 力学性能 | | | | | 硬度 HBW |
|---|---|---|---|---|---|---|---|---|
| | 淬火温度（℃） | 回火温度（℃） | 屈服强度（MPa） | 抗拉强度（MPa） | 断后伸长率（%） | 断面收缩率（%） | 冲击吸收能量（J） | |
| | | | 不小于 | | | | | |
| 1Cr11MoV | 1000～1050 空、油 | 700～750 空 | 490 | 685 | 16 | 56 | 27 | 217～248 |

## （八）2Cr12NiMoWV（C-422）

2Cr12NiMoWV 是强化的 12%Cr 型马氏体耐热不锈钢，由于加入了 Ni 和 W，提高了其强度，该钢缺口敏感性小，具有良好的减振性和抗松弛性，综合性能较好，相当于美国的 C-422 和日本的 SUH616 钢，用于 550℃以下的汽轮机叶片、围带及工作温度不超过 540℃的高温螺栓、阀杆等。其化学成分和力学性能见表 6-17、表 6-18。

表 6-17　　　　　　　　2Cr12NiMoWV（C-422）化 学 成 分

| 新牌号 | 旧牌号 | 化学成分（质量分数，%） | | | | | | | | | | |
|---|---|---|---|---|---|---|---|---|---|---|---|---|
| | | C | Si | Mn | P | S | Ni | Cr | Mo | Cu | N | 其他元素 |
| 22Cr12NiWMoV | 2Cr12NiMoWV | 0.20～0.25 | 0.50 | 0.50～1.00 | 0.040 | 0.030 | 0.50～1.00 | 11.00～13.00 | 0.75～1.25 | — | — | W0.75～1.25 V0.20～0.40 |

表 6-18                      2Cr12NiMoWV（C-422）力学性能

| 牌号 | 热处理 | | | 退火后的硬度（HB） | 经淬回火的力学性能 | | | | | |
| | | | | | 拉伸试验 | | | | 冲击试验 | 硬度试验 |
| | 退火温度（℃） | 淬火温度（℃） | 回火温度（℃） | | 屈服强度（MPa） | 抗拉强度（MPa） | 断后延长率（%） | 断面收缩率（%） | 冲击吸收能量（J） | 布氏硬度 HBW |
| | | | | | 不小于 | | | | | |
| 2Cr12NiMoWV | 830～900缓冷 | 1020～1070油冷或空冷 | 600以上空冷 | ≤269 | 735 | 885 | 10 | 25 | — | ≤341 |

### （九）2Cr12NiMo1W1V

2Cr12NiMo1W1V 属于马氏体不锈钢，是在 2Cr12NiMoWV 基础上调整碳、钨、镍和钼含量而得到，可用作汽轮机长叶片和高温螺栓，其化学成分和力学性能见表 6-19、表 6-20。

表 6-19                      2Cr12NiMo1W1V 化学成分

| 牌号 | 化学成分（质量分数，%） | | | | | | | | | | | | | | |
| | C | Si | Mn | P | S | Ni | Cr | Mo | W | V | Cu | Al | Ti | N | Nb+Ta |
| 2Cr12NiMo1W1V | 0.20～0.25 | ≤0.50 | 0.50～1.00 | ≤0.030 | ≤0.025 | 0.50～1.00 | 11.00～12.50 | 0.90～1.25 | 0.90～1.25 | 0.20～0.30 | ≤0.30 | | | | |

表 6-20                      2Cr12NiMo1W1V 力学性能

| 牌号 | 热处理 | | 力 学 性 能 | | | | | |
| | 淬火温度（℃） | 回火温度（℃） | 屈服强度（MPa） | 抗拉强度（MPa） | 断后伸长率（%） | 断面收缩率（%） | 冲击吸收能量（J） | 布氏硬度 HBW |
| | | | 不小于 | | | | | |
| 2Cr12NiMo1W1V | 980～1040油 | 650～750空 | 760 | 930 | 12 | 32 | 11 | 277～311 |

### （十）35

35 钢具有较好的塑形和中等强度，大多在正火或调质状态下使用，广泛应用于锻件、无缝钢管等，用于制作的紧固件工作温度小于或等于 400℃。其化学成分和力学性能见表 6-21、表 6-22。

表 6-21                      35 化 学 成 分

| 牌号 | C | Si | Mn | P | S | Ni | Cr | Mo | W | V | Nb | Ti | Al | Cu | B |
| --- | --- | --- | --- | --- | --- | --- | --- | --- | --- | --- | --- | --- | --- | --- | --- |
| 35 | 0.32～0.40 | 0.17～0.37 | 0.50～0.80 | ≤0.035 | ≤0.035 | ≤0.25 | ≤0.25 | — | — | — | — | — | — | — | — |

表 6-22 35 力 学 性 能

| 牌号 | 室温力学性能（不低于） | | | | | 布氏硬度 HBW | 高温强度 | | |
|------|------|------|------|------|------|------|------|------|------|
| | 屈服强度（MPa） | 抗拉强度（MPa） | 断后伸长率（%） | 断面收缩率（%） | 冲击吸收能量（J） | | 试验温度（℃） | 蠕变极限 $\sigma_{10}^{-5}$（MPa） | 持久强度 $\sigma_{10}^{5}$（MPa） |
| 35 | 265 | 510 | 18 | 43 | 55 | 146～196 | 400 | 118 | — |

## （十一）35CrMo

35CrMo 用于制作高温螺栓，可用于制作使用温度低于 480℃的螺栓和使用温度低于 510℃的螺母，调质处理后其组织为回火索氏体，其化学成分和力学性能见表 6-23、表 6-24。

表 6-23 35CrMo 化 学 成 分

| 牌号 | C | Si | Mn | P | S | Ni | Cr | Mo | W | V | Nb | Ti | Al | Cu | B |
|------|---|-----|-----|---|---|-----|-----|-----|---|---|-----|-----|-----|-----|---|
| 35CrMoA | 0.32～0.40 | 0.17～0.37 | 0.40～0.70 | ≤0.025 | ≤0.025 | ≤0.30 | 0.80～1.10 | 0.15～0.25 | — | — | — | — | — | ≤0.25 | — |

表 6-24 35CrMo 力 学 性 能

| 牌号 | 室温力学性能（不低于） | | | | | 布氏硬度 HBW | 高温强度 | | |
|------|------|------|------|------|------|------|------|------|------|
| | 屈服强度（MPa） | 抗拉强度（MPa） | 断后伸长率（%） | 断面收缩率（%） | 冲击吸收能量（J） | | 试验温度（℃） | $\sigma_{10}^{-5}$（MPa） | $\sigma_{10}^{5}$（MPa） |
| 35CrMo（＞50mm） | 590 | 765 | 14 | 40 | 47 | 241～285 | 475 | — | 167 |
| 35CrMo（≤50mm） | 686 | 834 | 12 | 40 | 47 | 255～311 | — | — | — |

## （十二）25Cr2MoV

25Cr2MoV 是中碳耐热合金钢，其综合力学性能良好，热强性较高，有较高的抗松弛性能，但是对热处理敏感，改变回火状态会显著影响力学性能，一般在调质状态下使用，可用于制作工作温度小于 510℃的紧固件。其化学成分和力学性能见表 6-25、表 6-26。

表 6-25 25Cr2MoV 化 学 成 分

| 牌号 | C | Si | Mn | P | S | Ni | Cr | Mo | W | V | Nb | Ti | Al | Cu | B |
|------|---|-----|-----|---|---|-----|-----|-----|---|---|-----|-----|-----|-----|---|
| 25Cr2MoVA | 0.22～0.29 | 0.17～0.37 | 0.40～0.70 | ≤0.025 | ≤0.025 | ≤0.30 | 1.50～1.80 | 0.25～0.35 | — | 0.15～0.35 | — | — | — | ≤0.25 | — |

表 6-26 25Cr2MoV 力 学 性 能

| 牌号 | 室温力学性能（不低于） | | | | | 布氏硬度 HBW | 高温强度 | | |
|------|------|------|------|------|------|------|------|------|------|
| | 屈服强度（MPa） | 抗拉强度（MPa） | 断后伸长率（%） | 断面收缩率（%） | 冲击吸收能量（J） | | 试验温度（℃） | $\sigma_{10}^{-5}$（MPa） | $\sigma_{10}^{5}$（MPa） |
| 25Cr2MoV | 686 | 785 | 15 | 50 | 47 | 248～296 | 500 | 78 | 196 |

## （十三）25Cr2Mo1V

25Cr2Mo1V 用于制作高温螺栓，可用于制作使用温度低于 550℃的螺栓，调质处理后其组织为回火索氏体，该钢对热处理敏感，存在回火脆性倾向。在 540℃长期运行会出现硬度明显升高、室温冲击大幅下降的现象。25Cr2Mo1V 长期在高温下运行会在奥氏体晶界上形成网状碳化物，也会在亚晶界上形成碳化物。其化学成分和力学性能见表 6–27、表 6–28。

表 6–27　　　　　　　　　　　25Cr2Mo1V 化学成分

| 牌号 | C | Si | Mn | P | S | Ni | Cr | Mo | W | V | Nb | Ti | Al | Cu | B |
|---|---|---|---|---|---|---|---|---|---|---|---|---|---|---|---|
| 25Cr2Mo1VA | 0.22～0.29 | 0.17～0.37 | 0.50～0.80 | ≤0.025 | ≤0.025 | ≤0.30 | 2.10～2.50 | 0.90～1.10 | — | 0.30～0.50 | — | — | — | ≤0.25 | — |

表 6–28　　　　　　　　　　　25Cr2Mo1V 力学性能

| 牌号 | 室温力学性能（不低于） | | | | | 布氏硬度 HBW | 高温强度 | | |
|---|---|---|---|---|---|---|---|---|---|
| | 屈服强度（MPa） | 抗拉强度（MPa） | 断后伸长率（%） | 断面收缩率（%） | 冲击吸收能量（J） | | 试验温度（℃） | $\sigma_{10}^{-5}$（MPa） | $\sigma_{10}^{5}$（MPa） |
| 25Cr2Mo1V | 685 | 785 | 15 | 50 | 47 | 248～293 | 550 | 53 | 139 |

### （十四）20Cr1Mo1VNbTiB（争气一号）

20Cr1Mo1VnbTiB（争气一号）是我国自行研制的低合金高强钢，具有良好的综合力学性能和较好的淬透性，在 570℃以下具有较高的抗松弛性能，较高的持久强度和持久塑性，570℃以下高温螺栓及阀杆，由于组织遗传性，使用前要注意粗晶的情况。其化学成分和力学性能见表 6–29、表 6–30。

表 6–29　　　　　　　　　　　20Cr1Mo1VNbTiB 化学成分

| 牌号 | C | Si | Mn | P | S | Ni | Cr | Mo | W | V | Nb | Ti | Al | Cu | B |
|---|---|---|---|---|---|---|---|---|---|---|---|---|---|---|---|
| 20Cr1Mo1VNbTiB | 0.17～0.23 | 0.40～0.60 | 0.40～0.65 | ≤0.025 | ≤0.025 | ≤0.30 | 0.90～1.30 | 0.75～1.00 | — | 0.50～0.70 | 0.11～0.22 | 0.05～0.14 | — | ≤0.25 | 0.001～0.005 |

表 6–30　　　　　　　　　　　20Cr1Mo1VNbTiB 力学性能

| 牌号 | 室温力学性能（不低于） | | | | | 布氏硬度 HBW | 高温强度 | | |
|---|---|---|---|---|---|---|---|---|---|
| | 屈服强度（MPa） | 抗拉强度（MPa） | 断后伸长率（%） | 断面收缩率（%） | 冲击吸收能量（J） | | 试验温度（℃） | $\sigma_{10}^{-5}$（MPa） | $\sigma_{10}^{5}$（MPa） |
| 20Cr1Mo1VNbTiB | 735 | 834 | 12 | 45 | 39 | 252～302 | 550 | 182 | 210 |

### （十五）20Cr1Mo1VTiB（争气二号）

20Cr1Mo1VTiB（争气二号）相比 20Cr1Mo1VnbTiB（争气一号）少了合金元素 Nb，与争气一号同样用于 570℃以下高温螺栓及阀杆，使用时需要注意粗晶的问题，其化学成分和力学性能见表 6–31、表 6–32。

表 6–31　　　　　　　　　　　20Cr1Mo1VTiB 化学成分

| 牌号 | C | Si | Mn | P | S | Ni | Cr | Mo | W | V | Nb | Ti | Al | Cu | B |
|---|---|---|---|---|---|---|---|---|---|---|---|---|---|---|---|
| 20Cr1Mo1VTiB | 0.17～0.23 | 0.40～0.60 | 0.40～0.60 | ≤0.025 | ≤0.025 | ≤0.30 | 0.90～1.30 | 0.75～1.00 | — | 0.45～0.65 | — | 0.16～0.28 | — | ≤0.25 | 0.001～0.005 |

表 6-32　　　　　　　　　　　20Cr1Mo1VTiB 力学性能

| 牌号 | 室温力学性能（不低于） | | | | | 布氏硬度 HBW | 高温强度 | | |
|---|---|---|---|---|---|---|---|---|---|
| | 屈服强度（MPa） | 抗拉强度（MPa） | 断后伸长率（%） | 断面收缩率（%） | 冲击吸收能量（J） | | 试验温度（℃） | $\sigma_{10}^{-5}$（MPa） | $\sigma_{10}^{5}$（MPa） |
| 20CrlMolVTiB | 685 | 785 | 14 | 50 | 39 | 255～293 | 570 | — | 172 |

## （十六）R-26

Refractaloy-26（R-26）是美国钢号，属于镍铬钴铁混合基沉淀硬化型高温合金，具有高的持久强度和抗松弛性能，用作高温螺栓最高使用温度可达 677℃。其化学成分和力学性能见表 6-33、表 6-34。

表 6-33　　　　　　　　　　　　R-26 化 学 成 分

| 牌号 | C | Si | Mn | P | S | Ni | Cr | Mo | W | V | Nb | Ti | Al | Cu | B |
|---|---|---|---|---|---|---|---|---|---|---|---|---|---|---|---|
| R-26 | ≤0.08 | ≤1.50 | ≤100 | ≤0.030 | ≤0.030 | 35.0～39.0 | 16.0～20.0 | 2.50～3.50 | Co18.0～22.00 | Fe余量 | — | 2.50～3.00 | ≤0.25 | — | 0.001～0.01 |

表 6-34　　　　　　　　　　　　R-26 力 学 性 能

| 牌号 | 室温力学性能（不低于） | | | | | 布氏硬度 HBW | 高温强度 | | |
|---|---|---|---|---|---|---|---|---|---|
| | 屈服强度（MPa） | 抗拉强度（MPa） | 断后伸长率（%） | 断面收缩率（%） | 冲击吸收能量（J） | | 试验温度（℃） | $\sigma_{10}^{-5}$（MPa） | $\sigma_{10}^{5}$（MPa） |
| R-26（Ni-Cr-Co 合金） | 555 | 1000 | 14 | 20 | — | 262～331 | — | — | — |

## （十七）GH4145

GH4145 是基于节约 Co 的考虑我国自行开发的镍基高温合金，主要用于制造温度在 677℃以下的高温螺栓。其化学成分和力学性能见表 6-35、表 6-36。

表 6-35　　　　　　　　　　　GH4145 化 学 成 分

| 牌号 | C | Si | Mn | P | S | Ni | Cr | Mo | W | V | Nb | Ti | Al | Cu | B |
|---|---|---|---|---|---|---|---|---|---|---|---|---|---|---|---|
| GH4145 | ≤0.08 | ≤0.35 | ≤0.35 | ≤0.015 | ≤0.010 | ≥70 | 14.0～17.0 | Mg≤0.010 | Zr≤0.050 | Fe5.0～9.0 | Co≤1.00 | 2.25～2.75 | 0.40～1.00 | ≤0.50 | ≤0.01 |

表 6-36　　　　　　　　　　　GH4145 力 学 性 能

| 牌号 | 室温力学性能（不低于） | | | | | 布氏硬度 HBW | 高温强度 | | |
|---|---|---|---|---|---|---|---|---|---|
| | 屈服强度（MPa） | 抗拉强度（MPa） | 断后伸长率（%） | 断面收缩率（%） | 冲击吸收能量（J） | | 试验温度（℃） | $\sigma_{10}^{-5}$（MPa） | $\sigma_{10}^{5}$（MPa） |
| GH4145 | 550 | 1000 | 12 | 18 | — | 262～331 | 570 | 456 | 566 |

## （十八）IN783

IN783 是美国 Special Metal 公司开发的低膨胀系数高温合金，目前主要用在超临界机组上，该钢是钴基高温合金，同时含有 Al 5%～6%，在晶界上析出 β 相，提高了晶界稳定性。热处理工艺采用三级时效，组织为 γ+γ'+β。

IN783 合金（国外对应牌号为 Alloy-783）是美国 special metals 公司于 20 世纪 90 年代末开发出新型抗氧化性低膨胀高温合金，用于航空发动机的机匣、密封环等部件，可有效控制间隙，提高燃油效率，提高飞机性能。该合金以一定比例的 Ni、Fi 和 Co 为基体，加入 3%Cr 以提高抗氧化能力，并添加一定的 Nb 和 Ti，以及 5.4%的 Al，从而形成了 γ–γ′–β 三相共存的组织，许用温度可达 750℃。近几年德国西门子开始将其用于作 600℃ 等级的超超临界汽轮机用螺栓。上海汽轮机厂由于引进西门子的技术，在当前的生产中也采用了该合金。

热处理制度：采用和航空材料相同的三级时效标准热处理工艺，（1121±10）℃/1h/空冷（固溶）；（843±8）℃/2～4h/空冷（β 时效）；（718±8）℃/8h/炉冷（55℃/h）至（621±8）℃/8h/空冷（γ′时效）。IN783 化学成分和力学性能见表 6-37、表 6-38。

表 6-37　　　　　　　　　　　　　　　IN783 化 学 成 分

| 试样编号 | C | Si | Mn | P | S | Cr | Ni |
|---|---|---|---|---|---|---|---|
| 标准要求值（TLV 9540） | ≤0.03 | ≤0.50 | ≤0.50 | ≤0.015 | ≤0.005 | 2.50～3.50 | 26.0～30.0 |
| 标准要求值（TLV 9540） | ≤0.50 | 0.10～0.40 | 2.50～3.50 | 5.00～6.00 | 0.003～0.012 | 残余 | 24.0～27.0 |

表 6-38　　　　　　　　　　　　　　　IN783 力 学 性 能

| 试样编号 | 抗拉强度（MPa） | 屈服强度（MPa） | 断后伸长率（%） | 断面收缩率（%） |
|---|---|---|---|---|
| 标准要求值（TLV 9540） | ≥1103 | ≥724 | ≥12 | ≥20 |

### （十九）ZG15Cr1Mo1V

ZG15Cr1Mo1V 是一种综合性能较好的珠光体类热强铸钢，可在 570℃ 以下长期工作，该钢铸造工艺稍差，对热处理冷却速度相当敏感，易产生裂纹，在铸件中也易形成不均匀的组织和性能。用于制造工作温度不超过 570℃ 的汽轮机汽缸、喷嘴室、锅炉阀壳和精密铸造零件如发电机风扇叶等。ZG15Cr1Mo1V 化学成分和力学性能见表 6-39、表 6-40。

表 6-39　　　　　　　　　　　　　ZG15Cr1Mo1V 化学成分

| 钢种 | C | Mn | Si | P | S | Cr | Mo | V |
|---|---|---|---|---|---|---|---|---|
| ZG15CrlMolV | 0.12～0.20 | 0.40～0.70 | 0.20～0.60 | ≤0.030 | ≤0.030 | 1.20～1.70 | 0.90～1.20 | 0.35～0.40 |

表 6-40　　　　　　　　　　　　　ZG15Cr1Mo1V 力学性能

| 钢种 | 屈服强度（MPa） | 抗拉强度（MPa） | 断后伸长率（%） | 断面收缩率（%） | 冲击吸收能量（J） | 布氏硬度 HBW |
|---|---|---|---|---|---|---|
| ZG15CrlMolV | ≥345 | ≥490 | ≥15 | ≥30 | ≥24 | 140～201 |

### （二十）9%～12%Cr 铸钢

随着机组参数的提高，普通的 CrMo（V）耐热铸钢难以满足 570℃ 以上的高温蠕变强度的要求，9%～12%Cr 的马氏体钢成为温度超过 593℃ 以上汽缸和主汽门的候选钢种。

## （二十一）20G

20G 钢为优质碳素结构钢，除基本性能与 20 钢相同外，还增加了对高温性能的要求。其力学性能和化学成分见表 6-41、表 6-42。

表 6-41　　　　　　　　　　　　20G 化 学 成 分

| 牌号 | 化学成分（质量分数，%） | | | | | | | | | | | | | | P | S |
|------|------|------|------|----|----|---|----|---|----|----|----|----|---|---|------|------|
| | C | Si | Mn | Cr | Mo | V | Ti | B | Ni | Al | Cu | Nb | N | W | 不大于 | |
| 20G | 0.17～0.23 | 0.17～0.37 | 0.35～0.65 | — | — | — | — | — | — | — | — | — | — | — | 0.025 | 0.015 |

表 6-42　　　　　　　　　　　　20G 力 学 性 能

| 序号 | 牌号 | 拉 伸 性 能 | | | | 冲击吸收能量（J） | | 硬　度 | | |
|------|------|------|------|------|------|------|------|------|-----|------|
| | | 抗拉强度（MPa） | 屈服强度（MPa） | 断后伸长率（%） | | 纵向 | 横向 | HBW | HV | HRC 或 HRB |
| | | | | 纵向 | 横向 | | | | | |
| | | 不小于 | | | | | | 不大于 | | |
| 1 | 20G | 410～550 | 245 | 24 | 22 | 40 | 27 | — | — | — |

## （二十二）SA210C

SA210C 是美国牌号的无缝碳钢管，其含碳量比 20G 稍高，故强度比 20G 高，目前，多用于省煤器和水冷壁，其化学成分和力学性能见表 6-43、表 6-44。

表 6-43　　　　　　　　　　SA210C 化 学 成 分

| 元　素 | 化学成分（质量分数，%） | |
|--------|------------|------------|
| | A-1 级 | C 级 |
| C | ≤0.27 | ≤0.35 |
| Mn | ≤0.93 | 0.29～1.06 |
| P | ≤0.035 | ≤0.035 |
| S | ≤0.035 | ≤0.035 |
| Si | ≥0.10 | ≥0.10 |

表 6-44　　　　　　　　　　SA210C 力 学 性 能

| 项　　目 | A-1 级 | C 级 |
|----------|--------|------|
| 抗拉强度（MPa） | ≥60（415） | ≥70（485） |
| 抗拉强度（MPa） | ≥37（255） | ≥40（275） |
| 断后伸长率（标距 50mm，%） | ≥30 | ≥30 |
| 对于纵条试验，壁厚小于 8mm，每减小 0.8mm 从基本最小伸长率可减小的百分值 | 1.50 | 1.50 |
| 当采用标准圆试样，标距为 50mm；或者较小比例尺寸的试样，其标距等于 4D（4 倍直径）时 | 22 | 20 |

### （二十三）15CrMo

15CrMo 是广泛采用的铬钼钢，最高使用温度为 540℃，与美国的 T11/P11 相接近，其化学成分和力学性能见表 6-45、表 6-46。

表 6-45　　　　　　　　　　15CrMo 化 学 成 分

| 化学成分（质量分数，%） | | | | | | | | | | | | | | |
|---|---|---|---|---|---|---|---|---|---|---|---|---|---|---|
| C | Si | Mn | Cr | Mo | V | Ti | B | Ni | Alt | Cu | Nb | N | W | P | S |
| | | | | | | | | | | | | | | 不大于 | |
| 0.12~0.18 | 0.17~0.37 | 0.40~0.70 | 0.80~1.10 | 0.40~0.55 | — | — | — | — | — | — | — | — | — | 0.025 | 0.015 |

表 6-46　　　　　　　　　　15CrMo 力 学 性 能

| 牌号 | 拉伸性能 | | | | 冲击吸收能量（J） | | 硬　度 | | |
|---|---|---|---|---|---|---|---|---|---|
| | 抗拉强度（MPa） | 屈服强度（MPa） | 断后伸长率（%） | | 纵向 | 横向 | HBW | HV | HRC 或 HRB |
| | | | 纵向 | 横向 | | | | | |
| | 不小于 | | | | | | 不大于 | | |
| 15CrMoG | 440~640 | 295 | 21 | | 19 | 40 | 27 | — | — |

### （二十四）T11/P11

T11/P11 是美国钢号，属于 1Cr-0.5Mo 系列，相当于国内的 15CrMo，其化学成分和性能见表 6-47、表 6-48。

表 6-47　　　　　　　　　　T11/P11 化 学 成 分

| 级别 | 化学成分（质量分数，%） | | | | | | | |
|---|---|---|---|---|---|---|---|---|
| | C | Mn | P≤ | S≤ | Si | Cr | Mo | Ti |
| T11 | 0.05~0.15 | 0.30~0.60 | 0.025 | 0.025 | 0.50~1.00 | 1.00~1.50 | 0.44~0.65 | … |

| 级别 | UNS 标号 | 化学成分（质量分数，%） | | | | | | |
|---|---|---|---|---|---|---|---|---|
| | | C | Mn | P≤ | S≤ | Si | Cr | Mo |
| P11 | K11597 | 0.05~0.15 | 0.30~0.60 | 0.025 | 0.025 | 0.50~1.00 | 1.00~1.50 | 0.44~0.65 |

表 6-48　　　　　　　　　　T11/P11 力 学 性 能

| 项目 | 抗拉强度（MPa） | 屈服强度（MPa） | 断后伸长率（标距 50mm） | 备注 |
|---|---|---|---|---|
| T11 | ≥415 | ≥205 | ≥30% | 伸长率与厚度有关 |
| P11 | ≥415 | ≥205 | 纵向≥30%<br>横向≥20% | 伸长率与厚度有关 |

### （二十五）T12/P12

T12/P12 是美国钢号，属于 1Cr-0.5Mo 系列，相当于国内的 15CrMo，与 T11/P11 相比含铬量有所下降，其化学成分和性能见表 6-49、表 6-50。

表 6-49　　　　　　　　　　　　T12/P12 化 学 成 分

| 级别 | 化学成分（质量分数，%） | | | | | | | | |
|---|---|---|---|---|---|---|---|---|---|
| | C | Mn | P≤ | S≤ | Si | Cr | Mo | Ti | Y≥ |
| T12 | 0.05～0.15 | 0.30～0.61 | 0.025 | 0.025 | ≤0.50 | 0.80～1.25 | 0.44～0.65 | — | — |

| 级别 | UNS 标号 | 化学成分（质量分数，%） | | | | | | |
|---|---|---|---|---|---|---|---|
| | | C | Mn | P≤ | S≤ | Si | Cr | Mo |
| P12 | K11562 | 0.05～0.15 | 0.30～0.61 | 0.025 | 0.025 | ≤0.50 | 0.80～1.25 | 0.44～0.65 |

表 6-50　　　　　　　　　　　　T12/P12 力 学 性 能

| 项目 | 抗拉强度（MPa） | 屈服强度（MPa） | 断后伸长率（标距 50mm） | 备注 |
|---|---|---|---|---|
| T12 | ≥415 | ≥220 | ≥30% | 断后伸长率与厚度有关 |
| P12 | ≥415 | ≥220 | 纵向≥30%<br>横向≥20% | 断后伸长率与厚度有关 |

### （二十六）12Cr1MoV

12Cr1MoV 钢是以 CrMoV 为主要合金元素的珠光体低合金热强钢，具有较高的热强性和持久塑性及高温抗氧化性。580℃以下 10 万 h 持久强度比 2.25Cr-1Mo 钢高。

主要用于亚临界锅炉的过热器、再热器、集箱及超临界锅炉的水冷壁、省煤器等低温受热面管以及高压锅炉的主蒸汽管道、再热蒸汽热段管道中。

在长期运行中会出现珠光体球化现象，轻度至中度球化对持久强度影响不大，但完全球化的组织会显著降低钢的热强性。

12Cr1MoV 工艺性能如下：

（1）冶炼：采用碱性电弧炉或平炉冶炼。

（2）锻造：始锻温度为 1180～1145℃，终锻温度为 850℃，锻后堆冷。

（3）穿孔：加热温度为 1180～1220℃，保温 10min 后出炉穿孔，穿孔温度为 1180～1165℃，堆冷。

（4）冷拔：进行 770～780℃保温 1h 空冷的软化处理。

（5）冷热弯曲加工：对小口径管道，可以进行冷弯，弯后需要进行 600～650℃的退火处理。热弯时的热弯温度为 980～1020℃，热弯后还应进行热处理。

（6）热处理：12Cr1MoVG 钢管对热处理比较敏感，正火温度、回火温度、保温时间和冷却速度对钢的组织和持久强度都有一定的影响。GB 5310《高压锅炉用无缝钢管》规定：正火温度为 980～1020℃，回火温度为 720～760℃。当壁厚大于 30mm 时，进行淬火加回火或者正火加回火处理，淬火温度为 950～990℃时，回火温度为 720～760℃；正火温度为 980～1020℃时，回火温度为 720～760℃，但正火后应进行快速冷却。

（7）焊接：该钢的焊接性良好。手工电弧焊焊条采用热 317（E5515-B2-V），钨极氢弧焊采用 TIG-R30 焊丝，气焊采用 H08CrMoV 焊丝。小口径薄壁管一般可不进行焊前预热和焊后热处理。12Cr1MoVG 钢抗氧化性能（失重法）见表 6-51。

表 6-51　　　　　　　　　　　12Cr1MoVG 钢抗氧化性能（失重法）

| 试验温度（℃） | 下列时间后（h）单位面积失重量（g/m²） | | | | | | | 平均氧化速度[g/（m²·h）] | 年腐蚀率（mm/年） | 抗氧化级别 |
|---|---|---|---|---|---|---|---|---|---|---|
| | 50 | 100 | 200 | 500 | 1000 | 1500 | 3000 | | | |
| 580 | 26.76 | 40.10 | 72.50 | 86.00 | 120.00 | 175.10 | 198.00 | 0.039 | 0.044 | 1 级 |
| 580 | 33.60 | 50.00 | 64.00 | 110.00 | 134.00 | 186.00 | 212.23 | 0.041 | 0.046 | 1 级 |
| 580 | 42.36 | 61.00 | 73.39 | 105.05 | 150.30 | 180.00 | 215.50 | 0.044 | 0.049 | 1 级 |
| 600 | 38.70 | 54.40 | 85.00 | 177.70 | 210.00 | 246.00 | | 0.069 | 0.078 | 1 级 |
| 600 | 37.20 | 66.40 | 107.00 | 182.00 | 310.00 | 334.70 | | 0.153 | 0.170 | 2 级 |

## （二十七）10CrMo910

10CrMo910 是德国牌号，属于 2.2Cr–1Mo 型耐热钢，可用于亚临界机组的蒸汽管道、集箱等，与我国的 12Cr2Mo 以及美国的 T22/P22 相接近，其化学成分和性能见表 6–52、表 6–53。

表 6-52　　　　　　　　　　　10CrMo910 化学成分

| 钢种 | | 化学成分（质量分数，%） | | | | | | | | 颜色标志 |
|---|---|---|---|---|---|---|---|---|---|---|
| 简称 | 材料号 | C | Si | Mn | P | S | Cr | Mo | Ni | V | |
| 10CrMo910 | 1.738 0 | 0.80～0.15 | ≤0.50 | 0.40～0.70 | 0.035 | 0.035 | 2.00～2.50 | 0.90～1.20 | | | |

表 6-53　　　　　　　　　　　10CrMo910 力学性能

| 钢种 | | 抗拉强度（MPa） | 屈服强度（MPa，最小值） | | | 断后伸长率（%，最小值） | | 冲击吸收能量（J，最小值） |
|---|---|---|---|---|---|---|---|---|
| | | | 壁厚（mm） | | | | | |
| 简称 | 材料号 | | ≤16 | >16≤40 | >40≤60 | 纵向 | 横向 | 横向 |
| 10CrMo910 | 1.738 0 | 450～600 | 280 | 280 | 270 | 20 | 18 | 34 |

## （二十八）T22/P22

T22/P22 是美国牌号，属于 2.2Cr–1Mo 型耐热钢，与中国的 12Cr2Mo 和德国的 10CrMo910 接近，其化学成分和性能见表 6–54、表 6–55。

表 6-54　　　　　　　　　　　T22/P22 化 学 成 分

| 级别 | 化学成分（质量分数，%） | | | | | | | |
|---|---|---|---|---|---|---|---|---|
| | C | Mn | P≤ | S≤ | Si | Cr | Mo | Ti |
| T22 | 0.05～0.15 | 0.30～0.60 | 0.025 | 0.025 | ≤0.50 | 1.90～2.60 | 0.87～1.13 | … |
| 级别 | 化学成分（质量分数，%） | | | | | | | |
| | UNS 标号 | C | Mn | P≤ | S≤ | Si | Cr | Mo |
| P22 | K21590 | 0.05～0.15 | 0.30～0.60 | 0.025 | 0.025 | ≤0.50 | 1.90～2.60 | 0.87～1.13 |

表 6-55　　　　　　　　　　　　　T22/P22 力 学 性 能

| 项目 | 抗拉强度（MPa） | 屈服强度（MPa） | 断后伸长率<br>（%，标距 50mm） | 备注 |
|---|---|---|---|---|
| T22 | ≥415 | ≥205 | ≥30% | 断后伸长率与厚度有关 |
| P22 | ≥415 | ≥205 | 纵向≥30%<br>横向≥20% | 断后伸长率与厚度有关 |

### （二十九）G102（12Cr2MoWVTiB）

G102 钢是我国 20 世纪 60 年代开发的低合金耐热钢，主要采用钨钼复合固溶强化。钒钛复合弥散强化和微量硼的硬化，在小于 600℃的工况下该钢具有优良的综合力学性能。正常组织为贝氏体组织，分为粗晶贝氏体和细晶贝氏体，相关研究表明粗晶贝氏体组织的高温性能优于细晶贝氏体。化学成分和力学性能见表 6-56、表 6-57。

表 6-56　　　　　　　　　　　　　G102 化 学 成 分

| 牌号 | 化学成分（质量分数，%） | | | | | | | | | | | | | | | |
|---|---|---|---|---|---|---|---|---|---|---|---|---|---|---|---|---|
| | C | Si | Mn | Cr | Mo | V | Ti | B | Ni | Al | Cu | Nb | N | W | P | S |
| | | | | | | | | | | | | | | | 不大于 | |
| 12Cr2MoWVTiB | 0.08～<br>0.15 | 0.45～<br>0.75 | 0.45～<br>0.65 | 1.60～<br>2.10 | 0.50～<br>0.65 | 0.28～<br>0.42 | 0.08～<br>0.18 | 0.002 0<br>～<br>0.008 0 | | | | | | 0.30<br>～<br>0.55 | 0.025 | 0.015 |

表 6-57　　　　　　　　　　　　　G102 力 学 性 能

| 牌号 | 拉伸性能 | | | | 冲击吸收能量（J） | | 硬　　　度 | | |
|---|---|---|---|---|---|---|---|---|---|
| | 抗拉强度<br>（MPa） | 屈服强度<br>（MPa） | 断后伸长率<br>（%） | | 纵向 | 横向 | HBW | HV | HRC 或<br>HRB |
| | | | 纵向 | 横向 | | | | | |
| | 不小于 | | | | | | 不大于 | | |
| 12Cr2MoWVTiB | 640～735 | 345 | 18 | — | 40 | — | — | — | — |

### （三十）T23

T23 钢是日本住友公司开发的低合金耐热钢，与 G102 有近似的合金系统和含量，是在 G102 基础上添 W 降 Mo，进一步降低含碳量得到的，因为降低了含碳量和杂质含量，使其焊接性提高，焊前不预热焊后可免去热处理。该钢在使用中要注意避免再热裂纹的问题。化学成分和力学性能见表 6-58、表 6-59。

表 6-58　　　　　　　　　　　　　T23 化 学 成 分

| 牌号 | 化学成分（质量分数，%） | | | | | | | | |
|---|---|---|---|---|---|---|---|---|---|
| | C | Mn | P | S | Si | Ni | Cr | Mo | V |
| T23 | 0.04～0.10 | 0.10～0.60 | ≤0.030 | ≤0.010 | ≤0.50 | ≤0.40 | 1.90～2.60 | 0.05～0.30 | 0.20～0.30 |
| 牌号 | B | Nb | N | Al | W | Ti | | | |
| T23 | 0.001～<br>0.006 | 0.02～0.08 | ≤0.015 | ≤0.030 | 1.45～1.75 | 0.005～0.060<br>Ti/N≥3.5 | | | |

表 6-59            T23 力 学 性 能

| 钢号 | 拉 伸 性 能 | | | 硬 度 |
|---|---|---|---|---|
| | 抗拉强度（MPa） | 屈服强度（MPa） | 断后伸长率（%） | HBW/HV/HRB |
| T23 | ≥510 | ≥400 | ≥20（标距 50mm，壁厚 8mm；壁厚小于 8mm 延伸率递减） | ≤220HBW、≤230HV、≤97HRB |

### （三十一）T24

与 T23 相比，T24 不含 W 但增加了 Mo 含量，Cr 元素的含量下限有所提高，降低了 P 元素，其化学成分见表 6-60，力学性能见表 6-61。

表 6-60            T24 的 化 学 成 分

| 牌号 | 化学成分（质量分数，%） | | | | | | | | |
|---|---|---|---|---|---|---|---|---|---|
| | C | Mn | P | S | Si | Cr | Mo | V | B |
| T24 | 0.05～0.10 | 0.30～0.70 | ≤0.020 | ≤0.010 | 0.15～0.45 | 2.20～2.60 | 0.90～1.10 | 0.20～0.30 | 0.001 5～0.007 |

| 牌号 | N | Al | Ti |
|---|---|---|---|
| T24 | ≤0.012 | ≤0.020 | 0.06～0.10 |

表 6-61            T24 的 力 学 性 能

| 钢号 | 拉 伸 性 能 | | | 硬 度 |
|---|---|---|---|---|
| | 抗拉强度（MPa） | 屈服强度（MPa） | 断后伸长率（%） | HBW/HV/HRB |
| T24 | ≥585 | ≥415 | ≥20（标距 50mm，壁厚 8mm；壁厚小于 8mm 断后伸长率递减） | ≤250HBW、≤265HV、≤25HRC |

### （三十二）T91/P91

含 9%Cr～1%Mo 钢从 1936 年开始研发，起初用于石油管道，主要用于提高抗腐蚀能力，在 20 世纪 60 年代开始应用于核电。20 世纪 80 年代，美国在此基础上经过改良增加了不超过 0.1% 的 Nb 和 0.25% 的 V，进一步提高了抗蠕变性能。

1. 强化机理

马氏体强化、界面强化、位错强化、颗粒强化与固溶强化的复合。

T91/P91 的 $A_{c1}$ 温度在 800℃到 830℃之间，马氏体转变开始温度为 400℃，马氏体转变结束温度为 100℃。

2. 供货状态

正火+回火，正火温度为 1040～1080℃；回火温度为 750℃～780℃。对于厚度大于 70mm 的钢管为加快冷却速度可以淬火加回火，淬火温度不低于 1040℃，回火温度为 750～780℃。正常组织为回火马氏体。硬度为 180～250HBW。

表 6-62　　　　　　　　　　　　　　T91/P91 化 学 成 分

| 技术条件 | C | Si | Mn | S | P | Cr | Mo | V | Nb | Al | N | Ni |
|---|---|---|---|---|---|---|---|---|---|---|---|---|
| SA-213 T91<br>SA-335 P91 | 0.08~<br>0.12 | 0.20~<br>0.50 | 0.30~<br>0.60 | ≤0.010 | ≤0.020 | 8.00~<br>9.50 | 0.85~<br>1.05 | 0.18~<br>0.25 | 0.06~<br>0.10 | ≤0.040 | 0.030~<br>0.070 | ≤0.40 |

表 6-63　　　　　　　　　　　　　　T91/P91 力 学 性 能

| 技术条件 | 抗拉强度（MPa） | 屈服强度（MPa） | 断后伸长率（%） | 布氏硬度<br>HBW |
|---|---|---|---|---|
| SA-213 T91<br>SA-335 P91 | ≥415 | ≥585 | ≥20 | ≤250 |

3. 焊接及热处理

可以采用手工电弧焊（SMAW）、埋弧焊（SAW）、熔化极气体保护焊（GMAW）和钨极氢弧焊（GTIG）等方法进行焊接。该钢的冷裂纹敏感性低，无热裂纹和再热裂纹倾向，但对氢致裂纹较为敏感，焊接材料应采用低氢型焊丝、焊条及焊剂与焊丝的组合。预热和焊接在250℃左右进行。焊接后，将材料的温度冷却到 100℃以下是非常必要的，以实现向马氏体完全转变。焊后热处理必须随后进行，通常加热温度在 750~760℃之间。如果材料在焊接完后不进行焊后热处理，存放最长不能超过一周，且必须保持部件干燥。小管对焊，根据管子壁厚不同，焊接预热温度可以在 200℃以下。如果管子壁厚达到 80mm，可以允许冷却到室温。相反地，厚壁锻制或铸造管不允许在 200℃以下焊接，并且焊后冷却最低温度为 80℃，以避免开裂。为了在焊缝金属中能获得较高的韧性，建议采用多道焊接技术。

4. 异种钢焊接

T91/P91 与其他低合金铁素体钢如 T22/P22 和奥氏体钢之间的异种钢焊缝在焊接上没有困难。这种特性与其他含 9%~12%铬元素的耐热铁素体钢如 T9/P9、EM12 或 X20 都很相似。对于和低合金铁素体钢的异种钢焊接，可以用与 T91/P91 或低合金铁素体钢匹配的焊接材料。这类焊缝存在一个现象，由于两种焊接材料之间含铬量不同，在 PWHT 期间碳元素从低含铬量材料向高含铬量材料的焊接金属扩散。结果，在低含铬量材料一端形成碳贫化区，而在高含铬量材料一端形成碳浓化区。这些区域的扩散取决于回火的时间和温度。除非使用镍基焊接材料，这种现象才能避免。最好的方法是做一个过渡接头以实现 T91/P91 与奥氏体钢之间的过渡。首先在 T91/P91 的一侧堆焊镍基金属，紧接着进行与 T91/P91 母材相似的处理。该过渡层镍基金属能在现场与 T91/P91 和奥氏体钢进行焊接。T91/P91 端是匹配焊材的同种钢焊缝，进行局部 PWHT，而奥氏体端用镍基焊材与堆焊镍基金属侧焊接，不用做 PWHT。在薄壁小管情况下，在 T91 与奥氏体钢之间的过渡段通常可以直接用镍基焊材进行焊接，然后在大约 760℃下进行 PWHT。对此工艺来说，该奥氏体钢应是较稳定的或低碳类型，以避免其后在 PWHT 时产生应力腐蚀裂纹。在厚壁管情况下，首先 P91 管子用镍基材料堆焊，之后进行常规的 PWHT。与奥氏体管子进行焊接时使用镍基焊材。为了减小焊接应力，应采用低热输入的多道焊技术。

（三十三）**T92/P92**

T92/P92 钢是在 91 钢基础上进行添 W 减 Mo 而研制成功的新一代耐热钢。W 含量为 1.5%~2%，降低 Mo 含量至 0.3%~0.6%，形成以 W 为主的 W-Mo 符合固溶强化，V、Nb

和 N 形成氮化物弥散沉淀强化。

1. T92/P92 钢的强化机理

马氏体强化、界面强化、位错强化、颗粒强化与固溶强化的复合。

表 6-64                  T92/P92 化 学 成 分

| 序号 | 牌号 | 化学成分（质量分数，%） | | | | | | | | | | | | | | |
|---|---|---|---|---|---|---|---|---|---|---|---|---|---|---|---|---|
| | | C | Si | Mn | Cr | Mo | V | Ti | B | Ni | Al | Cu | Nb | N | W | P | S |
| | | | | | | | | | | | | | | | | 不大于 | |
| 15 | 10Cr9MnW2V NbBN | 0.07~ 0.13 | ≤0.50 | 0.30~ 0.60 | 8.50~ 9.50 | 0.30~ 0.60 | 0.15~ 0.25 | — | 0.0010 ~ 0.0060 | ≤0.40 | ≤ 0.020 | — | 0.04~ 0.09 | 0.030 ~ 0.070 | 1.50~ 2.00 | 0.020 | 0.010 |

T91/P91 的 $A_{c1}$ 温度在 800℃到 835℃之间，$A_{c3}$ 温度在 900℃到 920℃之间，马氏体转变开始温度为 400℃，马氏体转变结束温度为 100℃。

2. 供货状态

正火+回火，正火温度为 1040~1080℃；回火温度为 760~790℃。对于厚度大于 70mm 的钢管为加快冷却速度可以淬火加回火，淬火温度不低于 1040℃，回火温度为 760~790℃。正常组织为回火马氏体。硬度为 180-250HBW。T92/P92 力学性能见表 6-65。

表 6-65                  T92/P92 力 学 性 能

| 钢号 | 拉 伸 性 能 | | | 硬 度 |
|---|---|---|---|---|
| | 抗拉强度 （MPa） | 屈服强度 （MPa） | 断后伸长率 （%） | HBW/HV/HRB |
| T92 | ≥620 | ≥440 | ≥20（标距 50mm，壁厚 8mm；壁厚小于 8mm 断后伸长率递减） | ≤250HBW、≤265HV、≤25HRC |

3. 焊接工艺

T92/P92 的焊接工艺与 9%~12%Cr 的铁素体钢焊接工艺相同。T91/P91 材料焊接技术可以直接适用于 T92/P92 材料上。预热和焊接在 200℃左右进行。焊接后，将材料的温度冷却到 100℃是非常必要的，以实现向马氏体完全转变。焊后热处理必须随后进行，通常加热温度在 750~780℃之间。材料在焊接和焊后热处理的中间存放期内必须极其小心，以避免损坏。不同类型的焊接部件，可能导致焊接参数会有一些变化。较低内应力的接头，根据管子壁厚不同，焊接温度可以在 200℃以下。如果管子壁厚达到 50mm，可以允许冷却到室温。相反地，厚壁锻制或铸造管不允许在 200℃以下焊接，并且焊后冷却温度限制在最低 80℃，以避免开裂。为了焊缝金属中能获得较高的韧性，建议采用多道焊接技术。

（三十四）T911/P911

T911/P911 属于 9%Cr-1%Mo-1%W 型马氏体耐热钢，对应欧洲煤炭钢铁协会开发的 E911，主要用于高压锅炉的过热器管、再热器管、主蒸汽管道、再热热段管道以及高温集箱等。在 EN10216-2-2007 中对应钢号 X11CrMoWVNb9-1-1。其化学成分见表 6-66，力学性能见表 6-67。

表 6-66                                 T911/P911 化学成分

| 牌号 | 化 学 成 分 | | | | | | | | |
|---|---|---|---|---|---|---|---|---|---|
| | C | Mn | P | S | Si | Ni | Cr | Mo | V |
| T911/P911 | 0.09~0.13 | 0.30~0.60 | ≤0.020 | ≤0.010 | 0.10~0.50 | ≤0.40 | 8.5~9.5 | 0.90~1.10 | 0.18~0.25 |
| 牌号 | B | Nb | N | Al | W | Ti | Zr | | |
| T911/P911 | 0.000 3~0.006 | 0.06~0.10 | 0.040~0.090 | ≤0.02 | 0.90~1.10 | ≤0.01 | ≤0.021 | | |

表 6-67                            T911/P911 力学性能

| 钢号 | 拉 伸 性 能 | | | 硬 度 |
|---|---|---|---|---|
| | 抗拉强度（MPa） | 屈服强度（MPa） | 断后伸长率（%） | HBW/HV/HRB |
| T911/P911 | ≥620 | ≥440 | ≥20（标距 50mm，壁厚 8mm；壁厚小于 8mm 断后伸长率递减） | ≤250HBW、≤265HV、≤25HRC |

### （三十五）T122/P122

HCM12A（T/P122）钢是日本住友研制的含铬 12%的锅炉用耐热钢。可以说 HCM12A 钢是德国 X20CrMoV121 的改进型钢种。HCM12A 钢将含 C 量从 0.20%降至 0.10%左右，大大改进了钢的焊接性能，同时加入约 2%W、约 1%Cu 和少量的 Nb。HCM12A 钢比改进型 9Cr1Mo 具有更高的蠕变断裂强度，在 600~650℃可代替部分 TP304H、TP347H 等不锈耐热钢，具有较高的经济价值。HCM12A 钢管已纳入 ASME case 2180-2，2001 版 ASME 在 SA213M 标准中纳入，命名为 T122 钢管。T122/P122 化学成分和力学性能见表 6-68、表 6-69。

表 6-68                            T122/P122 化学成分

| 钢号 | C | Mn | Si | S | P | Cr | Mo | V |
|---|---|---|---|---|---|---|---|---|
| T122/P122 | 0.07~0.14 | ≤0.70 | ≤0.50 | ≤0.010 | ≤0.020 | 10.00~12.50 | 0.25~0.60 | 0.15~0.30 |
| 钢号 | W | Nb | N | Ni | B | Cu | | |
| T122/P122 | 1.50~2.50 | 0.04~0.10 | 0.04~0.10 | ≤0.50 | 0.000 5~0.005 | 0.30~1.70 | | |

表 6-69                            T122/P122 力学性能

| 钢号 | 抗拉强度（MPa） | 屈服强度（MPa） | 断后伸长率（标距 50mm） | |
|---|---|---|---|---|
| T122 | ≥620 | ≥400 | ≥20%（壁厚为大于 8mm 时）壁厚小于 8mm 应递减 | |
| 钢号 | 抗拉强度（MPa） | 屈服强度（MPa） | 断后伸长率（标距 50mm） | |
| P122 | ≥620 | ≥440 | 纵向：≥20%（壁厚为大于 8mm 时）壁厚小于 8mm 应递减 | 横向：≥13% |

### （三十六）X20CrMoV121

X20CrMoV121 钢是按德国 DIN17175 标准生产的耐热钢，简称 F12（注意与 SA182 中的 F12 相区分），属于马氏体型耐热不锈钢，一般用于制作管道，该钢合金元素含量高，可焊性差，其最高使用温度为 650℃，在进口火电高温高压机组应中用较多。其化学成分见表 6-70。

表 6–70　　　　　　　　　　　　X20CrMoV121 化学成分

| 钢号 | C | Mn | Si | S | P |
|---|---|---|---|---|---|
| X20CrMoV121 | 0.17～0.23 | ≤1.00 | ≤0.50 | ≤0.030 | ≤0.030 |

| 钢号 | Cr | Mo | V | Ni |
|---|---|---|---|---|
| X20CrMoV121 | 10.00～12.50 | 0.80～1.20 | 0.25～0.35 | 0.30～0.80 |

力学性能要求：

（1）抗拉强度：540～690MPa。

（2）屈服强度：≥490MPa。

（3）伸长率：纵向≥17%；横向≥14%。

（4）冲击功：横向≥34J。

### （三十七）TP304H

TP304H 是奥氏体不锈热强钢，属于 18Cr–9Ni 型不锈钢，具有良好的弯管、焊接工艺性能、高的持久强度、良好的耐腐蚀性能和组织稳定性，冷变形能力非常高。其化学成分和力学性能见表 6–71、表 6–72。

表 6–71　　　　　　　　　　　　TP304H 化 学 成 分

| 钢号 | C | Si | Mn | P | S | Ni | Cr |
|---|---|---|---|---|---|---|---|
| TP304H | 0.04～0.10 | ≤0.75 | ≤2.00 | ≤0.040 | ≤0.030 | 8.00～11.00 | 18.00～20.00 |

表 6–72　　　　　　　　　　　　TP304H 力 学 性 能

| 钢号 | 产品型式 | 热处理制度 | 抗拉强度（MPa） | 屈服强度（MPa） | 断后伸长率（%） | HB | HRB | HV |
|---|---|---|---|---|---|---|---|---|
| TP304 TP304H | 钢管 | 1040℃固溶、快冷 | 205 | 515 | 35 | ≤192 | ≤90 | ≤200 |
|  |  | 1050℃固溶、快冷 | 205 | 515 | 35 |  |  |  |
|  |  | ＞1040℃固溶、快冷 | 210 | 520 | 纵向 35 |  |  |  |
|  |  |  |  |  | 横向 25 |  |  |  |

### （三十八）Super 304H

Super304H 是 TP304H 的改进型，添加了 3%Cu 和 0.4%Nb，获得了极高的蠕变断裂强度，600～650℃许用应力比 TP304H 高 30%，是超超临界锅炉过热器、再热器的首选材料。其化学成分和力学性能见表 6–73、表 6–74。

表 6–73　　　　　　　　　　　　Super 304H 化学成分

| 技术条件 | C | Si | Mn | S | P | Cr | Ni | Nb | N | Cu |
|---|---|---|---|---|---|---|---|---|---|---|
| ASTM case 2180–2 | 0.07～0.13 | ≤0.30 | ≤0.50 | ≤0.03 | ≤0.045 | 17.0～19.0 | 7.5～10.5 | 0.2～0.6 | 0.05～0.12 | 2.5～3.5 |

表 6-74　　　　　　　　　　　　Super 304H 力学性能

| 钢号 | 拉 伸 性 能 | | | 硬 度 |
| --- | --- | --- | --- | --- |
| | 抗拉强度（MPa） | 屈服强度（MPa） | 断后伸长率（%） | HBW/HV/HRB |
| Super304H | ≥590 | ≥235 | ≥35（标距 50mm，壁厚 8mm；壁厚小于 8mm 断后伸长率递减） | ≤219HBW、≤230HV、≤95HRB |

### 1. 焊接性能

Super304h 的焊接性是通过适宜检测热裂敏感性的可变拘束抗裂试验和拘束抗裂试验来进行评定研究的。Super304h 的热裂敏感性比 TP347H 更低。试验表明，室温和高温下焊接接头的强度都与母材相同，焊接接头的持久强度与母材的持久强度平均值相同，未发现其接头持久强度降低的现象。焊缝金相组织为奥氏体加少量的铁素体；焊缝的面弯和背弯均完好，表明焊缝有足够的塑性和韧性；接头的拉伸强度（室温）满足母材的技术条件要求，与母材的实测值较为接近；焊接头在 650℃时 $10^5$h 高温持久强度外推值为 129MPa，几乎与母材完全相同。

### 2. 焊后热处理

焊后热处理不是强制要求或必须进行的。若在服役前的存放期间，能对热影响区部分进行适当的保护处理，以防止促进应力腐蚀的氯离子侵蚀，则不必进行焊后热处理；否则，推荐采用焊后热处理。

### （三十九）TP347/TP347H

TP347H 是用铌稳定的奥氏体热强钢，具有较高的热强性和抗晶间腐蚀性能，在碱和很多酸中有很好的耐腐蚀性，抗氧化性能好，具有良好的弯管和焊接性能，好的组织稳定性，其化学成分和力学性能见表 6-75、表 6-76。

表 6-75　　　　　　　　　　　TP347/TP347H 化学成分

| 钢号 | C | Si | Mn | S | P | Cr | Ni | Nb |
| --- | --- | --- | --- | --- | --- | --- | --- | --- |
| TP347 | ≤0.08 | ≤0.75 | ≤2.00 | ≤0.030 | ≤0.040 | 17.00～20.00 | 9.00～13.00 | Nb+Ta≥10×C%-1.00 |
| TP347H | 0.04～0.10 | ≤0.75 | ≤2.00 | ≤0.030 | ≤0.040 | 17.00～20.00 | 9.00～13.00 | Nb+Ta≥8×C%-1.00 |

表 6-76　　　　　　　　　　　TP347/TP347H 力学性能

| 钢号 | 拉 伸 性 能 | | | 硬 度 |
| --- | --- | --- | --- | --- |
| | 抗拉强度（MPa） | 屈服强度（MPa） | 断后伸长率（%） | HBW/HV/HRB |
| TP347、TP347H | ≥515 | ≥205 | ≥35（标距 50mm，壁厚 8mm；壁厚小于 8mm 延伸率递减） | ≤192HBW、≤200HV、≤90HRB |

### （四十）TP347HFG

TP347HFG 钢是通过特定的热加工和热处理工艺得到的细晶奥氏体耐热钢。比 TP347H

粗晶钢的许用应力高 20%以上。TP347HFG 钢抗蒸汽氧化能力强,已被广泛应用于超超临界机组锅炉过热器、再热器管。其化学成分和力学性能见表 6–77、表 6–78。

表 6–77  　　　　　　　　　　　　　TP347HFG 化 学 成 分

| 牌号 | 化 学 成 分 | | | | | | | |
|------|------|------|------|------|------|------|------|------|
| | C | Mn | P | S | Si | Cr | Ni | Nb |
| TP347HFG | 0.06～0.10 | ≤2.00 | ≤0.045 | ≤0.030 | ≤1.00 | 17.0～19.0 | 9.0～13.0 | 8C～1.10 |

表 6–78  　　　　　　　　　　　　　TP347HFG 力 学 性 能

| 钢号 | 拉 伸 性 能 | | | 硬 度 |
|------|------|------|------|------|
| | 抗拉强度（MPa） | 屈服强度（MPa） | 断后伸长率（%） | HBW/HV/HRB |
| TP347HFG | ≥550 | ≥205 | ≥35（标距 50mm，壁厚 8mm；壁厚小于 8mm 断后伸长率递减） | ≤192HBW、≤200HV、≤90HRB |

### （四十一）HR3C

HR3C 是日本住友金属命名的钢牌号,在日本 JIS 标准中的材料牌号为 SUS310JITB,而在 ASME 标准中的材料牌号为 TP310NbN。HR3C 钢是 TP310 耐热钢的改良钢种。在 TP347H 耐热钢乃至新型奥氏体耐热钢 Susper304H 和 TP347HFG 钢不能满足向火侧抗烟气腐蚀和内壁抗蒸汽氧化的工况下,应选用 HR3C 耐热钢。其化学成分和力学性能见表 6–79、表 6–80。

表 6–79  　　　　　　　　　　　　　HR3C 化 学 成 分

| 牌号 | 化学成分（质量分数，%） | | | | | | | |
|------|------|------|------|------|------|------|------|------|
| | C | Mn | P | S | Si | Cr | Ni | Nb | N |
| HR3C | 0.04～0.10 | ≤2.00 | ≤0.045 | ≤0.030 | ≤1.00 | 24.0～26.0 | 19.0～22.0 | 0.20～0.60 | 0.15～0.35 |

表 6–80  　　　　　　　　　　　　　HR3C 力 学 性 能

| 钢号 | 拉 伸 性 能 | | | 硬 度 |
|------|------|------|------|------|
| | 抗拉强度（MPa） | 屈服强度（MPa） | 断后伸长率（%） | HBW/HRB |
| HR3C | ≥655 | ≥295 | ≥30（标距 50mm，壁厚 8mm；壁厚小于 8mm 延伸率递减） | ≤256HBW、≤100HRB |

### （四十二）NF709

NF709 是日本新日铁公司开发的 23Cr–25Ni–1.5Mo–Cb 新型奥氏体耐热不锈钢,专门用于制造超（超）临界锅炉的过热器和再热器,ASME A213 中命名为 TP310MoCbN,NF709 在 675℃的许用应力比 HR3C 高,其化学成分和力学性能见表 6–81、表 6–82。

表 6-81　　　　　　　　　　　　　　　NF709 化学成分

| 钢号 | C | Si | Mn | S | P | Cr |
|---|---|---|---|---|---|---|
| NF709<br>（TP310MoCbN） | 0.04～0.10 | ≤1.00 | ≤1.50 | ≤0.030 | ≤0.030 | 19.50～23.0 |
| 钢号 | Ni | Mo | Nb | N | Ti | B |
| NF709<br>（TP310MoCbN） | 23.0～26.0 | 1.0～2.0 | 0.10～0.40 | 0.10～0.25 | ≤0.20 | 0.002～0.010 |

表 6-82　　　　　　　　　　　　　　　NF709 力 学 性 能

| 钢号 | 抗拉强度<br>（MPa） | 屈服强度<br>（MPa） | 断后伸长率<br>（%，标距 50mm） | 硬度 |
|---|---|---|---|---|
| NF709<br>（TP310MoCbN） | ≥640 | ≥640 | ≥30% | ≤256HBW、<br>≤270HV、<br>≤100HRB |

### （四十三）15NiCuMoNi5-6-4（WB36）

WB36 为德国梯生钢厂、曼内斯曼钢厂和日本住友金属株式会社生产的 Ni-Cu-Mo 低合金钢，主要用于壁温小于或等于 500℃汽水管道等。由于钢中含有 Cu，所以提高了钢的抗腐蚀性能。该钢具有较高的强度，室温抗拉强度可达 610MPa 以上，屈服强度小于或等于 440MPa，比 20 钢高 40%，用于锅炉给水管道，可使管壁厚度减薄，从而有利于加工、制造、安装和运行。通常含 Cu 钢具有红脆性，但由于该钢中加入了较多的 Ni，从而消除了红脆性。该钢的焊接性能良好，但不适合冷成形加工。其化学成分和力学性能见表 6-83、表 6-84。

表 6-83　　　　　　　　　　　　　　　WB36 化 学 成 分

| 钢号 | C | Si | Mn | P | S | Cr |
|---|---|---|---|---|---|---|
| 15NiCuMoNi5-6-4<br>（WB36） | ≤0.17 | 0.25～0.50 | 0.80～1.20 | ≤0.025 | ≤0.020 | ≤0.30 |
| 钢号 | Mo | Ni | Al | Cu | Nb | |
| 15NiCuMoNi5-6-4<br>（WB36） | 0.25～0.50 | 1.00～1.30 | ≤0.050 | 0.50～0.80 | 0.015～0.045 | |

表 6-84　　　　　　　　　　　　　　　WB36 力 学 性 能

| 钢号 | 拉伸性能 | | | | 冲击吸收能量<br>（J，20℃） | |
|---|---|---|---|---|---|---|
| | 抗拉强度<br>（MPa） | 屈服强度<br>（MPa） | 断后伸长率<br>（%） | | | |
| | | | 纵向 | 横向 | 纵向 | 横向 |
| 15NiCuMoNi5-6-4<br>（WB36） | 610～780 | ≥440 | ≥19 | ≥17 | ≥40 | ≥27 |

### （四十四）20g

20g 是强度级别为 245MPa 的优质碳素钢，具有良好的冶炼、焊接和冷加工等工艺性能，是我国常用的锅炉用钢之一，可用于制造中、低压锅炉锅筒，在新的标准中已经被 Q245R 所取代。其化学成分和力学性能见表 6-85、表 6-86。

表 6-85 20g 化 学 成 分

| 编号 | 化学成分（质量分数，%） | | | | | | | | | |
|---|---|---|---|---|---|---|---|---|---|---|
| | C | Si | Mn | V | Nb | Mo | Cr | Ni | P | S |
| | | | | | | | | | 不大于 | |
| 20g | ≤0.20 | 0.15～0.30 | 0.50～0.90 | | | | | | 0.035 | 0.035 |

表 6-86 20g 力 学 性 能

| 牌号 | 钢板厚度（mm） | 抗拉强度（MPa） | 屈服强度（MPa） | 断后伸长率（%） | 常温冲击功（横向，J） | 时效冲击功（横向，J/cm） | 弯曲180°，d=弯心直径，a=钢板厚度 |
|---|---|---|---|---|---|---|---|
| | | | | | 不小于 | | |
| 20g | 6～16 | 400～530 | 245 | 26 | | | d=1.5a |
| | 16～25 | 400～520 | 235 | 25 | | | d=1.5a |
| | 25～36 | 400～520 | 225 | 24 | 27 | 29 | d=1.5a |
| | 36～60 | 400～520 | 225 | 23 | | | d=2a |
| | 60～100 | 390～510 | 205 | 22 | | | d=2.5a |
| | 100～150 | 380～500 | 185 | 22 | | | d=2.5a |

## （四十五）BHW35

BHW35 是德国钢号，用于高压、超高压及亚临界锅炉锅筒。属屈服强度为 392MPa 级别强韧性配合良好的低合金钢。具有良好的组织稳定性、综合力学性能和工艺性能，正常组织为贝氏体+铁素体，相应的国产牌号为 13MnNiMo54。化学成分和力学性能见表 6-87、表 6-88。

表 6-87 BHW35 化 学 成 分

| C | Si | Mn | P | S | Nb | Mo | Cr | Ni |
|---|---|---|---|---|---|---|---|---|
| ≤0.15 | 0.10～0.50 | 1.00～1.60 | ≤0.025 | ≤0.025 | 0.005～0.020 | 0.20～0.40 | 0.20～0.40 | 0.60～1.00 |

表 6-88 BHW35 力 学 性 能

| 板厚（mm） | 下屈服强度（MPa） | 抗拉强度（MPa） | 断后伸长率（%） | 冲击吸收能量（J，0℃） |
|---|---|---|---|---|
| ≤100 | ≥390 | | | |
| >100～125 | ≥380 | 570～740 | ≥18 | ≥31 |
| >125～150 | ≥375 | | | |

## （四十六）19Mn5

19Mn5 是西德引进钢种，属于碳锰钢板，用于大型锅炉锅筒及压力容器用钢板，或者壁温小于 520℃的锅炉钢管，其化学成分见表 6-89。

表 6-89　　　　　　　　　　　　19Mn5 化 学 成 分

| 钢号 | C | Mn | Si | S | P |
|------|------|------|------|------|------|
| 19Mn5 | 0.17~0.23 | 1.00~1.30 | 0.40~0.60 | ≤0.050 | ≤0.050 |

力学性能要求如下：

（1）抗拉强度：510~610MPa。

（2）屈服强度：壁厚小于或等于 16mm，屈服强度大于或等于 310MPa；壁厚大于 40mm，屈服强度大于或等于 300MPa。

（3）伸长率：纵向大于或等于 19%；横向大于或等于 17%。

（4）冲击功：横向大于或等于 34J。

**（四十七）St45.8**

St45.8 是西德引进钢种，主要用于主给水管道，其化学成分见表 6-90。

表 6-90　　　　　　　　　　　　St45.8 化 学 成 分

| 钢号 | C | Mn | Si | S | P |
|------|------|------|------|------|------|
| St45.8 | ≤0.21 | 0.40~1.20 | 0.10~0.35 | ≤0.040 | ≤0.040 |

力学性能要求如下：

（1）抗拉强度：410~530MPa。

（2）屈服强度：壁厚小于或等于 16mm，屈服强度大于或等于 255MPa；壁厚大于 16mm、小于或等于 40mm，屈服强度大于或等于 245MPa；壁厚大于 40mm，屈服强度大于或等于 235MPa。

（3）伸长率：纵向大于或等于 21%；横向大于或等于 19%。

（4）冲击功：横向大于或等于 27J。

**（四十八）SA106B**

SA106B 是美国牌号，是高温用无缝碳钢管，主要用于中低压锅炉，在高压锅炉中主要用于制作省煤器集箱、水冷壁集箱等，其化学成分和力学性能见表 6-91。

表 6-91　　　　　　　　　　SA106B 化学成分和力学性能

| 化学成分（质量分数，%） | | | | 力学性能 | | | |
|------|------|------|------|------|------|------|------|
| 元素 | 含量 | 元素 | 含量 | 抗拉强度（MPa） | ≥415 | | |
| C | ≤0.30 | Cr | ≤0.40 | 屈服强度（MPa） | ≥240 | | |
| Si | ≥0.10 | Cu | ≤0.40 | 断后伸长率 | 纵向 | ≥30% | 带材全截面试样 |
| Mn | 0.29~1.06 | Mo | ≤0.15 | | 横向 | ≥16.5% | |
| S | ≤0.035 | Ni | ≤0.4 | | 纵向 | ≥22% | 圆形标准拉伸试样 |
| P | ≤0.035 | V | ≤0.08 | | 横向 | ≥12% | |

注　Cr、Cu、Mo、Ni、V 五种元素含量总和不超过 1%。

101

### （四十九）SA515Gr60

SA515Gr60 是美国牌号，是中温、高温压力容器用碳钢板，一般用于电厂高压加热器或低压加热器，也可用于低温再热蒸汽管道。其化学成分见表 6-92。

表 6-92　　　　　　　　　　　　　SA515Gr60 化学成分

| 钢号 | C | Mn | Si | S | P |
|------|------|------|------|------|------|
| SA515Gr60 | ≤0.31（与板厚相关，最大 0.31） | ≤0.98 | 0.13～0.45 | ≤0.035 | ≤0.035 |

力学性能要求如下：

（1）抗拉强度：415～550MPa。

（2）屈服强度：≥220MPa。

（3）伸长率（50mm 标距）：≥25%。

### （五十）A672B70CL32

A672B70CL32 是电熔焊接钢管，最高允许使用温度为 427℃，可用于排汽温度不高于400℃的低温再热管道。对于排汽温度在特殊情况下可达 500℃以上的低温再热管道可以选用A691Cr1-1/4CL22。其化学成分和力学性能见表 6-93、表 6-94。

表 6-93　　　　　　　　　　　　　A672B70CL32 化学成分

| 元　素 | | 化学成分（质量分数，%） | | |
|--------|--------|--------|--------|--------|
| | | 60（415）级 | 65（450）级 | 70（485）级 |
| C | 板厚≤1in（25mm） | ≤0.24 | ≤0.28 | ≤0.31 |
| | ＞1～2in（25～50mm） | ≤0.27 | ≤0.31 | ≤0.33 |
| | ＞2～4in（50～100mm） | ≤0.29 | ≤0.33 | ≤0.35 |
| | ＞4～8in（100～200mm） | ≤0.31 | ≤0.33 | ≤0.35 |
| | ＞8in（200mm） | ≤0.31 | ≤0.33 | ≤0.35 |
| Mn | 熔炼分析 | ≤0.90 | ≤0.90 | ≤1.20 |
| | 成品分析 | ≤0.98 | ≤0.98 | ≤1.30 |
| P | | ≤0.035 | ≤0.035 | ≤0.035 |
| S | | ≤0.035 | ≤0.035 | ≤0.035 |
| Si | 熔炼分析 | 0.15～0.40 | 0.15～0.40 | 0.15～0.40 |
| | 成品分析 | 0.13～0.45 | 0.13～0.45 | 0.13～0.45 |

表 6-94　　　　　　　　　　　　　A672B70CL32 力学性能

| 项　目 | 60（415）级 | 65（450）级 | 70（485）级 |
|--------|--------|--------|--------|
| 抗拉强度（MPa） | 60～80（415～550） | 65～85（450～585） | 70～90（485～620） |
| 屈服强度（MPa） | ≥32（220） | ≥35（240） | ≥38（260） |
| 断后伸长率，标距 8in（200mm，%） | ≥21 | ≥19 | ≥17 |
| 伸长率，标距 2in（50mm，%） | ≥25 | ≥23 | ≥21 |

**（五十一）A691Cr1–1/4Cr**

A691Cr1–1/4 是高温高压用电熔焊接合金钢管，属于 1.25Cr–0.5Mo 型耐热钢。钢材标准 ASME A387，其化学成分和力学性能见表 6–95。

表 6-95　　　　　　　　　　A691Cr1–1/4Cr 化学成分和力学性能

| 化学成分（质量分数，%） | | | | 力 学 性 能 | |
|---|---|---|---|---|---|
| 元素 | 含量 | 元素 | 含量 | | |
| C | 0.04～0.17 | P | ≤0.035 | 抗拉强度（MPa） | 515～690 |
| Si | 0.44～0.86 | Cr | 0.94～1.56 | 屈服强度（MPa） | ≥310 |
| Mn | 0.35～0.73 | Mo | 0.40～0.70 | 断后伸长率（%） | ≥18%（标距 200mm） |
| S | ≤0.035 | | | | ≥22%（标距 50mm） |

**（五十二）A691Cr2–1/4Cr**

A691Cr2–1/4Cr 是高温高压用电熔焊接合金钢管，属于 2.25Cr–1Mo 型耐热钢。其化学成分和力学性能见表 6–96。

表 6-96　　　　　　　　　　A691Cr2–1/4Cr 化学成分和力学性能

| 化学成分（质量分数，%） | | | | 力 学 性 能 | |
|---|---|---|---|---|---|
| 元素 | 含量 | 元素 | 含量 | | |
| C | 0.04～0.15 | P | ≤0.035 | 抗拉强度（MPa） | 515～690 |
| Si | ≤0.50 | Cr | 1.86～2.62 | 屈服强度（MPa） | ≥310 |
| Mn | 0.25～0.66 | Mo | 0.85～1.15 | 断后伸长率（%） | ≥18%（标距 50mm） |
| S | ≤0.035 | | | | |

# 第二节　监督部件常见失效形式

## 一、失效形式分类

按照电厂常用部件，分锅筒失效、集箱失效、管道失效、受热面管失效、汽缸失效、转子失效、护环失效、叶片失效和螺栓失效九类。

### （一）锅筒失效

锅筒是高压、超高压和亚临界自然循环锅炉中的核心承压设备，它连接上升管和下降管组成循环回路，其作用是接收省煤器锅炉给水并进行汽水分离，向汽水循环回路供水和向过热器提供饱和蒸汽，在机组负荷变化时起到蓄热和蓄水的作用。它是加热、蒸发、过热三个过程的连接点。另外，还有除去盐分以获得良好的蒸汽品质的功能。它承受着很大的内压力，处于高温条件下，筒壁很厚，筒体上布满各种接管，制造要求高。

锅筒是由钢板制成的长筒形压力容器，它由筒身和两端的半球形封头组成。筒身由钢板卷制焊接而成；封头由钢板模压制成，焊接于筒身。在封头留有椭圆形或圆形人孔门，以备安装和检修时工作人员进出。在锅筒上开有很多管孔，并焊上管座以连接给水管、下降管、汽水混合物引入管、蒸汽引出管、连续排污管、加药管和事故防水管等，此外还有一些连接仪表和自动装置的管座。

随着电网容量的不断增大，几乎所有的发电机组均需要调峰运行。为适应负荷的变化，调峰机组启停频繁，经常处于急剧的变负荷工况，这对锅炉、汽轮机等热力设备的寿命和机组的经济性都有较大的影响，锅炉锅筒直径和壁厚都比较大，由于在启停的过程中，较快的升压、降压速度会使锅筒材料所承受的机械应力发生很大的变化；同时，较快的升温、降温速度又会使锅筒内外壁面、上下壁面产生较大的温度差异，导致金属材料产生很大的热应力，而且应力变化幅度也较大；频繁交变的机械应力和热应力将使金属材料产生的疲劳损伤增大，缩短锅炉锅筒的使用寿命。

就锅筒的工况而言，在启停过程中控制锅炉的升温、降温速度和升压、降压速度，使锅筒的机械应力和热应力控制在允许的范围内，成为减少金属疲劳损伤的有效手段。在启动过程中，升温速度越快，锅炉锅筒的使用寿命就越短；但是，如果升温速度太慢，则不仅使整个启动过程的能耗增加，也使得锅炉的负荷能力降低，因而电厂的经济性下降。

锅筒的主要失效形式及失效特征见表 6-97。

表 6-97　　　　　　　　　　　锅筒的主要失效形式及失效特征

| 失效形式 | 失 效 特 征 |
| --- | --- |
| 苛性脆化 | 主要发生在中低压锅炉锅筒，汽水品质较低；产生裂纹的部位有铆钉和管子胀口处、铆钉孔和胀口的锅筒钢板上；腐蚀具有缝隙腐蚀的特征 |
| 脆性开裂 | 断裂速度极快，断裂源为老裂纹；开裂时锅筒温度较低 |
| 低周疲劳 | 在启停频繁和工况经常变动的锅筒中易产生疲劳裂纹，易在给水管孔、下降管孔处产生，且与最大应力方向垂直；在纵环焊缝及人孔焊缝处也可能产生 |
| 应力氧化腐蚀裂纹 | 在锅筒水汽波动区的应力集中部位产生裂纹 |
| 内壁腐蚀 | 主要发生于锅筒下部内表面，与水接触的部位；点蚀易发生在焊缝和下降管的内壁上 |
| 下降管缺陷 | 下降管处于较大应力集中，锅炉频繁的变负荷调峰造成疲劳载荷加剧 |

### （二）集箱失效

锅炉集箱是输送蒸汽和水的承压设备。其中大多数高压集箱的支撑及受载条件比较复杂，主要载荷为内压应力与热应力。在全部锅炉厚壁受压部件中，过热器、再热器出口集箱承受着最高的工作温度，省煤器和水冷壁集箱承受着最高的工作压力。

集箱的工作条件要比管道和锅筒复杂得多。集箱除了承受内压力所产生的应力外，还承受着严重的热应力。沿着集箱整个长度存在着温度梯度，同时沿着锅炉宽度方向也有温度偏差，而且由于锅炉启停及在运行过程中负荷变化时，集箱内部流体温度的变化，故在材料内部产生温差，所有这些因素都是产生热应力的起源。对于调峰机组，集箱的疲劳损坏显著地增加。另外，中间集箱和再热器集箱在锅炉多次启动和停炉工况下，也可能经受严重的热交变。

对电厂实际运行的集箱失效形式的普查分析结果表明，蠕变、疲劳、腐蚀是集箱失效的主要机理，其主要失效形式和失效特征见表 6-98。

表 6-98             集箱主要失效形式和失效特征

| 失效形式 | 失 效 特 征 |
|---|---|
| 高温蠕变 | 存在高温、高应力和长时间运行的工作条件；宏观断口有明显氧化色；多为沿晶断裂；强化相溶解，珠光体球化、晶界碳化物聚集等过热现象 |
| 疲劳破裂 | 变动载荷下服役，一定循环周次的低应力脆断；断口附近无宏观塑性变形特征，具有光滑程度及形貌不同的裂纹源、疲劳条痕 |
| 脆性失效 | 断裂前没有可以觉察到的塑性变形，断口一般与正应力垂直 |
| 韧性失效 | 断裂前发生明显的宏观塑性变形 |
| 腐蚀失效 | 按机理分为化学腐蚀和电化学腐蚀；按破坏形式分为均匀腐蚀和局部腐蚀；按腐蚀环境分为高温腐蚀和低温腐蚀等 |

## （三）管道失效

火力发电厂所涉及的各类管道，主要包括主蒸汽管道、高温再热蒸汽管道、低温再热蒸汽管道和高压给水管道、导汽管和蒸汽联络管道等。管道长期运行在高温、高压的条件下，必然会发生损伤累积，涉及高温蠕变、应力疲劳、高温腐蚀和冲蚀等复杂的损伤问题。损伤累积和应力迭加到一定程度的结果会导致管道泄漏和爆破，严重威胁电厂的安全运行。

管道在高温、高压条件下运行，给管道的安全运行带来一定的威胁。管道破坏事故原因大致有以下几类：

（1）因超压造成的过度变形。

（2）因存在原始缺陷而造成的应力脆断。

（3）因交变载荷而导致发生的疲劳破坏。

（4）因高温、高压环境造成的蠕变损坏等。

表 6-99 为管道的主要失效形式和失效特征。

表 6-99             管道的主要失效形式和失效特征

| 失效形式 | 失 效 特 征 |
|---|---|
| 韧性失效 | 发生明显变形，通常不产生碎片，宏观形貌基本上是滑移、位错堆积和微孔聚合，断口纤维区以外均为撕裂，微观形貌为韧窝花样 |
| 脆性失效 | 无明显塑性变形，材料脆化，缺陷引发断裂，低应力 |
| 疲劳失效 | 结构的几何不连续，有原始缺陷的焊缝部位。主要为爆破和泄漏两种 |
| 蠕变失效 | 沿晶断裂；宏观断口呈粗糙的颗粒状，直径方向有明显的变形，且伴有许多沿径线方向的小蠕变裂纹，甚至是龟裂 |

## （四）受热面管失效

锅炉受热面管包括省煤器管、水冷壁管、过热器管和再热器管，简称"四管"。"四管"泄漏是造成电厂非正常停机的最普遍、最常见的形式，一般占机组非正常停机事故的50%以上，最高可达80%。由于"四管"泄漏严重影响了机组的安全性和经济性，所以备受电厂重视。受热面的主要失效形式和失效特征见表 6-100。

表 6-100　　　　　　　　　受热面的主要失效形式和失效特征

| 失效形式 | 失效特征 |
|---|---|
| 过热爆管 | 短时过热和长时过热 |
| 原始缺陷 | 焊接质量不佳，管材质量不好 |
| 腐蚀 | 氢腐蚀、垢下腐蚀、碱腐蚀、氧腐蚀、氯脆、奥氏体不锈钢的晶间腐蚀；高温腐蚀、低温腐蚀 |
| 疲劳 | 热疲劳、机械疲劳、腐蚀疲劳 |
| 磨损 | 机械磨损、飞灰磨损 |
| 设计、安装、运行不当 | 定位连接件的开裂、焊缝拉裂、异种钢焊接接头拉裂 |
| 错用钢材 | 以低代高，造成早期失效；以高代低，引起焊接、热处理等质量缺陷 |

### （五）汽缸失效

汽缸是汽轮机的主要组成部分，它将汽轮机的通流部分和大气隔离开来，形成了蒸汽完成热能转换成机械能的封闭气室。汽缸所承受的载荷比较复杂，除了要承受缸体内外的蒸汽压力，还要承受汽缸、转子、隔板（套）等部件的重力和转子振动引起的交变载荷，以及蒸汽流动产生的轴向推力和反推力。

汽缸的主要部件包括汽缸体、法兰、螺栓、进汽部分和滑销系统等。汽缸内装有喷嘴室、静叶、隔板套、汽封等部件。在汽缸外连接有进汽、排汽、回热抽汽管道及支撑座架等。

汽缸的金属事故主要是变形和开裂，主要失效形式和失效特征见表 6-101。

表 6-101　　　　　　　　　汽缸失效形式和失效特征

| 失效形式 | 失效特征 |
|---|---|
| 汽缸变形 | 铸造残余应力、蠕变、汽轮机基础不良、变动工况运行 |
| 汽缸开裂 | 蠕变疲劳的交互作用、材料的蠕变脆性、铸造缺陷和结构设计不良、热处理工艺、运行方面的影响、补焊工艺的影响 |

### （六）转子失效

转子是电厂汽轮发电机组的大型锻件，一般由钢锭直接锻制而成，或由几个组件焊制而成。机组在运行和启停中，转子的高速转动和速度变化，使其承受着复杂的应力。转子的主要失效形式和失效特征见表 6-102。

表 6-102　　　　　　　　　转子的主要失效形式和失效特征

| 失效形式 | 失效特征 |
|---|---|
| 断裂失效 | 材料缺陷引起的断裂，键槽、轮槽、弹性槽、轴间等部位的应力开裂，轴径开裂，应力腐蚀开裂 |
| 异常振动导致转子加速失效 | 转子中心不对正，转子不平衡，连接件有松动，润滑不良，动静产生摩擦，电气方面 |
| 转子弯曲失效 | 转子振动引起的永久性弯曲，汽缸进水造成转子弯曲，其他形式引起的转子弯曲 |
| 转子材料蠕变损伤 | 产生蠕变孔洞或裂纹 |
| 焊接转子失效 | 与整锻转子失效机理一致，薄弱环节在中心孔、轴径、转子外部变截面应力集中部位 |

#### （七）护环失效

护环是发电机转子上的最重要的部件，其作用是用来固定和保护转子绕组的。转子绕组布置在转子槽内，并引至转子两端，出槽部分的绕组靠绝缘块和垫板支撑，顶部需要靠护环套住，以限制绕组的径向移动。绕组的轴向位移是靠中心环来限制的。当转子在运行中高速旋转时，转子绕组和配合紧固件受到巨大的离心力和热膨胀的作用，将要沿轴向和径向产生位移和变形，但护环和中心环是靠过盈配合紧套在转子上的，这个固定支撑作用抑制了绕组的位移和变形。

国内外发电机组的运行经验表明，护环失效的原因很多，但不外乎有材料问题、运行的环境条件、冷热加工或装拔护环时造成的损伤和设计因素等。护环的失效形式和失效特征见表 6-103。

表 6-103　　　　　　　　　　　护环的失效形式和失效特征

| 失效形式 | 失效特征 |
|---|---|
| 应力腐蚀断裂 | 腐蚀环境、材料和静态拉应力 |
| 疲劳失效 | 疲劳裂纹萌生和扩展 |
| 其他失效形式 | 材料本身的问题；残余应力过大；意外事故（如电击伤） |

#### （八）叶片失效

叶片是汽轮机中完成能量转换的重要部件，工作时受力复杂，工作条件恶劣。每台汽轮机都有很多级叶片，每级叶片又有很多只叶片，只要一只叶片出现问题，就可能导致整台机组的停运，造成重大的经济损失。

叶片一般由叶型部分、叶根部分、叶顶部分和连接部分组成。

叶片失效主要是制造缺陷、运行维护不当和外界因素造成的，其主要失效形式和失效特征见表 6-104。

表 6-104　　　　　　　　　　　叶片失效形式和失效特征

| 失效形式 | 失效特征 |
|---|---|
| 腐蚀失效 | 末级、次末级叶片、点腐蚀、应力腐蚀、疲劳腐蚀 |
| 冲蚀 | 低压级机械性损伤 |
| 接触疲劳 | 叶根与轮缘槽的接触面间存在因振动形成的微量往返位移 |
| 叶片质量不良 | 振动特性，叶片结构，叶片材质，加工质量 |
| 异常工况 | 调速系统不稳定，高温氧化 |
| 叶片连接件失效 | 拉筋脱焊，围带失效 |

#### （九）螺栓失效

螺栓在火力发电厂中广泛使用于汽缸、主汽门、调速汽门、各种阀门和蒸汽管道法兰等需要紧固连接或密封的部件上。螺栓连接是一种很好的连接方法，特点是对螺栓给以足够大的预紧力，使被连接部件在运行使用期间内紧密结合，保持密封，不发生泄漏。

螺栓在工作时由于螺母拧紧而主要受拉伸应力，有时也承受弯曲应力。螺栓连接会产生应力集中，因此要求螺栓的刚性要好，承载能力要大。电厂使用的螺栓基本上是在高温状态下，在长期运行过程中会发生应力松弛现象。应力松弛的结果导致螺栓的压紧力降低，可能造成法兰结合面漏汽。蠕变极限是与材料抗松弛性能密切相关的。同时，机组的频繁启动和负荷变动，会使螺栓承受交变应力的作用。

高温螺栓的失效机理主要有四种，即疲劳断裂、蠕变断裂、过载断裂和应力腐蚀断裂。其主要失效形式和失效特征见表 6-105。

表 6-105 螺栓主要失效形式和失效特征

| 失效形式 | 失效特征 |
| --- | --- |
| 疲劳断裂 | 承受最大应力面，内部存在缺陷处 |
| 蠕变断裂 | 材料本身，预紧工艺 |
| 过载断裂 | 拉伸负荷、预紧力、附加实用载荷 |
| 应力腐蚀断裂 | 拉伸负荷、高强度合金钢 |
| 其他因素 | 氢脆，中心偏移 |

## 二、典型失效模式简介

### （一）珠光体球化

珠光体晶粒中的铁素体及渗碳体是呈薄片状相互间隔的。片状珠光体是一种不稳定的组织，当温度较高时，原子活动力增强，扩散速度增加，片状渗碳体便逐渐转变为球状，再积聚成大球团，从而使材料的屈服点、抗拉强度、冲击韧性、蠕变极限和持久极限下降，这种现象称作珠光体球化。常见的碳钢如 20G、低合金钢 12Cr1MoV、15CrMo、T12、T11 等都存在这种现象。对珠光体球化评级有相关标准，如 DL/T 674《火电厂用 20 号钢珠光体球化评级标准》、DL/T 773《火电厂用 12Cr1MoV 钢球化评级标准》、DL/T 787《火力发电厂用 15CrMo 钢珠光体球化评级标准》，类似的对于 2.25Cr-1Mo 钢也有相应的评级标准，如 DL/T 999《电站用 2.25Cr-1Mo 钢球化评级标准》，评级均分为 5 级，DL/T 884《火电厂金相组织检验与评定技术导则》对珠光体、贝氏体钢老化评级做了统一的说明。典型的 12Cr1MoV 正常组织和老化组织如下图所示：

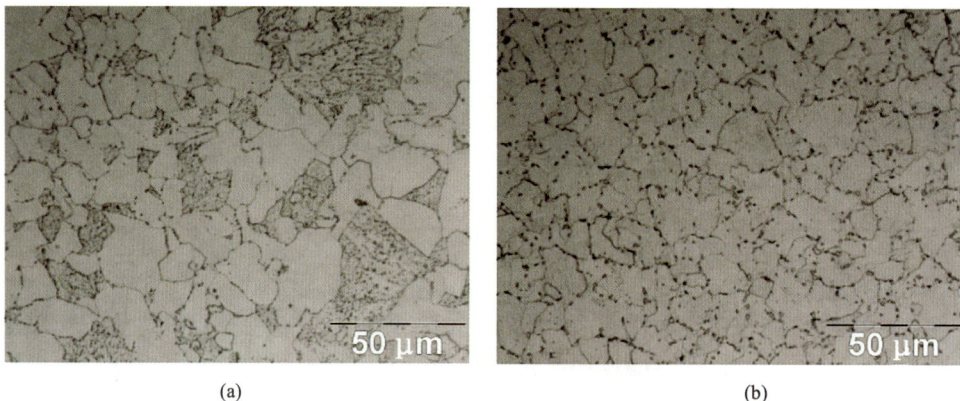

(a)          (b)

图 6-1　12Cr1MoV 正常组织和老化组织

（a）正常组织；（b）老化组织

### （二）碳钢和钼钢的石墨化

石墨化是指钢在工作温度（温度大于 350℃）和应力长期作用下，碳化物分解成游离的石墨，这个过程也是自发进行的，它不但消除了碳化物的作用，而且石墨相当于钢中的小裂纹，使钢的强度和塑性显著降低而引起钢件脆断。碳钢石墨化评级依据 DL/T 786《碳钢石墨化检验及评级标准》进行，分为 4 级。

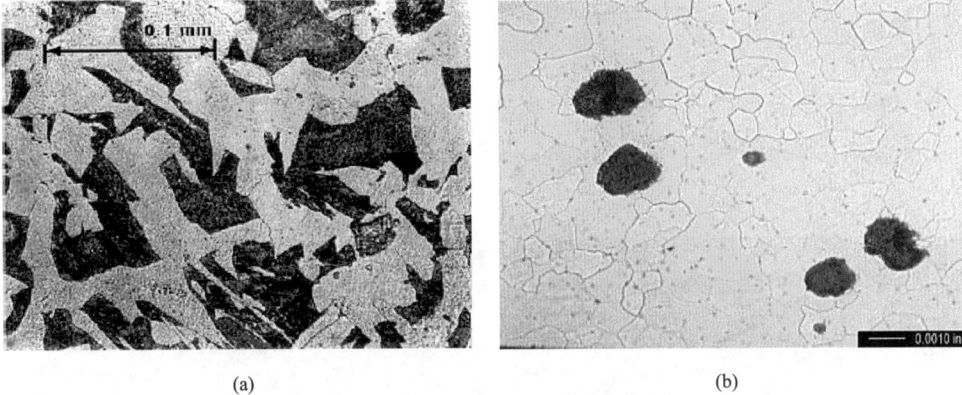

(a)        (b)

图 6-2　碳钢正常组织和石墨化组织

（a）正常组织；（b）石墨化组织

避免石墨化可以通过增加碳化物形成元素来稳定钢中的碳，如 Cr、V、Ti。

### （三）Ⅳ型开裂

Ⅳ型开裂是根据蠕变裂纹产生位置而得名，国际上通常将其焊接热影响区分为粗晶区（CGHAZ，临近熔合线）、临界区（ICHAZ，临近母材，又称为不完全重结晶区）和细晶区（FGHAZ，位于粗晶区和临界区之间）三个微区，通常又将细晶区和临界区称为第Ⅳ区。对于耐热钢的蠕变破坏，国际上通常根据蠕变裂纹产生的位置来进行分类，共分为四种类型：

（1）Ⅰ型开裂。蠕变裂纹出现在且局限在焊缝金属中。

（2）Ⅱ型开裂。蠕变裂纹出现在焊缝金属中，并从焊缝金属中向母材中发展。

（3）Ⅲ型开裂。蠕变破坏发生在粗晶区内。

（4）Ⅳ型开裂。蠕变破坏发生在细晶区或临界区中，即Ⅳ区。

焊缝蠕变裂纹四种类型如图 6-3 所示。

Ⅳ型开裂对于 Cr-Mo 耐热钢来说，在实际服役运行条件下，焊接接头的总体性能是决定结构性能的关键，而焊接热影响区是接头性能最弱的区域，而不是焊缝金属本身。大量的实验结果表明：与 T91/P91 钢等其他 Cr-Mo 耐热钢一样，当加载应力较高时，T92/P92 钢接头的蠕变断裂强度接近于母材，但在低应力长期工作时（临界应力约为 120MPa），容易出现低塑性早期失效断裂，断裂强度明显降低。由于超超

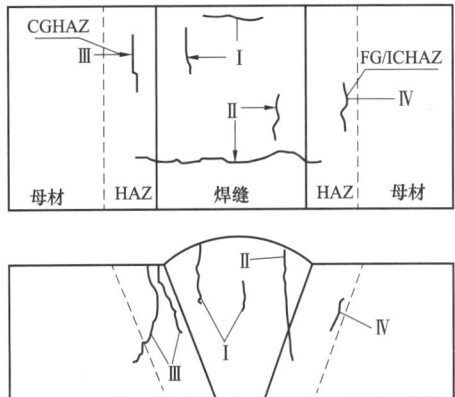

图 6-3　焊缝蠕变裂纹四种类型

临界机组主蒸汽管道服役内压一般不超过 30MPa，所以，Ⅳ型蠕变断裂是该类钢焊接接头主要的、特别危险的破坏方式。

关于Ⅳ型开裂产生的机理一般认为细晶区在加热过程中碳化物没有完全溶解，在随后的冷却过程中奥氏体晶粒长大受到限制，晶粒比较细小，碳化物延晶界分布，碳化物在晶界上分布一方面弱化晶内固溶强化的效果，降低晶内强度；另一方面弱化了晶界，让蠕变孔洞容易在晶界形核长大，降低了蠕变强度。

### （四）氢脆

**1. 损伤机理**

制造、焊接或服役等过程中氢原子扩散进入高强度钢中，使其韧性下降，在残余应力及外部载荷的作用下发生的脆性断裂，是氢引起的滞后开裂。马氏体钢泵部件的氢脆如图 6-4 所示。

(a) （b）

**图 6-4 马氏体钢泵部件的氢脆**

（a）宏观断裂；（b）微观组织

**2. 损伤形态**

（1）表面开裂为主，也可能在表面下。

（2）高残余或三向应力部位（缺口、紧缩）。

（3）断裂时一般无显著塑性变形。

（4）强度较高的钢形成沿晶裂纹。

**3. 主要影响因素**

（1）同时满足：材料中氢达到临界浓度、强度水平和微结构敏感、应力高于临界值。

（2）氢来源：焊接、酸洗、高温氢、湿硫化氢或 HF、电镀、阴极保护。

（3）大于 82℃时通常不会发生。

（4）对静载时断裂韧性影响大；渗氢量足够且承受一定应力时，会迅速失效。

（5）渗氢量：取决于环境、表面化学反应和金属中氢陷阱（如微观不连续、夹杂物、原始缺陷或裂纹）。

（6）厚壁部件：更容易氢脆。

（7）材料强度越高，敏感性越高。

（8）珠光体组织敏感性大于同强度的回火马氏体。

4. 主要预防措施

（1）选低强度钢或 PWHT。

（2）选低氢焊材，并用干电极和预热工艺。

（3）高温临氢设备和管线，停工：先降压后降温，开工：先升温后升压。

（4）内部施加涂层、堆焊不锈钢或设置其他保护衬里。

### （五）脱碳

1. 损伤机理

热态下介质与金属中的碳发生反应，使合金表面失去碳，导致材料碳含量降低，材料的强度下降。金属接触高温环境，在某些高温气体环境中使用、热处理、火焰炙烤时会发生脱碳。金属脱碳微观形态如图 6-5 所示。

2. 损伤形态

（1）仅发生在金属表面，极端情况下穿透脱碳，脱碳后合金软化。

（2）脱碳层无碳化物相，碳钢完全脱碳后变为纯铁。

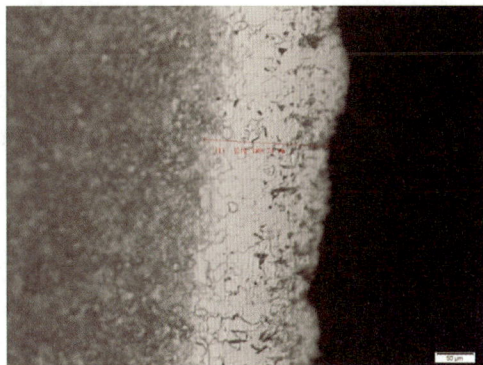

图 6-5 金属脱碳微观形态

3. 主要影响因素

（1）介质活性：气相介质碳含量减少，脱碳增加。

（2）温度和时间：温度升高，暴露时间增加，脱碳加强。

4. 主要预防措施

（1）控制气相介质的组成，尤其是化学成分。

（2）选择碳化物较稳定的铬钼合金钢。

### （六）再热裂纹

1. 损伤机理

金属在焊后热处理或高温服役期间，高应力区发生应力消除或应力松弛，粗晶区应力集中区域的晶界滑移量超过该部位塑性变形能力而发生开裂。再热裂纹微观形态如图 6-6 所示。

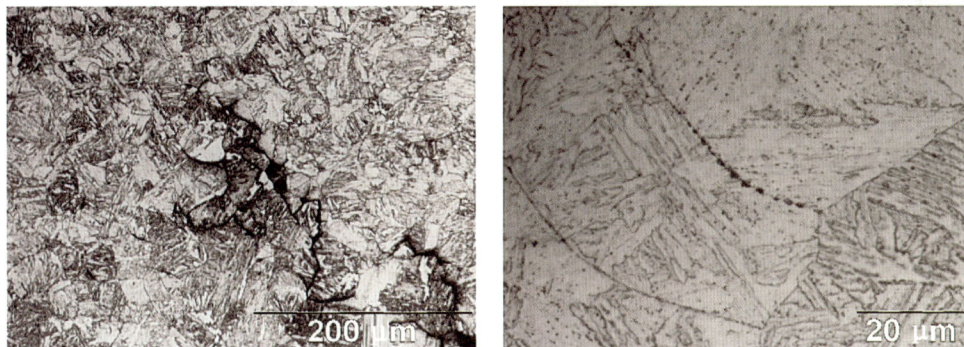

(a)

(b)

图 6-6 再热裂纹微观形态

（a）再热裂纹晶间开裂；（b）再热裂纹尖端的孔洞

2．损伤形态

（1）再热裂纹为晶间开裂，发生表面开裂或内部开裂取决于设备的应力状态和几何结构，常见于厚壁断面。

（2）再热裂纹最常见于焊接接头热影响区的粗晶段。

3．主要影响因素

（1）再热裂纹须在高应力下形成，常见于厚断面或高强材料中。

（2）高温下蠕变延性不足以承受应变时，易产生再热裂纹。再热裂纹在焊后热处理或高温服役条件下均能发生，一般表现为晶间开裂，变形很小或无明显变形。

（3）开裂多发生在焊接接头热影响区内，萌生于应力集中部位，并可能成为疲劳源。

（4）奥氏体不锈钢消应力热处理或稳定化处理也可能导致再热裂纹，尤其在厚断面处。

（5）其他因素：金属成分、杂质元素、晶粒尺寸、焊缝金属与基体金属强度差、焊接与热处理条件。

4．主要预防措施

（1）厚壁部件连接时，在焊接或焊后热处理阶段应充分预热，尽量减少拘束。

（2）采用细晶材料，或细化焊接热影响区的粗大晶粒。

（3）尽量避免未焊透、未熔合、咬边、焊接裂纹、气孔及夹渣等焊接缺陷。

（4）在设计和制造过程中，尽量避免材料横截面急剧变化，如引起应力集中的小半径倒角等；长焊缝焊接时，应改善装配过程导致的不匹配性。

**（七）热疲劳**

1．损伤机理

温度变化导致零件截面上存在温度梯度，厚壁件尤为明显，在温度梯度最大处可能造成塑性应变集中，在热应变最大的区域发生局部开裂，在温度变化引起的周期应力作用下不断扩展。高温区间内材料内部组织结构发生变化，降低了材料抗疲劳能力，并促使材料表面和裂纹尖端氧化，甚至局部熔化，加速热疲劳破坏速率。减温器喷水管疲劳裂纹如图 6-7 所示。

 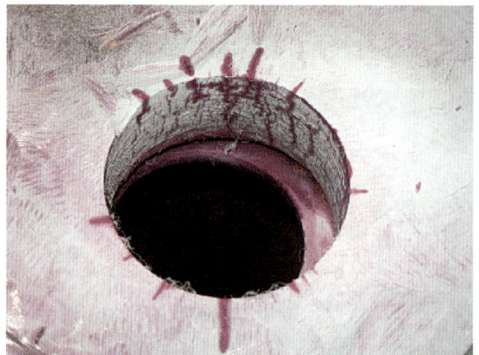

(a)                                    (b)

**图 6-7　减温器喷水管疲劳裂纹**

（a）管座未挖除形态；（b）管座挖除形态

2. 损伤形态

(1) 热疲劳裂纹始发于受热表面应变最大区域,一般有若干个疲劳裂纹源,裂纹垂直于应力方向,从表面向壁厚深度方向发展,受热表面产生特有的龟裂裂纹,以单个或多个裂纹形式出现,裂纹通常既短且宽成匕首状,分枝少,穿晶型为主,裂隙多充满高温氧化物。

(2) 蒸汽发生器的截面厚度变化处多有应力集中,裂纹易在此类部位及角焊缝根部发生。

(3) 吹灰器中的水可引起热疲劳龟裂,以周向裂纹为主,轴向裂纹为辅。

3. 主要影响因素

(1) 循环温差:温度变动幅度和频率。

(2) 应力:零件表面缺口、角焊缝等截面变化处等应力集中都可能成为裂纹萌生部位,失效时间随着应力增加而缩短。

(3) 设备启、停会增加热疲劳损伤的可能性,一般温度变化范围超过 90℃,就有可能产生裂纹。

(4) 表面温度:表面温度的快速变化,会在部件厚度上或沿着部件长度方向产生温度梯度,加快热疲劳损伤。

(5) 与材料热力学性质、力学性能等有关。

4. 主要预防措施

(1) 优化设计:减少应力集中点、焊缝打磨平滑过渡、设备启、停时控制加热和冷却速度、减少不同材料连接部件之间的不均匀热膨胀、增加不均匀热膨胀区域结构柔性。

(2) 蒸汽发生设备中避免使用刚性连接件,并保持滑动隔离块的滑动能力。

(3) 增设吹灰器吹灰循环启动阶段的冷凝水排水管路。

(4) 温差较大的冷热流体接触部位增设衬里或套管。

**(八) 蠕变**

1. 损伤机理

在低于屈服应力的载荷作用下,高温设备或设备高温部分金属材料随时间推移缓慢发生塑性变形的过程称为蠕变,蠕变变形导致构件实际承载截面收缩,应力增大,并最终发生不同形式的断裂。蠕变一般可分为以下两类:

(1) 沿晶蠕变:常用高温金属材料(如耐热钢、高温合金等)蠕变的主要形式,在高温、低应力长时间作用下,晶界滑移和晶界扩散比较充分,孔洞、裂纹沿晶界形成和发展。

(2) 穿晶蠕变:高应力条件下,孔洞在晶粒中夹杂物处形成,随蠕变损伤的持续而长大、汇合。

蠕变孔洞微观形态如图 6-8 所示。

2. 损伤形态

(1) 蠕变损伤的初始阶段一般无明显特征,但可通过扫描电子显微镜观察来识别。蠕变孔洞多在晶界处出现,在中后期形成微裂纹,然后形成宏观

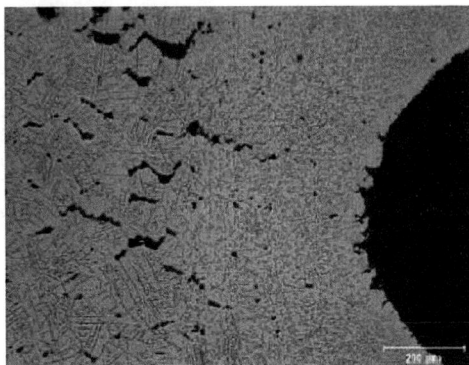

图 6-8 蠕变孔洞微观形态

裂纹。

（2）塑性较好的材料在发生应力断裂前可观察到明显的蠕变变形，而塑性较差的材料在发生应力断裂前无明显的蠕变变形。运行温度远高于蠕变温度阈值时，通常可观察到明显的鼓胀、伸长等变形，变形量主要取决于材质、温度和应力水的三者组合。

（3）承压设备中温度高、应力集中的部位易发生蠕变，尤其在三通、接管、缺陷和焊接接头等结构不连续处。

3. 主要影响因素

（1）蠕变变形速率的主要影响因素为材料、应力和温度，损伤速率（或应变速率）对应力和温度比较敏感，比如合金温度增加 12℃ 或应力增加 15% 可能使剩余寿命缩短一半以上。

（2）温度：在蠕变阈限温度下，一般不发生蠕变变形。高于温度阈值时，蠕变损伤就可能发生。在阈值温度下服役的设备，即使裂纹尖端附近应力较高，金属部件的寿命也几乎不受影响。

（3）应力：应力水平越高，蠕变变形速率越大，应力断裂的时间越短。

（4）蠕变韧性：蠕变韧性低的材料发生蠕变时变形小或没有明显变形。通常高抗拉强度的材料、焊接接头部位、粗晶材料的蠕变韧性较低，更可能发生应力断裂。

4. 主要预防措施

（1）优化设计：设计时充分考虑各种不利因素，选择合理的截面形式和开孔补强，降低局部高应力，并使过热点和局部过热情况减到最小。

（2）材料合金成分：选用蠕变韧性储备足够的材料，或添加合适的合金成分，并进行合适的焊后热处理，提高材料的蠕变韧性。

（3）修复或更换：蠕变损伤不可逆，一旦检测到损伤或开裂，应进行寿命评价，发现严重损伤或裂纹时应修复或更换，采用焊接方法的宜选择较高的焊后热处理温度。

（4）工艺优化：改进工艺运行参数或物料组分比，降低工艺运行温度至蠕变阈值以下，或减少设备局部过热情况，并减少结垢或沉积，对结垢和沉积物及时进行清除。

图 6-9　腐蚀疲劳微观形态

**（九）腐蚀疲劳**

1. 损伤机理

材料在疲劳载荷和腐蚀介质的联合作用下发生的破坏，交变应力作用下的应力腐蚀和含氢环境中的疲劳都属于腐蚀疲劳。腐蚀疲劳微观形态如图 6-9 所示。

2. 损伤形态

（1）断裂呈现脆性断裂特征，裂纹多穿晶，与应力腐蚀开裂的形态相近，但腐蚀疲劳无分叉，并常常形成多条平行裂纹。

（2）塑性变形小，剩余壁厚不足以支撑外加机械超载，最终引起快速断裂。

（3）锅炉中腐蚀疲劳损伤通常首先出现在水侧，一般呈现为环绕支柱与水冷壁管连接件焊缝处环向裂纹。在横截面上，裂纹往往向各个方向扩展呈球状，为穿晶型。

（4）硫化环境中的腐蚀疲劳裂纹具有相似的外观，裂隙中填满硫化物。

（5）在旋转设备上，腐蚀疲劳裂纹大部分为穿晶型，带有极少量分叉。

**3. 主要影响因素**

（1）应力集中：在凹坑、缺口、表面缺陷、截面变化或角焊缝等应力集中部位易萌生裂纹。

（2）周期应力：周期应力越大，腐蚀疲劳敏感性越高。

（3）与纯粹的机械疲劳不同，腐蚀疲劳不存在疲劳极限。与无腐蚀时材料的正常疲劳极限相比，腐蚀作用会在更小应力和更少循环周次时加速疲劳失效，并常常形成多条平行裂纹。

**4. 主要预防措施**

（1）旋转设备：利用图层和/或防腐剂改变腐蚀性环境，使电偶效应减到最小程度，或使用抗腐蚀性更强的材料。

（2）脱气塔：正确控制给水和冷凝水化学成分，通过焊后热处理使焊接残余应力和加工应力减到最小，将焊缝轮廓打磨光滑，使焊缝余高减到最小。

（3）循环锅炉：缓慢启动以使膨胀差异产生的应变减到最小程度，监测锅炉水的化学成分。

**（十）过热**

**1. 损伤机理**

设备在运行过程中，由于冷却条件恶化，壁温在短时间内快速上升，使钢材的屈服强度急剧下降，在压力作用下发生塑性变形。

过热爆口如图 6-10 所示。

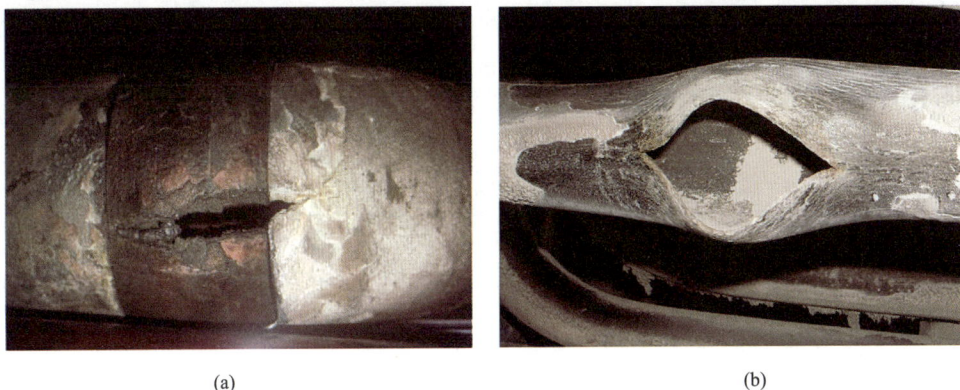

(a)                      (b)

**图 6-10　过热爆口**

（a）长时过热爆口；（b）短时过热爆口

**2. 损伤形态**

（1）局部膨胀、伸长等明显变形。

（2）壁厚减薄。

**3. 主要影响因素**

（1）温度：高温多可由火焰冲击加热，或设备局部导热能力下降引起。温度越高，设备过热可能性越大。

（2）应力：损伤程度随介质压力或外加载荷的增加而增大，高温下低应力状态鼓胀变形也可能非常明显。

（3）腐蚀：腐蚀引起的壁厚减薄可导致应力增大，加剧损伤。

4. 主要预防措施

（1）检测温度：使局部可能达到的最高温度不超过设计温度。

（2）对燃烧器受热面进行良好的维护管理，对污垢/沉积物加以控制，使局部过热幅度尽可能降低。

（3）优化火焰燃烧器结构，保持弥散均匀的火焰形态。

（4）对耐火衬里进行定期维护、保养和更换，保持耐火材料的良好性能。

### （十一）σ相脆化

1. 损伤机理

奥氏体不锈钢和其他 Cr 含量超过 17%（质量比）的不锈钢材料，长期暴露于 538～816℃温度范围内时，析出 σ 相（金属间化合物）而导致材料变脆的过程。

组织中产生 σ 相如图 6-11 所示。

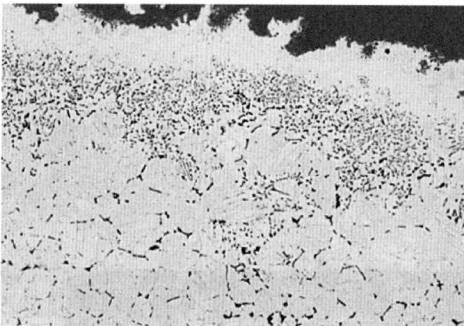

图 6-11　组织中产生 σ 相

2. 损伤形态

（1）σ 相脆化早期一般不明显，直至发生开裂，开裂多出现在焊接接头或拘束度高的区域。

（2）铸态奥氏体不锈钢中可含大量铁素体相或 σ 相（σ 相质量分数高达 40%），高温下其延展性很差。

（3）与固溶处理过的材料相比，σ 相脆化的不锈钢拉伸及屈服强度稍有增加，同时塑性降低（通过伸长率和断面收缩率测量），硬度也略微增加。

（4）含 σ 相的不锈钢在正常操作下通常仍可满足要求（含 10%σ 相的奥氏体不锈钢在 649℃时夏比冲击韧性仍很高，延展性为 100%，而室温下延展性将为零），但温度降至大约 260℃时，通过夏比冲击试验发现金属可能已完全丧失断裂韧性。

（5）σ 相脆化实际是一种组织变化，析出硬而脆的金属间化合物，脆化后的材料对晶间腐蚀更敏感。

3. 主要影响因素

（1）时间：高温中暴露足够长的时间。

（2）温度：538～954℃（铁素体不锈钢、马氏体不锈钢、奥氏体不锈钢及双相不锈钢），低温时脆断。

（3）材质：奥氏体 SS 和双向 SS 焊缝的铁素体中，σ 相形成速度最快；奥氏体不锈钢的奥氏体中，σ 相形成速度慢，可达 10%～15%；铸态奥氏体不锈钢能产生更多的 σ 相（使用经验表明奥氏体 SS 在 690℃ PWHT 时，几小时内便可产生 σ 相）。

4. 主要预防措施

（1）添加合金元素或避免材料在 σ 相脆化温度范围内使用。

（2）如含 σ 相材料在室温下断裂韧性不足，停机时应先降低操作压力。

（3）1066℃下固溶处理 4h，奥氏体不锈钢中的$\sigma$相发生溶解，然后快速水冷可形成单一奥氏体相，彻底清除$\sigma$相，但大多数奥氏体不锈钢制设备无法进行固溶处理。

（4）347 不锈钢中铁素体含量应控制在 5%～9%（质量分数）之间，304 铁素体含量比 347 不锈钢略少，且对焊材的铁素体含量应进行限制。

（5）有不锈钢堆焊衬里的铬钼合金钢制部件，应限制加热到焊后热处理温度的升温时间。

### （十二）高温氧化腐蚀

1. 损伤机理

高温下金属与氧气发生反应生成金属氧化物的过程。

（1）在高温下，氧气和金属反应生成氧化物膜。

（2）通常发生在加热炉和锅炉燃烧的含氧环境中。

高温氧化腐蚀宏观形貌如图 6-12 所示。

2. 损伤形态

（1）多数合金，包括碳钢和低合金钢，氧化腐蚀表现为均匀腐蚀，腐蚀发生后在金属表面生成氧化物膜。

（2）300 系列不锈钢和镍基合金在高温氧化作用下易形成暗色的氧化物薄膜。

3. 主要影响因素

（1）温度：碳钢随温度升高腐蚀加剧，538℃以上时碳钢的氧化腐蚀严重。

图 6-12　高温氧化腐蚀宏观形貌

（2）合金成分：铬元素可形成保护性氧化物膜，因此碳钢和其他合金的耐蚀性通常取决于材料的铬元素含量，300 系列不锈钢在 816℃以下有良好的耐蚀性。

4. 主要预防措施

（1）材质选用：通过材质升级可防氧化腐蚀。铬是影响耐氧化能力的主要合金元素。硅和铝等其他合金元素也有同样效果，但因其对力学性能不利，添加量应控制。

（2）保护层：敷设耐氧化的表面保护层。

### （十三）锅炉冷凝水腐蚀

1. 损伤机理

锅炉系统和蒸汽冷凝水回水管道上发生的均匀腐蚀和点蚀，多由溶解的气体、氧气、二氧化碳引起。

2. 损伤形态

（1）除氧系统工作不正常时，很少的氧气就可引发锅炉冷凝水腐蚀，多表现为点蚀，呈溃疡状，在金属表面形成黄褐色或砖红色鼓包，直径为 1～30mm，由各种腐蚀产物组成，腐蚀产物去除后，可见金属表面的腐蚀坑。

（2）冷凝水回水系统的腐蚀多由二氧化碳引起，腐蚀后管壁形成平滑凹槽。

3. 主要影响因素

（1）关键因素为溶解的气体浓度（氧气和二氧化碳）、pH 值、温度、给水水质和给水处理专用系统。

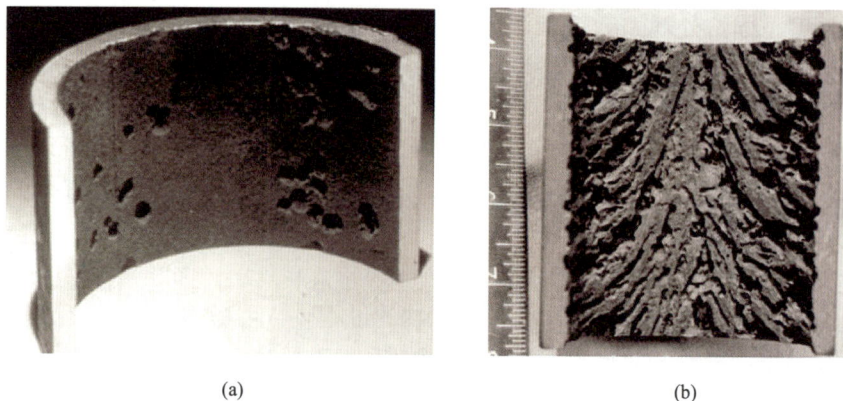

(a)　　　　　　　　　　　　　　(b)

图 6-13　锅炉冷凝水腐蚀

（a）点蚀；（b）均匀腐蚀

（2）生成连续的四氧化三铁保护层并保持完好，足以实现对锅炉的腐蚀防护。

（3）用来除结垢和沉淀的化学处理，应与专用水设施和锅炉给水处理系统的除氧剂相匹配。

（4）铜锌合金应避免接触有联氨、中和胺或含氨化合物的锅炉冷凝水。

4. 主要预防措施

（1）除氧处理：在进行机械除氧的同时，根据系统压力情况进行化学药剂（如催化亚硫酸钠或联氨）除氧，可减少系统含氧量。残存除氧剂被夹带进入蒸汽发生系统，可除去脱氧器下游混入的氧气。

（2）缓蚀剂：采用结垢或沉淀物控制，或者四氧化三铁保护层防护的处理方案，如果不能降低冷凝水回流系统的二氧化碳，可能就需要添加胺类缓蚀剂。

**（十四）碱腐蚀**

1. 损伤机理

苛性碱或碱性盐引起的局部腐蚀，多在蒸发浓缩或高传热条件下发生。有时因碱性物质或碱液浓度不同，也可能发生均匀腐蚀。

2. 损伤形态

（1）多表现为局部腐蚀，如锅炉管的腐蚀沟槽或隔热垢层下的局部腐蚀。

图 6-14　碳钢管碱槽

（2）腐蚀坑可能因充满沉积物，损伤被遮盖。在可疑区域进行检测时可能需要使用灵敏仪器。

（3）水气界面介质浓缩区域会形成局部沟槽，立管可形成一个环形槽，水平或倾斜管会在管道顶端或两侧形成纵向槽。

（4）温度高于 79℃ 的高浓度碱液可引起碳钢的均匀腐蚀，温度达到 93℃ 时腐蚀速率非常大。

碳钢管碱槽如图 6-14 所示。

3. 主要影响因素

（1）苛性碱（氢氧化钠或氢氧化钾）浓度越高，腐蚀越严重。多数情况下工艺物料中碱液浓度很低，但如果存在蒸发、沉积、分离等浓缩过程，可形成局部浓缩。

（2）碱的主要来源有锅炉水加入的低浓度碱、锅炉水软化器再生期间因疏忽而混入的碱、冷凝器或工艺设备泄漏而混入工艺流体的碱、中和和脱除硫化物而注入的苛性碱液。

4. 主要预防措施

（1）优化设计：蒸汽发生设备设计时进行优化，如减少游离苛性碱的量、注入足量的水、控制加热炉炉膛的燃烧强度以减少炉管的过热，或减少进入。

（2）碳钢和 300 系列不锈钢在 66℃以上的高浓度苛性碱液中会产生严重腐蚀，400 系列不锈钢和一些其他镍基合金的腐蚀速率较低。

### （十五）烟气露点腐蚀

1. 损伤机理

燃料燃烧时燃料中的硫和氯类物质形成二氧化硫、三氧化硫和氯化氢，低温（露点及以下）遇水蒸气形成酸，对金属造成腐蚀。腐蚀介质的形成过程为

$$\text{烟气中的硫或氯} \longrightarrow SO_2（SO_3）\text{ 或 } HCL$$

$$SO_2 + H_2O \longrightarrow H_2SO_3$$

$$SO_3 + H_2O \longrightarrow H_2SO_4$$

2. 损伤形态

（1）烟气露点腐蚀是亚硫酸腐蚀、硫酸腐蚀和盐酸腐蚀中某种腐蚀或几种腐蚀共同作用的综合结果。

烟气露点腐蚀宏观形貌如图 6-15 所示。

（2）省煤器或其他碳钢或低合金钢部件发生烟气露点腐蚀时会形成宽而浅的蚀坑，形态取决于硫酸凝结方式。

（3）对于余热锅炉中的 300 系列不锈钢制给水加热器，可能发生表面的应力腐蚀开裂，裂纹整体外观呈"发丝"状。

3. 主要影响因素

（1）杂质：燃料中的杂质（硫及氯化物）含量越高，腐蚀的可能性就越大，腐蚀程度就可能越严重。

图 6-15 烟气露点腐蚀宏观形貌

（2）温度：所有的燃料均会含有一定量的硫，如果烟气接触的金属温度低于露点温度，就会发生硫酸和亚硫酸露点腐蚀。硫酸露点与烟气中三氧化硫浓度有关，一般大约为 138℃。氯化氢露点温度与氯化氢浓度有关，一般为 54℃。

4. 主要预防措施

（1）保持锅炉和加热炉的金属壁温高于硫酸露点温度。

（2）环境中含有氯化物时，余热锅炉的给水加热器不能用 300 系列不锈钢材质。

（3）燃油锅炉进行水洗除灰作业时，如果仅用水进行最终清洗可能不能中和掉酸性盐，可以在最终清洗的水中加入碳酸钠中和酸性灰分。

### （十六）氨应力腐蚀开裂

#### 1. 损伤机理

碳钢和低合金钢在无水液氨中，或铜合金在氨水溶液和/或铵盐水溶液环境中发生的应力腐蚀开裂，以碳钢为例，无水液氨对碳钢只产生很轻微的均匀腐蚀，但液氨储罐在充装、排料及检修过程中，容易受到空气的污染，空气中的氧和二氧化碳加速氨对碳钢的腐蚀，其反应为

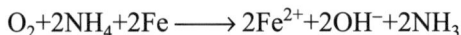

$$2NH_3+CO_2 \longrightarrow NH_4CO_2NH_2$$

$$NH_4CO_2NH_2 \longrightarrow NH_4+CO_2NH_2$$

$$O_2+2NH_4+2Fe \longrightarrow 2Fe^{2+}+2OH^-+2NH_3$$

图 6-16 氨应力腐蚀开裂微观形貌

反应中的氨基甲酸铵对碳钢有强烈的腐蚀作用，且焊缝处残余应力较高，可使钢材表面的钝化膜产生破裂，造成应力腐蚀开裂。

氨应力腐蚀开裂微观形貌如图 6-16 所示。

#### 2. 损伤形态

（1）铜合金：多为表面开裂，裂纹穿晶或沿晶扩展，裂纹中存在浅蓝色腐蚀产物，热交换器管束表面有单一裂纹或有大量分支的裂纹。

（2）碳钢：在液氨中使用的碳钢，如未进行热处理，焊缝金属和热影响区都可能发生开裂。

#### 3. 主要影响因素

（1）对于铜合金：

1）残余应力越大开裂敏感性越高。

2）合金成分：铜合金中锌含量超过 15%（质量分数）时尤其明显。

3）介质：只有在氨或铵盐的含水溶液中才会发生开裂。

4）溶解氧：应至少有微量的溶解氧。

5）pH 值应大于 8.5。

（2）对于碳钢或低合金钢：

1）残余应力越大开裂敏感性越高。

2）含水量：一般来说，含水量低于 0.005%（质量分数）或大于 0.2%（质量分数）时敏感性均较低。

3）温度：低于 -5℃时几乎不会发生。

4）杂质：介质中含有少量空气或氧即可增加开裂敏感性。

#### 4. 预防措施

（1）铜合金：控制锌含量在 15%（质量分数）以下，选用耐氨应力腐蚀开裂强的铜合金、300 系列不锈钢和镍基合金。

（2）在液氨蒸汽环境中使用时，防止空气或氧气混入有时可防氨应力腐蚀开裂。

（3）碳钢：进行焊后热处理，在氨中加入少量的水且使水含量大于 0.2%（质量分数），控制焊接接头硬度不超过 HBW225（布式硬度），防止空气或氧气混入液氨。

### （十七）湿硫化氢破坏

**1. 损伤机理**

在含水和硫化氢环境中碳钢和低合金钢所发生的损伤，包括氢鼓泡、氢致开裂、应力导向氢致开裂和硫化物应力腐蚀开裂 4 种形式。

（1）氢鼓泡：金属表面硫化物腐蚀产生的氢原子扩散进入钢中，在钢中的不连续处（如夹杂物、裂隙等）聚集并结合生成氢分子，当氢分压超过临界值时会引发材料的局部变形，形成鼓泡。

（2）氢致开裂：氢鼓泡在材料内部不同深度形成时，鼓泡长大导致相邻的鼓泡不断连接，形成台阶状裂纹。

（3）应力导向氢致开裂：在焊接残余应力或其他应力作用下，氢致开裂裂纹沿厚度方向不断相连并形成穿透至表面的开裂。

（4）硫化物应力腐蚀开裂：由于金属表面硫化物腐蚀过程中产生的原子氢吸附在高应力（焊缝和热影响区）聚集造成的一种开裂，如图 6-17 所示。

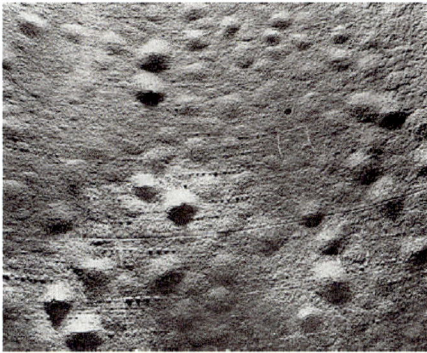
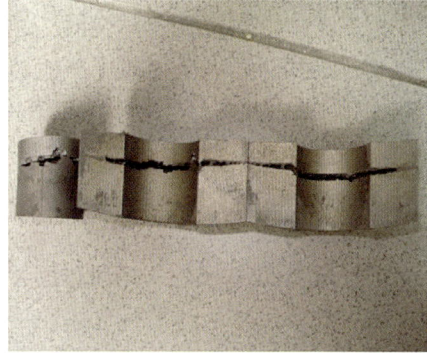

(a)                    (b)

**图 6-17 损伤形式**

（a）氢鼓泡；（b）应力导向氢致开裂

**2. 损伤形态**

（1）氢鼓泡：在刚才表面形成独立的小泡，小泡与小泡之间一般不会发生合并。

（2）氢致开裂：在刚才内部形成与表面平行的台阶状裂纹，裂纹一般沿轧制方向扩展，不会扩展至钢的表面。

（3）应力导向氢致开裂：一般发生在焊接接头的热影响区，由该部位母材上不同深度的氢致开裂裂纹沿厚度方向相连形成。

（4）硫化物应力腐蚀开裂：在焊缝热影响区和高硬度去表面起裂，并沿厚度方向扩展。

**3. 主要影响因素**

（1）pH 值：溶液的 pH 值小于 4.0，且溶解有硫化氢时易发生湿硫化氢破坏。此外溶液的 pH＞7.6，且氰化氢浓度大于 $20 \times 10^{-6}$ 并溶解有硫化氢时湿硫化氢破坏易发生。

（2）硫化氢分压：溶解中溶解的硫化氢溶度大于 $50 \times 10^{-6}$ 时湿硫化氢破坏容易发生，或潮湿气体中硫化氢气相分压大于 0.000 3MPa 时，湿硫化氢破坏容易发生，且分压越大，敏感性越高。

（3）温度：氢鼓泡、氢致开裂、应力导向氢致开裂损伤发生的温度范围为室温到 150℃，有时可以更高，硫化物应力腐蚀开裂通常发生在 82℃ 以下。

（4）硬度：硫化物应力腐蚀开裂与硬度相关，炼油厂常用的低强度碳钢应控制焊接接头硬度在 HBW200（布式硬度）以下。氢鼓泡、氢致开裂和应力导向氢致开裂损伤与钢铁硬度无关。

（5）钢材纯净度：提高钢材纯净度能够提升刚才抗氢鼓泡、氢致开裂和应力导向氢致开裂的能力。

（6）焊后热处理：焊后热处理可以有效地降低焊缝发生硫化物应力腐蚀开裂的可能性，对防止应力导向氢致开裂起到一定的减缓作用，但对氢鼓泡和氢致开裂不产生影响。

（7）杂质：加氢装置的溶液中，如果硫氢化铵浓度超过 2%（质量分数），会增加氢鼓泡、氢致开裂和应力导向氢致开裂的敏感性。

4．主要预防措施

（1）选用合适的钢材或合金，或设置有机防护层。

（2）用冲洗水来稀释氢氰酸浓度。

（3）采用高纯净度的抗氢致开裂钢。

（4）控制焊缝和热影响区的硬度不超过 HBW200（布式硬度）。

（5）焊接接头部位进行焊后消除应力热处理。

（6）使用专用缓蚀剂。

### （十八）回火脆化

1．损伤机理

低合金钢长期在 343～593℃ 范围内使用时，操作温度下材料韧性没有明显降低，但材料组织微观结构已变化，降低温度后（如停工检修期间）发生脆性开裂的过程。

2．损伤形态

（1）目视检测不易发现回火脆化损伤。

（2）采用夏比 V 型缺口冲击试验测试，回火脆化材料的韧脆转变温度较非脆化材料升高。

3．主要影响因素

（1）材质：锰、硫、磷、锡、锑和砷元素可显著增加回火脆性，需控制其含量，并同时保证材料的强度水平、热处理工艺和加工工艺性能。

（2）温度：2.25Cr-1Mo 钢在 482℃ 时的回火脆化速率比 427～440℃ 时更快，但长期在 440℃ 使用时回火脆化引起的损伤可能更严重。

（3）时间：设备回火脆化大多数在脆化温度范围服役数年后发生，在加工热处理阶段有时也会发生回火脆化。

（4）环境：当存在临氢环境或裂纹类缺陷时会缩短回火脆化导致的设备失效时间。

（5）位置：焊缝通常比母材更敏感，应作为评估的重点。

4．主要预防措施

（1）在役设备应避免在材料回火脆化温度范围内服役。装置开车过程中，若设备温度低于最低升压温度时，操作压力应至少降至最大设计压力的 25%。已投用多年的早期钢材回火脆化敏感性高，最低升压温度为 171℃；新型抗回火脆化钢材的最低升压温度可达 38℃ 或更低。采用焊补修复的部位应加热至 620℃ 并快速水冷，回火脆化会暂时逆转。

（2）准备制造或已经在制的设备：选用磷、锡、锑和砷等杂质元素含量低的材质，进行适当的焊后处理，适当降低材料强度等级。

（3）按工程经验可根据材料成分，计算母材金属的 J 因子，计算熔敷金属的 X 因子，对于 12Cr2Mo1R 钢的 J 因子和 X 因子最大限定为 100 和 15

（4）将 P 元素和 Sn 元素的质量分数之和限制在 0.01% 以下也可以降低回火脆化敏感性。

（5）用于制造厚壁装备或可能发生蠕变的设备，选用的新型低合金钢材料应在确定化学成分、韧性、强度、加工、焊接和热处理工艺时，充分考虑各种因素的影响。

### （十九）敏化-晶间腐蚀

**1. 损伤机理**

（1）敏化：普通的 300 系列不锈钢（如 304、316）含碳量较高，属于非稳定态（即不含钛或铌等稳定化元素），室温时碳在奥氏体中的溶解度很小，为 0.02%～0.03%，远低于不锈钢的实际含碳量，故过饱和的碳被固溶在奥氏体中，当温度超过 425℃ 并在 425～815℃ 范围内停留一段时间时，过饱和的碳就不断地向奥氏体晶粒边界扩散，并和铬元素化合，在晶间形成碳化铬的化合物，如 $Cr_{23}C_6$ 等。铬在晶粒内扩散速度比沿晶界扩散的速度小，内部的铬来不及向晶界扩散，在晶间形成的碳化铬所需的铬主要来自晶界附近，使晶界附近的含铬量大为减少。当晶界的铬质量分数低到小于 12% 时，就形成所谓的"贫铬区"，贫铬区和晶粒本身存在电化学性能差异，使贫铬区（阳极）和处于钝化态的基体（阴极）之间建立起一个具有很大电位差的活化-钝化电池。贫铬区的小阳极和基体的大阴极构成腐蚀电池，在腐蚀介质作用下，贫铬区被快速腐蚀，晶界首先遭到破坏，晶粒间结合力显著减弱，力学性能恶化，机械强度大大降低，然而变形却不明显。这种碳化物在晶界上的沉淀一般称之为敏化作用。对于含稳定化元素的奥氏体不锈钢，在其焊接接头区域经历多次加热和冷却循环，会在狭窄的特定区域内导致原本溶解在碳化钛或炭化铌中的碳元素析出，并与铬元素结合，在晶间形成碳化铬的化合物，如 $Cr_{23}C_6$ 等，同样形成贫铬区，造成耐腐蚀能力下降。

（2）晶间腐蚀：金属材料发生敏化后，在腐蚀介质中晶界因耐腐蚀能力较低而发生优先腐蚀；或未发生敏化的材料在特定的腐蚀介质中晶粒便捷或晶界附近优先发生腐蚀，使晶粒之间丧失结合力的一种破坏过程。发生敏化的奥氏体不锈钢非常容易发生晶间腐蚀。

敏化-晶间腐蚀宏观形貌如图 6-18 所示。

**2. 损伤形态**

（1）发生敏化时，一般尺寸、外形无明显变化且不会发生塑性变形；发生晶间腐蚀时如果晶粒脱落不明显，目视检测不太容易发现损伤。

（2）仅敏化区域可见腐蚀痕迹，如果敏化区间较窄，比如焊接时形成的敏化区，一般出

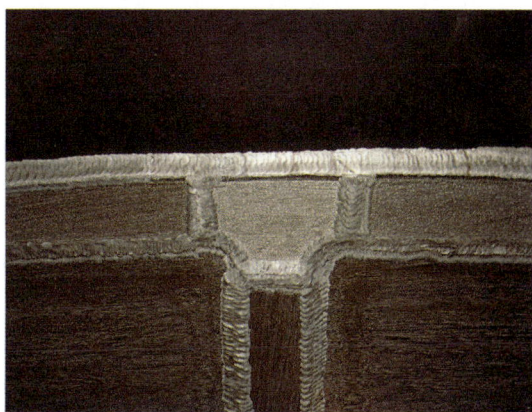

图 6-18　敏化-晶间腐蚀宏观形貌

现窄腐蚀沟或裂纹。

（3）敏化部位可能扔保持着明亮的金属光泽，但塑性完全丧失，冷弯时易发生开裂，严重时出现脆断和金属晶粒脱落，落地时其至没有金属碰撞声。如果已出现晶间腐蚀，有时会出现明显的晶粒脱落，使金属表面光泽黯淡，局部可能出现明显的减薄。

（4）金相显微镜或扫描电镜下可观察到晶界明显变宽，多呈网状，严重时可观察到明显的晶粒脱落。

（5）含稳定化元素的奥氏体不锈钢的焊接接头发生敏化和晶间腐蚀时，可在接头区域观察到独有的"刀装腐蚀"（或称刃状腐蚀）。

（6）敏化后的材料在腐蚀介质作用下易发生晶间腐蚀，在高拉伸应力区还常导致沿晶应力腐蚀开裂。

3. 主要影响因素

（1）含碳量：含碳量越高，敏化敏感性越高，晶间碳化物析出倾向性越大，也越容易发生晶间腐蚀。

（2）合金成分：加入钛、铌等能形成稳定碳化物的元素并进行稳定化处理，可降低敏化和晶间腐蚀敏感性。

（3）热处理：加热到高温进行固溶处理，然后快速冷却（如水冷）形成单一奥氏体相可避免敏化，但现场施工一般不能满足固溶热处理的要求，故一般只用于制造工厂。

（4）工艺条件：使用 300 系列不锈钢的工段将操作温度降低至 425℃ 以下可避免敏化发生。

4. 主要预防措施

（1）选用含碳量低的奥氏体不锈钢可以有效减少敏化的发生，如超低碳奥氏体不锈钢系列。

（2）添加一定的合金元素，如钛、铌等形成稳定碳化物。

（3）固溶热处理一般只应用于工厂在制的设备和管道，不推荐在施工现场进行。

（4）调整钢中奥氏体形成元素与铁素体形成元素的比例，使其具有奥氏体+铁素体双相组织，这种双相组织不易产生晶界敏化。

（5）对有晶间腐蚀倾向的铁素体不锈钢，在 700～800℃ 进行退火。

**（二十）机械疲劳**

1. 损伤机理

在循环机械载荷作用下，材料、零件或构件在一处或几处产生局部永久性累积损伤而产生裂纹的过程。经一定循环次数后，裂纹不断扩展，可能导致突然完全断裂。

机械疲劳断裂如图 6-19 所示，损伤可分为 3 个阶段：

（1）微观裂纹萌生：在循环机械载荷作用下，材料内部的不连续或不均匀处，以及表面或近表面区易形成高应力，在驻留滑移带、晶界和夹杂部位形成严重应力集中点，引发微观裂纹的萌生。

（2）宏观裂纹扩展：微观裂纹在应力作用下进一步扩展，发展成为宏观裂纹，宏观裂纹基本与主应力方向相垂直。

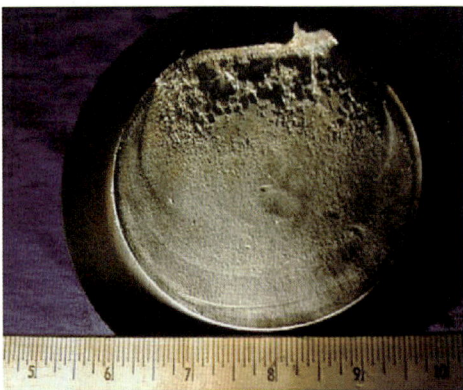

**图 6-19　机械疲劳断裂**

（3）瞬时断裂：宏观裂纹扩大到使构件残存截面不足以承受外载荷时，就会在某一次循环载荷作用下突然断裂。

2. 损伤形态

（1）对应3个阶段，在宏观断口上一般可分别观察到疲劳源区、疲劳裂纹扩展区和瞬时断裂区3个特征区。疲劳源区通常面积较小，色泽光亮，由两个断裂面对磨造成；疲劳裂纹扩展区通常比较平整，间隙加载、应力较大改变或裂纹扩展受阻等过程多会在裂纹扩展前沿形成疲劳弧线或海滩花样；瞬断区则具有静载断口的形貌，表面呈现出较粗糙的颗粒状。

（2）在扫描和投射电子显微镜下可观察到机械疲劳断口的微观特征，典型特征为扩展区中每一应力循环所遗留的疲劳辉纹。

3. 主要影响因素

（1）几何形状：机械疲劳损伤通常起始于周期载荷下几何形状不连续处的表面，构件设计时几何形状的选择具有较大的影响，易致机械疲劳的常见几何形状不连续处有槽口、开孔、焊接接头、缺陷、错边、腐蚀坑、螺纹根部缺口等。

（2）冶金和显微结构：材料内部存在冶金和显微结构的不连续，如金属夹杂物、锻造缺陷、修磨后的焊接接头、工卡具划痕、机械磨损划痕和机械加工刀痕等位置，易产生机械疲劳损伤。

（3）应力：碳钢、低合金钢和钛材在疲劳极限以下服役不会发生疲劳开裂。300系列不锈钢、400系列不锈钢、铝和多数其他非铁基合金没有疲劳极限，在循环机械载荷作用下最终发生疲劳断裂，与应力大小无关，故对这类材料多用给定应力下经一定循环次数后发生疲劳开裂的最大应力幅度作为其疲劳极限，循环次数一般取106～107。

（4）热处理和微观组织：热处理可改善冶金和显微结构不连续，降低机械疲劳损伤的敏感性，如调质处理（淬火+回火）可提高碳钢和低合金钢的耐疲劳能力。一般来说细晶微观组织比粗晶微观组织耐疲劳性能好。

（5）循环次数：碳钢、低合金钢和钛材在高于疲劳极限时，循环次数越大，疲劳损伤致失效可能性越高。

4. 主要预防措施

（1）优化设计：避免结构不连续，并最大限度地减少应力集中。

（2）选材：设计选材时考虑循环机械载荷的作用，并给定设计疲劳寿命。

（3）表面粗糙度：降低表面粗糙度，避免工卡具划痕或刀痕成为疲劳源。

（4）冶金和显微结构：采用合理的热处理工艺和焊接工艺等减少材料内部冶金和纤维结构不连续，去除机加工形成的卷边和毛刺，确保焊接接头良好组对或平滑过渡，并减少焊接等过程产生的可能成为起裂源的缺陷。

（5）钢印：使用低应力钢印或采用其他不打钢印的标记方式。

（6）增大边角半径。

**（二十一）冲刷**

1. 损伤机理

冲刷是指材料与液体或气体之间发生冲击或相对运动，造成材料表面层机械剥落加速的过程。

图 6-20　冲刷宏观形态

冲刷宏观形态如图 6-20 所示。

2. 损伤形态

冲刷可以在很短的时间内造成材料局部严重损失，典型情况有冲刷形成的坑、沟、锐槽、孔和波纹状形貌，且具有一定的方向性。

3. 主要影响因素

（1）硬度：硬度低的合金易发生冲刷损伤，高流速时冲刷严重，硬度高的合金耐冲刷能力强。

（2）流速：对于每种环境、材料组合，一般都会有一个流速临界值，大于该临界值时流体冲击就会造成金属损失，在临界值以上流速越高金属损失越快，尤其是软质合金（如铜合金和铝合金）易受机械损伤，可能金属损失严重。

（3）组分：介质组分的相态，夹带颗粒的尺寸、密度和硬度均影响冲刷能力。

4. 主要预防措施

（1）设计优化：选择合适的结构和尺寸，典型措施有增加管道直径降低介质流速，采用流线型弯头、增加冲刷部位壁厚等。

（2）选材：采用耐蚀金属或合金降低介质腐蚀性，形成更致密的保护膜，采用硬度值高的材质，或增设耐磨衬里，或进行表面强化处理等。

（3）防冲设施：旋风分离器及滑阀中采用耐冲防火材料效果良好，热交换器可设置防冲板，必要时可使用管形护套来减缓冲刷。

（4）工艺改进：对液体介质进行气体分离，对气体介质进行旋风分离除去固体颗粒。

## （二十二）汽蚀

1. 损伤机理

汽蚀是指无数微小气泡形成后又瞬间破灭，形成高度局部化的冲击力，由此造成金属损失。气泡可能来自于液体汽化产生的气体、蒸汽、空气或其他液态介质中夹带的气体。

2. 损伤形态

汽蚀通常看上去像边缘清晰的点蚀，在旋转部件中也可能形成锐槽，仅出现在流体低压区域。叶轮发生汽蚀时，局部表面可能出现斑痕和裂纹，甚至呈海绵状。

汽蚀宏观形态如图 6-21 所示。

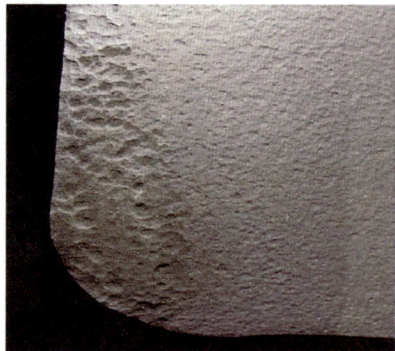

图 6-21　汽蚀宏观形态

3. 主要影响因素

（1）汽蚀余量：汽蚀余量指泵可提供的液体（在吸入侧测量）的实际压力或扬程，与该液体的蒸汽压力之差，汽蚀余量不足可导致汽蚀。

（2）温度：接近液体沸点运行时比较低温度下更易发生汽蚀。

（3）固体或磨蚀性颗粒：流体中存在固体或磨蚀性颗粒并不是发生气蚀的必要条件，但如果存在时会加速汽蚀损伤。

4. 主要预防措施

（1）控制压力：保持液体绝对压力在蒸汽压力以上。

（2）选材：使用硬质表面层或表面堆焊耐磨合金，使用更硬和/或耐腐蚀的合金，但应注意固−液界面保护膜的机械破损会加速汽蚀，过硬的材料无法经受高的局部压力和破裂气泡的冲击作用。

（3）使流动路径呈流线型以减少紊流、降低流速、去除夹带的空气、添加添加剂改变流体性质。

（4）对于改变材料无法明显改善已知环境的汽蚀情况，一般需要进行机械调整，也可以改变设计或操作条件。

### （二十三）蒸汽阻滞

#### 1. 损伤机理

蒸汽阻滞是指蒸汽发生设备运行过程使燃料产生的热量与水冷壁管内蒸汽吸收热量的一个平衡。热能流经管壁使管道内壁表面产生不连续的蒸汽泡，即泡核沸腾，流体流动时将气泡带走。当热流平衡受到干扰时，单个气泡会连接形成蒸汽膜（即形成蒸汽阻滞）。一旦蒸汽膜形成，管道因短时过热，通常几分钟内就会发生快速开裂。

#### 2. 损伤形态

瞬时高温失效的部位通常会出现一个爆破开裂缺口，断口边缘呈刀刃状。由于失效时发生严重的塑性变形，材料的晶粒会被极度拉长。

蒸汽阻滞爆管如图 6–22 所示。

图 6–22　蒸汽阻滞爆管

#### 3. 主要影响因素

（1）流体流量：流体流量降低时（例如针孔泄漏会降低蒸汽回路流量），容易引发蒸汽阻滞损伤。

（2）热通量：火焰方向有误或烧嘴受损时，形成火焰冲击，产生的热通量会超过蒸汽产生管的负荷。

（3）流动阻力：在水侧如存在阻碍流体流动的情况（例如夹渣掉落形成的管道表面凹陷会增加流动阻力），可能导致局部温度升高并达到蒸汽阻滞的条件。

#### 4. 主要预防措施

（1）烧嘴管理得当可减少火焰冲击情况的发生。

（2）优化锅炉给水设施，防止流体流动受阻。

（3）如目视检查管道有鼓胀应及时处理。

### （二十四）低温脆断

#### 1. 损伤机理

金属材料在温度降低至临界值（一般为其韧脆转变温度）以下时，在应力的作用下几乎不发生塑性变形就突然发生的快速断裂。

图 6-23　低温脆断

低温脆断如图 6-23 所示。

2．损伤形态

（1）裂纹多平直、无分叉，几乎没有塑性变形，裂纹周围无剪切唇或局部颈缩。

（2）断口主要呈解理特征，伴随少量沿晶，几乎没有韧窝。

3．主要影响因素

（1）以下 3 个因素组合能满足临界条件时，脆性断裂就会发生：

1）材料断裂韧性。

2）缺陷尺寸、形状和应力集中。

3）缺陷位置残余应力和外加应力。

（2）随脆性相比例增大，脆性断裂可能性增大。

（3）材料纯净度、晶粒尺寸对韧性和抗脆性断裂能力有明显影响。

（4）厚壁材料的高拘束度状态会增加裂纹尖端的三轴应力，抗脆性断裂能力较低。

（5）温度：温度低于韧脆转变温度时，材料韧性会迅速下降，易发生脆性断裂。

4．主要预防措施

（1）优化设计：设计时应考虑可能发生的低温状态或工况（包括工艺波动和自冷情况），限定材料化学成分，通过热处理工艺降低低温脆断的敏感性，并通过冲击试验进行验证。

（2）如果应力、材料韧性及缺陷尺寸三者的组合满足高敏感性条件，应进行合于使用评价以确定是否能继续使用。

（3）控制操作压力和操作温度，启、停车时如不影响工艺，应采用停机时"先降压后降温"、启机时"先升温后升压"的工艺，并限定最小升压温度。

（4）在役设备停机时加强对高应力部位的检验。

（5）制造期间未进行焊后热处理的在役容器，在经过焊接修复或改造后可进行焊后热处理。

（6）控制水压试验的介质温度，应在设备材料韧脆转变温度的基础上保持一定的温度余量，或先进行一次"热态"预加载水压试验，降低了设备最低安全操作温度后再进行低温下的水压试验。

**（二十五）脱金属腐蚀**

1．损伤机理

多相合金表面组分的耐腐蚀性能不同，在腐蚀介质的作用下活动性较大的组分被优先溶解或氧化，先发生损失，甚至脱除，较稳定的组分则残留下来，呈现多孔特征，导致材料密度降低。

脱金属腐蚀微观形貌如图 6-24。

2．损伤形态

（1）脱金属腐蚀时，一些材料颜色会发生明显变化，或出现腐蚀形貌，跟合金材料性质有关，目

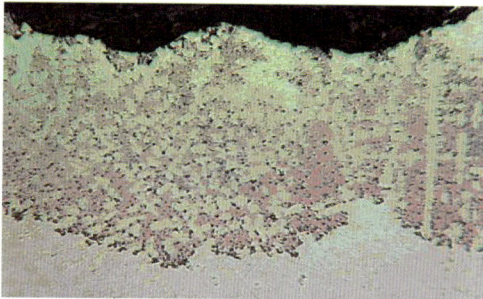

图 6-24　脱金属腐蚀微观形貌

视检测时不易发现。

（2）脱金属腐蚀后的材料密度降低。

（3）沿壁厚方向既可能形成均匀的层状腐蚀，也可能形成局部的楔状腐蚀。

（4）虽然原材料已发生彻底的脱合金腐蚀，但有时候部件尺寸或其他外观看不出有变化。

3. 主要影响因素

（1）材质：敏感材料在特定环境中易发生脱金属腐蚀。

（2）操作条件：产生脱金属腐蚀的常见情况见表 6-106。

表 6-106 脱金属腐蚀的合金和操作环境

| 合　　金 | 操作环境 | 被脱除元素 |
|---|---|---|
| 黄铜（锌元素含量>15%） | 大量水，尤其滞流状态的水 | 锌 |
| 灰铸铁 | 土壤、大量水 | 铁 |
| 铝青铜（铝元素含量>8%） | 氢氟酸、含氯离子的酸、海水 | 铝 |
| 硅青铜 | 高温蒸汽和酸性物质 | 硅 |
| 锡青铜 | 热盐水或蒸汽 | 锡 |
| 铜镍合金 | 高热流密度、低流速水 | 镍 |
| 镍基合金 | 氢氟酸或其他酸 | 镍 |

注　锌元素含量越高，脱锌程度越严重。

4. 主要预防措施

（1）很难预测在某一工艺条件下脱金属腐蚀是否一定发生，设计人员应熟悉合金脱金属腐蚀敏感性和可能产生的后果，在材料选用时避免上述上述问题。

（2）添加一定的合金元素，增强材料的耐腐蚀性能，如铜合金添加锡元素，黄铜添加极少量磷、锑、砷等元素，铝青铜通过热处理产生α和β组织能防止脱铝。

（3）对于发生脱金属腐蚀的在役部件，可改变工艺条件或材质升级来减缓或防止腐蚀。

（4）设置阴极保护或敷设涂层。

**（二十六）过烧（焊接）**

过烧是指焊缝金属在焊接过程中受热时间过长，造成晶粒粗大，晶粒边界被激烈氧化，焊缝表面发渣，甚至起皮。这种缺陷容易在手工电弧焊全位置管道焊缝的平焊接头或上爬坡处产生。

产生过烧的原因是焊接速度太慢；焊接电弧在某处停留时间太长；焊缝加强面过宽或过高；气焊时不恰当选用氧化焰等。

焊缝金属过烧后，由于碳元素的大量烧损，接头强度下降。过烧焊缝中金属晶粒大，尤其是魏氏组织，促使焊缝韧性及塑性下降。晶界在应力作用下还容易形成热裂纹，有时虽然焊接过程中不形成裂纹，但由于晶界强烈氧化后，晶粒之间的联系减弱，再次回执过程中也容易形成再热裂纹，过烧金属的枝晶还容易形成偏析。总之，已产生过烧的金属其危险性很大，应当将焊缝切掉重焊。

**（二十七）氧化皮脱落**

随着运行参数的大幅提高，TP347H 等奥氏体不锈钢作为过热器和再热器受热面材料。奥氏体不锈钢的广泛运用，使得锅炉大大提高了热效率，然而与此同时不锈钢氧化皮的脱落问题又成了制约锅炉安全运行的一关键因素，会造成受热面超温爆管、对汽轮机产生固体颗粒侵蚀、造成汽轮机喷嘴和叶片损坏、堵塞疏水管威胁机组安全运行等。氧化皮脱落的根本原因是不锈钢氧化皮各层的膨胀系数与基体金属的膨胀系数存在较大差异，加上疏松层中存在的缺陷，使当运行发生较大波动时，产生氧化皮脱落。氧化皮的脱落和堵塞造成了蒸汽流量的迅速下降，从而引起金属壁温升高，金属壁温的升高又反过来加剧了氧化皮的形成和脱落。

氧化皮脱落堆积如图 6-25 所示。

### （二十八）25Cr2Mo1V 失效

25Cr2Mo1V 属于中碳珠光体耐热钢，主要用于 550℃ 以下螺栓，该钢对热处理敏感，存在回火脆性倾向。在 540℃ 长期运行会出现硬度明显升高，室温冲击大幅下降的现象。25Cr2Mo1V 长期在高温下运行会在奥氏体晶界上形成网状碳化物，也会在亚晶界上形成碳化物，造成螺栓脆化，严重是发生脆性断裂。相关研究表明发生脆化的螺栓通过正火+回火进行恢复热处理，消除脆化的组织因素。

图 6-25　氧化皮脱落堆积

25Cr2Mo1V 微观裂纹如图 6-26 所示。

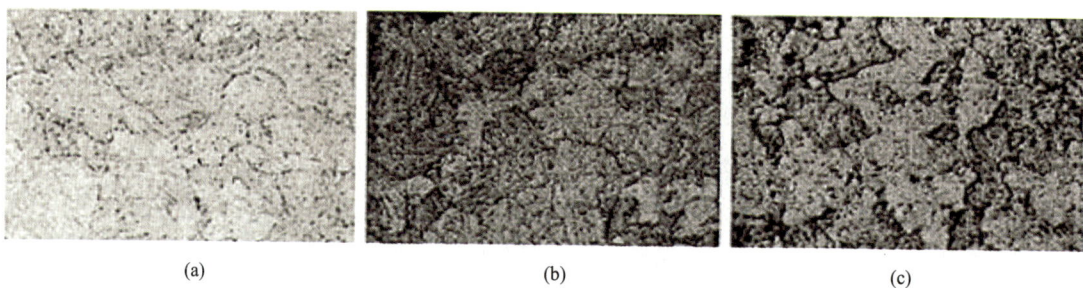

(a)　(b)　(c)

图 6-26　25Cr2Mo1V 微观裂纹

（a）照片 1；（b）照片 2；（c）照片 3

# 第二篇 管理知识篇

## 第七章 金属技术监督管理要求

### 第一节 总 体 要 求

（1）金属技术监督应贯彻"安全第一、预防为主、综合治理"的方针，坚持"关口前移、闭环管理"的原则，在电力规划、设计、建设和生产全过程中，以安全和质量为中心，严格执行国家和行业的有关标准、规程、规定和集团公司制度，并依靠科技进步，推广应用先进、成熟的设备诊断新技术，对电力设备的健康水平及安全、质量、经济运行有关的重要参数、性能、指标进行监测与控制，提高设备安全运行的可靠性，充分发挥电厂效益。

（2）建立集团公司、分（子）公司、发电企业三级技术监督管理体系，落实技术责任制，以做好金属技术监督工作。

（3）各发电企业应切实加强对金属技术监督工作的领导，建立健全金属技术监督组织机构和监督网络，制定明确的分级、分工责任制、岗位责任制和完善的奖惩制度，提高从业人员的工作积极性和责任感，提高监督管理工作的有效性。

### 第二节 组织机构及职责

集团三级技术监督管理体系如图 7-1 所示。

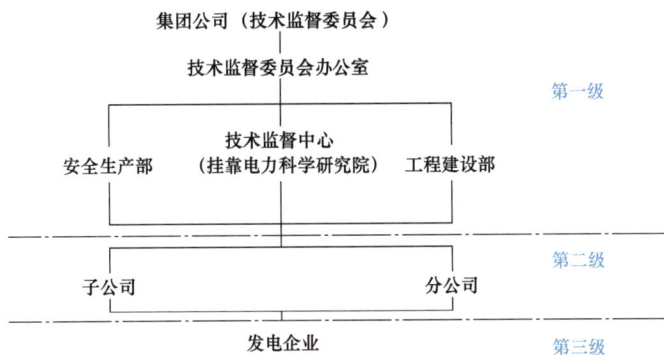

图 7-1 集团三级技术监督管理体系图

（1）集团公司成立技术监督管理委员会，领导技术监督工作。技术监督管理委员会下设办公室，具体负责技术监督的日常管理、协调、指导、服务工作，安全生产部负责已投产发电企业的技术监督管理工作，工程建设部负责在建发电企业的技术监督管理工作，技术监督中心（挂靠电力科学技术研究院）负责集团公司技术监督日常管理、服务工作。

（2）集团公司技术监督委员会组成及职责。

1）技术监督委员会主任由集团公司分管生产的副总经理担任，委员由安全生产部、工程建设部等部门和国电科学技术研究院负责人担任。

2）集团公司技术监督委员会职责。贯彻执行国家和行业有关技术监督方针政策，行使技术监督的领导职能。审批集团公司技术监督标准、规程、制度。审批集团公司技术监督工作规划。审批对发电企业有关技术监督工作的奖励和处罚。

（3）集团公司技术监督管理委员会办公室的职责。

1）贯彻执行国家和行业、集团公司的有关技术监督标准、规程、制度。

2）组织制定集团公司有关技术监督的标准、规程、制度、导则、技术措施，并对发电企业的技术监督工作进行检查和监督。

3）负责制定集团公司技术监督工作规划和年度计划。

4）按照技术监督工作考核制度的规定，提出对各发电企业技术监督工作的考核奖惩意见。

（4）技术监督中心（锅炉压力容器检验中心，以下称 "锅检中心"）的职责。

1）技术监督中心是集团公司下属服务机构，在集团公司指导下开展工作。

2）贯彻执行国家及行业有关技术监督的方针政策、法规、标准、规程和集团公司管理制度，监督指导集团公司系统内各发电企业开展金属技术监督工作，保障安全生产、节能减排、技术进步各项工作有序开展。

3）在集团公司指导下负责有关技术监督规程、导则、技术措施、反事故措施等提出修改意见。制定集团公司有关金属技术监督的各项管理制度及相关实施细则。

4）参与在建和已投产发电企业发生的重大、特别重大事故的分析调查工作。

5）参加新建、扩建、改建工程的设计审查、主要设备选型、监造、安装、调试及试生产过程中有关金属技术监督的全过程管理，负责新建、扩建、改建工程监督范围内的设备质量验收检验工作。

6）对质量不合格产品、设备、材料的使用有否决权，有权制止违章操作，对有关单位违反规程、规定，严重影响安全生产的行为有告警权。

7）负责集团公司系统内各发电企业金属技术监督管理，分析金属技术监督报表，掌握设备的技术状况，提出优化运行指导意见和整改措施，指导、协调各发电企业完成日常金属技术监督工作。

8）协助审核专业设备技术改造方案、评估机组大修和技改项目实施绩效。

9）负责组织召开金属专业技术监督会议，总结集团公司年度金属技术监督工作。组织开展专业技术交流和培训，推广先进管理经验和新技术、新设备、新材料、新工艺。

10）协助安全生产部、工程建设部定期编制金属技术监督报告，总结金属技术监督工作，提出工作和考评建议。

11）承担集团内部技术监督与服务工作，包括锅炉、压力容器定检，金属部件检测；安全性能检验；安装过程金属监督及检验；锅炉清洁度检查等。

（5）各分（子）公司金属技术监督职责。

1）建立健全技术监督组织机构，落实技术监督责任制，指导所属发电企业开展金属技术监督工作。

2）负责协调、督促技术监督服务机构对所属发电企业进行金属技术服务工作。

3）负责审核所管理和所属企业金属技术监督管理工作的规划和年度计划。审核所属发电企业金属技术监督报表、报告等，督促落实金属技术监督指标，总结、交流金属技术监督工作经验。

4）负责重点技术监督整改项目的落实情况。

5）负责组织、参加所属发电企业事故的调查分析和处理工作。

6）负责对所属发电企业金属技术监督管理工作进行检查和考核。

7）每年召开一次本公司金属技术监督专题会，总结、交流和推广金属技术监督的工作经验和先进技术。

（6）发电企业金属技术监督职责。

1）各发电企业是金属技术监督工作责任主体。负责贯彻执行国家和行业、集团公司的有关技术监督标准、规程、制度、导则、技术措施等，制定符合本企业实际情况的金属技术监督制度及实施细则。

2）建立健全金属技术监督组织机构，成立以生产副总经理（总工程师）为组长的金属技术监督领导小组，组建金属技术监督网，建立公司（厂）、部门（车间）、班组各级岗位的金属技术监督责任制，落实技术责任。

3）制定落实金属技术监督工作计划，检查、总结、考核企业的金属技术监督工作。定期组织召开企业金属技术监督工作会议，总结、交流金属技术监督工作经验，通报金属技术监督工作信息。

4）掌握本企业设备的运行、检修和缺陷情况，对金属技术监督一般告警、重要告警及时上报有关单位，分析原因、制定防范措施，定期进行统计、分析，及时消除设备隐患。

5）认真记录金属技术监督数据，建立、健全设备的金属技术监督档案，按时报送金属技术监督工作的有关报表。

6）按有关金属技术监督管理工作的要求，建立相应的试验室，配备必要的技术监控、检验设备、仪表，技术监控测试器具、仪表必须按规定进行校验和量值传递。

7）建立健全电力建设生产全过程技术档案，技术资料应完整和连续，并与实际相符。基建工程移交生产时，工程建设单位应及时移交工程建设中的设备制造、设计、安装、调试过程的全部档案和资料。

8）认真开展金属技术监督自查自评，抓好本企业金属技术监督检查评价问题的整改。

9）组织开展金属技术监督专业培训，提升专业人员技术素质，提高金属技术监督水平。

发电企业金属技术监督管理体系如图 7-2 所示。

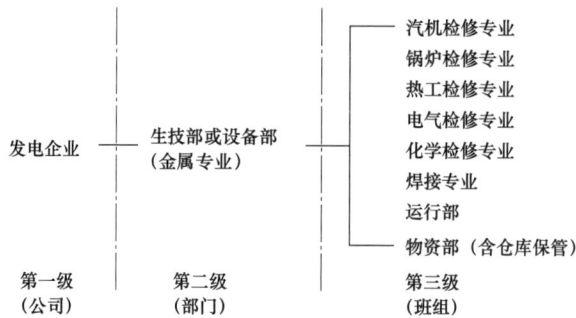

图7-2 发电企业金属技术监督管理体系图

（7）各发电企业应建立健全由生产副总经理或总工程师领导下的金属技术监督网，并在生技部门或其他设备管理部门设立金属监督专责工程师，在生产副总经理或总工程师领导下统筹安排，开展金属技术监督工作。

1）主管生产副经理或总工程师职责。

a. 领导发电企业金属监督工作，落实金属技术监督责任制；贯彻上级有关金属技术监督的各项规章制度和要求；审批本企业专业技术监督实施细则。

b. 审批金属技术监督工作规划、计划。

c. 组织落实运行、检修、技改、日常管理、定期监测、试验等工作中的金属技术监督要求。

d. 安排召开金属技术监督工作会议；检查、总结、考核本企业金属技术监督工作。

e. 组织分析本企业金属技术监督存在的问题，采取措施，提高技术监督工作效果和水平。

2）发电企业金属技术监督专责工程师职责。

a. 认真贯彻执行上级有关金属技术监督的各项规章制度和要求，协助主管生产的副经理或总工程师做好金属技术监督工作；组织编写本企业的金属技术监督实施细则和相关措施；积极协助锅检中心完成基建、运行、检修等各项金属技术监督工作。

b. 组织编写金属技术监督工作规划、计划。

c. 参加大修项目的制定会、协调会、总结会、事故分析与缺陷处理的研究会议等。

d. 汇总审核金属技术监督范围内相关专业提出的检修或安装过程中的金属技术监督检测项目，并在检修或安装过程中监督、协调执行。

e. 对于金属技术监督检验过程发现的超标缺陷，提出处理建议，审核处理措施并监督实施。

f. 参加金属技术监督有关的事故调查以及反事故技术措施的制定工作。

g. 参与基建过程中有关金属技术监督工作的全过程管理。

h. 组织建立健全金属技术监督主要设备档案。

i. 定期召开金属技术监督工作会议；分析、总结、汇总本企业金属技术监督工作情况，指导金属技术监督工作。

j. 按要求及时报送各类金属技术监督报表、报告。

k. 分析本企业金属技术监督存在的问题，采取措施，提高技术监督工作效果和水平。

3）汽轮机、锅炉、热工、电气、化学检修专业金属监督网络成员职责。

a. 熟悉并掌握有关金属、焊接方面的规程及技术文件。

b. 熟悉金属检测的各种检测手段，并配合金属检测人员开展工作。

c. 参加受监范围内的事故原因分析，并提出防范措施。

d. 负责受监部件的入厂验收和资料存档。

4）焊接监督网络成员职责。

a. 督促执行国家或部颁有关焊接规程标准和技术文件的要求。

b. 负责焊接外观质量在焊工自检基础上的复检。

c. 负责编写焊接及热处理培训计划和焊接培训、取证工作。

d. 参与焊接及热处理新工艺的调研和组织焊接试验工作。

e. 负责建立焊工及热处理个人焊接档案和人员培训等技术台账。

5）运行部金属监督网络成员职责。

a. 严格控制机组超温、超压运行，并负责做好机组的超温、超压、启停次数的记录工作，并提交金属监督专责工程师。

b. 参加受监范围内金属部件事故原因分析，并提出防范措施和对策。

c. 建立超温、超压及其防范措施技术台账。

6）物资部金属监督网络成员职责。

a. 熟悉并掌握机组的材料使用情况。

b. 把好进货材料关，杜绝购入锈蚀或性能、成分不符要求的材料。

c. 严格按照规定中有关技术标准做好进货材料质量验收工作。

7）仓库保管员职责。

a. 严格执行有关金属材料的保管、发放制度。

b. 负责对受监金属材料、备品配件的分类、挂牌、色标等工作，妥善保存质量保证书，做到账、卡、物一致。

c. 负责建立受监金属材料、备品备件质保书和验收资料等技术台账。

## 第三节 金属技术监督任务、实施范围及目标

### 一、金属技术监督的任务

金属技术监督的任务包括以下内容：

（1）做好受监范围内各种金属部件在设计、制造、安装、运行、检修及机组更新改造中材料质量、焊接质量、部件质量的金属试验检测及监督工作。

（2）对受监金属部件的失效进行调查和原因分析，提出处理对策。

（3）按照相应的技术标准，采用无损检测技术对设备的缺陷及缺陷的发展进行检测和评判，提出相应的技术措施。

（4）按照相应的技术标准，检查和掌握受监部件服役过程中表面状态、几何尺寸的变化、金属组织老化、力学性能劣化，并对材料的损伤状态作出评估，提出相应的技术措施。

（5）对重要的受监金属部件和超期服役机组进行寿命评估，对含超标缺陷的部件进行安全性评估，为机组的寿命管理和针对性检修提供技术依据。

（6）参与焊工培训考核。

（7）建立、健全金属技术监督档案，并进行电子文档管理。

## 二、金属技术监督的实施

金属技术监督的实施包括以下内容：

（1）金属技术监督是火力发电厂技术监督的重要组成部分，是保证火电机组安全运行的重要措施，应实现在机组设计、制造、安装（包括工厂化配管）、工程监理、调试、试运行、运行、停用、检修、技术改造各个环节的全过程技术监督和技术管理工作中。

（2）金属技术监督应贯彻"安全第一、预防为主、综合治理"的方针，实行金属专业监督与其他专业监督相结合，有关电力设计、制造、安装、工程监理、调试、运行、检修、修造、物资供应和试验研究等部门应执行本手册相关要求。

（3）火力发电厂应设相应的金属技术监督网，监督网成员应有金属监督的技术主管，金属检测、焊接、锅炉、汽轮机、电气、热工、化学专业技术人员和金属材料供应部门的主管人员。

（4）火力发电厂金属监督相关的人员应熟悉金属监督规程，根据实际情况组织培训学习。

## 三、金属技术监督的范围（燃机电厂的余热锅炉、汽轮机和发电机金属部件的检验监督可参照执行）

金属监督范围分为重点金属监督范围和一般金属监督范围。

### （一）重点金属监督范围

（1）工作温度高于或等于400℃的高温承压部件（含主蒸汽管道、高温再热蒸汽管道、过热器管、再热器管、集箱和三通、阀门），以及与管道、集箱相联的小管。

（2）工作温度高于或等于400℃的导汽管、联络管。

（3）工作压力高于或等于3.8MPa的锅筒和直流锅炉的汽水分离器、储水罐。

（4）工作压力高于或等于5.9MPa的承压汽水管道和部件（含水冷壁管、省煤器管、集箱、减温水管道、疏水管道和主给水管道）。

（5）汽轮机大轴、叶轮、叶片、拉金、轴瓦和发电机大轴、护环、风扇叶。

（6）工作温度高于或等于400℃的螺栓。

（7）工作温度高于或等于400℃的汽缸、汽室、主汽门、调节汽门、喷嘴、隔板、隔板套和阀壳。

（8）300MW及以上机组带纵焊缝的低温再热蒸汽管道。

（9）锅炉钢结构。

（10）符合TSG 21《固定式压力容器安全技术监察规程》规定的压力容器。

（11）符合TSG D0001《锅炉安全技术监察规程》规定的压力管道。

### （二）一般金属监督范围

（1）工作温度小于400℃的三、（一）（1）（2）（6）（7）范围内部件。

（2）工作压力小于3.8MPa的三、（一）（3）范围内部件。

（3）工作压力小于5.9MPa的三、（一）（4）范围内部件。

（4）其他需要纳入监督范围的部件（根据各厂实际情况）。

一般监督范围内的金属承压部件可只做宏观检查、表面无损检测和测厚检测，其他要求参照重点金属监督部件执行。

### 四、金属技术监督工作目标

（1）金属监督部件检验合规率达 100%。

（2）金属监督部件缺陷处理率达 100%。

（3）检验计划完成率达 100%。

（4）焊口检验一次合格率不低于 95%。

# 第四节　金属材料管理

（1）金属材料的质量验收应遵照如下规定：

1）受监的金属材料应符合相关国家标准、国内外行业标准（若无国家标准、国内外行业标准，可按企业标准）或订货技术条件；进口金属材料应符合合同规定的相关国家的技术法规、标准或订货技术条件。

2）受监的钢材、钢管、备品和配件应按质量证明书进行验收。质量证明书一般应包括材料牌号、炉批号、化学成分、热加工工艺、力学性能及金相（标准或技术条件要求时）、无损检测、工艺性能试验结果等。数据不全的应进行补检，补检的方法、范围、数量应符合相关国家标准、行业标准或订货技术条件。

3）重要金属监督范围部件，如锅筒、汽水分离器、集箱、主蒸汽管道、再热蒸汽管道、主给水管道、导汽管、汽轮机大轴、汽缸、叶轮、叶片、高温螺栓、发电机大轴、护环等应有部件质量保证书，质量保证书中的技术指标应符合相关国家标准、行业标准或订货技术条件。

4）电厂设备更新改造及检修更换材料、备用金属材料的检验按照 DL/T 438 中相关规定执行，锅炉部件金属材料的复检按照 GB/T 16507.2《水管锅炉　第 2 部分：材料》、TSG G0001《锅炉安全技术监察规程》以及订货技术条件执行。

5）受监金属材料的个别技术指标不满足相应标准规定或对材料质量发生疑问时，应按相关标准抽样检验。

6）无论进行复型金相检验或试样的金相组织检验，金相照片均应注明分辨率（标尺）。

（2）对进口钢材、钢管和备品、配件等，进口单位应在索赔期内，按合同规定进行质量验收。除应符合相关国家标准和合同规定的技术条件外，还应有报关单、商检合格证明书。

（3）凡是受监范围内的合金钢材及部件，在制造、安装或检修中更换时，应验证其材料牌号，防止错用。安装前应进行光谱检验，确认材料无误，方可使用。

（4）电厂备用金属材料或金属部件不是由材料制造商直接提供时，供货单位应提供材料质量证明书原件或者材料质量证明书复印件并加盖供货单位公章和经办人签章。

（5）电厂备用的锅炉合金钢管，按 100% 进行光谱、硬度检验，特别注意奥氏体耐热钢管的硬度检验。若发现硬度明显高或低，应检查金相组织是否正常，锅炉管和汽水管道材料的金相组织按 GB 5310《高压锅炉用无缝钢管》执行。

（6）材料代用原则按下述条款执行，并满足 DL/T 715《火力发电厂金属材料选用导则》。

1）选用代用材料时，应选化学成分、设计性能和工艺性能相当或略优者，应保证在使用条件下各项性能指标均不低于设计要求；若代用材料工艺性能不同于设计材料，应经工艺评定验证后方可使用。

2）制造、安装（含工厂化配管）中使用代用材料，应得到设计单位的同意；若涉及现场安装焊接，还需告知使用单位，并由设计单位出具代用通知单。使用单位应予以见证。

3）机组检修中部件更换使用代用材料时，应征得金属技术监督专责工程师的同意，并经技术主管批准。

4）合金材料代用前和组装后，应对代用材料进行光谱复查，确认无误后，方可投入运行。

5）采用代用材料后，应做好记录，同时应修改相应图纸并在图纸上注明。

（7）金属材料存放、保管要求。

1）受监范围内的钢材、钢管和备品、配件，无论是短期或长期存放，都应挂牌，标明材料牌号和规格，按材料牌号和规格分类存放。

2）物资供应部门、各级仓库、车间和工地储存受监范围内的钢材、钢管、焊接材料和备品、配件等，应建立严格的质量验收和领用制度，严防错收错发。

3）原材料的存放应根据存放地区的气候条件、周围环境和存放时间的长短，建立严格的保管制度，防止变形、腐蚀和损伤。

4）奥氏体钢部件在运输、存放、保管、使用过程中应按如下要求执行：

a. 奥氏体钢应单独存放，严禁与碳钢或其他合金钢混放接触。

b. 奥氏体钢的运输及存放应避免材料受到盐、酸及其他化学物质的腐蚀，且避免雨淋。对于沿海及有此类介质环境的发电厂应特别注意。

c. 奥氏体钢存放应避免接触地面，管子端部应有堵头。其防锈、防蚀应按 DL/T 855《电力基本建设火电设备维护保管规程》相关规定执行。

d. 奥氏体钢材在吊运过程中不应直接接触钢丝绳，以防其表面保护膜损坏。

e. 奥氏体钢打磨时，宜采用专用打磨砂轮片。

f. 应定期检查奥氏体钢备件的存放及表面质量状况。

# 第五节　焊　接　管　理

（1）凡金属监督范围内的锅炉、汽轮机承压管道和部件的焊接，应由具有相应资质的焊工担任。对有特殊要求的部件焊接，焊工应做焊前模拟性练习，熟悉该部件材料的焊接特性。

（2）凡焊接受监范围内的各种管道和部件，焊接材料的选择、焊接工艺、焊接质量检验方法、范围和数量，质量验收标准以及焊接修复，应按 DL/T 869《火力发电厂焊接技术规程》和相关技术协议的规定执行，焊后热处理按 DL/T 819《火力发电厂焊接热处理技术规程》执行。

所有受监焊缝的工艺文件及记录，包括施焊、热处理、检验等均要有可追溯性。对不合格焊缝应查明原因，对于重大的不合格项应进行原因分析，同时提出返修措施，返修后还应按原检验方法进行检验。有超过标准规定，需要补焊消除的缺陷时，可采取挖补方式返修，但同一位置上的挖补次数不宜超过 3 次，耐热钢不应超过两次。

（3）锅炉产品焊接前，施焊单位应有符合 NB/T 47014《承压设备焊接工艺评定》和 DL/T 868《焊接工艺评定规程》规定的、涵盖所承接焊接工程的焊接工艺评定和报告。对不能涵盖的焊接工程，应按上述标准进行焊接工艺评定。

（4）焊接材料（焊条、焊丝、焊剂、钨棒、保护气体、乙炔等）的质量应符合相应的国家标准或行业标准，焊接材料均应有制造厂的质量合格证。承压设备用焊接材料应符合 NB/T 47018《承压设备用焊接材料订货技术条件》。

（5）焊接材料应设专库储存，保证库房内湿度和温度符合要求，并按相关技术要求进行管理。

应建立完善的焊接材料领用和回收制度。焊接材料的领用量应严格按产品消耗定额控制，并以领料单为领用凭据，经库存管理人员核准后方可发放。焊接工作结束后，剩余的焊接材料应回收。焊条头不应随意丢弃，应随时放到固定的回收装置内，领用人在交回剩余焊条的同时上缴焊条头，焊条头数量应与领取焊条的数量减去剩余的数量相等。

需根据《焊接工艺评定报告》，结合施焊工程或其他需要，分项编制《焊接工艺（作业）指导书》。《焊接工艺（作业）指导书》的编制，必须由应用部门焊接专业工程师主持进行。在施焊前，将《焊接工艺（作业）指导书》发给焊工，并进行详细的技术交底。

采用进口材料、新材料焊接等与 TSG G0001《锅炉安全技术监察规程》和 TSG 21《固定式压力容器安全技术监察规程》要求不符时，应当将有关技术资料提交国家质量监督检验检疫总局特种设备安全技术委员会评审，报国家质量监督检验检疫总局核准后，才能进行试制、试用。

（6）外委工作中受监部件和设备的焊接，应遵循如下原则：

1）对承包商施工资质、焊接质量保证体系、焊接技术人员、焊工、热处理工的资质及检验人员资质证书原件进行见证审核，并留复印件备查归档。

2）承担单位应有符合 NB/T 47014《承压设备焊接工艺评定》和 DL/T 868《焊接工艺评定规程》规定的焊接工艺评定，且评定项目能够覆盖承担的焊接工作范围。

3）承担单位应具有相应的检验试验能力，或委托有资质的检验单位承担其范围内的检验工作。

4）委托单位方应对焊接过程、焊接质量检验和检验报告进行监督检查。

5）工程竣工时，承担单位应向委托单位提供完整的技术报告。

（7）焊缝外观质量检验不合格时，不允许进行其他项目的检验。

（8）采用代用材料，应做好材料变更后的用材及焊缝位置的变化记录。

（9）发电企业应按照 DL/T 869《火力发电厂焊接技术规程》的规定建立焊接技术档案，保存焊前准备、焊接过程和焊接检验验收的质量控制记录。

## 第六节　基　建　管　理

（1）基建项目包括火力发电厂机组的新建、扩建、改建和在役机组的承压部件重大维修。基建工程项目部应设专职金属技术专责工程师，由金属技术专责工程师负责电力建设施工全过程（设计、制造、安装、调试）中的金属技术监督工作，金属技术专责工程师应为金属材料或焊接等相关专业并具备相应的金属监督管理经验的技术人员。

金属技术专责工程师应对设计单位的资质和施工单位及相关人员的资质、检测工艺，试验室及检验设备进行监督检查。

（2）采购合同中的金属监督。在监督范围内的金属材料或部件的采购合同中，金属监督专业人员应参与标书的制定、审核，特别是标书中应明确设计、制造、检验所依据的规程、规范和标准，重要部件和新材料的特殊要求，质量验收过程中发现缺陷的处理方式和供货周期等内容。

（3）设备监造中的金属监督。

1）设备监造是以国家和行业相关法规、规章、标准及设备供货合同为依据，按合同确定的设备质量见证项目，在制造过程中监督检查合同设备的生产制造过程是否符合设备供货合同、有关规范、标准，包括专业技术规范的要求。

2）承担设备监造的机构、人员应按照《设备监理单位资格管理办法》《设备监理单位资格管理办法实施细则》、DL/T 586《电力设备监选技术导则》等要求取得相应的资质。

3）设备制造过程的监造及验收阶段中的金属技术监督工作，应严格按 DL/T 438《火力发电厂金属技术监督规程》、DL/T 586《电力设备监选技术导则》、DL 612《电力工业锅炉压力容器监察规程》、DL 647《电站锅炉压力容器检验规程》、GB 5310《高压锅炉用无缝钢管》、GB 713《锅炉和压力容器用钢板》和国家、行业有关标准及合同相关技术要求进行。对于进口机组的施工与验收项目，在合同中应有明确规定，且不得低于国内相关技术标准要求。

4）监造人员资质要求

监造人员应具备相应的监造资质，并应掌握焊接及热处理、理化检验和无损检测等方面的专业知识。

5）监造工作的实施。

a. 签订监造合同。

b. 监造工作准备。建设单位应及时向制造单位发出书面监造通知，制造单位应该按照通知要求接受监造。监造单位应按照合同约定，任命总监理工程师，并配备专业配套、数量满足需要的专业监理工程师组成项目监造机构。监造单位根据监造合同和项目相关要求编制监督检查大纲。

c. 现场监造工作。按照 DL/T 586《电力设备监选技术导则》及合同等规定的要求实施现场监造工作。

d. 监造资料整理。设备监造工作结束后，负责设备的监理工程师应及时汇总、整理监造工作的有关资料、记录等文件，并编写设备监造工作总结，经审批后提交给委托人。

e. 制造单位在质量见证点实施前及时通知用户和监造代表参加见证。R 点随着生产过程中质量记录的产生随时由监造代表进行文字见证，W 点、H 点在预订见证日期前（H 点不少于 5 天，W 点不少于 3 天），制造单位应通知监造代表，监造代表应及时通知建设单位。如制造单位未按规定提前通知监造代表，致使建设单位和/或监造代表不能如期参加现场见证，建设单位和/或监造代表有权要求重新见证。

6）对监造工作的监督检查和管理。

a. 建设单位依据监造合同、监造规划和监造实施细则等相关规定，对监造工作的完成情况进行定期和不定期监督检查。

b. 对监造工作的监督检查情况应填写"监造工作监督检查记录"（格式根据实际情况进行编制），对检查发现的问题应以口头或文字方式提出整改意见。

c. 对于监造工作不到位，在质量、进度、安全、投资等方面把控不力，且对工程造成一定影响的，由工程管理部、计划管理部提出考核意见，经公司领导批准后予以考核。

d. 建设单位不定期与监造单位举行工作联系会，交换对工程管理的意见。

（4）安全性能检验。

1）根据"国家能源局综合司关于印发《火力发电、输变电工程质量监督检查大纲》的通知"（国能综安全〔2014〕45 号）、"防止电力生产事故的二十五项重点要求"（国能安全〔2014〕161 号）、DL 647《电站锅炉压力容器检验规程》、DL/T 438《火力发电厂金属技术监督规程》等相关要求，锅炉、压力容器等设备在安装前应进行安全性能检验工作。

2）相关规定，金属监督部件在基建期应由锅检中心承担安全性能检验工作。为确保安全性能检验工作的有效开展，建设单位应提前做好资金计划。

3）具体检验项目应根据相关标准要求由建设单位和锅检中心协商制定，并由锅检中心编制检验大纲。涉及在制造厂检验的项目，由锅检中心、建设单位和制造单位共同签署"三方协议"，制造单位应提供相应的条件，以便锅检中心开展检验工作。对于由制造厂的分包单位制造的和由非主机厂制造的压力容器等受监部件，建设单位应积极协调制造单位，及时通知锅检中心开展检验工作。

4）为有效地开展安全性能检验工作，建设单位应为锅检中心及时提供安全性能检验所需的相关图纸、设计变更等资料。

5）对于需要在基建现场开展工作的，建设单位应积极协调现场办公场地、水、电、照明、脚手架以及打磨等检验条件。

6）安全性能检验中发现的缺陷、问题，锅检中心应按检验大纲的要求及时填报缺陷通知单，建设单位、监理单位等应及时组织相关单位对缺陷进行消除，完成对缺陷的闭环管理。

7）建设单位及时完成资料验收、交接工作和费用结算。

（5）安装过程金属监督。

1）新购置的承压类特种设备由具备安装资质的单位进行安装，并按规定在政府特种设备安全监察机构办理告知和安装监检、验收手续。

2）根据项目的要求及具体情况，建设单位应协调锅检中心对机组的安装过程开展金属监督和清洁度检查等工作。

3）安装监理的资质、人员管理及工作要求等要求参照本章第六节（3）的相关要求执行。

4）安装阶段金属监督质量控制。

a. 金属材料质量控制。

a）金属材料质量管理的主要内容是文件见证（质保书、检验报告）和合金钢材料、部件的光谱复查，对材料质量发生疑问时应按有关标准进行抽样检查。

b）合金钢管安装前，进行 100% 光谱检验。

c）对高合金部件光谱分析后应磨去弧光灼烧点。

b. 焊接质量控制。

a）人员资质审查。资质审查的对象包括所有的焊接相关人员：焊接技术人员、焊接质量检查人员、焊接检验人员、焊工及焊接热处理人员。

b）焊接工艺及施工管理程序文件审查。焊接工艺及施工管理程序文件审查建议由焊接监理工程师负责。施工单位须按 DL/T 868《焊接工艺评定规程》和 NB/T 47014《承压设备焊接工艺评定》进行焊接工艺评定和制定工艺文件。凡涉及新钢种新规格及其新的焊接工艺，未经评定，不得用于本工程。

c）焊接材料控制要点。焊丝、焊条等焊接材料，产品质保资料完整且在同类工程中具有良好的业绩。焊材进库前应检查质保书、合格证、核对牌号及外观检验，合金焊材进库前必须按批号进行光谱抽查，在用于工程前须报监理审核后方可在工程中使用。

d）焊接前准备控制要点。受热面管排吊装前须进行 100%的通球检查，检查合格后，所有敞口的管口须用封盖封闭，并有监理人员现场见证；集箱等大口径管，在对口封闭前，须检查内部清洁度，保证不留异物，并有监理人员见证；焊接坡口应采用机械加工，对口前清理坡口两侧的污锈；除设计规定的冷拉口外，其余焊口应禁止用强力对口，严禁用热膨胀法对口，以防引起附加应力。焊接现场的环境要求应按照 DL/T 869《火力发电厂焊接技术规程》相关条款执行。

e）焊接过程质量控制。焊接质量跟踪检查要求焊接质量管理人员及时发现问题、及时制定对策，将问题消灭在萌芽阶段。检查的内容包括焊接材料管理、焊接工艺执行情况、焊口外观质量等。

施工单位应对承压部件的焊接接头进行 100%的外观检查并作记录。每天要对完成焊口数进行统计，每周要有完成焊口、焊口检验完成情况的报表，以便监控分析质量波动的原因，督促施工单位采取有效措施，使焊接质量处于受控状态。

f）热处理控制要点。焊接跟踪检查时要注意加热块的安装宽度、包扎情况及热电偶安装数量和位置，并抽查热处理自动记录图，上述内容有异常时应做硬度值抽查。被查部件的硬度值超过规定范围时，应按班次做加倍复检并查明原因，对不合格接头重新进行处理。

g）大口径管道焊接质量控制要点。大口径管（包括主蒸汽管道、再热蒸汽管道、连接管和主给水管道等）到达现场时应进行外观、壁厚、硬度、金相组织的检查，并查阅产品质量证明书等相关技术资料，要严格控制焊前预热温度、层间温度及焊后热处理温度。施工单位进行 P91/P92 钢焊接热处理时 0.5h 有 1 次层间温度监测记录。

h）锅炉受热面管焊接质量控制要点。锅炉受热面（包括水冷壁、省煤器、过热器、再热器）壁厚不大于 8mm 的小口径管道焊接，采用全氩焊接工艺。

c. 无损检测控制要点。

a）金属试验室必须取得一级金属试验室资质和省、市有关部门颁发的"射线工作许可证"和"X 射线装置工作许可证"。金属试验室必须配备足够的无损检测人员和仪表仪器，可以满足现场的检验要求。

b）无损检测人员必须持有与实际工作相适应的有效资质证件，熟悉所从事专业的施工程序。负责金属材料和焊口的检验、试验、鉴定以及出具相应的试验报告、整理移交竣工资料等工作。

c）在施工开始前，必须对施工仪器、仪表进行计量校验合格，未进行计量校验或超出校验有效期的不得使用。γ射线源存放应符合相关规定。

d）所有受监焊口的检验首先须满足DL/T 869《火力发电厂焊接技术规程》及DL/T 438《火力发电厂金属技术监督规程》的要求，进行外观、无损检验、光谱分析、硬度和金相等检验检测工作。

d. 按照超超临界机组的特点与要求，在规程已有规定的范围与数量的基础上，对金属部件无损检验的范围与数量补充如下：

a）水冷壁、三级过热器、一级再热器、二级再热器射线检测增加至100%，省煤器、一级过热器、二级过热器射线检测增加至50%、超声波检测增加至50%。

b）炉外各类受监焊口中，Ⅰ类焊口进行100%射线检测或超声检测，符合做射线检验条件的焊口不低于50%检验比例；各类焊口均应按系统和焊口总数进行抽检，且不低于1只；主蒸汽、再热蒸汽管道焊口增加100%磁粉检测；四大管道增加金相检验，各抽查2个焊口，每个焊口做2个点。

c）高压油系统管道（顶轴油管道、高/低压旁路控制油管道等）、取样管、仪控管以及氢系统管道不少于50%射线检验；压缩空气管道射线检验不少于20%；EH油系统不锈钢管、顶轴油管道、高/低压旁路控制油管道安装前按管径由大到小取前三种规格进行100%涡流检查。

d）凝汽器管穿管前进行10%涡流检查；安装后，管板焊缝100%渗透检测检验。

e）汽缸高温螺栓按DL/T 439《火力发电厂高温紧固件技术导则》的要求检验，增加金相检验比例，按材质、规格各抽查2个做金相检验；对争气钢等应进行100%金相检查，防止使用粗晶螺栓。

f）与锅炉集箱和受热面管子连接的角焊缝进行100%磁粉检测或渗透检测。

g）所有系统的引出管检验范围扩大至二次门前焊口。

e. 探伤过程中如发现焊工焊口一次合格率低于90%，应责令其停止所从事的焊接工作。

f. 安装过程中临时管道等承压部件的质量控制标准应不低于主设备质量控制标准。

（6）施工单位和建设单位应严格按DL/T 438《火力发电厂金属技术监督规程》、DL/T 869《火力发电厂焊接技术规程》等规程、标准的规定，进行安装过程的监督检验，发现问题应与设计、制造单位和监理单位共同研究处理，并保存好相应的过程控制记录。

（7）建设单位在主蒸汽管道、再热蒸汽管道、主给水管道、高/低压旁路管道及启动旁路管道首次试投运时，在蒸汽温度达到额定值8h后，对所有的支吊架进行一次目视检查，对弹性支吊架荷载标尺（转体位置）、减振器及阻尼器行程、刚性支吊架及限位装置状态进行检查记录。

（8）新机组投产前基建单位应移交下列资料：

1）金属技术监督范围内的部件及代用材料的技术资料（化学成分、机械性能、无损检测、金相组织及照片、热处理规范）和基建过程中加工配制的部件的检验试验报告。

2）按DL/T 438—2016《火力发电厂金属技术监督规程》第7.1.24条规定需提供的资料，以及注明监视段、焊口、支吊架、三通、阀门等位置的主蒸汽（再热蒸汽）及主给水系统的单线立体图并注明尺寸，支吊架的安装资料等。

3）主给水管道和过热器、再热器及其他受热面管子焊口无损检测结果与示意图或系统图。

4）主蒸汽管道、高温再热蒸汽管道、集汽集箱、导汽管的原始蠕变测量记录。

5）主蒸汽管道、再热蒸汽管道、主给水管道、高/低压旁路管道与启动旁路管道首次试投运时的支吊架、减振器及阻尼器的检查记录。

6）机炉外管道台账，含焊口和支吊架布置位置的立体管线图，机炉外管的设计规格、材质，机炉外管道焊口焊接质量检验报告，以及试运时机炉外管支吊架检查记录。

7）电力建设施工过程中采用的新材料、新工艺、新技术等资料。

8）与金属技术监督有关的设备缺陷及处理情况资料。

9）其他受监督部件的检验记录。

（9）锅炉、压力容器等的使用单位，在锅炉、压力容器投入使用前或者投入使用后 30 日内，按照规定到质监部门逐台办理登记手续。

# 第七节　运　行　管　理

（1）运行人员应严格遵守运行操作规程，严禁锅炉超温、超压运行。应建立台账，对运行中出现的超温情况做好详细记录，包括超温温度、运行时间等，并加强统计分析。

（2）机组启动与运行中应严格执行暖管及疏水措施。

（3）加强超（超）临界机组和运行温度参数较高的机组的高温蒸汽氧化的防控。

1）加强锅炉运行控制，控制煤、水比，降低负荷变动速率；合理调整燃烧方式，确保热负荷分布均匀，防止锅炉偏烧。

2）启停和运行过程中，应采取减缓高温受热面管子内壁氧化皮产生和防止大面积剥落的措施，必要时在机组启动过程中，进行锅炉管吹扫或打开汽轮机旁路门进行冲洗。

3）加强超（超）临界机组的高温受热面的壁温监测（应安装足够数量的壁温测点），及时分析壁温监测数据，并依据分析结果指导锅炉运行控制。

4）运行中应定期巡视检查管道系统，尤其是弯管、弯头、三通、阀门和焊缝等薄弱部位，对管系振动、水击等现象应分析原因，并及时采取措施。当炉外管有漏汽水现象时，必须立即查明原因，及时采取措施，若不能与系统隔离进行处理时，应立即停机。

5）高、低压管道结合处应设明显警示标志，并有安全技术措施防止高压介质串入低压管道。

6）严防水、油渗入部件的保温层中，保温层破裂或脱落应及时修补。

（4）锅炉、压力容器定检相关要求。

1）锅炉、压力容器的定检工作由锅检中心承担。

2）使用单位在锅炉、压力容器下次检验日期前至少 1 个月向锅检中心提出定期检验申请。

3）锅检中心收到检验申请后，对需要定检的设备根据相关标准、规程及使用情况编制检验方案，根据检验方案实施检测。

4）锅炉定期检验是指按照安全技术规范对在用锅炉当前状态进行符合性验证。锅炉的定期检验工作包括锅炉运行状态下进行的外部检验、锅炉在停炉状态下进行的内部检验和水（耐）压试验。

压力容器定期检验是指特种设备检验机构按照一定的时间周期，在压力容器停机时，根据相关规程的规定对在用压力容器的安全状况所进行的符合性验证活动。

压力容器每年至少进行 1 次年度检查，应当进行压力容器使用安全状况分析，并且及时消除年度检查中发现的隐患。

使用单位每月对所使用的压力容器至少进行 1 次月度检查，检查要求按照 TSG 21 执行。

5）停机检验要求使用单位和相关辅助单位按照要求做好停机后的技术性处理和检验前的安全检查，确认现场条件符合检验工作要求，做好有关的准备工作。

6）锅炉首次内部检验在锅炉投运后 1 年进行，金属压力容器一般于投用后 3 年内进行首次定期检验。以后的检验周期：锅炉结合检修同期进行，压力容器由检验机构根据安全状况等级确定。

7）由于检修周期等原因不能按期进行锅炉内部检验时，锅炉使用单位在确保锅炉安全运行（或者停用）的前提下，经过锅炉使用单位技术负责人审批后，可以适当延长检验周期（最长不能超过 1 年），同时向锅炉使用登记机关备案。

8）无法进行定期检验或者不能按期进行定期检验的压力容器，按照以下要求处理：

a. 设计文件已经注明无法进行定期检验的压力容器，由使用单位在办理"使用登记证"时作出书面说明。

b. 因情况特殊不能按期进行定期检验的压力容器，由使用单位提出书面申请报告说明情况，经使用单位安全管理负责人批准，征得上次承担定期检验的检验机构或者承担基于风险的检验（RBI）的检验机构同意（首次检验的延期除外），向使用登记机关备案后，可以延期检验。

c. 压力容器需要延长首次定期检验日期时，由使用单位提出书面申请说明情况，经使用单位安全管理负责人批准，延长期限不得超过 1 年。

d. 对无法进行定期检验或者不能按期进行定期检验的压力容器，使用单位均应采取有效的监控与防范措施。

9）达到设计使用年限使用的压力容器（未规定设计使用年限，但是使用超过 20 年的压力容器视为达到设计使用年限），如果要继续使用，使用单位应当委托有检验资质的特种设备检验机构参照定期检验的有关规定对其进行检验，必要时按照相关规程要求进行安全评估（合于使用评价），经过使用单位主要负责人批准后，办理"使用登记证"变更，方可继续使用。

10）安全附件。

a. 安全阀每年至少校验 1 次，校验后应当加锁或者铅封。

b. 压力表应当校验，刻度盘上应当划出指示工作压力的红线，注明下次校验日期。压力表校验后应当加铅封。

c. 液位计应当有指示最高、最低安全水位和正常水位的明显标志。

d. 其他安全附件按照 TSG G0001《锅炉安全技术监察规程》和 TSG 21《固定式压力容器安全技术监察规程》等相关规定执行。

11）除正常的定期检验以外，锅炉有下列情况之一时，也应当进行内部检验：

a. 移装锅炉投运前。

b. 锅炉停止运行 1 年以上（含 1 年）需要恢复运行前。

# 第八节 检 修 管 理

（1）机组检修前，应严格按照 DL/T 438《火力发电厂金属技术监督规程》、DL 612《电力工业锅炉压力容器监察规程》、DL 647《电站锅炉压力容器监察规程》等规程、标准，以及反事故要求的规定，根据设备制造、安装和运行中发现的问题，借鉴其他同类电厂的经验，结合设备目前的实际运行情况，制订检修金属检验项目计划，做到不缺项，不漏项。对于检修中检查发现的设备缺陷，要举一反三，及时扩大检查范围。

（2）加强对受监部件检修过程和运行中发现缺陷的处理，严格按规定对材料复核、焊接热处理和金属检验等过程进行监督，保证消缺质量。

（3）加强对老机组、老设备的监督与检验工作，根据相关标准、规程、导则及制度，及时开展设备普查、寿命评估及更换工作，保证机组的长周期安全运行。

（4）加强对退役但仍在运行的机组的监督与检验，对退役机组运行的监督要求不得低于在役机组。

（5）主蒸汽系统管道和高温集箱可能有积水或凝结水的部位（压力表管、空气管、取样管、疏水管附近、喷水减温器下部、较长的盲管及不经常使用的联络管），应重点检验其与母管相连的角焊缝，运行 10 万 h 后，宜结合检修，全部更换；对联络管、防腐管等小管道的管段、管件和阀壳，运行 10 万 h 后，根据实际情况，尽可能全部更换。对于易引起汽水两相流的其他疏水、放空气等管道，也应重点检查其与母管相连的角焊缝、母管开孔的内孔周围、弯头等部位，其管道、弯头、三通和阀门，运行 10 万 h 后，宜结合检修全部更换。

（6）应加强对机、炉外管道如旁路管、导汽管、疏（放）水管、取样管、排（抽）汽管、联络管、排污管、减温水管、蒸汽吹灰管和锅炉底部加热管等的监督检查，对易冲刷部位、易腐蚀管道进行壁厚测量，对易产生热疲劳部位进行无损检测，发现问题及时更换处理。

（7）对主蒸汽、再热蒸汽、主给水等炉外管道系统进行冷、热态巡视检查，了解管道运行后的应力状态。定期检查管道支吊架和膨胀指示器的工作状态，特别是机组启停前后的检查，发现支吊架松脱、偏斜、卡死或损坏现象，以及热膨胀情况异常时，应及时调整修复并做好记录。

（8）积极采用新技术对集箱管座等应力集中部位进行检测。

（9）对受热面管子应采用"逢停必检"的方法，根据《防止火电厂电站锅炉四管爆漏技术导则》（能源电〔1992〕1069 号）、DL/T 939《火力发电厂锅炉受热面管监督检验技术导则》的规定加强防磨防爆检查，对磨损减薄超过标准要求的及时进行更换处理；对于有高温腐蚀现象的管子，要及时进行防护处理。

（10）加强停炉时的高温受热面管内堆积氧化皮的检测工作。对受热面使用奥氏体不锈钢的立式过热器、再热器管子，检修中应重点检查下弯头部位内壁氧化物剥落沉积情况，发现堆积及时清理并采取预防措施，避免发生氧化物堵塞超温爆管事故。对于水冷壁系统设置有节流阀或节流孔的直流炉，应重点检查节流阀或节流孔部位氧化物沉积堵塞情况。

# 第九节 金属试验管理

（1）发电企业宜建立金属试验室，购置相应的检验检测仪器设备，配备具有相应条件和一定数量的人员从事金属检验工作，并保持金属检验队伍的相对稳定。金属试验室的理化检验人员、无损检测人员应参加相应的培训考核，持证上岗。

（2）制定试验室管理制度，建立试验室设备和仪器台账，按规定对仪器设备进行维护保养，需要计量检定的仪器设备要按规定进行定期检定。

（3）进行检验前，应编制作业指导书或检验检测工艺，指导检验检测工作。检验过程中必须做好详细的原始记录，并对已检项目进行标识。发现缺陷应及时通知相关人员进行处理，并进行跟踪检验。

（4）对外观不合格的部件，应拒绝无损检验。

（5）检验人员应严格按规程和标准的规定，开展检验试验工作，检验报告由检验人员签字，并经相关人员审核批准。按规定保管好原始记录和检验试验报告。

（6）对本企业不具备检验能力的金属监督检验项目进行外包检验，承担检验项目的检验单位应具备检验资质。本企业金属监督人员应对检验单位的检验人员持证情况、检测设备和仪器定期校验情况、移交的报告等进行监督，并形成监督报告或记录。

# 第十节 缺陷及事故管理

（1）对运行和检修过程中出现的监督范围内设备缺陷和事故，应分析原因，按规定进行处理，并制定预防措施。

（2）对于存在超标缺陷危及安全运行而未处理的部件，经风险评估后确定是否告警。

（3）应按机组分别建立受监督部件的缺陷和事故分析台账。

（4）发电企业应建立健全以下规章制度，且以企业标准形式下发。

1）《金属技术监督实施细则》。

2）《锅炉受热面防磨防爆管理制度》。

3）《金属试验室管理制度》。

4）《承压部件焊接管理制度》。

5）《金属材料和备品备件入库验收、保管、领用管理制度》。

6）《外委金属检验、焊接工作管理制度》。

（5）签字验收制度。发电企业应建立和健全设备质量全过程监督的签字验收制度，对质量不符合规定的设备、材料等，监督部门和人员有权拒绝签字。

（6）定期报表。

1）各发电企业按时上报金属技术监督报表。

2）监督范围内设备发生故障，导致机组或主要辅机停止运行的事件，检修中发现设备重大损坏和重大隐患，应在月报表中进行统计，同时上报异常情况分析报表。

# 第十一节 告 警 管 理

技术监督告警分一般告警和重要告警。

（1）一般告警是指技术监督指标超出合格范围，需要引起重视，但不至于短期内造成重要设备损坏、停机、系统不稳定，且可以通过加强运行维护，缩短监视检测周期等临时措施，安全风险在可承受范围内的问题。

1）监督范围内主要金属部件，如锅筒、汽缸、转子、主蒸汽管道、再热蒸汽管道、集箱、受热面管子等进行重要改造，未制定工艺方案并审批即实施。

2）金属检验人员、焊工、热处理工无证上岗。

3）金属室试验设备仪器等不按期校验，造成检验误差偏差大，并产生严重后果的。

4）金属监督部件检验合规率低于 90%，金属监督部件缺陷处理率低于 95%，焊口一次检验合格率低于 85%。

5）金属监督报表、总结内容严重失实。

6）合金钢材料或备品，入库或使用前未按规定进行检验，入库后未按规定进行保管的。

7）监督范围内主要金属部件，如火力发电厂主蒸汽管道、再热蒸汽管道、集箱、受热面管子、高温螺栓等未按规定进行检验。

8）金属管道（管子）等受监部件长期超温运行。

（2）重要告警是指一般告警问题存在劣化现象且劣化速度超出有关标准规程范围，或有关标准规程及反措要求立即处理的，或采取临时措施后，设备受损、电热负荷减供、环境污染的风险预测处于不可承受范围的问题。

1）发现金属监督范围内设备的重大隐患。

2）金属检验试验中发现的技术指标严重超标（如大面积炉内管球化、机械强度、胀粗、减薄等超标；炉外过热、再热蒸汽管道、弯头、导管、集箱、锅筒等检验指标超标等）。

3）监督范围内主要部件，如锅筒、主蒸汽管道、再热蒸汽管道、集箱、高温螺栓、汽缸、转子、除氧器等发现影响安全运行的缺陷，未按规定及时消除或采取措施。

4）受热面管子存在大面积损伤，严重危及安全运行或频繁发生爆管，仍然没有采取措施解决问题继续运行。

5）金属检验中发现受监金属部件错用金属材料和焊接材料。

6）对一般告警仍未按期整改的。

（3）发电企业对发生的一般告警和重要告警应及时填写《技术监督告警报告单》，经审核、签发后报技术监督中心及分（子）公司，重要告警可同时上报集团公司安全生产部。

（4）技术监督中心或分（子）公司对发现的重要告警问题应及时填写《技术监督告警通知单》，经审核、签发后发给有关发电企业，同时上报集团公司安全生产部。技术监督中心或分（子）公司发现的重要告警问题应互相抄报。

（5）发电企业对技术监督告警问题，要充分重视，采取措施，进行风险评估，制定必要的应急预案、整改计划，完成整改，全过程要责任到人，形成闭环处理。

# 第十二节 档 案 管 理

建立健全机组金属监督的原始资料，运行、检修检验和技术管理的档案，并实行监督档案动态管理，及时对内容进行更新。

金属技术监督档案应建立纸质档案和电子档案两种。

## 一、原始资料档案

（1）受监金属部件的制造资料包括部件的质量保证书或产品质保书。通常应包括部件材料牌号、化学成分、热加工工艺、力学性能、检验试验情况、结构几何尺寸、强度计算书等。

（2）受监金属部件的监造、安装前检验技术报告和资料。

（3）四大管道设计图、安装技术资料等。

（4）安装、监理单位移交的有关技术报告和资料。

## 二、运行、检修和检验技术档案

（1）机组投运时间，累计运行小时数和启停次数。

（2）机组或部件的设计、实际运行参数。

（3）超温超压监督档案。

（4）检修检验技术档案，应按机组号、部件类别建立档案。应包括部件的运行参数（压力、温度、转速等）、累计运行小时数、维修与更换记录、事故记录和事故分析报告、历次检修的检验记录或报告等。

1）四大管道的检验监督档案。

2）受热面管子的检验监督档案。

3）锅筒/汽水分离器和储水箱的检验监督档案。

4）各类集箱的检验监督档案。

5）汽轮机部件的检验监督档案。

6）发电机部件的检验监督档案。

7）高温紧固件的检验监督档案。

8）大型铸件的检验监督档案。

9）机组运行和检修过程中发现的缺陷及处理情况清单。

10）焊接技术档案。

## 三、技术管理档案

（1）不同类别的金属技术监督规程、导则。

（2）金属技术监督网的组织机构和职责条例。

（3）金属技术监督工作计划、总结等。

（4）焊接、热处理和金属检验人员技术管理档案。

（5）专项检验试验报告。

（6）仪器设备档案。

（7）反事故措施及受监部件缺陷处理情况档案。

（8）大、小修记录、总结档案。

### 四、原材料及备件监督档案

原材料及备件监督档案包括承压部件用原材料、焊接材料和零部件原始检验资料，材质单、合格证和质保书，承压部件用原材料、焊接材料和承压部件验收单、检验报告，入库、验收和领用台账。

### 五、受监督范围内金属部件监督台账

受监督范围内金属部件监督台账应包括部件的设计参数和型号规格、安装调试过程发现的问题和处理情况、定期监督检验情况、运行中缺陷和漏泄及处理情况、检修和更换情况、遗留缺陷情况，以及相应的技术分析评价等。

## 第十三节　信　息　管　理

（1）集团技术监督管理系统是将所属各发电企业、分（子）公司和科学技术研究院开展技术监督情况进行系统化管理的服务系统，采用分级和权限管理办法，对集团公司所属发电企业技术监督工作进行有效规范和管理。

（2）集团技术监督管理系统由监督网络、工作计划、报表管理、告警管理、问题管理、考核评比、规章标准、设备台账、技术交流、技术服务模块组成。

## 第十四节　会议、培训、计划和总结

（1）技术监督中心定期组织召开金属技术监督工作会议，交流金属技术监督的经验，进行检验检测新技术培训，宣贯有关金属监督的标准、规程，传达和布置集团公司有关金属技术监督工作的指示、决议决定，进行年度工作总结。

（2）各发电公司金属技术监督网每年至少组织两次监督网人员全体工作会议，传达上级有关金属监督工作要求，检查工作计划的执行情况及缺陷的处理情况，协调、落实大修计划及常规检验计划。

（3）各级监督人员根据技术现状，有针对性地制定培训计划，不断提高专业技术水平，在做好日常培训的基础上，定期对专业技术人员进行培训。按期参加有关部门的各类取证培训考核班，严格做到持证上岗。积极参加技术监督中心组织的各项技术监督培训和交流活动。

（4）各发电企业应按期制定金属技术监督年度工作计划、编写年度工作总结和有关专题报告，并按规定上报。发电企业每年底报下年工作计划，1月15日前报年度工作总结，大修前1个月完成大修计划，大修结束后1个月内完成大修总结，并将计划和总结报送分（子）公司、技术监督中心。技术监督中心于每年1月25日前完成金属技术监督年度总结并提交集团公司。

（5）金属技术监督年度工作计划至少应包括以下内容：

1）金属技术监督体系的健全和完善（主要包括组织机构完善、制度的制定和修订）计划。

2）金属技术监督标准规范的收集、更新和宣贯计划。

3）金属技术监督人员培训计划（包括内部和外部培训）。

4）金属技术监督定期工作会议计划（监督网络定期会议和年度会议计划）。

5）定期报送资料工作计划（计划、总结、报表、事故和缺陷报告）。

6）金属检验仪器设备校验及申购计划。

7）运行和检修期间技术监督计划（检修期间定期金属检验和检修质量监督计划）。

8）金属技术监督存在问题的整改计划。

（6）金属技术监督工作计划应实现动态化，根据每季度情况将金属监督工作项目完善，并按季度进行分解，以便于执行计划和考核。

（7）金属技术监督年度工作总结应包括以下内容：

1）监督管理工作情况。

a. 金属技术监督体系的健全和完善工作开展情况。

b. 金属技术监督标准规范的收集、更新和宣贯工作开展情况。

c. 金属技术监督人员培训（包括内部和外部培训）工作开展情况。

d. 金属技术监督定期工作会议（监督网络定期会议和年度会议计划）工作开展情况。

e. 定期报送资料（计划、总结、报表、事故和缺陷速报）工作开展情况。

f. 金属检验仪器设备校验及申购工作开展情况。

g. 金属技术监督档案健全和完善化工作开展情况。

2）金属技术监督工作目标完成情况及分析。包括金属监督部件检验合规率、检验计划（包括技术监督服务单位应提供的服务项目）完成率、金属监督部件缺陷处理率、锅炉"四管"焊口一次检验合格率的统计和分析。

3）金属监督范围内设备事故和缺陷的简述、原因分析，超温情况统计分析。

4）运行和检修期间金属技术监督工作开展情况（包括发现的问题）。

5）金属技术监督问题整改情况，包括动态检查提出问题的整改情况和告警问题的整改情况。

6）金属技术监督中目前存在的主要管理问题、设备问题及整改措施。

# 第十五节 检 查 与 考 核

发电企业应根据集团公司有关文件，结合本企业实际情况，制定金属技术监督工作考核奖励办法，定期对金属技术监督工作进行自查、考核和奖励。严格执行国家、行业有关金属技术监督的规程、制度和标准等，凡由于监督失职或自行减少监督项目、降低监督指标标准而造成严重后果的，要视具体情况，追究有关领导与责任人的责任。具体考核指标按照集团公司相关要求执行。

火力发电厂金属技术监督人员定期工作清单见表 7–1。

表 7–1 火力发电厂金属技术监督人员定期工作清单

| 节点 | | 工 作 项 目 | 工 作 内 容 |
|---|---|---|---|
| 年初 | 1 | 1 月 15 日前报上年度工作总结 | 本章第十四节（7） |
| | 2 | 制定金属技术监督年度工作计划 | 本章第十四节（5） |
| | 3 | 参加集团公司金属技术监督年会 | 本章第十四节（1） |
| 检修 | 1 | 大修前 1 个月完成大修计划［本章第十四节（4）］ | 制定大修计划 |
| | | | 签订技术合同 |
| | | | 定检申请（如需要） |
| | | | 设备普查、寿命评估［本章第七节（3）］ |
| | | | 超期服役机组的监督［本章第七节（4）］ |
| | | | 主蒸汽管道和高温集箱［本章第七节（5）］ |
| | | | 机、炉外管检查［本章第七节（6）］ |
| | | | 受热面防磨防爆检查［本章第七节（9）］ |
| | | | 不锈钢氧化皮脱落［本章第七节（10）］ |
| | | | 汽轮机、发电机相关部件检查 |
| | | | 根据机组状况，其他需要检验部件 |
| | 2 | 大修金属检验实施 | 协助办理检验人员入厂证 |
| | | | 协调打磨、脚手架搭设等前期准备 |
| | | | 缺陷处理、闭环 |
| | | | 报告签收 |
| | 3 | 大修结束后 1 个月内完成大修总结 | 本章第十四节（4） |
| 运行 | 1 | 超温、超压参数记录 | 本章第八节（1） |
| | 2 | 防止氧化皮脱落 | 本章第八节（3） |
| | 3 | 锅炉定检 | 本章第八节（4） |
| | 4 | 压力容器定检 | 本章第八节（4） |
| 基建 | 1 | 设备招标过程的金属监督 | 本章第六节（2） |
| | 2 | 设备监造过程的金属监督［本章第六节（3）］ | 签订监造合同 |
| | | | 监造过程金属监督 |
| | | | 重大问题的处理、闭环 |

| 节点 | | 工 作 项 目 | 工 作 内 容 |
|---|---|---|---|
| 基建 | 3 | 安全性能检验过程的金属监督［本章第六节（4）］ | 签订安全性能检验合同 |
| | | | 制定安全性能检验大纲 |
| | | | 协调签订"三方协议" |
| | | | 协调检验方入厂检验 |
| | | | 协调办公、检验条件 |
| | | | 缺陷处理、闭环 |
| | | | 重大问题的处理、闭环 |
| | | | 报告签收 |
| | 4 | 设备安装过程的金属监督［本章第六节（5）］ | 签订安装金属检验合同 |
| | | | 签订安装监检合同 |
| | | | 制定安装金属检验大纲 |
| | | | 制定安装监检大纲 |
| | | | 安装单位资质审查 |
| | | | 焊接、热处理、无损检测人员资质审查 |
| | | | 安装单位试验室认证 |
| | | | 安装单位的焊接质量控制 |
| | | | 统计焊口一次合格率 |
| | | | 清洁度检查 |
| | | | 金属材料控制 |
| | | | 无损检测工艺控制 |
| | | | 超（超）临界机组无损检测要求 |
| | | | 安装过程缺陷的处理、闭环 |
| | | | 重大问题的处理、闭环 |
| | 5 | 设计变更管理 | 本章第六节（6） |
| | 6 | 启动过程支吊架检查 | 本章第六节（7） |
| | 7 | 资料移交 | 本章第六节（8） |
| | 8 | 办理设备的使用登记 | 本章第六节（9） |
| 金属试验 | 1 | 建立试验室、配置检验仪器 | 本章第九节（1） |
| | 2 | 建立试验室管理制度、各类台账 | 本章第九节（2） |
| | 3 | 外包检验的企业、单位资质审查 | 本章第九节（6） |
| 其他 | 1 | 定期组织召开金属技术监督会议 | 本章第二节（7）、2) h. |
| | 2 | 每月7日前上报金属技术监督月报表 | 本章第十节（6） |
| | 3 | 参加相应的资格培训 | 本章第十四节（3） |

# 第三篇　专业知识篇

## 第八章　锅炉相关部件金属监督

电站锅炉是以发电为主的锅炉，一般容量较大，现在我国主力机组为 600MW，也有 300MW，以 1000MW 为发展方向。目前，我国在役的超（超）临界机组锅炉已超过 400 台，超（超）临界机组已经成为我国火力发电的主力机组。

### 一、电厂的生产过程

电厂是把燃料的化学能转化为电能的地方，靠蒸汽动力循环来实现。典型的蒸汽动力循环是以朗肯循环为基础改进而成的。

### 二、锅炉系统及组成部件

锅炉由锅炉本体、锅炉范围内管道、辅助设备和锅炉附件组成。

锅炉本体由锅和炉组成。锅即汽水系统，吸收热量，加热水，部件如省煤器、锅筒、下降管、集箱、水冷壁、过热器、再热器等；炉即燃烧系统，使燃料放出热量，部件如炉膛、燃烧器、空气预热器、烟道等。

锅炉本体包括锅炉范围内的水、汽、烟、风、燃料管道及其附属设备、测量仪表，其他的锅炉附属机械如送风、引风设备，运煤、除灰渣设备，制粉设备（煤粉燃烧锅炉），给水设备，水处理设备及烟气除尘、脱硫及脱硝设备等构成的整套装置称为锅炉机组。

### 三、电站锅炉的分类

电站锅炉一般按照以下方式进行分类：

（1）按外形，分为 Π 型、塔型、T 型等。

（2）按蒸发受热面循环方式，分为自然循环锅炉、控制循环锅炉、直流锅炉、低倍率复合循环锅炉。

（3）按燃烧方式，分为煤粉炉（四角燃烧、对冲燃烧、W 火焰燃烧）、旋风炉、流化床锅炉。

（4）按出口压力，分为高压锅炉（压力为 9.8～13.7MPa）、超高压锅炉（压力为 13.7～16.7MPa）、亚临界压力锅炉（压力一般为 16.7～22.1MPa）、超临界压力锅炉（压力为 22.1～25.4MPa）、超超临界压力锅炉（压力一般大于 26MPa）。

### 四、锅炉主要参数

（1）锅炉容量即蒸发量，指锅炉每小时产生的蒸汽量，也称为出力，单位为 t/h。

（2）额定蒸发量（BRL）指在额定蒸汽参数、额定给水温度和使用设计燃料，保证热效率时所规定的蒸发量，单位为 t/h。

（3）最大连续蒸发量（BMCR），指大型电站锅炉在额定蒸汽参数、额定给水温度和使用设计燃料，长期连续运行时所能达到的最大蒸发量，单位为 t/h（或 kg/s）

（4）经济蒸发量（ECR）：在保证安全的前提下，锅炉连续运行，热效率最高时的蒸发量；

（5）额定蒸汽压力：是指蒸汽锅炉在规定的给水压力和负荷范围内长期连续运行所必须保证的锅炉出口的蒸汽压力，也就是锅炉铭牌上标明的压力。

（6）额定蒸汽温度：蒸汽锅炉在规定的负荷范围、额定蒸汽压力和额定给水温度下长期、连续运行所必须保证的出口蒸汽温度。

### 五、电站锅炉发展趋势

现今我国电站锅炉的发展趋势，总的来说可以分为两大方向：一是节能高效，二是低污染排放。

目前，我国供电煤耗比国际先进水平高出 70～80g/（kW·h），因此，提高电站锅炉机组的效率、降低煤耗仍是我们面临的一项紧迫任务。另外，随着世界环保要求的日趋提高，我国政府对电站锅炉大气污染排放标准要求越来越严格，这也是摆在电力工作者面前的一个重要课题。

提高锅炉的蒸汽压力和温度是提高热电转换效率的有效方法；另外，机组向大容量发展对降低锅炉用电率、提高供电效率是非常有效的。由于超临界机组具有煤耗低、调峰性能好、排放的污染物也相对减少等优点，世界上许多先进国家都已经广泛使用。

提高能源转换效率、降低煤耗，减少对大气的污染排放，将机组容量和蒸汽参数进一步提高；开发燃煤滑压运行与带中间负荷机组。由于电网容量不断扩大，要求机组运行灵活，新建机组大部分是按滑压与带中间负荷设计的，这种机组在低负荷时效率下降不大，启停方便，最低负荷运行稳定；由于政府对烟气排放标准正逐步提高，各锅炉制造商在大力开发低一氧化氮燃烧系统，或者在烟气处理中辅以脱硝装置。

锅炉部分金属监督部件主要包括钢结构、锅筒、汽水分离器、主蒸汽管道、再热蒸汽管道及导汽管、高温集箱、受热面、给水管道、低温集箱等。

## 第一节　钢结构的金属监督

（1）锅炉钢结构的设计选材参照 GB/T 22395《锅炉钢结构设计规范》，制造、安装前对板材、型材应进行以下资料检查见证：

1）制造商提供的板材、型材质量证明书，质量证明书中有关技术指标应符合现行国家或行业标准和合同规定的技术条件；对进口部件，除应符合有关国家的技术标准和合同规定的技术条件外，还应有商检合格证明单。

2）板材、型材的技术资料包括：

a. 材料牌号。

b. 制造商。

c. 材料的化学成分。

d. 材料的拉伸、弯曲、冲击性能。

e. 材料的金相组织。

f. 材料无损检测结果，厚度大于 60mm 的板材应进行超声波检测复查。

3）锅炉钢结构板材、型材的质量验收按 GB/T 3274《碳素结构钢和低合金结构钢热轧厚钢板和钢带》、GB/T 11263《热轧 H 型钢和剖分 T 型钢》、GB/T 1591《低合金高强度结构钢》执行。

4）锅炉钢结构制造质量应符合 NB/T 47043《锅炉钢结构制造技术规范》。

（2）对锅炉钢结构板材、型材应进行外观检验，表面不应有裂纹、结疤、折叠、夹杂、分层和氧化铁皮压入。表面缺陷允许打磨，打磨处应平滑、无棱角，打磨后的板材、型材厚度应符合图纸要求。

（3）若板材、型材打磨后的厚度不符合图纸要求，可进行补焊。板材、型材的补焊按 DL/T 678《电力钢结构焊接通用技术条件》执行，并参照 GB/T 11263《热轧 H 型钢和剖分 T 型钢》、GB/T 3274《碳素结构钢和低合金结构钢热轧厚钢板和钢带》中关于补焊的条款。

（4）对制作的锅炉大板梁、立柱、主要横梁进行外观检查，特别注意焊缝质量的检验，应无裂纹、咬边、凹坑、未填满、气孔、漏焊等缺陷。焊缝缺陷允许打磨、补焊，补焊工艺参照 DL/T 678《电力钢结构焊接通用技术条件》执行。

（5）见证锅炉大板梁、立柱、主要横梁焊缝的无损检测报告。

（6）对制作的锅炉大板梁、立柱、主要横梁进行尺寸检查，柱、板、梁的弯曲、波浪度应符合设计规定。

（7）对螺栓孔连接摩擦面和防腐漆层进行检查，应符合设计规定。

# 第二节 主蒸汽管道和再热蒸汽管道及导汽管的金属监督

## 一、制造、安装检验

（1）管道材料的监督按第七章第四节（1）～（5）相关条款执行。重要的钢管技术标准有 ASME SA–335/SA–335M《高温用无缝铁素体合金钢公称管》、DIN EN 10216–2《承压无缝钢管技术条件 第 2 部分：高温用碳钢和合金钢管》和 GB 5310《高压锅炉用无缝钢管》。

（2）国产管件及进口管件质量验收标准：

1）国产管件应满足以下标准：

a. 弯管应符合 DL/T 515《电站弯管》的规定。

b. 弯头、三通和异径管应符合 DL/T 695《电站钢制对焊管件》的规定。

c. 锻制大直径三通应符合 DL/T 473《大直径三通锻件技术条件》的规定。

2）进口管件质量验收可参照 ASME SA–182/SA–182M《高温用锻制或轧制合金钢和不锈钢法兰、锻制管件、阀门和部件》执行。

（3）超超临界机组高压旁路用高压旁路阀替代安全阀，低温再热蒸汽进口管道和高压旁路阀减温减压后管道用钢应采用 15CrMoG/P12、SA-691 1-1/4CrCL22 或更高等级的合金钢管。

（4）受监督的管道，在工厂化配管前，应由有资质的检测单位进行如下检验：

1）钢管表面上的出厂标记（钢印或漆记）应与该制造商产品标记相符，并应从钢管的标记、表面加工痕迹来初步辨识管道的真伪，以防止出现假冒管道，其次见证有关进口报关单、商检报告，必要时可到到货港口进行拆箱见证。

2）100%进行外观质量检验。钢管内外表面不允许有裂纹、折叠、轧折、结疤、离层等缺陷，钢管表面的裂纹、机械划痕、擦伤和凹陷以及深度大于 1.5mm 的缺陷应完全清除，清除处的实际壁厚不应小于壁厚偏差所允许的最小值，且不应小于按 GB 50764《电厂动力管道设计规范》计算的最小需要厚度。对一些可疑缺陷，必要时进行表面检测。

3）热轧（挤）钢管内外表面不允许有尺寸大于壁厚 5%，且最大深度大于 0.4mm 的直道缺陷。

4）检查校核钢管的壁厚和管径应符合相关标准的规定。

5）对合金钢管逐根进行光谱检验，光谱检验按 DL/T 991《电力设备金属光谱分析技术导则》执行。

6）合金钢管按同规格根数抽取 30%进行硬度检验，每种规格至少抽查 1 根；在每根钢管的 3 个截面（两端和中间）检验硬度，每一截面上硬度检测尽可能在圆周四等分的位置。若由于场地限制，可不在四等份位置，但至少在圆周测三个部位；每个部位至少测量 5 点。

7）对合金钢管按同规格根数的 10%进行金相组织检验，每炉批至少抽查 1 根，检验方法和验收分别按 DL/T 884《火电厂金相检验与评定技术导则》和 GB 5310《高压锅炉用无缝钢管》执行。

8）对直管按同规格至少抽取 1 根进行以下项目试验，确认下列项目符合国家标准、行业标准或合同规定的技术条件，或国外相应的标准；若同规格钢管为不同制造商生产，则对每一制造商供货的钢管应至少抽取 1 根进行试验。

a. 化学成分；

b. 拉伸、冲击、硬度；

c. 金相组织、晶粒度和非金属夹杂物；

d. 弯曲试验取样参照 ASMESA-335/SA-335M《高温用无缝铁素体合金钢公称管》执行。

9）钢管按同规格根数的 20%进行超声波检测，重点为钢管端部的 0～500mm 区段，若发现超标缺陷，则应扩大检查，同时在钢管端部进行表面检测，超声波检测按 GB/T 5777《无缝钢管超声波探伤检验方法》执行，层状缺陷的超声波检测按 BS EN 10246-14《钢管的无损检测 第 14 部分：无缝和焊接（埋弧焊除外）钢管分层缺欠的超声检测》执行。对钢管端部的夹层缺陷，应在钢管端部 0～500mm 区段内从内壁进行测厚，周向至少测 5 点，轴向至少测 3 点，一旦发现缺陷，则在缺陷区域增加测点，直至确定缺陷范围。对于钢管 0～500mm 区段的夹层类缺陷，按 BS EN 10246-14《钢管的无损检测 第 14 部分：无缝和焊接（埋弧焊除外）钢管分层缺欠的超声检测》中的 U2 级别验收；对于距焊缝坡口 50mm 附近的夹层缺陷，按 U0 级别验收；配管加工的焊接坡口，检查发现夹层缺陷，应予以机械切除。

10）对带纵焊缝的低温再热蒸汽管道，根据焊缝的外观质量，按同规格根数抽取 20%（至少抽 1 根），对抽取的管道按焊缝长度的 10%依据 NB/T 47013.3《承压设备无损检测 第 3 部分：超声检测》、NB/T 47013.4《承压设备无损检测 第 4 部分：磁粉检测》进行超声、磁粉检测，必要时依据 NB/T 47013.2《承压设备无损检测　第 2 部分：射线检测》进行射线检测，同时对抽取的焊缝进行硬度和壁厚检查。

（5）钢管的硬度检验，可采用便携式里氏硬度计按照 GB/T 17394.1《金属材料　里氏硬度试验　第 1 部分：试验方法》测量；一旦出现硬度偏离本规程的规定值，应在硬度异常点附近扩大检查区域，检查出硬度异常的区域、程度，同时宜采用便携式布氏硬度计测量校核。同一位置 5 个布氏硬度测量点的平均值应处于规定范围，但允许其中一个点超出规定范围 5HB。对于金属部件焊缝的硬度检验，按照金属母材的方法执行。

（6）钢管硬度高于相关规程或拉伸强度高于相关标准的上限应进行再次回火；硬度低于本规程或拉伸强度低于相关标准规定的下限，可重新正火（淬火）+回火。重新正火（淬火）+回火不应超过 2 次，重新回火不宜超过 3 次。

（7）受监督的弯头/弯管，在工厂化配管前，应由有资质的检测单位进行如下检验：

1）弯头/弯管表面上的出厂标记（钢印或漆记）应与该制造商产品标记相符。

2）100%进行外观质量检查。弯头/弯管表面不允许有裂纹、折叠、重皮、凹陷和尖锐划痕等缺陷。对一些可疑缺陷，必要时进行表面检测。表面缺陷的处理及消缺后的壁厚参照本节一、（4）2）执行。

3）按质量证明书校核弯头/弯管规格并检查以下几何尺寸：

a. 逐件检验弯头/弯管的中性面和外/内弧侧壁厚；宏观检查弯头/弯管内弧侧的波纹，对较严重的波纹进行测量；对弯头/弯管的椭圆度按 20%进行抽检，若发现不满足 DL/T 515《电站弯管》、DL/T 695《电站钢制对焊管件》或相关规程的规定，应加倍抽检；对弯头的内部几何形状进行宏观检查，若发现有明显扁平现象，应从内部测椭圆度。

b. 弯管的椭圆度应满足：热弯弯管椭圆度小于 7%；冷弯弯管椭圆度小于 8%；公称压力大于 8MPa 的弯管，椭圆度小于 5%。

c. 弯头的椭圆度应满足：公称压力大于或等于 10MPa 时，椭圆度小于 3%；公称压力小于 10MPa 时，椭圆度小于 5%。

注：弯管或弯头的椭圆度为弯曲部分同一圆截面上最大外径与最小外径之差与公称外径之比。

4）合金钢弯头/弯管应逐件进行光谱检验。

5）对合金钢弯头/弯管 100%进行硬度检验，在 0°、45°、90°选三个截面，每一截面至少在外弧侧和中性面测 3 个部位，每个部位至少测量 5 点。弯头的硬度测量宜采用便携式里氏硬度计。若发现硬度异常，应在硬度异常点附近扩大检查区域，检查出硬度异常的区域、程度。弯头/弯管的硬度检验按本节一、（5）执行，对于便携式布氏硬度计不易检测的区域，根据同一材料、相近规格、相近硬度范围内便携式里氏硬度计与便携式布氏硬度计测量的对比值，对便携式里氏硬度计测量值予以校核。确认硬度低于或高于规定值，按本节一、（6）处理。

6）对合金钢弯头/弯管按同规格数量的 10%进行金相组织检验（同规格的不应少于 1件），检验方法按 DL/T 884《火电厂金相检验与评定技术导则》执行，验收参照 GB 5310《高压锅炉用无缝钢管》。

7）弯头/弯管的外弧面按同规格数量的 10%进行探伤抽查，弯头/弯管探伤按 DL/T 718《火力发电厂三通及弯头超声波检测》执行。对于弯头/弯管的夹层类缺陷，参照本节一、（4）9）执行。

8）弯头/弯管有下列情况之一时，为不合格：

a. 存在晶间裂纹、过烧组织或无损检测等超标缺陷。

b. 弯头/弯管外弧、内弧侧和中性面的最小壁厚小于按 GB/T 16507.4《水管锅炉 第 4 部分：受压元件强度计算》计算的最小需要厚度。

c. 弯头/弯管椭圆度超标。

d. 焊接弯管焊缝存在超标缺陷。

（8）受监督的锻制、热压和焊制三通以及异径管，配管前应由有资质的检测单位进行如下检验：

1）三通和异径管表面上的出厂标记（钢印或漆记）应与该制造商产品标记相符。

2）100%进行外观质量检验。锻制、热压三通以及异径管表面不允许有裂纹、折叠、重皮、凹陷和尖锐划痕等缺陷。对一些可疑缺陷，必要时进行表面检测。表面缺陷的处理及消缺后的壁厚若低于名义尺寸，则按本节一、（4）2）进行壁厚校核。

3）对三通及异径管进行壁厚测量，热压三通应包括肩部的壁厚测量。三通及异径管的壁厚应满足 DL/T 695《电站钢制对焊管件》的要求。

4）合金钢三通、异径管应逐件进行光谱检验。

5）合金钢三通、异径管按 100%进行硬度检验，三通至少在肩部和腹部位置 3 个部位测量，异径管至少在大、小头位置测量，每个部位至少测量 5 点。三通、异径管的硬度检验按本节一、（5）执行，若发现硬度异常，应在硬度异常点附近扩大检查区域，检查出硬度异常的区域、程度。对于便携式布氏硬度计不易检测的区域，根据同一材料、相近规格、相近硬度范围内便携式里氏硬度计与便携式布氏硬度计测量的对比值，对便携式里氏硬度计测量值予以校核。确认硬度低于或高于规定值，按本节一、（6）处理。

6）对合金钢三通、异径管按 10%进行金相组织检验（不应少于 1 件），检验方法按 DL/T 884《火电厂金相检验与评定技术导则》执行，验收参照 GB 5310《高压锅炉用无缝钢管》。

7）三通、异径管按 10%进行表面检测和超声波抽查。三通超声波检测按 DL/T 718《火力发电厂三通及弯头超声波检测》执行。

8）三通、异径管有下列情况之一时，为不合格：

a. 存在晶间裂纹、过烧组织或无损检测等超标缺陷。

b. 焊接三通焊缝存在超标缺陷。

c. 几何形状和尺寸不符合 DL/T 695《电站钢制对焊管件》中有关规定。

d. 三通主管/支管壁厚、异径管最小壁厚或三通主管/支管的补强面积小于按 GB/T 50764《电厂动力管道设计规范》计算的最小需要厚度或补强面积。

（9）对验收合格的直管段与管件，按 DL/T 850《电站配管》进行组配，组配件应由有资质的检测单位进行如下检验：

1）对管道组配件表面质量 100%进行检查，焊缝质量按 DL/T 869《火力发电厂焊接技术规程》执行，钢管和管件的表面质量分别按 GB 5310《高压锅炉用无缝钢管》和 DL/T 695《电站钢制对焊管件》执行。

2）对配管的长度偏差、法兰形位偏差按同规格数量的 20%进行测量，同规格至少测量一个，对环焊缝对焊缝数量的 20%检查错口和壁厚，特别注意焊缝邻近区域的管道壁厚，检查结果应符合 DL/T 850《电站配管》的规定。

3）对合金钢管焊缝按数量的20%进行光谱检验，一旦发现有用错焊材，则扩大检查。

4）低合金钢管组配件热处理后应按焊接接头数量的10%进行硬度检验，P91、P92为100%；同时，组配件整体热处理后还应对合金钢管、管件按数量的10%进行硬度抽查，同规格至少抽查1根。钢管、弯头/弯管和管件的硬度检查部位分别按本节一、（4）6），一、（7）5），一、（8）5）执行；环焊缝焊接接头硬度检测尽可能在圆周四等分的位置，若由于场地限制，可不在四等分位置，但至少在圆周测3个部位，每个部位应包括焊缝、熔合区、热影响区和邻近母材，每个部位至少测量5点。硬度检测方法按本节一、（5）执行。

5）组配件对接焊缝、接管座角焊缝按焊缝数量的10%进行无损检测，表面检测按NB/T 47013.4《承压设备无损检测　第4部分：磁粉检测》或NB/T 47013.5《承压设备无损检测　第5部分：渗透检测》执行，超声波检测按DL/T 820《管道焊接接头超声波检验技术规程》执行。

6）管段上小口径接管（疏水管、测温管、压力表管、空气管、安全阀、排气阀、充氮、取样管等）应采用与管道相同的材料，按数量的20%进行形位偏差测量，结果应符合DL/T 850《电站配管》中的规定。

7）组配件焊缝硬度高于或低于DL/T 869《火力发电厂焊接技术规程》的规定值，应分析原因，确定处理措施。若高于DL/T 869《火力发电厂焊接技术规程》的规定值，可再次进行回火，重新回火不超过3次；若低于DL/T 869《火力发电厂焊接技术规程》的规定值，应挖除重新焊接和热处理。同一部位挖补，碳钢不宜超过3次，耐热钢不应超过2次。

（10）受监督的阀门，安装前应由有资质的检测单位进行如下检验：

1）阀壳表面上的出厂标记（钢印或漆记）应与该制造商产品标记相符。

2）国产阀门的检验按照NB/T 47044《电站阀门》、JB/T 5263《电站阀门铸钢件技术条件》、DL/T 531《电站高温高压截止阀、闸阀技术条件》和DL/T 922《火力发电用钢制通用阀门订货、验收导则》执行；进口阀门的检验按照相应国家的技术标准执行，并参照上述4个标准。

3）校核阀门的规格，并100%进行外观质量检验。铸造阀壳内外表面应光洁，不应存在裂纹、气孔、毛刺和夹砂及尖锐划痕等缺陷；锻件表面不应存在裂纹、折叠、锻伤、斑痕、重皮、凹陷和尖锐划痕等缺陷；焊缝表面应光滑，不应有裂纹、气孔、咬边、漏焊、焊瘤等缺陷；若存在上述表面缺陷，则应完全清除，清除深度不应超过公称壁厚的负偏差，清除处的实际壁厚不应小于壁厚偏差所允许的最小值。对一些可疑缺陷，必要时进行表面检测。

4）对合金钢制阀壳逐件进行光谱检验，光谱检验按DL/T 991《电力设备金属光谱分析技术导则》执行。

5）同规格阀壳件按数量的20%进行无损检测，至少抽查1件。重点检验阀壳外表面非圆滑过渡的区域和壁厚变化较大的区域。阀壳的渗透、磁粉和超声波检测分别按JB/T 6902《阀门液体渗透检测》、JB/T 6439《阀门受压件磁粉探伤检验》和GB/T 7233.2《铸钢件　超声检测　第2部分：高承压铸钢件》执行。焊缝区、补焊部位的检测按NB/T 47013.2《承压设备无损检测　第2部分：射线检测》、NB/T 47013.5《承压设备无损检测　第5部分：渗透检测》执行。

6）对低合金钢、10Cr 钢制阀壳分别按数量的 10%、50%进行硬度检验，硬度检验方法按本节一、（5）执行，每个阀门至少测 3 个部位。若发现硬度异常，则扩大检查区域，检查出硬度异常的区域、程度。对于便携式布氏硬度计不易检测的区域，根据同一《材料、相近规格、相近硬度范围内便携式里氏硬度计与便携式布氏硬度计测量的对比值，对便携式里氏硬度计测量值予以校核。确认硬度低于或高于规定值，按本节一、（6）处理。

（11）主蒸汽管道、高温再热蒸汽管道上的堵板应采用锻件，安装前应进行光谱检验、强度校核；安装前堵板和安装后的焊缝应进行 100%磁粉和超声波检测。

（12）设计单位应向电厂提供管道立体布置图。图中标明：

1）管道的材料牌号、规格、理论计算壁厚、壁厚偏差。

2）管道的冷紧口位置及冷紧值。

3）管道对设备的推力、力矩。

4）管道最大应力值及其位置。

（13）新建机组主蒸汽管道、高温再热蒸汽管道，可不安装蠕变变形测点；对已安装了蠕变变形测点的蒸汽管道，可继续按照 DL/T 441《火力发电厂高温高压蒸汽管道蠕变监督规程》进行蠕变变形测量。

（14）服役温度高于或等于 450℃的主蒸汽管道、高温再热蒸汽管道，应在直管段上设置监督段（主要用于硬度和金相跟踪检验）；监督段应选择该管系中实际壁厚最薄的同规格钢管，其长度约 1000mm；监督段应包括锅炉蒸汽出口第一道焊缝后的管段。

（15）在主蒸汽管道、高温再热蒸汽管道以下部位可装设安全状态在线监测装置：

1）管道应力危险区段。

2）管壁较薄、应力较大或运行时间较长，以及经评估后剩余寿命较短的管道。

（16）安装前，安装单位应按 DL 5190.5《电力建设施工技术规范 第 5 部分：管道及系统》对直管段、管件、管道附件和阀门进行相关检验，检验结果应符合 DL 5190.5《电力建设施工技术规范 第 5 部分：管道及系统》及相关标准。

（17）安装前，安装单位应对直管段、弯头/弯管、三通进行内外表面检验和几何尺寸抽查：

1）管段按数量的 20%测量直管的外（内）径和壁厚。

2）弯头/弯管按数量的 20%进行椭圆度、壁厚测量，特别是外弧侧的壁厚。

3）测量热压三通肩部、管口区段以及焊制三通管口区段的壁厚。

4）测量异径管的壁厚和直径。

5）测量管道上小接管的形位偏差。

（18）安装前，安装单位应对合金钢管、合金钢制管件（弯头/弯管、三通、异径管）100%进行光谱检验，管段、管件分别按数量的 20%和 10%进行硬度和金相组织检验；每种规格至少抽查 1 个，硬度异常的管件应扩大检查比例且进行金相组织检验。

（19）应对主蒸汽管道、高温再热蒸汽管道上的堵阀/堵板阀体、焊缝按 10%进行无损探伤抽查。

（20）主蒸汽管道、高温再热蒸汽管道和高温导汽管的安装焊接应采取氩弧焊打底。焊接接头在热处理后或焊后（不需热处理的焊接接头）应进行 100%无损检测，特别注意与三通、阀门相邻焊缝的无损检测。管道焊接接头的超声波检测按 DL/T 820《管道焊接接头超声波检验技术规程》执行，射线探伤按 DL/T 821《钢制承压管道对接焊接接头射线检验技术规程》执行，质量评定按 DL/T 5210.7《电力建设施工质量验收及评价规程　第 7 部分：焊接》、DL/T 869《火力发电厂焊接技术规程》执行。对虽未超标但记录的缺陷，应确定位置、尺寸和性质，并记入技术档案。

（21）安装焊缝的外观、光谱、硬度、金相组织检验和无损检测的比例、质量要求按 DL/T 869《火力发电厂焊接技术规程》、DL/T 5210.5《电力建设施工质量验收及评价规程　第 5 部分：管道及系统》中的规定执行，对 9%～12%Cr 类钢制管道的有关检验监督项目按本节五执行。

（22）管道安装完应对监督段进行硬度和金相组织检验。

（23）管道保温层表面应有焊缝位置的标志。

（24）安装单位应向电厂提供与实际管道和部件相对应的以下资料：

1）安装焊缝坡口形式、焊缝位置、焊接及热处理工艺及各项检验结果。

2）直管的外观、几何尺寸和硬度检查结果；合金钢直管应有金相组织检验结果。

3）弯头/弯管的外观、椭圆度、壁厚等检验结果。

4）合金钢制弯头/弯管的硬度和金相组织检验结果。

5）管道系统合金钢部件的光谱检验记录。

6）代用材料记录。

7）安装过程中异常情况及处理记录。

（25）主蒸汽管道、高温再热蒸汽管道露天布置的区段，以及与油管平行、交叉和可能滴水的区段，应加包金属薄板保护层，露天吊架处应有防雨水渗入保护层的措施。

（26）主蒸汽管道、高温再热蒸汽管道要保温良好，严禁裸露运行，保温材料应符合设计要求；运行中严防水、油渗入管道保温层。保温层破裂或脱落时，应及时修补；更换容重相差较大的保温材料时，应考虑对支吊架的影响；严禁在管道上焊接保温拉钩，严禁借助管道起吊重物。

（27）服役温度高于等于 450℃ 的锅炉出口、汽轮机进口的导汽管，参照主蒸汽管道、高温再热蒸汽管道的监督检验规定执行。

（28）监理单位应向电厂提供钢管、管件原材料检验、焊接工艺执行监督以及安装质量检验监督等相应的监理资料。

### 二、管件及阀门的在役检验监督

（1）机组第一次 A 级检修或 B 级检修，应查阅管件及阀门的质保书、安装前检验记录，根据安装前对管件、阀壳的检验结果，重点检查缺陷相对严重、受力较大部位以及壁厚较薄的部位。检查项目包括外观、光谱、硬度、壁厚、椭圆度检验和无损检测。若发现硬度异常，宜进行金相组织检查。对安装前检验正常的管件、阀壳，根据设备的运行工况，按大于或等于管件、阀壳数量的 10%进行以上项目检查，后次 A 级检修或 B 级检修的抽查部件为前次未检部件。

（2）每次 A 级检修，应对以下管件进行硬度、金相组织检验，硬度、金相组织检验点应在前次检验点处或附近区域：

1）安装前硬度、金相组织异常的管件。

2）安装前椭圆度较大、外弧侧壁厚较薄的弯头/弯管。

3）锅炉出口第一个弯头/弯管、汽轮机入口邻近的弯头/弯管。

（3）机组每次 A 级检修，应对安装前椭圆度较大、外弧侧壁厚较薄的弯头/弯管进行椭圆度和壁厚测量；对存在较严重缺陷的阀门、管件，每次 A 级检修或 B 级检修应进行无损检测。

（4）服役温度高于或等于 450℃的导汽管弯管，参照主蒸汽管道、高温再热蒸汽管道弯管监督检验规定执行。

（5）服役温度在 400～450℃范围内的管件及阀壳，运行 8 万 h 后根据设备运行状态，随机对硬度和金相组织进行抽查，下次抽查时间和比例根据上次检查结果确定。

（6）弯头/弯管、三通和异径管发现下列情况时，应及时处理或更换：

1）弯头/弯管发现本节一、（7）8）所列情况之一时；三通和异径管发现本节一、（8）8）所列情况之一时。

2）产生蠕变裂纹或严重的蠕变损伤（蠕变损伤 4 级及以上）时。

3）碳钢、钼钢弯头、三通和焊接接头石墨化达 4 级时；石墨化评级按 DL/T 786《碳钢石墨化检验及评级标准》规定执行。

4）已运行 20 万 h 的铸造弯头、三通，检验周期应缩短到 2 万 h，根据检验结果决定是否更换。

5）对需更换的三通和异径管，推荐选用锻造、热挤压、带有加强的焊制三通。

（7）铸钢阀壳存在裂纹、铸造缺陷，经打磨消缺后的实际壁厚小于 NB/T 47044《电站阀门》中规定的最小壁厚时，应及时处理或更换。

（8）累计运行时间达到或超过 10 万 h 的主蒸汽管道和高温再热蒸汽管道，其弯管为非中频弯制的应予更换。若不具备更换条件，应予以重点监督，监督的内容主要有：

1）弯管外弧侧、中性面的壁厚和椭圆度。

2）弯管外弧侧、中性面的硬度。

3）弯管外弧侧的金相组织。

4）外弧表面磁粉检测和中性面内壁超声波检测。

### 三、支吊架的在役检验监督

（1）支吊架的检验监督主要涉及主蒸汽管道、高温再热蒸汽管道、低温再热蒸汽管道、主给水管道、高压旁路管道、低压旁路管道、给水再循环管道。

（2）应定期检查管道支吊架和位移指示器的状况，特别要注意机组启停前后的检查，发现支吊架松脱、偏斜、卡死或损坏等现象时，及时调整修复并做好记录。

（3）管道安装完毕和机组每次 A 级检修，应对管道支吊架进行检验。根据检查结果，在第一次或第二次 A 级检修期间，对管道支吊架进行调整；此后根据每次 A 级检修检验结果，确定是否再次调整。管道支吊架检查与调整按 DL/T 616《火力发电厂汽水管道与支吊架维修调整导则》执行。

（4）机组运行期间检查管系的振动情况，分析振动原因，对其危害性进行评估。管系振动的治理按 DL/T 292《火力发电厂汽水管道振动控制导则》执行。

### 四、低合金耐热钢及碳钢管道的在役检验监督

（1）机组第一次 A 级检修或 B 级检修，应查阅直段的质保书、安装前直段的检验记录，根据安装前及安装过程中对直段的检验结果，对受力较大部位、壁厚较薄的部位以及检查焊缝拆除保温的邻近直段进行外观检查，所查管段的表面质量应符合 GB 5310《高压锅炉用无缝钢管》规定，焊缝表面质量应符合 DL/T 869《火力发电厂焊接技术规程》规定；对存在超标的表面缺陷应予以磨除，磨除要求按本节一、（4）2）执行；同时检查直管段有无直观可视的胀粗。此后的检查除上述区段外，根据机组运行情况选择检查区段。

（2）机组每次 A 级检修，应对以下管段和焊缝进行硬度和金相组织检验，硬度和金相组织检验点应在前次检验点处或附近区域：

1）监督段直管。

2）安装前硬度、金相组织异常的直段和焊缝。

3）正常区段的直段、焊缝，按数量的 10%进行硬度抽检，硬度检验部位、检验方法按本节一、（4）6）、本节一、（5）执行。

（3）管道焊缝的检验如下：

1）机组第一次 A 级检修或 B 级检修，应查阅环焊缝的制造、安装检验记录，根据安装前及安装过程中对环焊缝（无损检测、硬度、金相组织以及壁厚、外观等）的检测结果，检查质量相对较差、返修过的焊缝；对正常焊缝，按不低于焊缝数量的 10%进行无损检测。以后的检查重点为质量较差、返修、受力较大部位以及壁厚较薄部位的焊缝，特别注意与三通、阀门相邻焊缝的无损检测；逐步扩大对正常焊缝的抽查，后次 A 级检修或 B 级检修的抽查为前次未检的焊缝，至 3～4 个 A 级检修完成全部焊缝的检验。焊缝表面检测按 NB/T 47013.5《承压设备无损检测 第 5 部分：渗透检测》执行，超声波检测按 DL/T 820《管道焊接接头超声波检验技术规程》规定执行。

2）机组第一次 A 级检修或 B 级检修，对再热冷段蒸汽管道，应根据安装前对焊缝质量（外观、无损检测、硬度以及壁厚等）的检测评估结果，检测质量相对较差、返修过的焊缝区段；对正常焊缝，按同规格根数抽取 20%（至少抽 1 根），对抽取的管道按焊缝长度的 10%进行无损检测，同时对抽取的焊缝进行硬度、壁厚检查；若硬度异常，进行金相组织检查。后次 A 级检修或 B 级检修的抽查为前次未检的焊缝，焊缝表面检测按 NB/T 47013.5 执行，超声波检测按 DL/T 820《管道焊接接头超声波检验技术规程》规定执行。

（4）与管道相联的小口径管（外径小于 89mm），应进行如下检验：

1）机组每次 A 级检修或 B 级检修，对与管道相联的小口径管道（测温管、压力表管、安全阀、排气阀、充氮等）管座角焊缝按不少于 20%的比例进行检验，至少应抽检 5 个。检验内容主要为角焊缝外观和表面检测，必要时进行超声波、涡流或磁记忆检测。后次抽查部位为前次未检部位，至 10 万 h 完成 100%检验。运行 10 万 h 的小口径管道，根据此前的检查结果，重点检查缺陷较严重的管座角焊缝，必要时割取管座进行管孔检查。表面、超声波、涡流或磁记忆检测分别按 NB/T 47013.5《承压设备无损检测 第 5 部分：渗透检测》、DL/T 1105.2《电站锅炉集箱小口径接管座角焊缝无损检测技术导则 第 2 部分：超声检测》、DL/T 1105.3《电站锅炉集箱小口径接管座角焊缝无损检测技术导则 第 3 部分：涡流检测》和 DL/T 1105.4《电站锅炉集箱小口径接管座角焊缝无损检测技术导则 第 4 部分：

磁记忆检测》执行。

2）小口径管道上的管件和阀壳的检验与处理参照本节二、（1）执行。

3）对联络管（旁通管）、高压门杆漏气管道、疏水管等小口径管道的管段、管件和阀壳，运行 10 万 h 以后，根据检查情况，宜全部更换。

（5）若高压旁路阀门后的低温再热蒸汽管道为碳钢管，应更换为合金钢管。

（6）工作温度高于或等于 450℃、运行时间较长和受力复杂的碳钢、钼钢制蒸汽管道，重点检验石墨化和珠光体球化；对石墨化倾向日趋严重的管道，应按规定做好管道运行、维修，防止超温、水冲击等；碳钢的石墨化和珠光体球化评级按 DL/T 786《碳钢石墨化检验及评级标准》和 DL/T 674《火电厂用 20 号钢珠光体球化评级标准》执行，钼钢的石墨化和珠光体球化评级可参考 DL/T 786《碳钢石墨化检验及评级标准》和 DL/T 674《火电厂用 20 号钢珠光体球化评级标准》。

（7）服役温度在 400～450℃范围内的管道，运行 8 万 h 后根据设备运行状态，随机抽查硬度和金相组织，下次抽查时间和比例根据上次检查结果确定。

（8）对运行时间达到或超过 20 万 h、工作温度高于或等于 450℃的主蒸汽管道、高温再热蒸汽管道，根据检测的金相组织、硬度状况宜割管进行材质评定，割管部位应包括焊接接头。当割管试验表明材质损伤严重时（材质损伤程度根据割管试验的各项力学性能指标和微观金相组织的老化程度由金属监督人员确定），应进行寿命评估；管道寿命评估按 DL/T 940《火力发电厂蒸汽管道寿命评估技术导则》执行。

（9）已运行 20 万 h 的 12CrMoG、15CrMoG、12Cr1MoVG、12Cr2MoG（2.25Cr-1Mo、P22、10CrMo910）钢制蒸汽管道，经检验符合下列条件，直管段一般可继续运行至 30 万 h：

1）实测最大蠕变应变小于 0.75% 或最大蠕变速度小于 $0.35 \times 10^{-5}$%/h。

2）监督段金相组织未严重球化（即未达到 5 级）。12CrMoG、15CrMoG 钢的珠光体球化评级按 DL/T 787《火力发电厂用 15CrMo 钢珠光体球化评级标准》执行，12Cr1MoVG 钢的珠光体球化评级按 DL/T 773《火电厂用 12CrMoV 钢球化评级标准》执行，12Cr2MoG、2.25Cr-1Mo、P22 和 10CrMo910 钢的珠光体球化评级按 DL/T 999《电站用 2.25Cr-1Mo 钢球化评级标准》执行。

3）未发现严重的蠕变损伤。

（10）12CrMoG、15CrMoG、12Cr1MoVG、12Cr2MoG 和 15Cr1Mo1V 钢制蒸汽管道，当蠕变应变达到 0.75% 或蠕变速度大于 $0.35 \times 10^{-5}$%/h，应割管进行材质评定和寿命评估。

（11）运行 20 万 h 的主蒸汽管道、再热蒸汽管道，经检验发现下列情况之一时，应及时处理或更换：

1）自机组投运以后，一直提供蠕变测量数据，其蠕变应变达 1.5%。

2）一个或多个晶粒长的蠕变微裂纹。

（12）对 15Cr1Mo1V 钢制管道每次 A 级检修，焊缝应按数量的 50% 进行磁粉、超声波检测；对焊缝裂纹的挖补，宜采用 R317 或 R317L 焊条，或采用去 Nb 的 337 焊条进行焊接。

（13）工作温度高于或等于 450℃的锅炉出口、汽轮机进口的导汽管，根据不同的机组型号在运行 5 万～10 万 h 范围内，进行外观和无损检验，以后检验周期约为 5 万 h。对启停次数较多、原始椭圆度较大和运行后有明显复圆的弯管，特别注意，发现超标缺陷或裂纹时，应及时更换。

**五、9%～12%Cr 系列钢制管道、管件的在役检验监督**

（1）9%～12%Cr 系列钢包括 10Cr9Mo1VNbN/P91、10Cr9MoW2VNbBN/P92、10Cr11MoW2VNbCu1BN/P122、X20CrMoV121、X20CrMoWV121、CSN417134 等。

（2）管道、管件制造前对其管材的检验参照一、（4）中相关条款执行，并按以下条款进行检验：

1）对管材应进行 100%硬度检验，直管段母材的硬度应均匀，硬度控制在 185～250HB。硬度检验按本节一、（5）执行，若硬度低于或高于规定值，按本节一、（6）处理。

2）对管材按管道段数的 20%进行金相组织检验。δ–铁素体含量的检验用金相显微镜在 100 倍下检查，取 10 个视场的平均值，金相组织中的δ–铁素体含量不超过 5%。

3）对 P92 钢管端部（0～500mm 区段）100%进行超声波检测，重点检查夹层类缺陷。夹层检验按 BS EN 10246《钢管的无损检测 第 14 部分：无缝和焊接（埋弧焊除外）钢管分层缺欠的超声检测》执行并按本节一、（4）9）中的规定检验验收。P91 钢管端部夹层类缺陷检查按钢管数量的 30%进行，若发现超标夹层缺陷，应扩大检查范围。

（3）热推、热压和锻造管件的硬度应均匀，且控制在 180～250HB；F92 锻件的硬度控制在 180～269HB。管道、管件的硬度检验按本节一、（5）执行，若硬度低于或高于规定值，按本节一、（6）执行。

（4）对于公称直径大于 150mm 或壁厚大于 20mm 的管道，100%进行焊接接头硬度检验；其余规格管道的焊接接头按 5%抽检；焊后热处理记录显示异常的焊接接头应进行硬度检验；焊缝硬度应控制在 185～270HB，热影响区的硬度应高于等于 175HB。

（5）硬度检验的打磨深度通常为 0.5～1.0mm，并以 120 号或更细的砂轮、砂纸精磨。表面粗糙度 $Ra<1.6\mu m$；硬度检验部位包括焊缝和近缝区的母材，同一部位至少测量 5 点。

（6）母材、焊缝硬度超出控制范围，首先在原测点附近两处和原测点 180°位置再次进行测量；其次在原测点可适当打磨较深位置，打磨后的管道壁厚不应小于按 GB 50764《电厂动力管道设计规范》计算的最小需要厚度。

（7）对于公称直径大于 150mm 或壁厚大于 20mm 的管道，按 20%进行焊接接头金相组织检验。焊缝组织中的δ–铁素体含量不超过 5%，最严重视场中不超过 10%；熔合区金相组织中的δ–铁素体含量不超过 10%，最严重视场中不超过 20%。观察整个检验面，100 倍下取 10 个视场的平均值。

（8）对制造、安装焊接接头按 20%进行无损检测抽查，表面检测按 NB/T 47013.5 执行，超声波检测按 DL/T 820《管道焊接接头超声波检验技术规程》执行。根据缺陷情况，必要时采用超声衍射时差法（TOFD）对可疑的小缺陷进行跟踪检查并记录。TOFD 检测按 DL/T 1317《火力发电厂焊接接头超声衍射时差检测技术规程》执行。

（9）机组服役期间管道、管件的监督检验参照本节四、（1）～（4）执行。

（10）机组服役 3～4 个 A 级检修时，根据机组运行情况、历次检测结果以及国内其他机组 9%～12%Cr 系列钢制管道的运行/检验情况，宜在主蒸汽管道监督段、高温再热蒸汽管道割管进行以下试验：

1）化学成分分析。

2）硬度检验，并与每次检修现场检测的硬度值进行比较。

3）拉伸性能（室温、服役温度）。

4）室温冲击性能。

5）微观组织的检验与分析（光学金相显微镜、透射电子显微镜检验）。

6）依据试验结果，对管道的材质状态作出评估，由金属专责工程师确定下次割管时间。

7）第 2 次割管除进行本节五、（10）1）～5）试验外，还应进行持久断裂试验。

8）第 2 次割管试验后，依据试验结果，对管道的材质状态和剩余寿命作出评估。

（11）对服役温度高于 600℃的 9%～12%Cr 钢制高温再热蒸汽管道、管件，机组每次 A 级检修或 B 级检修，应对外壁氧化情况进行检查，宜对内壁氧化层进行测量；运行 2～3 个 A 级检修，宜割管进行本节五、（10）1）～5）规定的试验；其焊缝检验参照本节（四）、（3）执行。

（12）对安装期间来源不清或有疑虑的管材，首先应对管材进行鉴定性检验，检验项目包括：

1）直管段和管件的光谱、硬度检查。

2）直管段和管件的壁厚、外径检查。

3）按 10%对直管段和管件进行超声波探伤。

4）割管取样进行本节五、（10）1）～5）试验项目。

5）依据试验结果，对管道的材质状态作出评估。

（13）每次 A 级检修应对大直径三通进行检验，第一次 A 修，安装前未全面进行检验的，应进行全面检验；金相，硬度正常的，应做好局部的磁粉检测和焊缝的磁粉和超声波检测。

## 六、在役高温管道专项要求

在开展金属监督检验过程中，发现部分 P91 主蒸汽管道提前失效，该问题暴露了材料劣化速度超过标准预期，强度不能满足要求，给设备运行带来严重的安全隐患。为消除隐患，避免承压管道事故的发生，发电企业应加强主蒸汽、再热蒸汽管道检测评估工作，会同相关检验检测部门开展高温高压管道的专项检测及技术评估工作。具体工作要求如下：

（1）对 9%～12%Cr 钢主蒸汽管道、高温再热蒸汽管道及其附件，发电企业应按规定在 10 万 h 内完成所有部件的检验，并进行状态评估；对工作温度在 580℃以上且材料为 P91 的，应在 6 万 h 内完成所有部件的检验，并进行状态评估。

（2）对其他低合金耐热钢及碳钢主蒸汽管道、高温再热蒸汽管道及其附件，应按规定进行检测及评估。

（3）对材料硬度、金相组织异常的部件，应采用多种方法检测并进行综合评估；对遗留缺陷，应对其进行定量评估，监督缺陷的发展。

（4）各发电企业应会同检验检测部门开展 P91、P92 等新型材料长期运行条件下性能劣化规律的研究，建立管理档案，为集团公司机组安全运行提供技术数据支持。P91、P92 钢主蒸汽管道、高温再热蒸汽管道及其附件监督检验项目见表 8–1，低合金耐热钢及碳钢主蒸汽管道、高温再热蒸汽管道及其附件监督检验项目见表 8–2。

表 8-1　　　P91、P92 钢主蒸汽管道、高温再热蒸汽管道及其附件监督检验项目

| 检查部件 | 检查项目 | 检查周期 | 检查比例及内容 | 说明 |
|---|---|---|---|---|
| 直管 | 测厚 | 每次 A（B）级检修抽查，至 10 万 h 检查完毕。以后的检查周期为 10 万 h | A 级检修抽查比例不小于 20%，B 级检修不小于 10% | |
| | 金相、硬度 | 每次 A（B）级检修抽查，至 10 万 h 检查完毕。以后的检查周期为 10 万 h | A 级检修抽查比例不小于 20%，B 级检修不小于 10% | |
| | 割管 | 第 3 个 A 级检修（约 10 万 h） | 硬度、拉伸、冲击试验和微观组织光学金相和透射电镜检验等 | 在监督段割管。下一割管周期根据检验结果确定 |
| 弯头、弯管 | 测厚 | 每次 A（B）级检修抽查，至 10 万 h 检查完毕。以后的检查周期为 10 万 h | A 级检修抽查比例不小于 20%，B 级检修不小于 10% | 在弯头 / 弯管外弧侧 22.5°、45.0°、67.5°各测一点 |
| | | 每次 A 级检修 | 100% | 安装前椭圆度较大或外弧侧壁厚较薄的弯头/弯管 |
| | 金相、硬度 | 每次 A（B）级检修抽查，至 10 万 h 检查完毕。以后的检查周期为 10 万 h | A 级检修抽查比例不小于 20%，B 级检修不小于 10% | |
| | | 每次 A 级检修 | 100% | （1）安装前硬度、金相组织异常或不圆度较大、外弧侧壁厚较薄的。（2）锅炉出口第一个和汽轮机入口邻近的弯头/弯管 |
| | 磁粉/渗透、超声波 | 每次 A（B）级检修抽查，至 10 万 h 检查完毕。以后的检查周期为 10 万 h | A 级检修抽查比例不小于 20%，B 级检修不小于 10% | 外弧侧进行表面无损检测，内壁表面进行超声波检测 |
| 对接焊缝 | 磁粉/渗透、超声波（相控阵/TOFD） | 每次 A（B）级检修抽查，至 10 万 h 检查完毕。以后的检查周期为 10 万 h | A 级检修抽查比例不小于 20%，B 级检修不小于 10% | 优先检查人行步道附近和有记录缺陷的位置。两侧不等厚对接焊缝增加相控阵，发现缺陷定量定性时增加 TOFD |
| | 金相、硬度 | 每次 A（B）级检修抽查，至 10 万 h 检查完毕。以后的检查周期为 10 万 h | A 级检修抽查比例不小于 20%，B 级检修不小于 10% | |
| 三通、阀门壳体 | 磁粉/渗透 | 每次 A（B）级检修抽查，至 10 万 h 检查完毕。以后的检查周期为 10 万 h | A 级检修抽查比例不小于 20%，B 级检修不小于 10% | |
| | 金相、硬度 | 每次 A（B）级检修抽查，至 10 万 h 检查完毕。以后的检查周期为 10 万 h | A 级检修抽查比例不小于 20%，B 级检修不小于 10% | |
| 异径管 | 磁粉/渗透超声波（相控阵） | 每次 A（B）级检修抽查，至 10 万 h 检查完毕。以后的检查周期为 10 万 h | A 级检修抽查比例不小于 20%，B 级检修不小于 10% | 两侧不等厚对接焊缝增加相控阵 |
| | 测厚 | 每次 A（B）级检修抽查，至 10 万 h 检查完毕。以后的检查周期为 10 万 h | A 级检修抽查比例不小于 20%，B 级检修不小于 10% | |
| | 金相、硬度 | 每次 A（B）级检修抽查，至 10 万 h 检查完毕。以后的检查周期为 10 万 h | A 级检修抽查比例不小于 20%，B 级检修不小于 10% | |

续表

| 检查部件 | 检查项目 | 检查周期 | 检查比例及内容 | 说明 |
|---|---|---|---|---|
| 硬度或组织异常部件 | 硬度和金相 | 每次A级或B级检修 | 对每件异常部件进行硬度和金相检验 | |
| | 压痕法 | 每次A级或B级检修 | 对每件异常部件压痕法检测材料抗拉强度 | |
| 含缺陷部件 | 常规超声或射线 | 每次A级或B级检修 | 对含缺陷部件按上述方法进行检验之外 | |
| | TOFD检测方法 | 每次A级或B级检修 | 对内部缺陷进行TOFD检测,确定尺寸。监测缺陷的发展 | |
| | 超声相控阵检测方法 | 每次A级或B级检修 | 对内部缺陷进行超声相控阵检测,对缺陷进行定性定量,并检测缺陷的发展 | |

**表 8-2　低合金耐热钢及碳钢主蒸汽管道、高温再热蒸汽管道及其附件监督检验项目**

| 检查部件 | 检查项目 | 检查周期 | 检查比例及方法 | 备注 |
|---|---|---|---|---|
| 直管 | 测厚 | 每次A(B)级检修抽查,至10万h检查完毕。以后的检查周期为10万h | A级检修抽查比例不小于20%,B级检修不小于10% | |
| | 金相、硬度 | 每次A(B)级检修抽查,至20万h检查完毕。以后的检查周期为10万h | 抽查比例不小于10% | |
| | 割管 | 运行时间超过20万h | 工作温度高于450℃的管道,应割管进行材质评定 | |
| 弯头、弯管 | 测厚 | 每次A(B)级检修抽查,至10万h检查完毕。以后的检查周期为10万h | Λ级检修抽查比例不小于20%,B级检修不小于10% | 在弯头/弯管外弧侧22.5°、45.0°、67.5°各测一点 |
| | | 每次A级检修 | 100% | 安装前椭圆度较大或外弧侧壁厚较薄的弯头/弯管 |
| | 金相、硬度 | 每次A(B)级检修抽查,至10万h检查完毕。以后的检查周期为10万h | A级检修抽查比例不小于30%,B级检修不小于20% | |
| | | 每次A级检修 | 100% | (1)安装前硬度、金相组织异常或不圆度较大、外弧侧壁厚较薄的。(2)锅炉出口第一个和汽轮机入口邻近的弯头/弯管 |
| | 磁粉/渗透超声波 | 每次A(B)级检修抽查,至10万h检查完毕。以后的检查周期为10万h | A级检修抽查比例不小于20%,B级检修不小于10% | 外弧侧进行表面无损检测,内壁表面进行超声波检测 |
| 对接焊缝 | 磁粉/渗透超声波(超声相控阵/TOFD) | 每次A(B)级检修抽查,至10万h检查完毕。以后的检查周期为10万h | A级检修抽查比例不小于20%,B级检修不小于10% | (1)优先检查人行步道附近和有记录行缺陷的位置。(2)两侧不等厚对接焊缝增加超声相控阵。(3)发现缺陷定量定性时增加TOFD |

| 检查部件 | 检查项目 | 检查周期 | 检查比例及方法 | 备注 |
|---|---|---|---|---|
| 对接焊缝 | 金相、硬度 | 每次A（B）级检修抽查，至20万h检查完毕。以后的检查周期为10万h | 抽查比例不小于10% | |
| 三通、阀门壳体 | 磁粉/渗透 | 每次A（B）级检修抽查，至10万h检查完毕。以后的检查周期为10万h | A级检修抽查比例不小于20%，B级检修不小于10% | |
| | 金相、硬度 | 每次A（B）级检修抽查，至10万h检查完毕。以后的检查周期为10万h | A级检修抽查比例不小于30%，B级检修不小于20% | |
| 异径管 | 磁粉/渗透超声波（相控阵） | 每次A（B）级检修抽查，至10万h检查完毕。以后的检查周期为10万h | A级检修抽查比例不小于20%，B级检修不小于10% | |
| | 测厚 | 每次A（B）级检修抽查，至10万h检查完毕。以后的检查周期为10万h | A级检修抽查比例不小于20%，B级检修不小于10% | |
| | 金相、硬度 | 每次A（B）级检修抽查，至10万h检查完毕。以后的检查周期为10万h | A级检修抽查比例不小于30%，B级检修不小于20% | |
| 硬度或组织异常部件 | 硬度和金相 | 每次A级或B级检修 | 对每件异常部件进行硬度和金相检验 | |
| | 压痕法 | 每次A级或B级检修 | 对每件异常部件压痕法检测材料抗拉强度 | |
| 含缺陷部件 | 常规超声或射线 | 每次A级或B级检修 | 对含缺陷部件按上述方法进行检验之外 | |
| | TOFD检测方法 | 每次A级或B级检修 | 对内部缺陷进行TOFD检测，确定尺寸。监测缺陷的发展 | |
| | 超声相控阵检测方法 | 每次A级或B级检修 | 对内部缺陷进行超声相控阵检测，对缺陷进行定性定量，并检测缺陷的发展 | |

# 第三节　高温集箱的金属监督

## 一、制造、安装检验

（1）对集箱制造质量的技术文件进行见证，内容应符合国家标准、行业标准、企业标准：

1）母材和焊接材料的化学成分、力学性能、工艺性能。管材技术条件应符合 GB 5310《高压锅炉用无缝钢管》、GB/T 16507.2《水管锅炉　第2部分：材料》中相关条款的规定及合同规定的技术条件，进口管材应符合相应国家的标准及合同规定的技术条件；高温集箱材料及制造有关技术条件参见相关标准。

2）制造商对集箱材料进行的理化性能复验报告，或制造商验收人员按照采购技术要求在材料制造单位进行验收，并签字确认的质量证明书。

3）制造商提供的集箱图纸、强度计算书。

4）制造商提供的焊接及焊后热处理资料。对于首次使用的集箱材料，制造商应提供焊接工艺评定报告。

5）制造商提供的焊接接头探伤资料。

6）在制造厂进行的水压试验资料。

7）设计修改资料，制造缺陷的返修处理记录。

（2）集箱安装前，电力安装单位应按 DL 5190.2《电力建设施工技术规范 第 2 部分：锅炉机组》进行相关检验，同时应由有资质的检测单位进行如下检验：

1）对母材和焊缝表面进行 100%宏观检验，重点检验焊缝的外观质量。母材不允许有裂纹、尖锐划痕、重皮、腐蚀坑等缺陷；筒体焊缝和管座角焊缝不允许存在裂纹、未熔合以及气孔、夹渣、咬边、根部凸出和内凹等超标缺陷，管座角焊缝应圆滑过渡。对一些可疑缺陷，必要时进行表面检测。

2）对合金钢制高温集箱每个筒节、封头和每道焊缝进行光谱检验，每种规格的管接头按 20%进行光谱抽查，但不应少于 1 个。

3）对高温集箱筒体、封头进行壁厚测量，每个筒体、封头至少测 2 个部位，特别注意环焊缝邻近区段的壁厚。对不同规格的管接头按 20%测量壁厚，但不应少于 1 个。壁厚应满足设计要求，不应小于壁厚偏差所允许的最小值且不应小于制造商提供的最小需要厚度。

4）对集箱制造环焊缝按 10%进行表面检测和超声波检测；筒体壁厚小于 80mm 的管座角焊缝和手孔管座角焊缝按 30%进行表面检测复查，筒体壁厚大于或等于 80mm 的管座角焊缝和手孔管座角焊缝按 50%进行表面检测复查。一旦发现裂纹，应扩大检查比例，必要时对管座角焊缝进行超声波、涡流和磁记忆检测。环焊缝超声波检测按 DL/T 820《管道焊接接头超声波检验技术规程》执行，表面检测按 NB/T 47013.5《承压设备无损检测 第 5 部分：渗透检测》执行，管座角焊缝超声波、涡流和磁记忆检测按 DL/T 1105.2《电站锅炉集箱小口径接管座角焊缝无损检测技术导则 第 2 部分：超声检测》、DL/T 1105.3《电站锅炉集箱小口径接管座角焊缝无损检测技术导则 第 3 部分：涡流检测》、DL/T 1105.4《电站锅炉集箱小口径接管座角焊缝无损检测技术导则 第 4 部分：磁记忆检测》执行。

5）检验集箱上接管的形位偏差应符合设计规定。

6）对存在内隔板的集箱，应对内隔板与筒体的角焊缝进行内窥镜检测。

7）用内窥镜检查减温器喷孔、内套筒表面情况及焊接质量，内套筒分段焊接时，焊接接口应开坡口。

8）对合金钢制集箱，按筒体段数和制造焊缝的 20%进行硬度检验，所查集箱的母材及焊缝至少各选 1 处；对集箱过渡段 100%进行硬度检验。硬度检测方法按本章第二节（一）、（5）执行，若硬度低于或高于规定值，按本章第二节（一）、（6）执行。

9）用于制作集箱的 9%～12%Cr 钢管硬度应控制在 185～250HB，集箱的母材硬度应控制在 180～250HB，焊缝的硬度应控制在 185～270HB，热影响区的硬度应高于或等于 175HB，母材和焊缝的金相组织按照本章第二节（五）、（2）2）和本章第二节五、（7）执行。

（3）集箱筒体、焊缝有下列情况时，应予返修或判不合格：

1）母材存在裂纹或无损探伤等超标缺陷。

2）焊缝存在裂纹、未熔合以及超标的气孔、夹渣，咬边等超标缺陷。

3）筒体和管座的壁厚小于按 GB/T 16507.4《水管锅炉　第 4 部分：受压元件强度计算》计算的最小需要厚度。

4）筒体与管座形式、规格、材料牌号不匹配。

5）筒体或焊缝的硬度不满足本规程的规定。

（4）安装焊缝的外观、光谱、硬度、金相和无损探伤的比例、质量要求由安装单位按 DL/T 5210.2《电力建设施工质量验收及评价规程　第 2 部分：锅炉机组》、DL/T 5210.7《电力建设施工质量验收及评价规程　第 7 部分：焊接》和 DL/T 869《火力发电厂焊接技术规程》中的规定执行。对 9%～12%Cr 类钢制集箱安装焊缝的母材、焊缝的硬度和金相组织按照本节一、（2）9）执行。

（5）对超（超）临界锅炉，安装前和安装后应重点进行以下检查：

1）集箱、减温器等应进行 100%内窥镜检查，发现异物应清理，重点检查集箱内部孔缘倒角、接管座角焊缝根部未熔合、未焊透、超标焊瘤等缺陷，异物以及水冷壁或集箱节流圈。

2）锅炉冲管后及整套启动前应对屏式过热器、高温过热器、高温再热器进口集箱以及减温器的内套筒衬垫部位进行内窥镜检查，重点检查有无异物堵塞。

3）集箱水压试验后临时封堵口的割除，检修管子及手孔的切割应采用机械切割，不应采用火焰切割；返修焊缝、焊缝根部缺陷应采用机械方法消缺。

（6）集箱要保温良好，严禁裸露运行，保温材料应符合设计要求。运行中严防水、油渗入集箱保温层；保温层破裂或脱落时，应及时修补；更换的保温材料不应对管道金属有腐蚀作用；严禁在集箱筒体上焊接保温拉钩。

（7）安装单位应向电厂提供与实际集箱相对应的以下资料：

1）安装焊缝坡口形式、焊接及热处理工艺和各项检验结果。

2）筒体的外观、壁厚检验结果。

3）合金钢制集箱筒体、焊缝的硬度和金相组织检验结果。

4）合金钢制集箱筒体、焊缝及接管的光谱检验记录。

5）安装过程中异常情况及处理记录。

（8）监理单位应向电厂提供集箱筒体、接管原材料检验、焊接工艺执行监督以及安装质量检验监督等相应的监理资料。

## 二、在役机组的检验监督

（1）机组每次 A 级检修或 B 级检修，应对集箱进行以下项目和内容的检验：

1）对安装前发现的硬度、金相组织异常的集箱筒体部位、焊缝进行硬度和金相组织检验。

2）对缺陷较严重的焊缝进行无损检测复查。

3）机组每次 A 级检修，应查阅集箱筒体、封头环焊缝的制造、安装检验记录，根据安装前及安装过程中对焊缝质量（无损检测、硬度、金相组织以及壁厚、外观等）的检测评估，对质量相对较差、返修过的焊缝进行外观、无损检测、硬度及壁厚检测；对正常焊缝，每个集箱宜抽查 1 道焊缝。以后的检验重点为质量较差、返修、受力较大部位以及壁厚较薄部位的焊缝；逐步扩大对正常焊缝的抽查，后次 A 级检修的抽查为前次未检的焊缝，至 3～4 个 A 级检修完成全部焊缝的检验。对一些缺陷较严重的焊缝，无论机组 A 级检修或 B 级检修，均应复查。焊缝表面检测按 NB/T 47013.5《承压设备无损检测　第 5 部分：渗透检测》执行，超声波检测按 DL/T 820《管道焊接接头超声波检验技术规程》规定执行。

4）机组每次 A 级检修或 B 级检修，按 20%对集箱管座角焊缝进行抽查外观检验和表面检测，必要时进行超声波、涡流或磁记忆检测，重点检查定位管及其附近接管座焊缝、制造质量检查中缺陷较严重的角焊缝。后次抽查部位为前次未检部位，至 3～4 个 A 级检修完成100%检验。表面、超声波、涡流或磁记忆检测分别按 NB/T 47013.5《承压设备无损检测 第5 部分：渗透检测》、DL/T 1105.2《电站锅炉集箱小口径接管座角焊缝无损检测技术导则 第 2部分：超声检测》、DL/T 1105.3《电站锅炉集箱小口径接管座角焊缝无损检测技术导则 第 3 部分：涡流检测》和 DL/T 1105.4《电站锅炉集箱小口径接管座角焊缝无损检测技术导则 第 4部分：磁记忆检测》执行。

5）机组每次 A 级检修或 B 级检修，应宏观检查与集箱相连的接管的氧化、腐蚀、胀粗等；环形集箱弯头/弯管外观应无裂纹、重皮和损伤，外形尺寸符合设计要求。

6）根据集箱的运行参数，按筒节、焊缝数量的 10%（选温度最高的部位，至少选 1 个筒节、1 道焊缝）对筒节、焊缝及邻近母材进行硬度和金相组织检验，后次的检查部位为首次检查部位或其邻近区域；对集箱过渡段 100%进行硬度检验。硬度检验按本章第二节一、（5）执行，若硬度低于或高于规定值，应分析原因，并提出监督运行措施。

7）对集箱的 T23 钢制接管座角焊缝应进行外观检验和表面检测，抽查重点为外侧第 1、2 排管座。

8）对过热器、再热器集箱排空管接管座焊缝应进行外观检验和表面检测，对排空管座内壁、管孔进行超声波检验，必要时进行内窥镜检查；应对排空用一次门和取样用三通之间管道内表面进行超声波检验。

9）机组每次 A 级检修或 B 级检修，应检查与集箱相联的小口径管道（疏水管、测温管、压力表管、空气管、安全阀、排气阀、充氮、取样、压力信号等）管座角焊缝，检查数量、方法按照本章第二节四、（4）1）执行。

10）机组每次 A 级检修对集汽集箱的安全门、对空排汽门管座角焊缝和大直径三通焊缝进行无损检测。

11）机组每次 A 级检修对吊耳与集箱焊缝进行外观检验和表面检测，必要时进行超声波检测。

12）对存在内隔板的集箱，运行 10 万 h 后用内窥镜对内隔板位置及焊缝进行全面检查。

13）顶棚过热器管发生下陷时，应检查下垂部位集箱的弯曲度及其连接管道的位移情况。

（2）服役温度在 400～450℃范围内的集箱，运行 8 万 h 后根据设备运行状态，随机对筒体、焊缝的硬度和金相组织进行抽查，下次抽查时间和比例根据上次检查结果确定。同时参照本节二、（1）对集箱表面质量、管座角焊缝和环焊缝进行检查。

（3）根据设备状况，结合机组检修，对减温器集箱进行以下检查：

1）对混合式（文丘里式）减温器集箱用内窥镜检查内壁、内衬套、喷嘴，应无裂纹、磨损、腐蚀脱落等情况，对安装内套管的管段进行胀粗检查。

2）对内套筒定位螺栓封口焊缝和喷水管角焊缝进行表面检测。

3）表面式减温器运行约 2 万～3 万 h 后进行抽芯，检查冷却管板变形、内壁裂纹、腐蚀情况及冷却管水压检查泄漏情况，以后每隔约 5 万 h 检查一次。

4）减温器集箱对接焊缝按本节二、（1）3）的规定进行无损检测。

（4）工作温度高于或等于 400℃的碳钢、钼钢制集箱，当运行至 10 万 h，应进行石墨化检查，以后的检查周期约 5 万 h；运行至 20 万 h 时，每次机组 A 级检修或 B 级检修按本节二、（1）中有关条款执行。

（5）已运行 20 万 h 的 12CrMoG、15CrMoG、12Cr2MoG（2.25Cr-1Mo、P22、10CrMo910）、12Cr1MoVG 钢制集箱，经检查符合下列条件，筒体一般可继续运行至 30 万 h：

1）金相组织未严重球化（即未达到 5 级）。

2）未发现严重的蠕变损伤。

3）筒体未见明显胀粗。

（6）对珠光体球化达到 5 级，硬度下降明显的集箱，应进行寿命评估。集箱寿命评估参照 DL/T 940《火力发电厂蒸汽管道寿命评估技术导则》执行。

（7）集箱发现下列情况时，应及时处理或更换：

1）当发现本节一、（3）所列规定之一时。

2）筒体产生蠕变裂纹或严重的蠕变损伤（蠕变损伤 4 级及以上）时。

3）碳钢和钼钢制集箱，当石墨化达 4 级时，应予更换；石墨化评级按 DL/T 786《碳钢石墨化检验及评级标准规定》执行。

4）集箱筒体周向胀粗超过公称直径的 1%时。

（8）9%～12%Cr 钢制集箱运行期间的监督检验按照本节二、（1）中有关条款执行，并参照第二节中有关条款执行。

（9）对服役温度高于 600℃的 9%～12%Cr 钢制集箱，机组每次 A 级检修或 B 级检修，应对外壁氧化情况进行检查，宜对内壁氧化层进行测量；特别关注高温再热蒸汽集箱接管外壁氧化情况和内壁氧化层的测量。

## 第四节　给水管道和低温集箱的金属监督

### 一、制造、安装检验

（1）给水管道材料、制造和安装检验按照第二节一、中的相关条款执行。

（2）低温集箱材料、制造和安装检验按照第三节一、中的相关条款执行。

### 二、在役机组的检验监督

（1）机组每次 A 级检修，应对拆除保温层的管道、集箱部位进行筒体、焊接接头和弯头/弯管的外观质量检查，一旦发现表面裂纹、严重划痕、重皮和严重碰磨等缺陷，应予以消除。管道、集箱缺陷清除处的实际壁厚分别不应小于按 GB 50764《电厂动力管道设计规范》、GB/T 16507.4《水管锅炉　第 4 部分：受压元件强度计算》计算的最小需要厚度。首次检验应对主给水管道调整阀门后的管段和第一个弯头进行检验。对一些可疑缺陷，必要时进行表面检测。

（2）机组每次 A 级检修或 B 级检修，应检查与集箱相联的小口径管道（疏水管、测温管、压力表管、空气管、安全阀、排气阀、充氮、取样、压力信号等）管座角焊缝，检查数量、方法按照第二节四、（4）1）执行。

（3）机组每次 A 级检修，应对集箱筒体、封头环焊缝进行检查，检查数量、项目和方法按照第三节二、（1）3）执行。

（4）机组每次 A 级检修或 B 级检修，按 20%对集箱管座角焊缝进行抽查外观检验和表面检测，必要时进行超声波、涡流或磁记忆检测，重点检查制造质量检查中缺陷较严重的角焊缝。后次抽查部位为前次未检部位，至 3～4 个 A 级检修期完成 100%检验。表面、超声波、涡流或磁记忆检测分别按 NB/T 47013.5《承压设备无损检测　第 5 部分：渗透检测》、DL/T 1105.2《电站锅炉集箱小口径接管座角焊缝无损检测技术导则　第 2 部分：超声检测》、DL/T 1105.3《电站锅炉集箱小口径接管座角焊缝无损检测技术导则　第 3 部分：涡流检测》和 DL/T 1105.4《电站锅炉集箱小口径接管座角焊缝无损检测技术导则　第 4 部分：磁记忆检测》执行。

（5）机组每次 A 级检修，应对吊耳与集箱焊缝进行外观质量检验和表面检测，必要时进行超声波检测。

（6）机组每次 A 级检修，应查阅主给水管道焊缝的制造、安装检验记录，根据安装前及安装过程中对焊缝质量（无损检测、硬度、金相组织以及壁厚、外观等）的检测评估，对质量相对较差、返修过的焊缝进行外观、无损检测、硬度及壁厚检测；对正常焊缝，按不少于10%进行无损检测。以后的检验重点为质量较差、返修、受力较大部位以及壁厚较薄部位的焊缝；逐步扩大对正常焊缝的抽查，后次抽查为前次未检的焊缝，至 3～4 个 A 级检修期完成全部焊缝的检验。焊缝表面检测按 NB/T 47013.5《承压设备无损检测　第 5 部分：渗透检测》执行，超声波检测按 DL/T 820《管道焊接接头超声波检验技术规程》规定执行。

（7）机组每次 A 级检修或 B 级检修，应对主给水管道的三通、阀门进行外表面检验，特别注意与三通、阀门相邻的焊缝，一旦发现可疑缺陷，应进行表面检测，必要时进行超声波检测。

（8）机组每次 A 级检修或 B 级检修，应对主给水管道、集箱焊缝上相对较严重的缺陷进行复查；对偏离硬度正常值的区段和焊缝进行跟踪检验。

（9）机组每次 A 级检修或 B 级检修，应对主给水管道、集箱筒体、焊缝在制造、安装中发现的硬度较低或较高的区域进行硬度抽查，以与原测量数值进行比较。若无制造、安装中的测量数值，首次 A 级检修或 B 级检修按集箱数量和主给水管段数量的 20%对母材进行硬度检测，按焊缝数量的 20%进行硬度检测。若发现硬度偏离正常值，应分析原因，提出处理措施。此后的监督主要为硬度异常的区段和焊缝。

## 第五节　受热面管的金属监督

### 一、制造、安装前检验

（1）受热面管屏制造、安装前，应检查见证管材质保书，其内容应符合第七章第四节中相关条款；检查见证焊材质保书，其内容应符合第七章第五节中相关条款。

（2）受热面管材主要见证以下内容：

1）管材制造商的质保书，进口管材的报关单和商检报告。

2）国产锅炉受热面用无缝钢管的质量应符合 GB 5310《高压锅炉用无缝钢管》、GB/T 16507.2《水管锅炉　第 2 部分：材料》的规定及订货技术条件，同时参照 NB/T 47019（所有部分）《锅炉、热交换器用管材订货技术条件》的规定；进口钢管的质量应符合相应的国外标准（若无相应国内外标准，可按企业标准）及订货技术条件，重要的钢管技术标准有 ASME SA–213/SA–213M《锅炉、过热器和热交换器用无缝铁素体、奥氏体合金钢管 技术条件》、DIN EN 10216–2《承压无缝钢管技术条件 第 2 部分：高温用碳钢和合金钢管》、DIN EN 10216–5《承压无缝钢管技术条件 第 5 部分：不锈钢管》，同时对比 NB/T 47019《锅炉、热交换器用管材订货技术条件》补齐缺少的检验项目。

3）管子内外表面不允许有大于以下尺寸的直道及芯棒擦伤缺陷：热轧（挤）管，大于壁厚的 5%，且最大深度为 0.4mm；冷拔（轧）钢管，大于公称壁厚的 4%，且最大深度为 0.2mm。对发现可能超标的直道及芯棒擦伤缺陷的管子，应取样用金相法判断深度。

4）管材入厂复检报告或制造商验收人员按照采购技术要求在材料制造单位进行验收，并签字确认。

5）细晶粒奥氏体耐热钢管晶粒度检验报告。

6）内壁喷丸的奥氏体耐热钢管的喷丸层检验报告，并对喷丸表面进行宏观检验。

a. 喷丸表面应洁净，无锈蚀或残留附着物，不应存在目视可见的漏喷区域，也不应存在喷丸过程中附加产生的机械损伤等宏观缺陷。

b. 有效喷丸层深度的测量可采用金相法或显微硬度曲线法。若采用金相法，有效喷丸层深度应不小于 70μm；若采用硬度曲线法，有效喷丸层深度应不小于 60μm。

c. 在喷丸管同一横截面距内壁面 60μm 处，沿时钟方向 3 点、6 点、9 点、12 点 4 个位置测得的硬度值应高于基体硬度的 100HV，且 4 个位置硬度值的差值不宜大于 50HV。

d. 喷丸管的质量验收按 DL/T 1603《奥氏体不锈钢锅炉管内壁喷丸层质量检验及验收技术条件》执行。

（3）受热面安装前，应见证设计、制作工艺和检验等资料，内容应符合国家、行业标准，包括：

1）受热面管屏图纸、管子强度计算书和过热器、再热器壁温计算书，设计修改等资料。

2）对于首次用于锅炉受热面的管材和异种钢焊接，锅炉制造商应提供焊接工艺评定报告。

3）管屏的焊接、焊后热处理报告。

4）制造缺陷的返修处理报告。

5）管子（管屏）焊缝的无损检测报告，应符合 GB/T 16507.6《水管锅炉 第 6 部分：检验、试验和验收》的规定。

6）管屏的几何尺寸检验报告应符合 GB/T 16507.6《水管锅炉 第 6 部分：检验、试验和验收》的规定。

7）合金钢管屏管材及焊缝的光谱检验报告。

8）管子的对接接头或弯管的通球检验记录，通球球径应符合 GB/T 16507.6《水管锅炉 第 6 部分：检验、试验和验收》的规定。

9）锅炉的水压试验报告，应符合 GB/T 16507.6《水管锅炉 第 6 部分：检验、试验和验收》的规定。

（4）膜式水冷壁鳍片应选与管子同类的材料。

（5）弯曲半径小于 1.5 倍管子公称外径的小半径弯管宜采用热弯；若采用冷弯，当外弧伸长率超过工艺要求的规定值时，弯制后应进行回火处理。

（6）奥氏体耐热钢管冷弯后是否进行固溶处理参照 ASME–I《锅炉制造规程》中 PG19 执行。弯心半径小于 2.5D 或接近 2.5D（D 为钢管直径）的奥氏体不锈钢管冷弯后宜进行固溶处理，热弯温度应控制在要求的温度范围内，否则热弯后也应重新进行固溶处理。

（7）受热面安装前，应进行以下检验：

1）对受热面管屏、管排的平整度和部件外形尺寸进行 100%的检查，管排的平整度和部件外形尺寸应符合图纸要求；吊卡结构、防磨装置、密封部件质量良好；螺旋管圈水冷壁悬吊装置与水冷壁管的连接焊缝应无漏焊、裂纹及咬边等超标缺陷；液态排渣炉水冷壁的销钉高度和密度应符合图纸要求，销钉焊缝无裂纹和咬边等超标缺陷。

2）应检查管内有无杂物、积水及锈蚀。

3）对管屏表面质量检查。管子的表面质量应符合 GB 5310《高压锅炉用无缝钢管》要求，对一些可疑缺陷，必要时进行表面检测；焊缝与母材应平滑过渡，焊缝应无表面裂纹、夹渣、弧坑等超标缺陷。焊缝咬边深度不超过 0.5mm，两侧咬边总长度不超过管子周长的 20%，且不超过 40mm。

4）对超（超）临界锅炉水冷壁用的管径较小、壁厚较大的 15CrMoG 钢制水冷壁管，壁厚较大的 T91 钢制过热器管，要特别注意管端 0～300mm 内外表面的宏观裂纹检查，监造宜按 10%对管端 0～300mm 内外表面进行表面检测。

5）同一材料制作的不同规格、不同弯曲半径的弯管各抽查 10 根，测量圆度、外弧侧壁厚减薄率和内弧侧表面轮廓度，应符合 GB/T 16507.5《水管锅炉 第 5 部分：制造》的规定。

6）膜式水冷壁的鳍片焊缝质量控制按 GB/T 16507.5《水管锅炉 第 5 部分：制造》执行，重点检查人孔门、喷燃器、三叉管等附近的手工焊缝，同时要检查鳍片管的扁钢熔深。

7）随机抽查受热面管子的外径和壁厚，不同材料牌号和不同规格的直段各抽查 10 根，每根测两点，管子壁厚不应小于制造商强度计算书中提供的最小需要厚度。

8）不同规格、不同弯曲半径的弯管各抽查 10 根，检查弯管的圆度、压缩面的皱褶波纹、弯管外弧侧的壁厚减薄率和内弧的壁厚，应符合 GB/T 16507.5《水管锅炉 第 5 部分：制造》规定。

9）对合金钢管及焊缝按数量的 10%进行光谱抽查。

10）抽查合金钢管及其焊缝硬度。不同规格、材料的管子各抽查 10 根，每根管子的焊缝母材各抽查 1 组。9%～12%Cr 钢制受热面管屏硬度控制在 180～250HB，焊缝的硬度控制在 185～290HB；硬度检验方法按第二节一、（5）执行。若母材、焊缝硬度高于或低于标准规定，应扩大检查，必要时割管进行相关检验。其他钢制受热面管屏焊缝硬度按 DL/T 869《火力发电厂焊接技术规程》执行。

a. 若母材整体硬度偏低，割管样品应选硬度较低的管子，若割取的低硬度管子在实验室测量的硬度、拉伸性能和金相组织满足相关标准规定，则该部件性能满足要求；若母材整体硬度偏高，割管样品应选硬度较高的管子，除在实验室进行硬度、拉伸试验和金相组织检验外，还应进行压扁试验。若割取的高硬度管子在实验室测量的硬度、拉伸、压扁试验和金相组织满足标准规定，则该部件性能满足要求。

b. 若焊缝硬度整体偏低，割管样品应选硬度较低的焊接接头；若割取的低硬度管子焊接接头在实验室测量的硬度、拉伸性能和金相组织满足标准规定，则该部件性能满足要求；若焊缝整体硬度偏高，割管样品应选硬度较高的焊接接头，除在实验室进行硬度、拉伸试验和金相组织检验外，还应进行弯曲试验；若割取的高硬度管子焊缝在实验室测量的硬度、拉伸、弯曲试验和金相组织满足标准规定，则该部件性能满足要求。

11）若对钢管厂、锅炉制造厂奥氏体耐热钢管的晶粒度、内壁喷丸层的检验有疑问，可对奥氏体耐热钢管的晶粒度、内壁喷丸层进行随机抽检。

12）对管子（管屏）按不同受热面焊缝数量的 5/1000 进行无损检测抽查。

13）用内窥镜对超（超）临界锅炉管子节流孔板进行检查，确定是否存在异物或加工遗留物。

## 二、受热面的安装质量检验

（1）锅炉受热面安装后提供的资料应符合 DL/T 939《火力发电厂锅炉受热面管监督检验技术导则》中相关条款，监理公司应提供相应的监理资料。

（2）锅炉受热面的安装质量检验验收按 DL/T 939《火力发电厂锅炉受热面管监督检验技术导则》和 DL/T 5210.2《电力建设施工质量验收及评价规程　第 2 部分：锅炉机组》中的相关条款执行。

（3）安装焊缝的外观质量、无损检测、光谱检验、硬度和金相组织检验以及不合格焊缝的处理按 DL/T 869《火力发电厂焊接技术规程》、DL/T 5210.2《电力建设施工质量验收及评价规程　第 2 部分：锅炉机组》、DL/T 5210.7《电力建设施工质量验收及评价规程　第 7 部分：焊接》中相关条款执行。

（4）低合金、奥氏体耐热钢和异种钢焊缝的硬度分别按 DL/T 869《火力发电厂焊接技术规程》和 DL/T 752《火力发电厂异种钢焊接技术规程》中的相关条款执行；9%～12%Cr 钢焊缝的硬度控制在 185～290HB。

（5）对 T23 钢制水冷壁定位块焊缝应进行 100%宏观检查和 50%表面检测。

## 三、在役机组的检验监督

（1）锅炉检修期间，应对受热面管进行外观质量检验，包括管子外表面的磨损、腐蚀、刮伤、鼓包、变形（含蠕变变形）、氧化及表面裂纹等情况，视检验情况确定采取措施。

（2）锅炉受热面管壁厚应无明显减薄。对于水冷壁、省煤器、低温段过热器和再热器管，壁厚减薄量不应超过设计壁厚的 30%；对于高温段过热器管，壁厚减薄量不应超过设计壁厚的 20%。同时，壁厚应满足按 GB/T 16507.4《水管锅炉　第 4 部分：受压元件强度计算》计算的管子最小需要厚度。

（3）冷灰斗区域水冷壁管应无落焦造成的严重碰伤及磨损，必要时进行测厚，严重碰伤部位可进行修磨圆滑过渡或修补，修磨后的壁厚应满足按 GB/T 16507.4《水管锅炉　第 4 部分：受压元件强度计算》计算的最小需要厚度。

（4）水冷壁背火面与刚性梁、限位及止晃装置、支吊架等相配合的拉钩等焊件应完好，无损坏和脱落。

（5）在役水冷壁管的金属检验监督按 DL/T 939《火力发电厂锅炉受热面管监督检验技术导则》中的相关条款执行；直流锅炉蒸发段水冷壁管，运行约 5 万 h 后每次大修在温度较高的区域分段割管进行硬度、拉伸性能和金相组织检验。

（6）锅炉每次检修，应尽可能多地对锅炉四角部位和拘束应力较高区域的 T23 钢制水冷壁焊缝进行无损检测。

（7）检修中应对内螺纹垂直管圈膜式水冷壁节流孔圈进行射线检测，对 T23 钢制水冷壁热负荷较高区域的对接焊缝应进行 100%射线检验，对焊缝上下 300mm 区域的鳍片进行 100%磁粉检验。

（8）检修中应重点对膜式水冷壁的人孔门、喷燃器、三叉管等附近的手工焊缝、鳍片进行宏观检查，对可疑裂纹应进行表面检测。

（9）在役省煤器管的金属检验监督按 DL/T 939《火力发电厂锅炉受热面管监督检验技术导则》中的相关条款执行。

（10）在役过热器管的金属检验监督按 DL/T 939《火力发电厂锅炉受热面管监督检验技术导则》中的相关条款执行，特别注意夹持管与管屏管的磨损。

（11）过热器、再热器管穿炉顶部位或塔式炉过热器穿膜式壁部位密封焊缝应无裂纹等超标缺陷，必要时进行无损检测。

（12）在役再热器管的金属检验监督按 DL/T 939《火力发电厂锅炉受热面管监督检验技术导则》中的相关条款执行。

（13）低温再热器管排间距应均匀，不存在烟气走廊；重点检查后部弯头、上部管子表面及烟气流速较快部位的管子有无明显磨损，必要时进行测厚。

（14）锅炉运行 5 万 h 后，检修时应对与奥氏体耐热钢相连的异种钢焊缝按 10%进行无损检测。

（15）锅炉运行 5 万 h 后，对壁温高于或等于 450℃的过热器管和再热器管应取样检测管子的壁厚、管径、硬度、内壁氧化层厚度、拉伸性能、金相组织及脱碳层。取样在管子壁温较高区域，割取 2～3 根管样。10 万 h 后每次 A 级检修取样，后次的割管尽量在前次割管的附近管段或具有相近温度的区段。

（16）锅炉运行 5 万 h 后，应对过热器管、再热器管及与奥氏体耐热钢相连的异种钢焊接接头取样检测管子的壁厚、管径、焊缝质量、内壁氧化层厚度、拉伸性能、金相组织。取样在管子壁温较高区域，割取 2～3 根管样。10 万 h 后每次 A 级检修取样检验，后次割管尽量在前次割管的附近管段或具有相近温度的区段。

（17）对于奥氏体耐热钢制高温过热器和高温再热器管，根据运行状况对管子内壁氧化层进行检测，特别注意下弯头内壁的氧化层剥落堆积情况，依据检验结果，决定是否进行割管处理。

（18）当发现下列情况之一时，应对过热器和再热器管进行材质评定和寿命评估：

1）碳钢和钼钢管石墨化达到 4 级；20 钢、15CrMoG、12Cr1MoVG 和 12Cr2MoG（2.25Cr–1Mo、T22、10CrMo910）的珠光体球化达到 5 级；T91、T92、T122 钢管的组织老化达到 5 级；12Cr2MoWVTiB（钢 102）钢管碳化物明显聚集长大（3～4μm）；18Cr–8Ni 系列奥氏体耐热钢管老化达到 4 级；T91 钢管的组织老化评级按 DL/T 884《火电厂金相组织检验与评定技术导则》执行，T92、T122 钢管的组织老化评级参照 DL/T 884《火电厂金相组织检验与评定技术导则》；18Cr–8Ni 系列奥氏体耐热钢的组织老化评级按 DL/T 1422《18Cr–8Ni 系列奥氏体不锈钢锅炉管显微组织老化评级标准》执行。

2）管材的拉伸性能低于相关标准要求。钢管的组织老化评级按 DL/T 884《火电厂金相组织检验与评定技术导则》执行。

（19）当发现下列情况之一时，应及时更换管段：

1）管子外表面有宏观裂纹和明显鼓包。

2）高温过热器管和再热器管外表面氧化皮厚度超过 0.6mm。

3）低合金钢管外径蠕变应变大于 2.5%，碳素钢管外径蠕变应变大于 3.5%，T91、T122 类管子外径蠕变应变大于 1.2%，奥氏体耐热钢管子蠕变应变大于 4.5%。

4）管子腐蚀减薄后的壁厚小于按 GB/T 16507.4《水管锅炉　第 4 部分：受压元件强度计算》计算的管子最小需要厚度。

5）金相组织检验发现晶界氧化裂纹深度超过 5 个晶粒或晶界出现蠕变裂纹。

6）奥氏体耐热钢管及焊缝产生沿晶、穿晶裂纹，特别要注意焊缝的检验。

（20）锅炉受热面管在运行过程中失效时，应查明失效原因，提出应对措施。

（21）受热面管子更换时，在焊缝外观检查合格后对焊缝进行 100%的射线或超声波检测，并做好记录。

### 四、防磨防爆

#### （一）锅炉检验、检查的重点部位

按 DL/T 838《发电企业设备检修导则》、DL/T 438—2016《火力发电厂金属技术监督规程》等规定，电厂防磨防爆小组对锅炉"四管"要认真组织检查并做好记录。

（1）锅炉受热面经常受机械和飞灰磨损部位（如穿墙管、悬吊管、管卡处管子和省煤器、水平烟道内过热器上部管段、卧式布置的再热器等）。

（2）易因膨胀不畅而拉裂的部位（如水冷壁四角管子、燃烧器喷口和孔，门弯管部位的管子，工质温度不同而连在一起的包墙过热器管，与烟、风道滑动面连接处的管子等）。

（3）受水力或蒸汽吹灰器的水（汽）流冲击的管子及水冷壁或包墙管上开孔装吹灰器部位的邻近管子。

（4）定位管与管排的相互磨损、定位卡子的磨损。

（5）炉膛各密封区域，密封不好造成漏风、漏烟，磨损管子。

（6）炉膛内管子过热、胀粗、变形、氧化等情况。

（7）易产生高温腐蚀的部位。

（8）水冷壁下斜坡的砸焦、密封不严漏风吹损情况。

（9）根据运行报表检查锅炉启动和运行中有超温记录的部位。

#### （二）更换及处理标准

锅炉受热面管子经检查发现有下列情况之一者，应安排计划更换和处理：

（1）碳钢和低合金钢管的壁厚减薄大于 30%或按下式计算，剩余寿命小于一个大修周期的：

$$RL = \frac{\delta(2\sigma^t_{vc} - p) - p(D - 2\delta_0)}{C(2\sigma^t_{vc} - p)}$$

$$C = \frac{\delta_1 - \delta}{h}$$

式中　$RL$——剩余寿命，h；

$\delta$——最近一次测量的壁厚，mm；

$\delta_0$——原始管子壁厚，mm；

$D$——管子原始外径，mm；

$\sigma'_{vc}$——钢材使用温度下的最低蠕变强度极限，MPa；

$p$——管内压力，MPa；

$C$——壁厚减薄速度，mm/h；

$\delta_1$——上一次测量的壁厚，mm；

$h$——测得 $\delta$ 和 $\delta_1$ 之间的累计运行时间，h。

（2）碳钢管径超过 3.5%$D$（$D$ 为公称直径），合金钢管径超过 2.5%$D$ 时。

（3）壁厚减薄大于公称壁厚的 30%时。

（4）石墨化大于或等于四级的。

（5）表面氧化皮超过 0.6mm 且晶界氧化裂纹深度超过 3～5 晶粒的。

（6）肉眼可见缺陷。

（7）出现蠕变裂纹。

（8）奥氏体不锈钢管产生应力腐蚀裂纹。

（9）常温机械性能低，运行一个小修间隔后的残余计算壁厚已不能满足强度计算要求的。

**（三）过程管理**

（1）检查制度：

1）第一级：由班组防磨防爆小组成员进行检查。

2）第二级：由检修分公司防磨防爆小组成员进行复查。（包括一级责任人的核查和二级责任人的复查）防磨防爆工作经以上两级检查，达到检查不遗漏，层层把关，每步检查对上一级检查进行考核。

（2）主要检修用材料的保管及使用。

1）锅炉"四管"检修或改造所用的管材，入库前应进行抽检（包括外径、壁厚偏差、管内外有无裂纹、锈蚀等，对合金钢还应进行材质复检）。按 DL/T 715《火力发电厂金属材料选用导则》要求，正确选材，合理用材，规范管材。

2）领料时应核对出厂质量保证书，当质量保证书数据不全时，应要求材料部门补齐。钢管使用前应进行光谱分析，验证钢号应与所要领的材料一致。

3）锅炉钢管使用前必须逐根进行外观检查，发现裂纹、重皮、划痕、内外壁腐蚀严重的管子不得使用。

4）锅炉钢管采用代用钢号时，原则应"以高代低"，不允许使用不成熟的钢种。代用材料须经详细核算，有关领导批准，并做好记录、存档。

5）焊接材料（焊条、焊丝、钨棒、氩气、氧气、焊剂等）应符合国家及有关行业标准，质量保证书、合格证齐全，并经验收后方准入库。领用时，应校对质量保证书、合格证。使用前应核对，确保正确无误。严禁用错和使用失效的焊接材料。

6）管材、焊接材料的存放、使用，必须按规定严格管理，账、物一一对应，标识清晰，防止存放失效或错收、错发。

7）外委制造管排和弯管时，应向制造厂家提出技术要求，并派专人到厂家监造，交货时应提供质保书及有关技术资料并经防爆小组成员进行验收，做好相关的验收记录。

8）新制造加工的管排在安装前应按部颁标准进行通球试验、水压试验，并根据管子内壁脏垢情况、锈蚀程度分别采取相应的方法进行冲洗。

9）采用新工艺、新材料、新方法，做好锅炉防磨防爆工作，如受热面管涂防磨材料、改进防磨件结构等。

**（四）检修质量控制**

（1）检修过程中要严格执行检修作业指导书，检修过程中发现的超标管应及时进行更换处理。

（2）检修过程中做好防磨措施，对易磨损部位加装防磨护瓦、护帘（罩）或防磨涂料等。

（3）进行更换锅炉水冷壁的割管作业时应制定相关措施并严格执行。

（4）检修更换的焊口严格执行焊接工艺卡制度，焊口的质量检验严格按 DL/T 869《火力发电厂焊接技术规程》进行。

（5）应按规定进行定期割管检查。检查炉膛热负荷最高区域的水冷壁管内结垢腐蚀情况；对高温过热器（二级过热器）、再热器管子作金相检查。水冷壁在大修中检查垢量或锅炉运行年限达到 DL/T 794《火力发电厂锅炉化学清洗导则》中的规定值时，要进行酸洗。

（6）检修中，锅炉受热面管子更换后应作锅炉工作压力下的水压试验；一组受热面的50%以上管子更换新管后应进行超压水压试验。

（7）在检修中必须注意消除管排变形、烟气走廊和管子膨胀受阻等现象，保持膨胀指示器完整，指示正确。

（8）对管壁温度测点，应认真作检查，发现损坏或缺失的，必须及时修复。

（9）改造锅炉"四管"或整组更换新管子时，应制定相应的受热面制作及安装措施，由电厂总工程师核批，并报电厂生产技术部备案。受热面外委加工、安装时，应按锅炉制造和安装的有关管理办法对加工和安装单位进行资格审查并应派专业人员到厂家监造验收，交货时应提供质保书及有关技术资料。

**（五）泄漏后的管理**

（1）"四管"发生泄漏后，应及早停运，防止扩大冲刷，损坏其他管段。

（2）锅炉"四管"泄漏后，要查清爆管及对邻近受热面造成的伤害，并对泄漏现场进行取证，建立"四管"泄漏档案资料，为今后防治提供一手资料依据。

（3）锅炉"四管"泄漏后，防磨防爆小组要积极开展泄漏分析工作，并会同运行、生产技术部门共同对泄漏原因进行分析，找出防止对策或治理计划，避免同类事件再次发生。

（4）在现场抢修时，对周边管道加大检查力度，发现超标管道，及时进行处理。若有必要，可以加大检修范围，及早防止同类事件的再次发生。

（5）抢修过程中，同样要做好检修质量的过程控制，杜绝错用管材、焊材等事件发生。

（6）为摸清"四管"泄漏的规律，科学地开展防止"四管"泄漏工作，锅炉"四管"泄漏发生后不管是否构成事故均应进行统计、分析和登记。

（7）发电企业每年组织召开一次防止锅炉"四管"泄漏专题会议，会议由发电企业总工程师（及以上）及生技部（设备部）和相关专工参加。会议对防止锅炉"四管"泄漏情况进行总结及评比，对为防爆工作做出贡献的先进个人进行奖励。各相关班组应在每年 12 月 10

日前制定下年度防止锅炉"四管"泄漏计划，并报生技部（设备部）备案，下年度元月 30 日前向生技部（设备部）上报上年度防止锅炉"四管"泄漏总结。各级人员应及时积极主动了解掌握国内外同类型锅炉"四管"泄漏发生的问题及解决办法，吸取经验教训，在机组检修时采取针对措施，防止同类事件重复发生。

## 第六节　锅筒、汽水分离器的检验监督

### 一、制造、安装检验

（1）锅筒、汽水分离器的监督检验参照 DL 612《电力工业锅炉压力容器监察规程》、DL 647《电站锅炉压力容器检验规程》和 DL/T 440《在役电站锅炉汽包的检验及评定规程》中相关条款执行。

（2）锅筒、汽水分离器安装前，应检查见证制造商的质量保证书是否齐全。质量保证书中应包括以下内容：

1）锅筒、汽水分离器材料，母材和焊接材料的化学成分、力学性能、制作工艺，板材技术条件应符合 GB 713《锅炉和压力容器用钢板》中相关条款的规定；进口板材应符合相应国家标准及合同规定的技术条件；锻件应符合 NB/T 47008《承压设备用碳素钢和合金钢锻件》、NB/T 47010《承压设备用不锈钢和耐热钢锻件》、JB/T 9626《锅炉锻件　技术条件》中相关条款。汽水分离器、锅筒材料及制造参照有关技术标准执行。

2）制造商对每块钢板或整个筒体或锻件进行的理化性能复验报告，或制造商验收人员按照采购技术要求在材料制造单位进行验收，并签字确认的质保书。

3）制造商提供的汽水分离器、锅筒图纸、强度计算书。

4）制造商提供的焊接及热处理工艺资料。对于首次使用的材料，制造商应提供焊接工艺评定报告。

5）制造商提供的焊缝无损检测及焊缝返修资料。

6）在制造厂进行的水压试验资料。

（3）锅筒、汽水分离器安装前，电力安装单位应按 DL 5190.2《电力建设施工技术规范　第 2 部分：锅炉机组》进行相关检验。同时应由有资质的检测单位进行以下检验：

1）对母材和焊缝内外表面进行 100%宏观检验，重点检验焊缝的外观质量。不允许有裂纹、重皮、腐蚀坑等缺陷。对一些可疑缺陷，必要时进行表面检测。深度为 3～4mm 凹陷、疤痕、划痕应修磨成圆滑过渡，修磨后实际壁厚不应小于按 GB/T 16507.4《水管锅炉　第 4 部分：受压元件强度计算》计算的最小需要厚度；深度大于 4mm 的宜补焊，补焊按 DL/T 734《火力发电厂锅炉汽包焊接修复技术导则》、NB/T 47015《压力容器焊接规程》执行。人孔门及人孔盖密封面应无径向刻痕。

2）对合金钢制锅筒、汽水分离器的每块钢板、每个管接头、锻件和每道焊缝进行光谱检验。

3）对锅筒、汽水分离器筒体、封头进行壁厚测量，每节筒体、封头至少测 2 个部位。对不同规格的管接头按 30%测量壁厚，每种规格不少于 1 个，每个至少测 2 个部位。筒体、封头和管接头壁厚应满足设计要求，不应小于壁厚偏差所允许的最小值且不应小于制造商提供

的最小需要厚度。

4）锅筒纵、环焊缝和集中下降管管座角焊缝分别按 25%、10%和 50%进行表面检测和超声波检测，检验中应包括纵向、环向焊缝的 T 形接头；分散下降管、给水管、饱和蒸汽引出管等管座角焊缝按 10%进行表面检测；安全阀及向空排汽阀管座角焊缝进行 100%表面检测。抽检焊缝的选取应参考制造商的焊缝无损检测结果。焊缝无损检测按照 NB/T 47013《承压设备无损检测》执行。

5）汽水分离器封头环焊缝按 10%进行表面检测和超声波检测，接管座角焊缝按 20%进行表面检测。焊缝的射线、超声波和表面检测按照 NB/T 47013.2《承压设备无损检测　第 2 部分：射线检测》、NB/T 47013.3《承压设备无损检测　第 3 部分：超声检测》、NB/T 47013.4《承压设备无损检测　第 4 部分：磁粉检测》、NB/T 47013.5《承压设备无损检测　第 5 部分：渗透检测》执行。

6）对锅筒、汽水分离器纵向、环向焊接接头 100%进行硬度检查，每条焊缝至少测 2 个部位；焊接接头硬度检查按第二节一、（5）执行，若焊接接头硬度低于或高于规定值，按 DL/T 869《火力发电厂焊接技术规程》的规定处理，同时进行金相组织检验。

（4）锅筒、汽水分离器的安装焊接和焊缝热处理应有完整的记录，安装和检修中严禁在筒身焊接拉钩及其他附件。所有的安装焊缝应 100%进行无损检测，对焊接接头和邻近母材进行硬度检验；焊接接头硬度检查按第二节一、（5）执行，若焊接接头硬度低于或高于规定值，按 DL/T 869《火力发电厂焊接技术规程》的规定处理，同时进行金相组织检验。

（5）锅筒、汽水分离器的安装质量验收按 DL 612《电力工业锅炉压力容器监察规程》、DL 647《电站锅炉压力容器检验规程》和 DL/T 5210.2《电力建设施工质量验收及评价规程　第 2 部分：锅炉机组》中的相关条款执行。

## 二、在役机组的检验监督

（1）机组每次 A 级检修，应对锅筒、汽水分离器做以下检验：

1）对筒体和封头内表面（尤其是水线附近和底部）和焊缝的可见部位 100%进行表面质量检验，特别注意管孔和预埋件角焊缝是否有裂纹、咬边、凹坑、未熔合和未焊满等缺陷，并评估其严重程度，必要时进行表面除锈。对一些可疑缺陷，必要时进行表面检测。

2）对安装前检验发现缺陷相对较严重的锅筒、汽水分离器的纵向、环向焊缝和锅筒的集中下降管管座角焊缝应进行无损检测复查；同时对偏离硬度正常范围的区域和焊缝应进行表面检测；至少抽查 1 个纵向、环向焊缝的 T 形接头（若有）进行无损检测；检查内壁面，特别是管孔周围有无疲劳裂纹，若发现疲劳裂纹，应清除并进行表面检测。

3）锅筒的分散下降管、给水管、饱和蒸汽引出管等管座角焊缝按 10%抽查进行表面检查和无损检测，汽水分离器接管座角焊缝按 20%抽查进行表面检查和无损检测，在锅炉运行至 3～4 个 A 级检修期时，完成 100%检验；对锅筒、汽水分离器缺陷较少、质量较好的纵向、环向焊缝每次 A 级检修至少抽查 1 条焊缝，抽查焊缝的部位和长度根据制造检验质量确定。

（2）根据检验结果采取以下处理措施：

1）若发现锅筒、汽水分离器筒体或焊缝有表面裂纹，首先应分析裂纹性质及产生原因，根据裂纹的性质和产生原因采取相应的措施；表面裂纹和其他表面缺陷可磨除，磨除后对该部位进行无损检测以确认裂纹消除，同时对壁厚进行测量，必要时按 GB/T 16507.4《水管锅

炉 第 4 部分：受压元件强度计算》进行壁厚校核，依据磨除深度和校核结果决定是否进行补焊或监督运行。

2）锅筒的补焊按 DL/T 734《火力发电厂锅炉汽包焊接修复技术导则》执行，汽水分离器的补焊按 DL/T 869《火力发电厂焊接技术规程》执行。

3）对超标缺陷较多，超标幅度较大，暂时又不具备条件处理，或采用一般方法难以确定裂纹等超标缺陷严重程度和发展趋势时，按 GB/T 19624《在用含缺陷压力容器安全评定》进行安全性和剩余寿命评估；若评定结果为不可接受的缺陷，则应进行挖补，或降参数运行，并加强运行监督措施。

（3）对按基本负荷设计的频繁启停的机组，应按 GB/T 16507.4《水管锅炉 第 4 部分：受压元件强度计算》对锅筒的低周疲劳寿命进行校核；国外引进的锅炉，可按生产国规定的锅筒疲劳寿命计算方法进行。

（4）对已投入运行的含较严重超标缺陷的锅筒、汽水分离器，应尽量降低锅炉启停过程中的温升、温降速度，尽量减少启停次数，必要时可视具体情况，缩短检查的间隔时间或降参数运行。

## 第七节　大直径三通及其焊接接头监督

自 2013 年年底以来，发生多起火电机组过热器和主蒸汽管道等热力系统的大直径三通失效事件。这类大直径三通及其焊接接头的失效，严重威胁发电设备和人身安全。为吸取教训，防范事故，相关科研院所对有关典型案例进行了分析和总结，提出了反事故措施。各发电企业应根据本单位设备特点，加强对过热器、再热器、主蒸汽管道和高温再热蒸汽管道等热力系统的大直径三通全过程金属监督工作，确保安全。要重点做好以下工作。

（1）在项目设计阶段，应加强对三通及连接管道设计资料进行审查，确保其符合相关规程要求，避免出现三通与弯头直接对接等不合理结构。

（2）在设备制造阶段，应做好大直径三通制造过程的监督和质量验收检验工作，检验其合金元素含量、硬度和厚度，硬度异常时应进行金相分析；宜在制造厂或配管厂焊接三通支管的过渡管，并实施整体热处理，以避免现场局部热处理质量失控。

（3）在现场施工阶段，应加强三通焊接的过程监督和质量验收工作，禁止违反焊接工艺纪律和野蛮作业。焊接应严格执行 DL/T 869《火力发电厂焊接技术规程》标准，采用直径小于或等于 3.2mm 的焊条和适宜的焊接电流进行多层多道焊，焊道宽度应不大于所用焊条直径的 4 倍，以降低热输入，尽可能减小热影响区细晶粒区的宽度；热处理应严格执行 DL/T 819《火力发电厂焊接热处理技术规程》，科学布置控温和测温热电偶的数量和位置，确保最高温度位于焊缝中心。大直径三通和支管连接的焊接接头应采用超声相控阵的方法检测。

（4）在机组检修中，应做好大直径三通硬度、厚度、三通外表面和焊接接头的普查工作；做好管系支吊架的定期检验和调整，防止因支吊架失载、过载而导致系统受力失衡；严格执行运行规程，控制升降温的速度，防止热力冲击加速热力部件损坏。

# 第九章　汽轮机相关部件的金属监督

具有一定压力、温度的蒸汽，进入汽轮机，流过喷嘴并在喷嘴内膨胀获得很高的速度。高速流动的蒸汽流经汽轮机转子上的动叶片做功，当动叶片为反动式时，蒸汽在动叶中发生膨胀产生的反动力也使动叶片做功，动叶带动汽轮机转子，按一定的速度均匀转动。这就是汽轮机最基本的工作原理。

从能量转换的角度讲，蒸汽的热能在喷嘴内转换为汽流动能，动叶片又将动能转换为机械能，反动式叶片，蒸汽在动叶膨胀部分，直接由热能转换成机械能。汽轮机的转子与发电机转子是用联轴器连接起来的，汽轮机转子以一定速度转动时，发电机转子也跟着转动，由于电磁感应的作用，发电机静子线圈中产生电流，通过变电、配电设备向用户供电。

汽轮机在机械行业的各部门中都有广泛的应用。汽轮机种类很多，并有不同的分类方法。

按结构分，有单级汽轮机和多级汽轮机；各级装在一个汽缸内的单缸汽轮机及各级分装在几个汽缸内的多缸汽轮机，各级装在一根轴上的单轴汽轮机及各级装在两根平行轴上的双轴汽轮机等。

按工作原理分，有蒸汽主要在各级喷嘴（或静叶）中单独膨胀的冲动式汽轮机，蒸汽在静叶和动叶中同时膨胀的反动式汽轮机，以及蒸汽在喷嘴中膨胀后的动能在几列动叶上加以利用的速度级汽轮机。

按热力特性分，有凝汽式、供热式、背压式、抽汽式和饱和蒸汽汽轮机等类型。凝汽式汽轮机排出的蒸汽流入凝汽器，排汽压力低于大气压力，因此具有良好的热力性能，是最为常用的一种汽轮机；供热式汽轮机既提供动力驱动发电机或其他机械，又提供生产或生活用热，具有较高的热能利用率；背压式汽轮机为排汽压力大于大气压力的汽轮机；抽汽式汽轮机是能从中间级抽出蒸汽供热的汽轮机；饱和蒸汽汽轮机是以饱和状态的蒸汽作为新蒸汽的汽轮机。

汽轮机的金属监督部件主要包括汽轮机部件和紧固件等。

## 第一节　汽轮机部件的金属监督

### 一、制造、安装前质量检验

（1）对汽轮机转子大轴、轮盘及叶轮、叶片、喷嘴、隔板和隔板套等部件，出厂前应进行以下资料检查见证：

1）制造商提供的部件质量证明书，质量证明书中有关技术指标应符合现行国家标准、国内外行业标准（若无国家标准、国内外行业标准，可按企业标准）和合同规定的技术条件；对进口锻件，除应符合有关国家的技术标准和合同规定的技术条件外，还应有商检合格证明单。

2）转子大轴、轮盘及叶轮见证的技术内容包括：

a. 部件图纸。

b. 材料牌号。

c. 部件制造商。

d. 大轴、轮盘及叶轮、叶片坯料的冶炼、锻造及热处理工艺。

e. 化学成分。

f. 力学性能：拉伸、硬度、冲击、脆性形貌转变温度 FATT50（若标准中规定）或 FATT20。

g. 金相组织、晶粒度。

h. 残余应力。

i. 无损检测结果。

j. 几何尺寸。

k. 转子热稳定性试验结果。

3）叶片、喷嘴、隔板和隔板套等部件的技术指标根据部件质量证明书可增减。

（2）国产汽轮机转子体、轮盘及叶轮、叶片的验收，应满足以下规定：

1）超（超）临界机组汽轮机高中压转子体锻件技术要求和质量检验应符合 JB/T 11019《超临界及超超临界机组汽轮机高中压转子锻件　技术条件》或制造企业相关标准的要求。

2）300MW 及以上汽轮机转子体锻件技术要求和质量检验应符合 JB/T 7027《300MW 以上汽轮机转子体锻件　技术条件》的要求。

3）300MW 及以上汽轮机无中心孔转子锻件技术要求和质量检验应符合 JB/T 8707《300MW 以上汽轮机无中心孔转子锻件　技术条件》的要求。

4）25～200MW 汽轮机转子体和主轴锻件技术要求和质量检验应符合 JB/T 1265《25MW～200MW 汽轮机转子体和主轴锻件　技术条件》的要求。

5）25～200MW 汽轮机轮盘及叶轮锻件的技术要求和质量检验应符合 JB/T 1266《25MW～200MW 汽轮机轮盘及叶轮锻件　技术条件》的要求。

6）超（超）临界机组汽轮机低压转子体锻件技术要求和质量检验应符合 JB/T 11020《超临界及超超临界机组汽轮机用超纯净钢低压转子锻件　技术条件》的要求。

7）汽轮机高低压复合转子体锻件技术要求和质量检验应符合 JB/T 11030《汽轮机高低压复合转子锻件　技术条件》或制造企业相关标准的要求。

8）汽轮机叶片用钢的技术要求和质量检验应符合 GB/T 8732《汽轮机叶片用钢》。

（3）汽轮机安装前，应由有资质的检测单位进行如下检验：

1）对汽轮机转子、叶轮、叶片、喷嘴、隔板和隔板套等部件进行外观检验，对易出现缺陷的部位进行重点检查，应无裂纹、严重划痕、碰撞痕印，依据检验结果作出处理措施。对一些可疑缺陷，必要时进行表面检测。

2）对汽轮机转子进行硬度检验，圆周不少于 4 个截面，且应包括转子两个端面，高中压转子有一个截面应选在调速级轮盘侧面；每一截面周向间隔 90°进行硬度检验，同一圆周线上的硬度值偏差不应超过 30HB，同一母线的硬度值偏差不应超过 40HB。硬度检查按第八章第二节一、（5）执行，若硬度偏离正常值幅度较多，应分析原因，同时进行金相组织检验。

3）若质量证明书中未提供转子无损检测报告或对其提供的报告有疑问时，应进行无损检测。转子中心孔无损检测按 DL/T 717《汽轮发电机组转子中心孔检验技术导则》执行，焊接转子无损检测按 DL/T 505《汽轮机主轴焊缝超声波检测规程》执行，实心转子无损检测按

DL/T 930《整锻式汽轮机实心转子体超声波检验技术导则》执行。

4）各级推力瓦和轴瓦应按 DL/T 297《汽轮发电机合金轴瓦超声波检测》进行超声波检测，检查是否有脱胎或其他缺陷。

5）镶焊有司太立合金的叶片，应对焊缝进行无损检测。叶片无损检测按 DL/T 714《汽轮机叶片超声波检验技术导则》、DL/T 925《汽轮机叶片涡流检验技术导则》执行。

6）对隔板进行外观质量检验和表面检测。

### 二、在役机组的检验监督

（1）机组投运后每次 A 级检修，应对转子大轴轴颈，特别是高中压转子调速级叶轮根部的变截面处和前汽封槽等部位，叶轮、轮缘小角及叶轮平衡孔部位，叶片、叶片拉金、拉金孔和围带等部位，喷嘴、隔板、隔板套等部件进行表面检验，应无裂纹、严重划痕、碰撞痕印。有疑问时进行表面检测。

（2）机组投运后首次 A 级检修，应对高、中压转子大轴进行硬度检验。硬度检验部位为大轴端面和调速级轮盘平面（标记记录检验点位置），此后每次 A 级检修在调速级叶轮侧平面首次检验点邻近区域进行硬度检验。若硬度相对前次检验有较明显变化，应进行金相组织检验。

（3）机组每次 A 级检修，应对低压转子末三级叶片和叶根、高中压转子末一级叶片和叶根进行无损检测；对高、中、低压转子末级套装叶轮轴向键槽部位应进行超声波检测，叶片无损检测按 DL/T 714《汽轮机叶片超声波检验技术导则》、DL/T 925《汽轮机叶片涡流检验技术导则》执行。

（4）机组运行 10 万 h 后的第一次 A 级检修，视设备状况对转子大轴进行无损检测；带中心孔的汽轮机转子，可采用内窥镜、超声波、涡流等方法对转子进行检验；若为实心转子，则对转子进行表面检测和超声波检测。下次检验为 2 个 A 级检修期后。转子中心孔无损检测按 DL/T 717《汽轮发电机组转子中心孔检验技术导则》执行。焊接转子无损检测按 DL/T 505《汽轮机主轴焊缝超声波检测规程》执行，实心转子无损检测按 DL/T 930《整锻式汽轮机实心转子体超声波检验技术导则》执行。

（5）运行 20 万 h 的机组，每次 A 级检修应对转子大轴进行无损检测。

（6）反 T 形结构的叶根轮缘槽，运行 10 万 h 后的每次 A 级检修，应首选超声相控阵技术或超声波技术对轮缘槽 90°角等易产生裂纹部位进行检查。

（7）600MW 机组或超临界及以上机组，一旦发现高中压隔板累计变形超过 1mm，应对静叶与外环的焊接部位进行超声相控阵检查，结构条件允许时静叶与内环的焊接部位也应进行超声相控阵检查。

（8）对存在超标缺陷的转子，按照 DL/T 654《火电机组寿命评估技术导则》用断裂力学的方法进行安全性评定和缺陷扩展寿命估算；同时，根据缺陷性质、严重程度制定相应的安全运行监督措施。

（9）机组运行中出现异常工况，如严重超速、超温、转子水激弯曲等，应视损伤情况对转子进行硬度、无损检测等。

（10）根据设备状况，结合机组 A 级检修或 B 级检修，对各级推力瓦和轴瓦进行外观质量检验和无损检测。

（11）根据检验结果可采取以下处理措施：

1）对表面较浅缺陷应磨除。

2）叶片产生裂纹时应更换；或割除开裂叶片和位向相对应的叶片，必要时进行动平衡试验。

3）叶片产生严重冲蚀时，应修补或更换。

4）高、中压转子调速级叶轮根部的变截面处和汽封槽等部位产生裂纹后，应对裂纹进行车削，车削后应进行表面检测以保证裂纹完全消除，且应在消除裂纹后再车削约 1mm 以消除疲劳硬化层，然后进行轴径强度校核，同时进行疲劳寿命估算。转子疲劳寿命估算按照 DL/T 654《火电机组寿命评估技术导则》执行。

（12）机组进行超速试验时，转子大轴的温度不应低于转子材料的脆性转变温度。

### 三、汽轮机导汽管异种钢焊接接头和汽门阀盖螺栓隐患专项排查

近期，国内发电企业发生多起引进型 600MW 等级及以上机组汽轮机导汽管插管异种钢焊接接头裂纹和汽门阀盖螺栓断裂等重大安全隐患，威胁机组安全经济运行。为做好隐患排查和治理工作，提出要求如下：

（1）各有关单位要利用机组停备和计划检修的时机，对隐患部位进行检查：主蒸汽管道和再热蒸汽管道与高中压外缸连接的焊接接头，特别是 600MW 等级及以上的高中压缸本体厂家进汽插管异种钢焊接接头；引进型 600MW 等级及以上机组汽门阀盖螺栓。

（2）相关企业要加强运行监督，做好事故防范工作。要向制造厂通过正式函件的形式就材料、制造和安装工艺等情况进行确认，掌握该厂同类型机组出现的问题、处理措施和治理结果情况，制定本企业的技术措施。

（3）隐患排查部件的检验检测方法包括内外部无损检测、硬度检查和金相检查等。

（4）各发电企业对缺陷排查、治理等有关信息，通过技术监督平台进行填报。

## 第二节 紧固件的金属监督

（1）大于或等于 M32 的高温紧固件的质量检验按 DL/T 439《火力发电厂高温紧固件技术导则》、GB/T 20410《涡轮机高温螺栓用钢》相关条款执行。

（2）高温紧固件的选材原则、安装前和运行期间的检验、更换及报废按 DL/T 439《火力发电厂高温紧固件技术导则》中的相关条款执行。紧固件的超声波检测按 DL/T 694《高温紧固螺栓超声检测技术导则》执行。

（3）高温紧固件材料的非金属夹杂物、低倍组织和δ–铁素体含量按 GB/T 20410《涡轮机高温螺栓用钢》相关条款执行。

（4）机组每次 A 级检修，应对 20CrlMolVNbTiB（争气 1 号）、20CrlMolVTiB（争气 2 号）钢制螺栓进行 100%的硬度检查、20%的金相组织抽查；同时，对硬度高于 DL/T 439《火力发电厂高温紧固件技术导则》中规定上限的螺栓也应进行金相检查，一旦发现晶粒度粗于 5 级，应予以更换。

（5）凡在安装或拆卸过程中，使用加热棒对螺栓中心孔加热的螺栓，应对其中心孔进行宏观检查，必要时使用内窥镜检查中心孔内壁是否存在过热和烧伤。

（6）汽轮机/发电机大轴联轴器螺栓安装前应进行外观质量、光谱、硬度检验和表面检测，机组每次检修应进行外观质量检验，按数量的20%进行无损检测抽查。

（7）锅筒人孔门、导汽管法兰、主汽门、调节汽门螺栓，安装前应进行硬度检验，机组运行检修期间应进行外观质量检验，按数量的20%进行无损检测抽查。

（8）IN783、GH4169合金制螺栓，安装前应按数量的10%进行无损检测，光杆部位进行超声波检测，螺纹部位进行渗透检测；安装前应按100%进行硬度检测，若硬度超过370HB，应对光杆部位进行超声波检测，螺纹部位渗透检测；安装前对螺栓表面进行宏观检验，特别注意检查中心孔表面的加工粗糙度。

（9）对国外引进材料制造的螺栓，若无国家或行业标准，应见证制造厂企业标准，明确螺栓强度等级。

# 第十章 发电机部件的金属监督

汽轮发电机组是与汽轮机配套的发电机组。为了得到较高的效率，汽轮机一般做成高速的，通常为 3000r/min 或 3600r/min。核电厂中汽轮机转速较低，但也在 1500r/min 以上。为了减少高速汽轮发电机因离心力而产生的相应机械力以及降低风摩耗，转子直径一般做得比较小，长度比较大，即采用细长的转子。特别是在 3000r/min 以上的大容量高速机组，由于材料强度的关系，转子直径受到严格的限制，一般不能超过 1.2m。而转子本体的长度又受到临界速度的限制。同时，转子的尺寸与长度也会受到严格的要求。当本体长度达到直径的 6 倍以上时，转子的第二临界速度将接近于电动机的运转速度，运行中可能发生较大的振动。因此，大型高速汽轮发电机转子的尺寸受到严格的限制。10 万 kW 左右的空气冷却电动机其转子尺寸已达到上述的极限尺寸，要再增大电动机容量，只有靠增加电动机的电磁负荷来实现。为此必须加强电动机的冷却。所以 5 万～10 万 kW 以上的汽轮发电机组都采用了冷却效果较好的氢冷或水冷技术。20 世纪 70 年代以来，汽轮发电机组的最大容量已达到 130 万～150 万 kW。

## 一、制造、安装前的检验

（1）发电机转子大轴、护环等部件，出厂前应进行以下资料检查见证：

1）制造商提供的部件质量证明书，质量证明书中有关技术指标应符合现行国家标准、国内外行业标准（若无国内外国家标准、国内外行业标准，可按企业标准）和合同规定的技术条件；对进口锻件，除应符合有关国家的技术标准和合同规定的技术条件外，还应有商检合格证明单。

2）转子大轴和护环的技术指标包括：

a. 部件图纸。

b. 材料牌号。

c. 锻件制造商。

d. 坯料的冶炼、锻造及热处理工艺。

e. 化学成分。

f. 力学性能：拉伸、硬度、冲击、脆性形貌转变温度 FATT50（若标准中规定）或 FATT20。

g. 金相组织、晶粒度。

h. 残余应力测量结果。

i. 无损检测结果。

j. 发电机转子、护环电磁特性检验结果。

k. 几何尺寸。

（2）国产汽轮发电机转子、护环锻件验收，应满足以下规定：

1）1000MW 及以上汽轮发电机转子锻件技术要求和质量检验应符合 JB/T 11017《1000MW 及以上火电机组发电机转子锻件　技术条件》的要求。

2）300～600MW 汽轮发电机转子锻件技术要求和质量检验应符合 JB/T 8708《300MW～600MW 汽轮发电机无中心孔转子锻件》的要求。

3）50～200MW 汽轮发电机转子锻件技术要求和质量检验应符合 JB/T 1267《50MW～200MW 汽轮发电机转子锻件　技术条件》的要求。

4）50～200MW 汽轮发电机无中心孔转子锻件技术要求和质量检验应符合《50MW～200MW 汽轮发电机无中心孔转子锻件　技术条件》的要求。

5）50MW 以下汽轮发电机转子锻件技术要求和质量检验应符合 JB/T 7026《50MW 以下汽轮发电机　转子锻件　技术条件》的要求。

6）50MW 以下汽轮发电机无中心孔转子锻件技术要求和质量检验应符合 JB/T 8705《50MW 以下汽轮发电机无中心孔转子锻件　技术条件》的要求。

7）300～600MW 汽轮发电机无磁性护环锻件技术要求和质量检验应符合 JB/T 7030《汽轮发电机 Mn18Cr18N 无磁性护环锻件　技术条件》的要求。

8）50～200MW 汽轮发电机无磁性护环锻件技术要求和质量检验应符合 JB/T 1268《汽轮发电机 M18Cr5 系无磁性护环锻件　技术条件》的要求。

（3）发电机转子安装前应进行以下检验：

1）对发电机转子大轴、护环等部件进行外观检验，对易出现缺陷的部位进行重点检查，应无裂纹、严重划痕，依据检验结果作出处理措施。对一些可疑缺陷，必要时进行表面检测。对表面较浅的缺陷应磨除，转子若经磁粉检测应进行退磁。

2）若制造商未提供转子、护环无损检测报告或对其提供的报告有疑问时，应对转子、护环进行无损检测。

3）对转子大轴进行硬度检验，圆周不少于 4 个截面且应包括转子两个端面，每一截面周向间隔 90°进行硬度检验。同一圆周的硬度值偏差不应超过 30HB，同一母线的硬度值偏差不应超过 40HB。硬度检查按第八章第二节一、（5）执行，若硬度偏离正常值幅度较多，应分析原因，同时进行金相组织检验。

## 二、在役机组的检验监督

（1）机组每次 A 级检修，应对转子大轴（特别注意变截面位置）、护环、风冷扇叶等部件进行表面检验，应无裂纹、严重划痕、碰撞痕印，有疑问时进行无损检测；对表面较浅的缺陷应磨除；转子若经磁粉检测应进行退磁。

（2）护环拆卸时应对内表面进行渗透检测，应无表面裂纹类缺陷；护环不拆卸时应按 DL/T 1423《在役发电机护环超声波检测技术导则》或 JB/T 10326《在役发电机护环超声波检验技术标准》进行超声波检测。

（3）机组每次 A 级检修，应对转子滑环进行表面质量检测，应无表面裂纹类缺陷。

（4）机组运行 10 万 h 后的第一次 A 级检修，应视设备状况对转子大轴的可检测部位进行无损检测。以后的检验为 2 个 A 级检修周期。

（5）对存在超标缺陷的转子，按照 DL/T 654《火电机组寿命评估技术导则》用断裂力学方法进行安全性评定和缺陷扩展寿命估算；同时，根据缺陷性质和严重程度，制定相应的安全运行监督措施。

（6）机组运行 10 万 h 后的第一次 A 级检修，对护环进行无损检测。以后的检验为 2 个 A 级检修周期。

（7）对 Mn18Cr18 系钢制护环，在机组第三次 A 级检修时开始进行无损检测和晶间裂纹检查（通过金相检查），此后每次 A 级检修进行无损检测和晶间裂纹检验，金相组织检验完后应对检查点多次清洗；对 18Mn5Cr 系钢制护环，在机组每次 A 级检修时，应进行无损检测和晶间裂纹检查（通过金相检查）；对存在晶间裂纹的护环，应做较详细的检查，根据缺陷情况，确定消缺方案或更换。

（8）机组超速试验时，转子大轴的温度不应低于材料的脆性转变温度。

# 第十一章　大型铸件和安全阀的金属监督

## 一、大型铸件制造、安装前检验

（1）大型铸件如汽缸、汽室、主汽门、调节汽门、平衡环、阀门等部件，安装前应进行以下资料检查见证：

1）制造商提供的部件质量证明书，质量证明书中有关技术指标应符合现行国家标准、国内外行业标准（若无国家标准、国内外行业标准，可按企业标准）和合同规定的技术条件；对进口部件，除应符合有关国家的技术标准和合同规定的技术条件外，还应有商检合格证明单。汽缸、汽室、主汽门、阀门等材料及制造有关技术条件见相关标准。

2）部件的技术资料包括：

a. 部件图纸。

b. 材料牌号。

c. 坯料制造商。

d. 化学成分。

e. 坯料的冶炼、铸造和热处理工艺。

f. 力学性能：拉伸、硬度、冲击、脆性形貌转变温度FATT50（若标准中规定）或FATT20。

g. 金相组织。

h. 射线或超声波检测结果，特别注意铸钢件的关键部位：包括铸件的所有浇口、冒口与铸件的相接处、截面突变处以及焊缝端头的预加工处。

i. 汽缸坯料补焊的焊接资料和热处理记录。

（2）汽轮机、锅炉用铸钢件的验收，应满足以下规定：

1）汽轮机承压铸钢件的技术指标和质量检验应符合 JB/T 10087《汽轮机承压铸钢件技术条件》的规定。

2）超临界及超超临界机组汽轮机用 10%Cr 钢铸件技术指标和质量检验应符合 JB/T 11018《超临界及超超临界机组汽轮机用 Cr10 型不锈钢铸件　技术条件》的规定。

3）300MW 及以上汽轮机缸体铸钢件的技术指标和质量检验应符合 JB/T 7024《300MW 以上汽轮机缸体铸钢件技术条件》的规定。

4）锅炉管道附件承压铸钢件的技术指标和质量检验，应符合 JB/T 9625《锅炉管道附件承压铸钢件　技术条件》的规定。

（3）部件安装前，应由有资质的检测单位进行以下检验：

1）铸钢件 100%进行外表面和内表面可视部位的检查，内外表面应光洁，不应有裂纹、缩孔、粘砂、冷隔、漏焊、砂眼、疏松及尖锐划痕等缺陷。对一些可疑缺陷，必要时进行表面检测；若存在超标缺陷，则应完全清除，清理处的实际壁厚不应小于壁厚偏差所允许的最小值且应圆滑过渡；若清除处的实际壁厚小于壁厚的最小值，则应进行补焊。对挖补部位应进行无损检测和金相、硬度检验。汽缸补焊参照 DL/T 753《汽轮机铸钢件补焊技术导则》执行。

2）若汽缸坯料补焊区硬度偏高，补焊区出现淬硬马氏体组织，应重新挖补并进行硬度、无损检测。

3）若汽缸坯料补焊区发现裂纹，应打磨消除并进行无损检测；若打磨后的壁厚小于壁厚的最小值，应重新补焊。

4）对汽缸的螺栓孔进行无损检测。

5）若制造厂未提供部件无损检测报告或对其提供的报告有疑问时，应进行无损检测；若含有超标缺陷，应加倍复查。铸钢件的超声波检测、渗透检测、磁粉检测和射线检测分别按GB/T 7233.2《铸钢件　超声检测　第 2 部分：高承压铸钢件》、GB/T 9443《铸钢件渗透检测》、GB/T 9444《铸钢件磁粉检测》和 GB/T 5677《铸钢件射线照相检测》执行。

6）对铸件进行硬度检验，特别要注意部件的高温区段。硬度检查按第八章第二节 1.5 执行，若硬度偏离正常值幅度较多，应分析原因，同时进行金相组织检验。

## 二、大型铸件在役机组的检验监督

（1）机组每次 A 级检修，应对受监的大型铸件进行表面检验，有疑问时进行无损检测，特别要注意高压汽缸高温区段的变截面拐角、结合面和螺栓孔部位以及主汽门内表面。

（2）大型铸件发现表面裂纹后，应分析原因，进行打磨或打止裂孔，若打磨处的实际壁厚小于壁厚的最小值，根据打磨深度由金属监督专责工程师提出是否挖补。对挖补部位修复前、后应进行无损检测、硬度和金相组织检验。

（3）根据部件的表面质量状况，确定是否对部件进行超声波检测。

# 第十二章 无损检测新技术

## 第一节 新技术简介

### 一、TOFD 技术

#### （一）历史背景

TOFD（Time of Flight Diffraction Technique）技术是一种基于衍射信号实施检测的技术，即超声波衍射时差法检测。

20 世纪 70 年代，由于工业发展的需求的不断增多，Mauric Silk 博士（英国国家无损检测中心）率先提出了 TOFD 技术。在 TOFD 的发展过程中，计算机和数字技术的应用起到了决定性的作用。早期的常规超声检测使用的都是模拟探伤仪，用横波斜探头或纵波直探头做手动扫查，大多数情况采用单探头检测，仪器显示的是 A 扫波型，扫查的结果不能被记录，也无法作为永久的参考数据保存。自 20 世纪 90 年代起，模拟仪器开始慢慢演变为由计算机控制的数字仪器，随后数字仪器逐渐完善和复杂化，可以配置探头阵列，自动扫查装置，而且能够记录和保存所有的扫查数据，用于归档和分析。

TOFD 需要记录每个检测位置的完整的未校正的 A 扫信号，可见 TOFD 检测的数据采集系统是一个更先进的复杂的数字化系统，在接收放大系统、数字化采样、信号处理、信息存储等方面都达到了较高的水平。

TOFD 技术与传统脉冲回波技术的最主要的两个区别在于：

（1）更加精确的尺寸测量精度（传统为 ±1mm，TOFD 技术为 ±0.3mm），且检测时与缺陷的角度几乎无关。尺寸测量是基于衍射信号的传播时间而不依赖于波幅。

（2）TOFD 技术不使用简单的波幅阈值作为报告缺陷与否的标准。由于衍射信号的波幅并不依赖于缺陷尺寸，在任何缺陷可能被判不合格之前所有数据必须经过分析，因此培训和经验对于 TOFD 技术的应用是最基本的要求。

#### （二）衍射现象

衍射是波在传输过程中与传播介质的交界面发生作用而产生的一种有别于反射的物理现象。当超声波与有一定长度的裂纹缺陷发生作用，在裂纹两尖端将会发生衍射现象。衍射信号要远远弱于反射波信号，而且向四周传播，没有明显的方向性，如图 12-1 所示。

任何波都可以产生衍射现象，如光波和水波。

衍射现象可以用惠更斯（Huygens）原理解释，即介质中波动传播到的各点都可以看作是新的发射子波的波源，在其后任意时刻这些子波的包络面就构成了新的波阵面，图 12-2 所示为惠更斯原理示意图。由图 12-2 可以看出，裂纹尖端的子波源发出了方向不同于反射波的超声波，即为衍射波。缺陷端点越尖锐，则衍射现象越明显；反之，端点越圆滑，衍射越不明显。

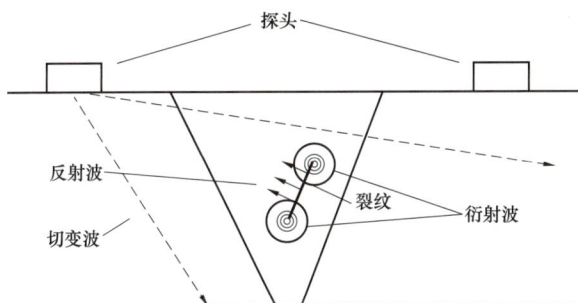

图 12-1　含裂纹时衍射波与反射波

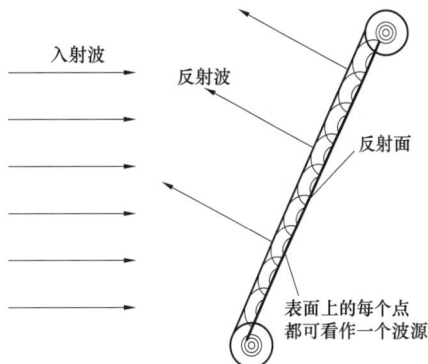

图 12-2　惠更斯原理示意图

### （三）TOFD 技术应用的基本知识

#### 1. 探头配置

在 TOFD 技术应用中可以使用单一探头，但并不推荐这样使用，因为使用单探头时返回探头的衍射波信号很可能被缺陷的反射波掩盖，导致单探头系统对端点衍射信号接收存在不确定性。使用两个探头配对组成一发一收的双探头系统，则可以避免镜面反射信号对衍射波信号的干扰，从而在任何情况下都能很好地接收到缺陷端点衍射波的信号。另外，还容易实现大范围的扫查，快速接收大量的信号。因此，双探头扫查系统可以说是 TOFD 技术的基本配置和特征之一。

#### 2. 超声波类型

对于常用的脉冲反射法检测来说，大多数情况下使用的超声脉冲都是横波。通过特殊的设计使探头只发射横波而没有纵波，这就避免了工件中存在两种波而导致回波信号难以识别的问题。在 TOFD 技术中不使用横波而选择使用纵波，其主要目的也是为了避免回波信号难以识别的困难。

在各种波中，不同模式的声波以不同的声速传播，因为纵波的传播速度最快，接近横波的两倍，所以纵波能够在最短的时间内到达接收探头。而且使用纵波并利用纵波的波速来计算缺陷的深度所得到的结果也是唯一的。但是如果使用横波检测，并根据横波波速来计算缺陷的位置则结果可能不是唯一的。任意一种波都可以通过折射或衍射转换成为其他类型的波。如果一束横波通过端点衍射后产生纵波，那么纵波信号将先于横波到达接收探头，这时采用横波的波速计算就会得到错误的缺陷位置。

在 TOFD 技术中，通过波的传输时间来确定缺陷的位置，因此信号传输的时间与缺陷的位置都是有唯一性的。在一般的金属材料中，纵波最先到达接收探头，根据最先到达探头的纵波信号来识别缺陷和以纵波波速计算其位置，就不会与后面到达的横波信号混淆，也不会发生差错。而使用不论哪一种变形波或者横波信号判断缺陷的位置，都可能得到错误的结果。

TOFD 技术中两种有关的声波类型是：

（1）纵波：对于纵波，介质质点的振动方向与波的传播方向是一致的。碳钢中纵波声速约为 5950m/s。

（2）横波：对于横波，介质质点的振动方向垂直于波的传播方向。碳钢中横波声速约为

3230m/s。

### 3. 波型转换

任意一种波都可能通过折射或衍射转换成为其他种类的波。因此，在 TOFD 检测时，被测工件中会存在多种波。首先是发射探头发射出的纵波和横波；其次，波在传播过程中遇到一些缺陷或者底面时，也会发生波型转换，即由纵波转换出横波以及由横波转换出纵波。由此，接收探头得到的信号包括所有纵波、所有横波、波型转换后的一部分纵波和横波。

### 4. TOFD 的 A 扫波

TOFD 扫查时的 A 扫波通常包括：

（1）直通波。通常，在 TOFD 中最先观察到的是微弱的直通波，它在两个探头之间的最短路径以纵波速度传播，即使探头之间的金属表面弯曲，它依然在两探头之间直线传播。它遵守 Fermat❶原理，即在两点之间直线传播费时最少。

对于表面有覆层的材料，其直通波基本上都在覆层下的材料中传播，覆层本身对直通波并没有太大影响。直通波不是真正的表面波，而是在声束边缘产生的体积波。直通波的频率往往比声束中心处波的频率低（声束扩散与频率相关，较宽的声束扩散存在较低的频率成分）。对于真正的表面波，其波幅随着检测面的距离增加呈指数衰减。对于较大的探头间距，直通波可能非常微弱，甚至不能识别。

（2）缺陷信号。若被测工件中存在一个裂纹缺陷，则超声波在缺陷上部和下部尖端都将产生衍射信号，这两个信号在直通波之后底面反射波之前出现，而且信号强度都比直通波要强，比底面回波弱。若缺陷高度较小，则通常这两个信号会发生重叠，为了能很好地辨别这两个信号，通常采取减小信号周期的方法。

（3）底面反射波。因为底面反射波的传播距离较大，所以在直通波和缺陷衍射波之后出现。

（4）波型转换信号以及底面横波信号。在用 TOFD 技术检测中，对这些信号一般不做观察。

### 5. A 扫波的相位关系

图 12-3 为包含直通波及底波信号的 A 扫描记录。高阻抗介质中的波在与低阻抗介质界面处反射，会产生 180°的相位变化（如钢到水或钢到空气）。这意味着如果到达界面之前波形以正循环开始，在到达界面之后它将以负循环开始。

当存在缺陷时，将出现如图 12-4 所示情形。缺陷顶端的信号类似底面反射信号，存在 180°相位变化，即相位像底波一样从负周期开始。然而，缺陷底部波信号如同绕过底部没有发生相变，相位如直通波，以正周期开始。理论研究表明，如果两个衍射信号具有相反的相位，它们之间必定存在连续的裂纹，而且只在少数情况下上下衍射信号不存在 180°相位变化，大多数情况下，都存在着相位变化。因此，对于特征信号和更精确的尺寸测量，相位变化的识别是非常重要的。例如，试样中存在两个夹渣而不是一个裂纹时，可能出现两个信号。在这种情况下信号没有相变。夹渣和气孔通常太小，一般不会产生单独的顶部和底部信号。信号可观察到的周期数很大程度上取决于信号的波幅，但相位往往难以识别。对于底面回波更

---

❶ 费马，法国，1601～1665 年。

是如此，它由于饱和无法测出相位。在这种情况下，首先将探头放置在被测试样或校准试块上，调低增益，将底面回波或其他难以识别相位的信号调整到像缺陷信号一样具有相同的屏高；然后增大增益，记录信号如何随相位变化。

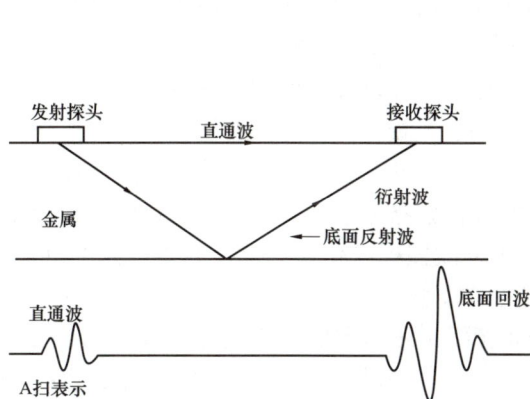

图 12-3 无缺陷时 A 扫描信号

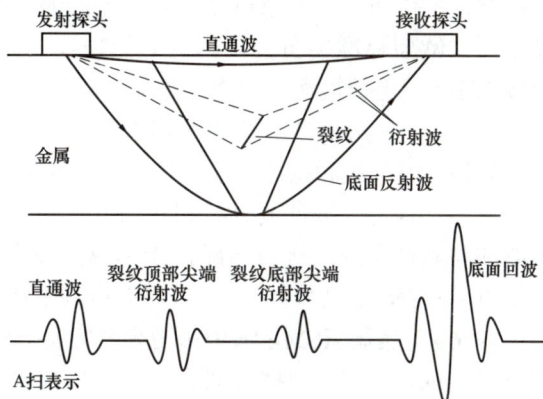

图 12-4 存在缺陷时 A 扫描信号

因为相位信息非常重要，所以 TOFD 技术需要采集数字化的原始信号信息。

**（四）TOFD 技术的优点和缺点**

1. TOFD 技术的优点

（1）可靠性好，由于利用的是波的衍射信号，不受声束角度的影响，缺陷的检出率比较高。

（2）定量精度高。

（3）检测过程方便、快捷。一般一人就可以完成检测，探头只需要沿焊缝两侧移动即可。

（4）拥有清晰可靠的 TOFD 扫查图像，与 A 型扫描信号相比，TOFD 扫查图像更利于缺陷的识别和分析。

（5）TOFD 技术检测使用的都是高性能数字化仪器，记录信号的能力强，可以全程记录扫查信号，而且扫查记录可以长久保存并进行处理。

（6）除了用于检测外，还可用于缺陷变化的监控，尤其对裂纹高度扩展的测量精度很高。

2. TOFD 技术的缺点

（1）对近表面缺陷检测的可靠性不够。上表面缺陷信号可能因被埋藏在直通波下面而漏检，而下表面缺陷则会因为被底面反射波信号掩盖而漏检。

（2）缺陷定性比较困难。

（3）TOFD 图像的识别和判读比较难，需要丰富的经验。

（4）不容易检出横向缺陷。

（5）复杂形状的缺陷检测比较难。

（6）点状缺陷的尺寸测量不够精确。

**（五）TOFD 检测标准**

TOFD 方法在西方发达国家已经发展成为一项专门的无损检测方法，广泛应用于核工业、电力设施、锅炉管道以及铁路、桥梁等工程中的金属和非金属检测，甚至出现了代替射线检测的趋势。随着 TOFD 技术的发展和深入应用，西方发达国家制定了相应的 TOFD 技术检测标准。

英国是 TOFD 技术的起源地,在检测标准的建立上也走在前列,于 1993 年制定了 BS7706《用于缺陷探测、定位和定量的超声波衍射时差法的校准和设置指南》。但是 BS7706《用于缺陷探测、定位和定量的超声波衍射时差法的校准和设置指南》的操作性并不强,于是总部设在法国的欧盟标准委员会(CEN)无损检测分委员会于 1997 年推出了第一版的标准草案 ENV 583-6《无损检测 超声波检验 第 6 部分:作为间隔性波分级和探测方法的飞行时间衍射技术》。在 2000 年又推出了第二版的 ENV 583-6《无损检测 超声波检验 第 6 部分:作为间隔性波分级和探测方法的飞行时间衍射技术》。但 ENV 583-6《无损检测 超声波检验 第 6 部分:作为间隔性波分级和探测方法的飞行时间衍射技术》同样存在使用时的实际操作问题和与其他标准的接口问题,于是总部设在德国的欧盟标准化协会焊接分委员会于 2004 年推出了 CEN/TS-14751《焊接 焊缝检测中使用 TOFD 技术》。

1996 年,美国 ASME 锅炉压力容器委员会颁布了锅炉压力容器规范案例 ASME code case 2235-1《规范案例 厚壁容器中以 TOFD 代替 RT》,允许在满足一定的要求下采用超声检测替代射线检测。在验收标准方面,荷兰标准化协会于 2005 年起草和提交了 NEN 1822《超声波衍射时差法的检验验收准则》。该标准适用于按照 ENV 583-6《无损检测 超声波检验 第 6 部分:作为间隔性波分级和探测方法的飞行时间衍射技术》、CEN/TS-14751《焊接 焊缝检测中使用 TOFD 技术》或 BS7706《用于缺陷探测、定位和定量的超声波衍射时差法的校准和设置指南》进行 TOFD 检测的具有简单几何结构的铁素体钢材料制压力容器。美国试验与材料协会于 2004 年颁布 ASTM 2373《采用超声波衍射时差法的标准实施规程》,对 TOFD 检测方法做了具体的规定。

另外,日本非破坏检查协会于 2001 年颁布 NDIS2423《超声波衍射时差技术用于缺陷高度测量的方法》。

20 世纪 90 年代,我国开始引进 TOFD 技术,初期的工作主要集中在理论研究和应用尝试上。2001 年,中国第一重型机械集团公司(简称一重)与中国特种设备检测研究院合作成立课题组展开 TOFD 技术应用研究,开始对一重制造的 206mm 及 192mm 壁厚加氢反应器环焊缝进行 TOFD 技术检测。2004 年,双方合作编制了企业标准,通过了全国锅炉容器标准委员会的审查和备案,成为国内第一个 TOFD 企业标准。随后一重对神华集团煤液化工程中世界上最大的 340mm 壁厚加氢反应器用 TOFD 技术进行了检测,引起国内广泛关注。由此国内众多检验检测单位对 TOFD 技术进行了深入研究,同时也开始着手标准的起草和制定。

## 二、声发射检测

### (一)声发射的概念

声发射(Acoustic Emission,AE)是指材料中局域源快速释放能量产生瞬态弹性波的现象,也称为应力波发射。

声发射事件是指引起声发射的局部材料变化。

声发射源是指材料中直接与变形和断裂机制有关的弹性波发射源。声发射源的实质是指声发射的物理源点或发生声发射的机制源。材料在应力作用下的变形与裂纹扩展是结构失效的重要机制。

其他声发射源是指流体泄漏、摩擦、撞击、燃烧等与变形和断裂机制无直接关系的另一类弹性波源，也称为二次声发射源。

各种材料的声发射的频率很宽，从次声波，到超声波。声发射传感器检测的信号通常为中心频率为 150kHz 的超声波信号。

人们将声发射仪器形象地称为材料的听诊器。如果裂纹等缺陷处于静止状态，没有变化和扩展，就没有声发射发生，也就不能实现声发射检测。声发射检测的这一特点使其区别于超声、射线、涡流等其他常规无损检测方法。

由于声发射检测是一种被动式的无损检测方法，声发射信号来自缺陷本身，因此，用声发射法可以判断缺陷的严重性。一个同样大小、同样性质的缺陷，当它所处的位置和所受的应力状态不同时，对结构的损伤程度也不同，因此它的声发射特征也有差别。明确了来自缺陷的声发射信号，就可以长期连续地监视缺陷的安全性，这是其他无损检测方法难以实现的。

除极少材料外，金属和非金属材料在一定条件下都有声发射发生，因此，声发射检测几乎不受材料的限制。利用多通道声发射装置，可以对缺陷进行准确的定位。声发射检测的这一特点对大型结构如球罐等检测特别方便。

在利用声发射技术确定缺陷部位后，还可以利用其他无损检测方法加以验证。当然随着信号处理水平的提高，根据信号本身的特征，也可以对缺陷的性质和严重程度进行识别。由于声发射技术具有许多独特的优点，近年来有许多科学家和工程技术人员致力于发展和应用该项技术。

**（二）声发射技术的发展情况**

20 世纪 50 年代初，现代声发射技术的开始以 Kaiser 在德国所作的研究工作为标志。他观察到铜、锌、铝、铅、锡、黄铜、铸铁和钢等金属和合金在形变过程中都有声发射现象。

20 世纪 50 年代末，美国人 Kaiser、Schofield 和 Tatro 经大量研究发现金属塑性形变的声发射主要由大量位错的运动所引起。

20 世纪 60 年代初，Green 等人首先开始了声发射技术在无损检测领域方面的应用，Dunegan 首次将声发射技术应用于压力容器方面的研究。在整个 20 世纪 60 年代，美国和日本开始广泛地进行声发射的研究工作，将这一技术应用于材料工程和无损检测领域。美国于 1967 年成立了声发射工作组，日本于 1969 年成立了声发射协会。

20 世纪 70 年代初，Dunegan 等人开展了现代声发射仪器的研制，他们把实验频率提高到 100kHz～1MHz 的范围内。整个 20 世纪 70 年代和 20 世纪 80 年代初人们从声发射源机制、波的传播到声发射信号分析方面开展了广泛和系统的深入研究工作。

20 世纪 80 年代初，美国 PAC 公司将现代微处理计算机技术引入声发射检测系统，设计出了体积和质量较小的第二代源定位声发射检测仪器，并开发了一系列多功能高级检测和数据分析软件，通过微处理计算机控制，可以对被检测构件进行实时声发射源定位监测和数据分析显示。由于采用了更高级的微处理机和多功能检测分析软件，仪器采集和处理声发射信号的速度大幅度提高，仪器的信息存储量巨大，从而提高了声发射检测技术的声发射源定位功能和缺陷检测准确率。

20 世纪 90 年代，美国 PAC 公司、美国 DW 公司和德国 Vallen Systeme 公司先后分别开发生产了计算机化程度更高、体积和质量更小的第三代数字化多通道声发射检测分析系统，这些系统除能进行声发射参数实时测量和声发射源定位外，还可直接进行声发射波形的观察、显示、记录和频谱分析。

我国于20世纪70年代初首先开展了金属和复合材料的声发射特性研究，20世纪80年代中期声发射技术在压力容器和金属结构的检测方面得到应用。目前，我国已在声发射仪器制造、信号处理、金属材料、复合材料、磁声发射、岩石、过程监测、压力容器、飞机等领域开展了广泛的研究和应用工作。

### （三）声发射检测的基本原理

从声发射源发射的弹性波最终传播到达材料的表面，引起可以用声发射传感器探测的表面位移，这些探测器将材料的机械振动转换为电信号，然后再被放大、处理和记录。根据观察到的声发射信号进行分析与推断以了解材料产生声发射的机制。声发射检测原理如图12-5所示，声发射信号简化波形参数的定义如图12-6所示。

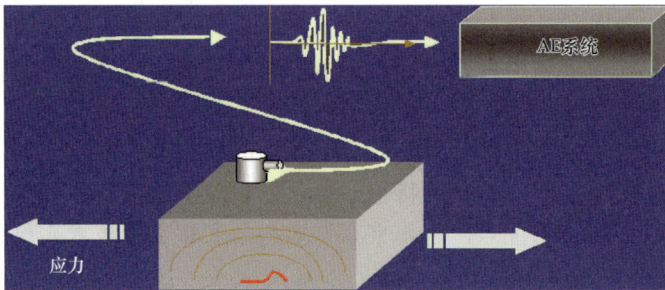

图 12-5　声发射检测原理

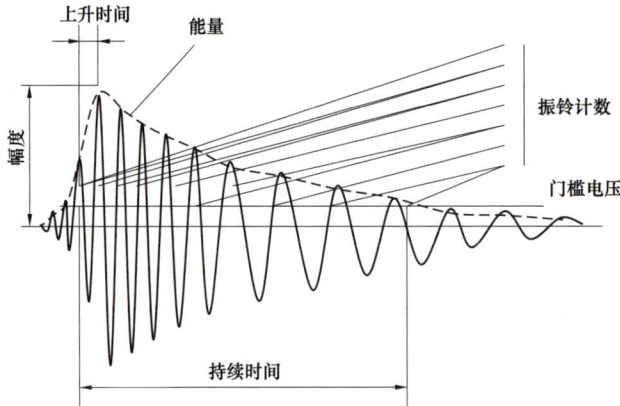

图 12-6　声发射信号简化波形参数的定义

### （四）声发射检测技术与仪器

声发射源定性问题涉及AE源信号，包括AE特征量和AE波形的获取，AE波形含有大量的声发射信息，如利用当今先进的计算机、信号处理技术对AE波形进行分析处理，就给较准确地分析AE源性质提供了可能。因为传统的声发射技术没有对声源特征和识别采用合适的手段进行充分研究，所以也就无法实现对缺陷进行定性分析。定量的方法也只是对提取的少量参数进行统计分析。因此，为了更加准确地对检测对象进行定位、定量、定性分析，更加准确地对检测对象进行无损评价，具有大吞吐量获取AE波形数据、灵活布置传感器进行源定位的多通道全波形声发射准实时检测系统应运而生。

数字信号处理（DSP）和计算机技术的迅速发展促使全数字式声发射仪问世，这给瞬态波形分析的研究创造了条件并使其实际应用成为可能。通过对声发射信号进行全部采集，就不会丢失有用的信息，而且从整个波形信号的细节可以运用现代信号分析手段进行处理，达到对缺陷定量、定性、定位的目的。

波形分析是指通过分析AE信号的时域波形或频谱特征来获取信息的一种信号处理方法。理论上讲，波形分析应当能给出任何所需的信息，因而也是最精确的方法，并可实现对AE的定量分析。从所记录的 AE 波形，可以很容易地获得信号的频谱和相关函数等特性，并可同时得到任何感兴趣的参数。因此，对设备材料的检测，波形分析技术会对识别声发射源及提高源定位精度有较大作用。

1. 传感器（换能器、探头）

传感器就是用来把声发射产生的弹性波信号接收下来并转换成电信号输出到前置放大器在输出到主放大器然后由采集卡采集后进入计算机。

声发射检测中，要求宽频带传感器的前置放大器为内置式的共振型高灵敏传感器，主响应频率为150kHz；前置放大器增益为40dB，滤波器带通为100～300kHz。

2. 前置放大器

声发射信号经换能器转换成电信号后，输出低至十几微伏。这样微弱的信号若经过长电缆输送，可能衰减到无法分辨出信号和噪声。前置放大器的目的是为了增大信噪比，增加微弱信号的抗干扰能力。

3. 主放大器

电信号经前置放大器和电缆长途传播后进入主放大器进一步放大到适合 PCI 数据采集卡的幅值大小。

4. PCI 数据采集卡

电信号（模拟信号）经采集卡数字化后，通过采样进入计算机，供分析、计算、转换和存储。

5. 软件系统

对采集的数据进行分析、计算、波型重组、声发射源定位、缺陷识别等。

**（五）声发射检测的主要目的**

（1）确定声发射源的部位。

（2）分析声发射源的性质。

（3）确定声发射发生的时间或载荷。

（4）评定声发射源的严重性。一般而言，对超标声发射源，要用其他无损检测方法进行局部复检，以精确确定缺陷的性质与大小。

**（六）声发射技术的特点**

1. 声发射技术的优点

（1）声发射检测是一种动态检测方法。

（2）声发射检测方法对线性缺陷较为敏感。

（3）声发射检测在一次试验过程中能够整体探测和评价整个结构中缺陷的状态。

（4）可提供缺陷随载荷、时间、温度等外变量而变化的实时或连续信息，因而适用于工业过程在线监控及早期或临近破坏预报。

（5）适于其他方法难以或不能接近环境下的检测，如高低温、核辐射、易燃、易爆及极毒等环境。

（6）对于在役压力容器的定期检验，声发射检测方法可以缩短检测的停产时间或者不需要停产。

（7）对于压力容器的耐压试验，声发射检测方法可以预防由未知不连续缺陷引起系统的灾难性失效和限定系统的最高工作压力。

（8）适于检测形状复杂的构件。

2. 声发射技术的缺点

（1）对数据的正确解释要有更为丰富的数据库和现场检测经验。原因是声发射特性对材料敏感，又易受到机电噪声的干扰。

（2）声发射检测一般需要适当的加载程序。多数情况下，可利用现成的加载条件，但有时，还需要特作准备。

（3）声发射检测目前只能给出声发射源的部位、活性和强度，不能给出声发射源内缺陷的性质和大小，仍需依赖其他无损检测方法进行复验。

**（七）声发射检测方法和其他常规无损检测方法的特点对比**

声发射检测方法和其他常规无损检测方法的特点对比见表12-1。

表 12-1　　　　　　声发射检测方法和其他常规无损检测方法的特点对比

| 声发射检测方法 | 其他常规无损检测方法 |
| --- | --- |
| 缺陷的增长/活动 | 缺陷的存在 |
| 与作用应力有关 | 与缺陷的形状有关 |
| 对材料特性要求不高 | 特定的材料 |
| 对几何形状要求很高 | 对几何形状的要求不高 |
| 基本不需要进入被检对象内部 | 需要进入被检对象的情况较多 |
| 进行整体监测 | 进行局部扫描 |
| 主要问题：噪声、解释 | 主要问题：接近、几何形状 |

**（八）声发射技术的应用领域**

（1）石油化工工业。

（2）电力工业。

（3）材料试验。

（4）民用工程。

（5）航天和航空工业。

（6）金属加工。

（7）交通运输业。

（8）其他。

### 三、超声相控阵检测

超声相控阵检测技术的应用始于20世纪60年代，目前已广泛应用于医学超声成像领域。

由于该系统复杂且制作成本高，因而在工业无损检测方面的应用受到限制。近年来，超声相控阵技术以其灵活的声束偏转及聚焦性能越来越引起人们的重视。压电复合材料、纳秒级脉冲信号控制、数据处理分析、软件技术和计算机模拟等多种高新技术在超声相控阵成像领域中的综合应用，使得超声相控阵检测技术得以快速发展，逐渐应用于工业无损检测，如对汽轮机叶片（根部）和涡轮圆盘的检测、石油天然气管道焊缝的检测、火车轮轴的检测、核电站的检测和航空材料的检测等。

### （一）超声相控阵检测原理

超声相控阵技术是通过控制各个独立阵元的延时，可生成不同指向性的超声波波束，产生不同形式的声束效果，可以模拟各种斜聚焦探头的工作，并且可以电子扫描和动态聚焦，无需或少移动探头，检测速度快，探头放在一个位置就可以生成被检测物体的完整图像，实现了自动扫查，且可检测复杂形状的物体，克服了常规A型超声脉冲法的一些局限。

图12-7以线性阵列探头为例介绍了相控阵平行线性扫描、扇形扫描以及深度聚焦的原理。图12-7（a）中，阵列换能器阵元的激励时序是从左到右，由若干个阵元组成一组发射声束，通过控制阵元的激励，使声束也沿着线阵的方向从左到右移动，进行平行线性扫描，类似医学上的实时扫描。图12-7（b）中，将阵列阵元逐个等间隔地加入延时发射，使合成的波阵面具有一个偏角的平面波，这就是相控阵偏转。改变延时间隔的大小，可以用于在一定空间范围进行扇形扫描。图12-7（c）中，通过控制阵列阵元发射信号的相位延时，使两端的阵元先发射，中间的阵元延迟发射，并指向一个垂直方向移动的聚焦点，使聚焦点位置的声场最强。

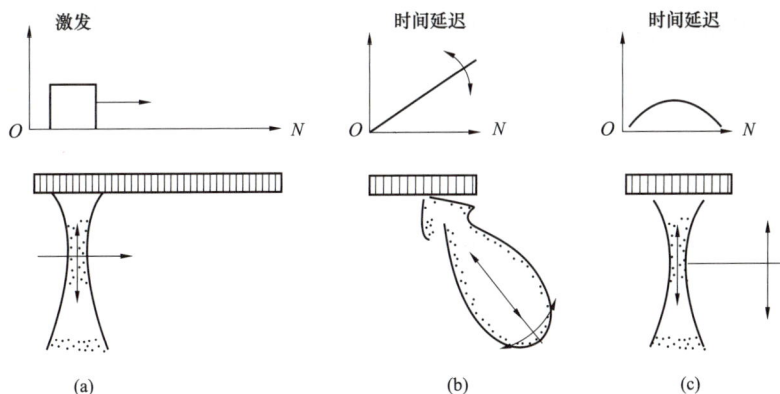

图12-7 超声相控阵扫描原理图（N-阵元）
（a）平行线性扫描；（b）扇形扫描；（c）深度聚焦

换能器发射的超声波遇到目标以后产生回波信号，其到达各阵元的时间存在差异。按照回波到达各阵元的时间差对各阵元接收到的信号进行延时补偿，然后合成相加，根据信号处理的结果判断山回波声源的位置。

### （二）超声相控阵成像原理及特点

超声检测时需要对物体内某一区域进行成像，为此必须进行声束扫描。常用的快速扫描方式是机械扫描和电子扫描，两种方式均可获得图像显示，在超声相控阵成像技术中通常结合在一起使用。

　　超声相控阵成像技术是通过控制换能器阵列中各阵元的激励（或接收）脉冲的时间延迟，改变由各阵元发射（或接收）声波到达（或来自）物体内某点时的相位关系，实现聚焦点和声束方位的变化，完成声成像的技术。由于相控阵阵元的延迟时间可动态改变，所以使用超声相控阵探头检测主要是利用它的声束角度可控和可动态聚焦两大特点。超声相控阵信号如图 12-8 所示。

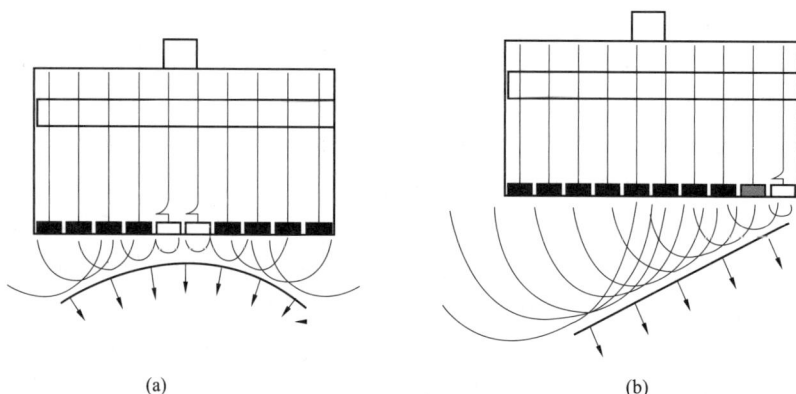

（a）　　　　　　　　　　　　　　　　　　　（b）

图 12-8　超声相控阵信号

（a）相控阵聚焦；（b）相控阵偏转

　　随着我国石油、电力以及特种锅炉和容器等行业的快速发展，对无缝钢管产品的质量要求越来越高。过去，对于无缝钢管的超声波检测只需要进行纵伤的检测；而如今，在很多场合除要求进行纵伤检测外，还要求进行横伤、斜向伤、测厚和分层缺陷的检测。传统的超声波检测技术对于横向缺陷的检测在理论上即存在漏检问题，对于斜向缺陷的检测也可能存在漏检问题。原有的超声波检测方法和设备已难以满足无缝钢管越来越苛刻的质量检测要求。在此形势下，超声相控阵检测设备以其强大、多变的功能和检测能力在无缝钢管检测中显示出独有的特点，能取得良好的实用效果。

　　目前，在执行美国石油协会（American Petroleum Institute，API）标准的石油管的超声波检测中，要求进行纵伤、横伤、测厚和分层的全覆盖检测。而在一些技术要求更高情况下还要同时进行斜向伤的检测。由于超声相控阵检测可以灵活、便捷地控制超声声束的入射角度和聚焦深度，所以无缝钢管中各种取向的缺陷很容易利用超声相控阵方法检测出来。

**（三）超声相控阵检测的优点和缺点**

1. 优点

　　与传统的手工超声检测和射线检测相比，超声相控阵检测具有如下优点：

　　（1）检测灵活性高、速度快，现场检测时只需对环焊缝进行一次简单的线性扫查而无需来回移动即可完成全焊缝的检测。

　　（2）超声相控阵检测结果直观、重复性好，可实时显示。在扫查的同时可对焊缝进行分析、评判。也可打印、存盘，实现检测结果的永久性保存。

　　（3）可检测复杂形面或难以接近的部位。

　　（4）缺陷定位准确，检测灵敏度高。

　　（5）作业强度小，无辐射、无污物。

2. 缺点

（1）对工件表面光滑度要求较高，对温度有一定的敏感性。

（2）仪器调节过程复杂，调节准确性对检测结果影响较大。

（3）对手工电弧焊的检测效果低于自动焊。

（4）检测对象有局限性。

（5）设备价格较高。

## 四、射线数字成像技术

### （一）现有数字成像检测系统

（1）胶片照相检测系统。

（2）图像增强器检测系统。

（3）CR（间接数字成像）检测系统。

（4）DR（直接数字成像）检测系统。

（5）CT（计算机断层扫描）检测系统。

（6）康普顿背散射检测系统。

### （二）射线检测分类

1. 按射线成像结果分类

（1）模拟成像系统。成像结果并非数字信号，无法直接使用计算机进行后续处理。

1）胶片照相（Film-screen）使用"胶片"作为成像器件的射线成像系统。

2）工业电视（Image Identify TV，IITV）。射线穿过工件照射到图像增强器后，图像增强器将接收到强度发生变化的射线转换成影像，影像通过可变光学镜头被摄像机捕抓，经过模拟信号传输到显示器，转换成可视图像，模拟信号同时传输到计算机，经数模转换后，可进行降噪等功能，提高图像的对比度、分辨率，同时使图像的灵敏度得到相应的提高，俗称工业电视。

（2）数字成像系统。成像结果为数字图像，可使用计算机进行后续图像处理。

1）直接数字成像系统（DR）使用"数字探测器"作为成像器件的射线成像系统。数字探测器射线光子到数字图像的转换过程是由独立单元完成的。

2）间接数字成像系统（图像增强器、CR）射线光子到数字图像的转换过程是由分立单元分步完成的。

2. 按检测系统与被检工件的运动状态分类

（1）静态（止）成像是指对试件的同一部位进行曝光、成像。在一定的时间内，输出单幅、静止的图像。静态成像系统包括胶片照相、DR、CR。

（2）动态（实时）成像是指以一定帧频的采集速率实现连续成像。被检工件通过机械扫描装置与检测系统装置做相对连续运动（旋转或平移），射线源连续发射线，射线成像器件对不同位置的试件进行连续曝光、连续的采集并显示不同检测位置的图像。

动态成像系统包括 DR、图像增强器技术。

3. 按射线数字成像分类（DR）

按照数字探测器的成像技术分为直接转换和间接转换。

（1）直接转换。射线光子→数字信号→数字图像。

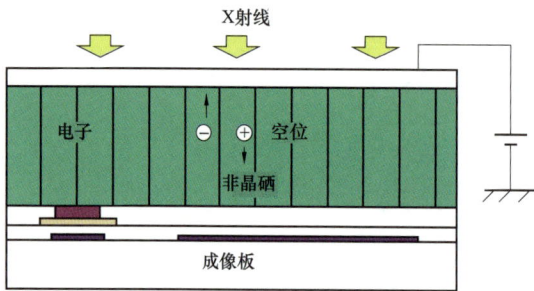

图 12-9　数字成像信号转换

射线光子透照物体后，在数字探测器中直接把射线衰减信息转变为数字信号，经计算机处理后以数字图像的形式显示。数字成像信号转换如图 12-9 所示。

（2）间接转换。射线光子→可见光→数字信号→数字图像。

射线光子透照物体后，在数字探测器中，首先经过闪烁体屏（荧光屏）把射线光子转换为可见光，然后再由后续电路把可见光信息转变为数字信号，经计算机处理后以数字图像的形式显示。

**（三）射线数字成像检测系统概述**

1. 系统组成

（1）射线源。

（2）被检工件。

（3）数字探测器。

（4）机械传动。

（5）控制与处理。

2. 胶片照相不同之处

（1）增加了硬件（机械支撑与传动）与软件（数据采集、控制、图像处理）。

（2）减少了胶片暗室处理环节。

3. 特点

（1）图像质量可以和 X 射线照相底片质量相媲美。

（2）降低了射线剂量、提高了检测效率。

（3）具有很大的宽容度。

（4）一次投入成本高。

**（四）射线数字成像检测原理**

射线透照被检工件，衰减后的射线光子被数字探测器接收，经过一系列的转换变成数字信号，数字信号经放大和 A/D 转换，通过计算机处理，以数字图像的形式输出在显示器上。

**（五）数字探测器特性**

（1）数字探测器由很多个像素组成，像素尺寸决定了成像系统的空间分辨率。

（2）数字探测器都会有坏像素（包括坏点或坏行），对坏像素必须进行校正。

（3）探测器的不一致性的校正是获得高像质图像的一个重要的技术环节。

（4）受环境的限制。

**（六）射线数字成像像质的评价**

1. 像质影响因素

（1）像素尺寸。

（2）焦点大小。

（3）信噪比。

（4）透照参数（电压、曝光量、几何参数）。

（5）动态范围。

（6）噪声。

（7）坏像素。

（8）数字探测器响应不一致性。

2. 像质评价指标

灵敏度和空间分辨率是一对相互制约的关系，如何均衡是实现高信噪比、高像质成像的关键。

（1）灵敏度。灵敏度由像质计评定。

（2）空间分辨率。是指系统所能分辨的两个相邻细节间的最小距离。指标分空间分辨率和密度分辨率。

1）影响分辨率因素：成像器件固有特性、系统几何参数、源焦点尺寸、转换屏厚度。

2）分辨率测试：利用分辨率测试卡或双丝像质计通过静止成像得到。

# 第二节　新技术应用案例

## 一、超声相控阵技术在隔板焊缝、小口径管道焊缝检测中的应用

### （一）超声相控阵简介

（1）超声相控阵的基本概念来源于相控阵雷达技术。在相控阵雷达中，大量的子天线单元按一定形状排列起来，通过控制每个子单元发射的电磁波束的延时和幅度，就能在一定空间范围内合成灵活聚焦扫描的雷达波束。

（2）超声相控阵技术是一种通过电子激发的时间不同而改变探头性质的技术。

探头内多个阵元按照一定形状、尺寸排列，构成超声阵列探头，分别调整每个阵元发射信号的波形、幅度和相位延迟，使各阵元发射的超声波束在空间叠加、合成，从而形成发射聚焦和声束偏转等效果。

### （二）超声相控阵检测特点

1. 检测结果可多角度成像

超声相控阵检测一个重要用途就是超声成像。这得益于它很好的声束扫描特性，通过电子控制的方式进行发射声束聚焦偏转，使超声束覆盖相当范围的空间，然后又用相控接收的方式对回波信号进行聚焦、变孔径等多种处理，可得到物体清晰、均匀的高分辨力声成像，对检测结果的分析评定很有利。

2. 可灵活控制声束

在许多超声检测场合，由于被检测对象的几何形状复杂，所以传统单探头超声检测非常困难；由于探头无法控制声束，所以往往需要不断更换探头位置从各个方向扫查，而扫查往往受到限制，无法实现。超声相控阵技术的突出优点是可灵活控制声束在空间各方向、各区域进行扫描，在不移动或少移动探头的情况下就可以方便地实现对复杂工件进行检测。

3. 可控制聚焦

超声相控阵技术可以形成聚焦声束，从而改善检测灵敏度和分辨力。超声相控阵检测中

常使用聚焦探头以提高检测的分辨率和灵敏度，这和相控阵聚焦的效果是一样的，但是，聚焦探头的焦点是固定的，而超声相控阵聚焦可以灵活改变焦点位置、焦点尺寸、焦点深度，在大范围内都能获得最佳的检测灵敏度和高分辨率。

**（三）超声相控阵探头**

超声相控阵探头的设计同样基于 Huygens[1]原理。它由多个相互独立的压电晶片组成，各压电晶片在空间上按一定方式排列组成一个阵列，每个晶片称为一个阵元。一般是从一块较大的压电材料母片上蚀刻出细小沟槽，形成多个独立的阵元，每个阵元可单独控制收发延迟。相控阵探头晶片显微镜下的复合晶片分刻阵元如图 12-10 所示。

超声相控阵探头晶片一般由复合压电材料制成，这种材料是将压电陶瓷和聚合物相按一定连通方式、一定的体积质量比及一定的空间分布制作而成的，兼有陶瓷和聚合物两者的优点，并能抑制各自缺点，可以成倍地提高材料的压电性能，它比单一的压电材料有显著的优越性。其中仅信噪比一项就比普通压电陶瓷高 10～30dB。

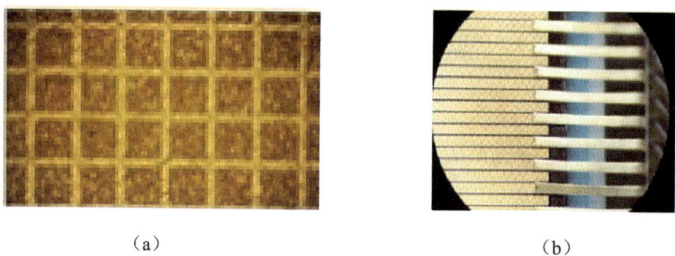

（a）　　　　　　　　　　　　　（b）

**图 12-10　相控阵探头晶片显微镜下的复合晶片分刻阵元**

（a）正视图；（b）侧视图

超声相控阵探头的主要参数有中心频率 $f$、晶片数量 $n$、晶片阵列方向孔径 $A$、晶片加工方向宽度 $H$、单个晶片宽度 $e$、两个晶片中心之间的间距 $p$，晶片间距 $g$，如图 12-11 所示。

超声相控阵检测中通常使用一个带角度的楔块来改变检测角度的区域，满足检测时对不同角度范围的要求。楔块的主要参数有波束在楔块中的传播速度 $v_w$、楔块物理角度 $\omega$、第一个晶片的高度 $h_1$、第一个晶片的偏移量 $X_1$，如图 12-12 所示。

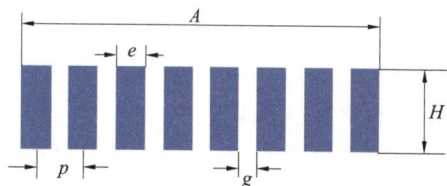

**图 12-11　线性相控阵探头主要参数**

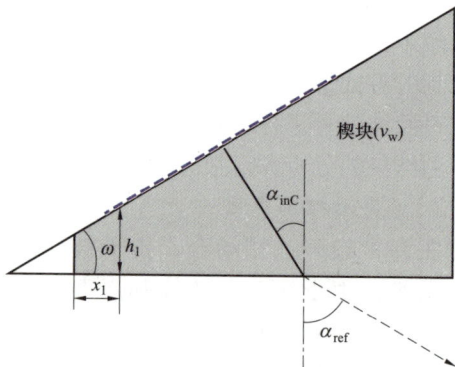

**图 12-12　楔块主要参数**

---

[1]　惠更斯，荷兰，1629～1695 年。

按照阵列结构的不同，超声相控阵探头可分为线阵、面阵、环阵等类型。在工业无损检测领域，以线阵的应用为主，线阵探头阵元沿轴线排列（也称为一维阵列），可以实现在控制平面内的声束偏转和聚焦。面阵探头阵元排列在一个平面上（也称为二维阵列），可实现对声束的三维控制，对超声成像及提高图像质量大有益处。同线阵相比，面阵的复杂性剧增，制作成本高，对仪器的硬件性能要求高，其经济适用性影响该类探头在工业检测领域的应用。环状阵列阵元排列成同轴环状或筒状，它在中心轴线上的聚焦能力优异，但不能进行声束偏转控制。在无损检测领域中主要应用于大壁厚的锻件，如汽轮机转子坯料的检测。另外还有一些特殊的阵列结构，例如一些平面阵元按圆周方向排列来产生一系列转动的平面波，用于管、棒材检测。

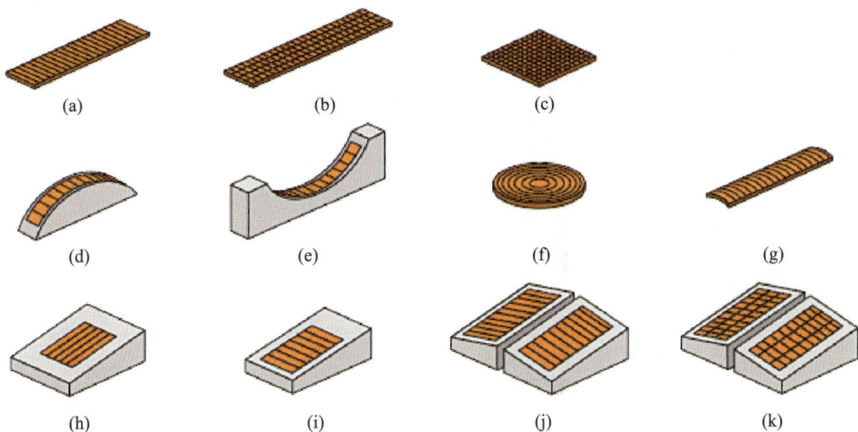

图 12-13　超声相控阵探头阵列模式

（a）线阵；（b）维面阵；（c）维面阵；（d）凸式；（e）凹式；（f）环阵；（g）自聚焦；
（h）斜角；（i）可变角；（j）双线阵；（k）双 1.5 维面阵

### （四）隔板主焊缝超声相控阵检测

1. 隔板加工、隔板机加工工艺流程

（1）隔板加工。隔板内、外围带成品→切割外形→滚圆围→带切割孔型→装配导叶→装配板环→窄间隙焊接去应力→热处理→机加工。

（2）隔板机加工：车铣钳钻孔→立车打基准→粗铣→粗车→PT（渗透）检测→精铣→钳工（中分面）→精车→铣削→检测 PT→隔板扰度试验→钳工（汽封片）→车削（汽封片）→钳工→转总装配。

2. 隔板焊接结构

坡口类型主要有单侧局部中间不焊、单侧全焊透、双面焊，如图 12-14 所示。

3. 隔板的检测部位

隔板的检测部位为内、外环围带焊缝，隔板的检测面为内、外环，内环采用扇形扫描，外环采用电子扫描。

4. 检测难点

（1）耦合问题。普通直探头与曲面的耦合为线接触，探头容易晃动，导致信号急剧下降。同时普通探头的楔块对声束的衰减比较严重。

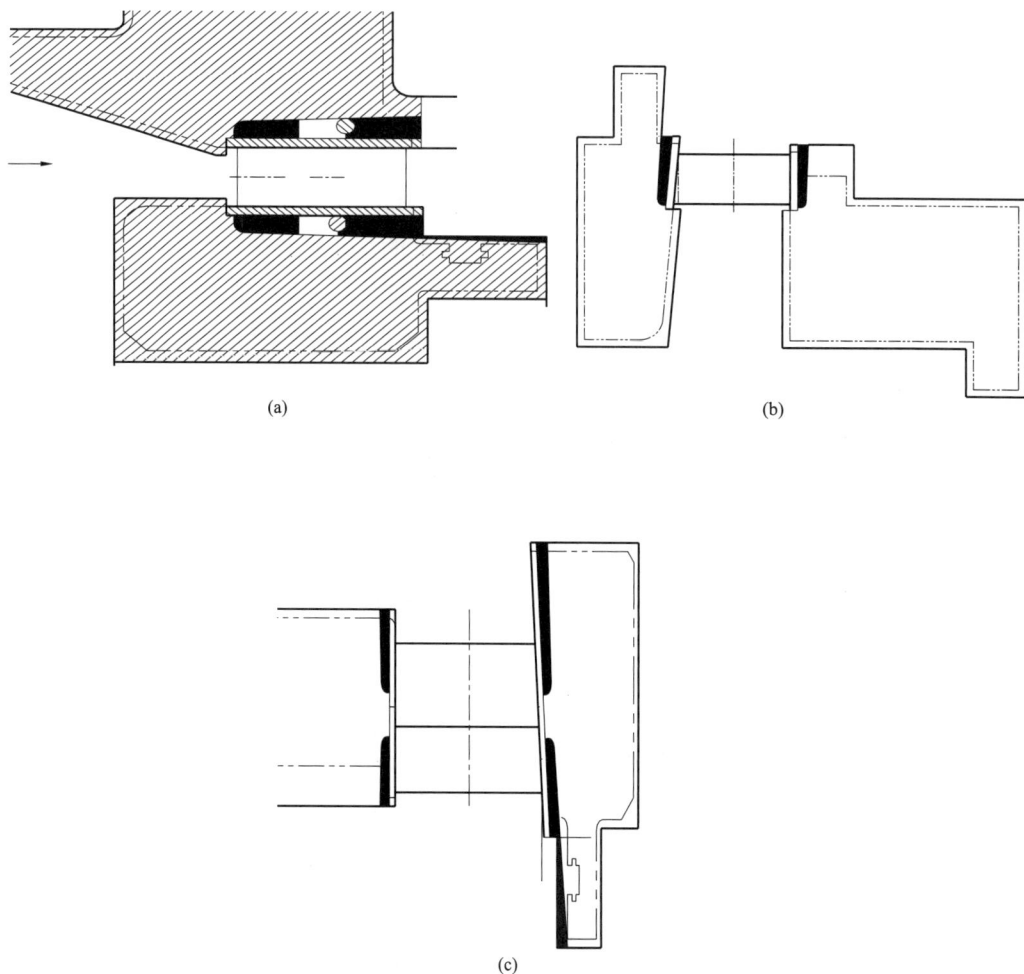

(a)

(b)

(c)

图 12-14　坡口类型

（a）单侧局部中间不焊结构；（b）单侧全焊透结构；（c）双面焊结构

（2）声束角度问题。由于隔板的焊接部位同检测面之间的距离不等，所以声束和反射面之间有一定的角度，这就导致反射信号的发散、接收信号幅度降低。超声相控阵技术可以通过软件设置得到所需要的角度，使声束垂直缺陷所在的平面，获得的缺陷尺寸接近真实尺寸。

（3）信号的识别（结构波或缺陷波）问题。信号多，相互比较近，且不同位置信号深度在变化，常规超声检测时易错判和漏判。

（4）数据的判断和分析。

**（五）电厂小口径管道焊接接头超声相控阵检测**

1. 电厂小口径管道焊缝检测存在的问题

（1）小口径管道焊缝数量大、工期紧、检测时间有限。射线检测底片直观，可追溯性好，在小口径管道焊缝检测中被广泛应用；但是射线检测有电离辐射，一定距离内无法共同作业，会对工期有影响。

（2）小口径管道常规超声检测的局限性。

1）壁厚薄，使用的是声场近场区，并且波型转换多，导致定量和信号识别都困难。

2）曲率大，声场产生畸变，不利于检测。

3）没有数据记录，可追溯性差。

4）检测结果受检测人员的水平、情绪和现场工况影响大。

5）管排间距小，检测空间有限，很多情况下检测难以有效实施。

（3）小口径管道 RT 检测的局限性。

1）管排间距较小，大多数时候只能透照一次，有效检测范围小。

2）透照厚度比大，底片影像黑度差较大，有效评定范围小。

3）受裂纹检出角的限制，对裂纹不敏感。

4）射线检测有辐射伤害，无法与其他工种同时作业，需要占用工期。

2. 电厂小口径管道焊缝超声相控阵检测装置

检测装置主要有专用的扫查架和专用的相控阵探头：

（1）扫查架：检测管径范围可以调节，范围为 21～115mm（外径），同时保证能通过狭窄的管排间距，最小为 12mm。

（2）专用探头和楔块的设计。小口径管道曲率大，使声束产生畸变，灵敏度大幅下降，同时杂波信号激增，容易导致误判和漏判。定量偏差大，普通线阵探头不适于小口径管道检测。

（3）聚焦法则等检测参数对声束能量、检测区域的覆盖的影响。

（4）小口径管道数据分析不同于常规焊缝的数据分析，主要是回波密集，如何得到一种简化分析方法非常重要。

3. 检测结果和分析

所有数据均实时存储，并可采用专用软件进行分析；缺陷定性、定量。

（1）超声相控阵对未熔合、未焊透等面积型缺陷具有较高的检测灵敏度，并能对其进行精确定量，测高精度在 1mm 以内。

（2）对单个气孔、群孔和密集型等体积型缺陷的检测灵敏度不如 RT 检测，但在正常灵敏度条件下仍然能有效发现并定量。

## 二、压痕法技术在电厂设备材料力学性能检测中的应用

随着我国经济持续、稳定和快速的发展，近年来，我国大批超临界（SC）、超（超）临界（USC）机组投产运行，锅炉管道选用大量的新型耐热钢，如 T23、T92/P92、Super304H 和 HR3C 等。由于机组运行压力、温度等参数的大大提高以及材料种类的变化，国内对这些新型材料的性能，特别是在经过长期高温、高压运行后材料的力学性能的变化缺乏充分的认识，这必将给机组的安全运行带来严重的隐患。因此，就需要自机组安装、投运开始，就应实时检测在役设备材料的力学性能，及时掌握、跟踪和研究材料性能变化的情况，以便对该设备作出准确的安全性评价，确保机组的安全稳定运行。

传统的材料力学性能检测方法通常都需要对设备进行破坏取样加工，然后在实验室条件下进行测试，这对于在役设备通常是不允许的。压痕法技术则能够在不破坏的条件下，现场方便、快捷、精确地检测在役设备的主要力学性能，如屈服强度、抗拉强度、断裂韧性、残余应力、硬度和弹性模量等力学性能指标，这些指标对于正确地评价在役设备的安全性显得至关重要。

本文对压痕法技术测量材料力学性能的基本原理进行了介绍，对几种管子材料进行了检测结果准确性（拉伸性能和残余应力）试验验证，在现场进行了应用性试验，同时阐述了压

痕法技术在电厂在役设备材料力学性能检测中的应用意义。

### （一）压痕法技术基本原理

1. 拉伸性能测量原理

金属材料力学性能的主要指标是屈服强度和抗拉强度。传统的测量方法主要是靠单轴拉伸试验，通过拉伸获得的应力应变曲线来反映材料的弹性和塑性变化。1951 年，Tabor 通过实验发现压痕平均接触压力 $F$ 与相对压痕尺寸 $a/R$ 的关系（$a$ 和 $R$ 分别为压痕投影圆半径和球形压头半径）与大多数金属材料的应力应变关系相似，即 $\varepsilon \sim a/R$（如图 12–15 所示）。基于 Tabor 的发现，Haggag 等人提出自动球压痕技术，之后发展出了多种通过压痕接触力和压痕尺寸计算获得应力应变曲线的公式。

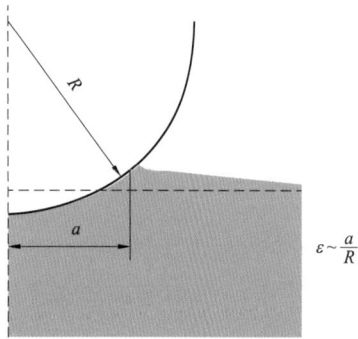

图 12–15　应力与相对压痕尺寸关系

韩国 Frontics 公司在此研究基础上采用"部分卸载法"采集球形压头对金属材料下压产生压痕过程中的信息。这种方法是逐步增加压头下压压力，到一定深度之后停止下压，卸载掉当时载荷一半后继续下压，完成一个循环。当完成多个循环后，彻底卸载载荷，移去压头，获得完整的多循环载荷深度曲线，如图 12–16 所示。这种重复加载卸载的方法可以获得较大范围的压痕尺寸，更好地考虑材料压痕点的弹塑性变化，获得更为精确的测量结果。

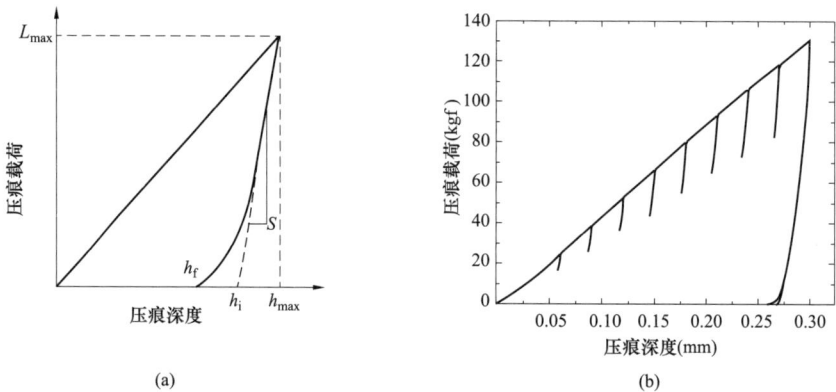

(a)

(b)

图 12–16　部分卸载法获得的载荷–深度曲线

（a）单次"部分卸载法"所得载荷深度曲线；（b）多次循环"部分卸载法"载荷深度曲线

得到载荷深度曲线之后，需要将采集的深度信息转化成接触面积信息。这就需要考虑压头下压过程中产生的塑性堆积和沉入的情况，如图 12–17 所示。结合压头的形状参数，得到压头下压的实际接触面积为 $A_c$。

将深度信息转化为实际接触面积之后，可以通过有限元分析拟合绘制材料的真应力–应变曲线。根据材料的不同类型，所拟合出的真应力–应变曲线。

幂函数型材料和线性函数型材料本构方程拟合出的真应力–应变曲线如图 12–18 所示。

由本构方程结合载荷–深度曲线所采集的材料信息可以计算获得材料的屈服强度和抗拉强度；具体的拟合和计算过程如图 12–19 所示。

(a)

(b)

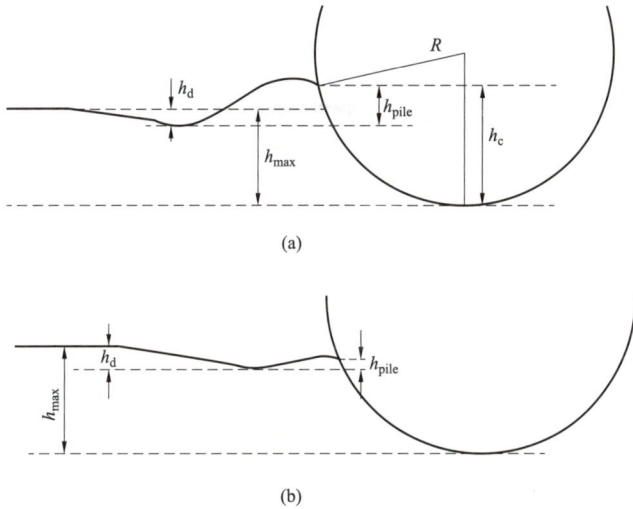

**图 12-17 压痕沉入–堆积示意图**

（a）压痕堆积示意图；（b）压痕沉入示意图

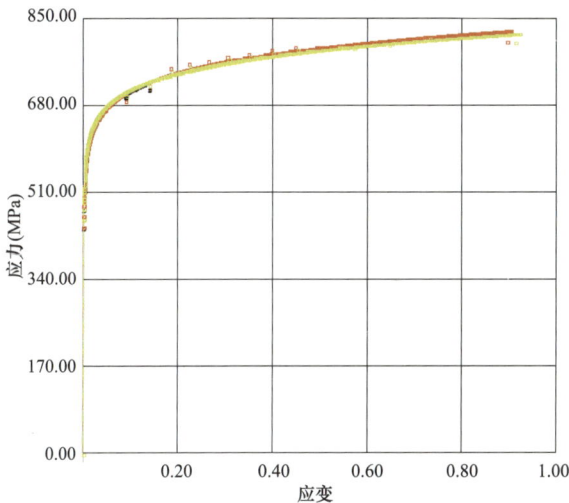

**图 12-18 拟合所得真应力–应变曲线**

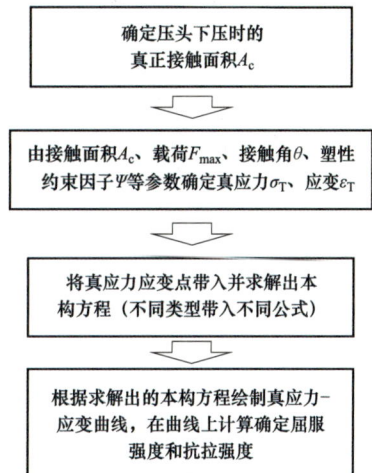

**图 12-19 由载荷–深度曲线计算抗拉强度和屈服强度的流程图**

## 2. 残余应力测试原理

采用球形或四棱维氏压头，压头压下相同的深度，记录所需载荷的变化，当物体存在压缩残余应力时，载荷量将变大；当物体存在拉伸残余应力时，载荷将变小。根据所得载荷–深度曲线和原始无应力状态下的载荷–深度曲线进行对比，最后确定材料残余应力值和残余应力的性质。按照残余应力的检测原理，双等轴拉伸状态的残余应力与压痕状态（压痕载荷、压痕深度）存在某种内在关系。如果仪器压痕在无残余应力区域获得载荷、深度状态在载荷–深度曲线上表示出来。然后在存在残余应力的材料上做压痕将得出一个与载荷深度曲线不同的压痕状态，如图 12-20 所示，在无残余应力曲线的上方是压应力、下方是拉应力。

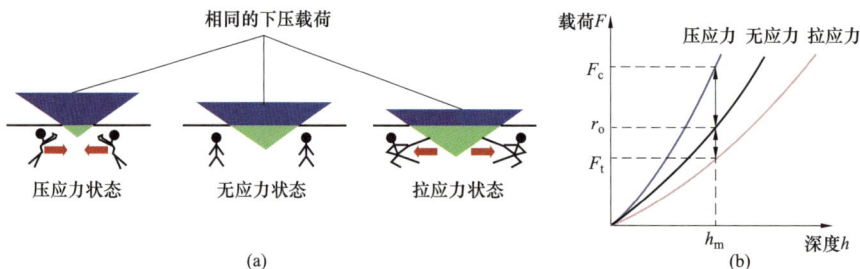

图 12-20　残余应力原理图

（a）示意图；（b）曲线图

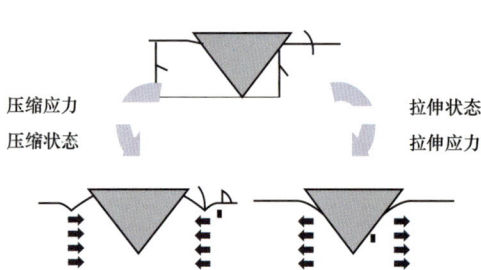

图 12-21　维氏压头压痕面积

大量的实验证明焊接接头产生的应力比约为 0.33，这个值将应用于双轴应力分析。如图 12-21 所示，检测时压头的压痕面积将根据压痕深度与压头自身的角度与截面计算求得，压痕深度根据压头自身的参数进行计算。

3. 断裂韧性测试基本原理

采用球形或四棱维氏压头，在进行压痕试验过程中，随着压痕深度的增加，材料发生塑性变形及局部损伤，由下压引起的局部损伤的变化导致应变能密度的下降。因此，应变能密度的降低同时被视为材料断裂的开始。可以通过仪器测量出某点的应变能，即临界应变能。

当单位体积应变能变化达到临界条件时，材料失效。因此，当达到临界条件时，我们利用临界载荷和临界压痕深度以及压痕区域半径计算出临界应变能，最后将临界应变能转换成断裂韧性。

**（二）管道拉伸试验**

（1）试验材料与设备。选用材料 S20C、S40C、40Cr、APIX65 和 APIX70 作为本次力学性能检测试验的材料。几种材料的成分和强度标准见表 12-2。

表 12-2　　　　　　　　　　　几种材料主要成分和强度标准

| 材料牌号 | 材料成分（%） | | | | | | 强度标准（MPa） | |
|---|---|---|---|---|---|---|---|---|
| | C | Si | Mn | Cr | P | S | 屈服强度 | 抗拉强度 |
| S20C | 0.17～0.23 | 0.17～0.37 | 0.35～0.65 | ≤0.25 | ≤0.035 | ≤0.035 | ≥245 | ≥410 |
| S45C | 0.42～0.50 | 0.17～0.37 | 0.50～0.80 | ≤0.25 | ≤0.30 | ≤0.30 | ≥355 | ≥600 |
| 40Cr | 0.37～0.44 | 0.17～0.37 | 0.50～0.80 | 0.80～1.10 | ≤0.035 | ≤0.035 | ≥785 | ≥980 |
| APIX65 | 0.22 | | 1.45 | | ≤0.025 | ≤0.015 | ≥448 | ≥531 |
| APIX70 | 0.22 | | 1.65 | | ≤0.025 | ≤0.015 | ≥483 | ≥565 |

试验采用的设备为韩国 Frontics 公司制造的 AIS3000 compact，如图 12-22 所示。此设备采用高强度碳化钨压头、高精密度的力学和深度传感器，可以精确获得压头下压过程中的载荷-深度曲线。同时设备操作过程由软件控制，方便快捷并且不易出错。设备自带分析软件可以将获得的载荷深度曲线拟合成真实应力应变曲线，然后直接计算出被测材料的抗拉强度值

和屈服强度值。

（2）试验方法及过程。测量的材料有试块和现场管道两种，试块采用试验台进行试验，现场管道采用链条夹具进行现场试验，两种测量方式如图 12-23 所示。

图 12-22 AIS3000 便携式
万能力学性能检测仪

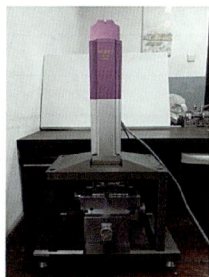

(a)                    (b)

图 12-23 AIS3000 压痕法两种测量方式
（a）试验台压痕试验；（b）现场管道加装

试块可直接进行压痕试验，而现场管道由于表面有保护漆层、氧化皮层等会影响测量结果，所以加装设备之前需要先对材料表面进行简单打磨处理，处理完成后再对管道进行压痕试验。

压痕试验采用"部分卸载法"，加载循环设定为 15 次，每次下压 10μm，下压到 150μm 时完全卸载。每种材料选取三个以上压痕测试点进行测量，测得结果后取平均值。压头下压过程均由设备所配备的计算机软件控制，避免了人为操作失误；所测量的载荷值和深度值也自动记录并存储到数据库软件中。测试结束后，由系统自带的分析软件进行分析，即可获得材料的抗拉强度值和屈服强度值。

（3）试验数据及分析。压痕试验后，将用相同被测材料制备的单轴拉伸试样进行单轴拉伸试验，与压痕试验结果进行比对。最终仪器化压痕法检测所得的拉伸性能结果和单轴拉伸试验所得结果对比见表 12-3。由两种拉伸试验数据对比可以看出，压痕法所测量的屈服强度值、抗拉强度值与单轴拉伸试验测量出的屈服强度值、抗拉强度值偏差很小，都在 5% 以内；并且压痕法同一区域不同位置的重复性较好，API X65 和 API X70 压痕法测量数据重复性见表 12-4。由此可见压痕法测试较为准确，可以满足管道材料力学性能检测要求。

表 12-3 几种管道材料压痕法试验与单轴拉伸试验结果

| 试样 | 屈服强度（平均值） | | | 抗拉强度（平均值） | | |
|------|------------------|------------------|--------|------------------|------------------|--------|
| | 压痕法试验数据（MPa） | 单轴拉伸试验数据（MPa） | 误差（%） | 压痕法试验数据（MPa） | 单轴拉伸试验数据（MPa） | 误差（%） |
| S20C | 276.9 | 269.0 | 2.90 | 449.0 | 432.5 | 3.70 |
| S45C | 394.6 | 383.3 | 2.94 | 710.3 | 714.5 | −0.58 |
| 40Cr | 562.6 | 536.0 | 4.60 | 882.0 | 888.5 | 0.60 |
| APIX65 | 448.9 | 453.6 | −1.05 | 545.8 | 553.8 | −1.46 |
| APIX70 | 550.8 | 556.0 | −1.00 | 618.1 | 621.5 | −0.50 |

表 12-4　　　　　　　　API X65 和 API X70 压痕法测量数据的重复性

| NO. | API X65 | | API X70 | |
|---|---|---|---|---|
| | 屈服强度（MPa） | 抗拉强度（MPa） | 屈服强度（MPa） | 抗拉强度（MPa） |
| 1 | 431.7 | 547.4 | 555.1 | 618.2 |
| 2 | 462.1 | 542.2 | 552.3 | 620.6 |
| 3 | 453.1 | 544.3 | 553.4 | 619.0 |
| 4 | 452.2 | 546.2 | 550.7 | 615.5 |
| 5 | 445.4 | 548.7 | 542.3 | 615.3 |
| 标准差 | 11.30 | 2.57 | 4.99 | 2.29 |
| 最大偏差值 | 30.40 | 6.50 | 12.80 | 5.30 |

### （三）管道焊缝残余应力试验

采用 AIS3000 compact 仪器测量 APIX52 管道机械自动焊焊缝的残余应力，如图 12-24 所示。测量前选择七倍焊缝距离远的区域作为无应力区域（对于现场管道而言很难找到加工前无残余应力的平板母材，因此假设远离焊缝的母材是无应力区域），然后将被测区域用 800 目以上砂纸打磨平整。

（a）　　　　　　　　　　　　　　　　　　（b）

图 12-24　螺旋焊接管道及焊接接头

（a）残余应力样管；（b）参考曲线测试位置

压痕法技术检测数据见表 103。管道螺旋焊缝焊接残余应力最大值为 27.72MPa，焊缝、热影响区、母材区域几乎没有残余应力。残余应力趋势图主要呈 M 形曲线。

表 12-5　　　　　　　压痕法检测螺旋焊接管道焊接接头残余应力分析结果

| 测试位置 测试属性 | 残余应力（MPa） | 焊接区域 | 说　明 |
|---|---|---|---|
| 1 | 10.17 | 母材 | 拉伸残余应力 |
| 2 | 15.77 | 热影响区 | 拉伸残余应力 |
| 3 | 7.85 | | 拉伸残余应力 |
| 4 | 14.98 | 焊缝 | 拉伸残余应力 |
| 5 | 27.72 | 热影响区 | 拉伸残余应力 |
| 6 | 16.90 | | 拉伸残余应力 |
| 7 | 8.22 | 母材 | 拉伸残余应力 |

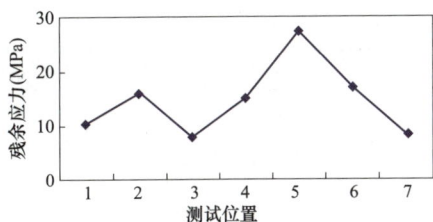

图 12-25　螺旋焊接管道焊接接头各点残余应力变化

为直观显示各点残余应力变化，绘制如图 12-25 所示的折线图。

**（四）现场应用测试**

采用 IIT 压痕仪，现场测量 P91 管道硬度及拉伸性能。

（1）压痕法现场测试 P91 管道特征，如图 12-26 所示。

（2）现场测试 P91 拉伸性能载荷-深度曲线，如图 12-27 所示。

图 12-26　P91 管道特征

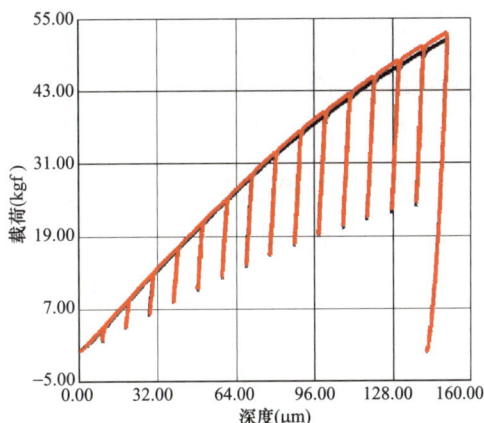

图 12-27　现场测试 P91 拉伸性能载荷-深度曲线

（3）现场测试 P91 拉伸性能应力应变曲线，如图 12-28 所示。

（4）现场测试 P91 硬度载荷-深度曲线，如图 12-29 所示。

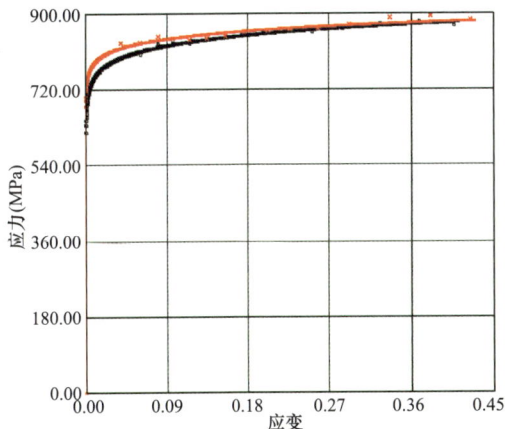

图 12-28　现场测试 P91 拉伸性能应力应变曲线

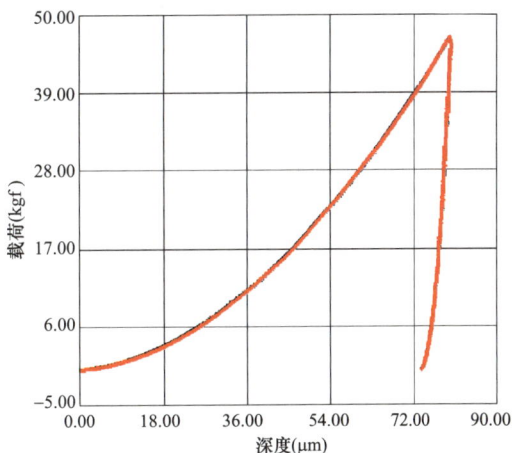

图 12-29　现场测试 P91 硬度载荷-深度曲线

（5）现场测试 P91 管道拉伸性能和硬度数据见表 12-6。

**表 12-6**            **现场测试 P91 管道拉伸性能和硬度数据**

| 日期 | 地点 | 材料型号 | IIT 压痕仪器 | | | |
|---|---|---|---|---|---|---|
| | | | 检测数据 | | | |
| | | | TYPE 选择 | 屈服强度（MPa） | 拉强度（MPa） | 维氏硬度（HV） |
| 2014 年 10 月 17 日 | 某现场工地 | P91 | TYPE3 | 617 | 776 | 233 |
| | | | TYPE5 | 417 | 778 | |

综上所述，压痕法技术能够用于在役电站锅炉管道材料力学性能的检测，测试数据准确、可靠，且操作简便、快速。该检测技术突破了传统单轴拉伸试验必须停炉破坏取样的缺点，是一种很有实用价值的力学性能检测方法。利用压痕法技术定期实时检测在役锅炉高温管道的力学性能，可以为管道安全评价提供剩余强度数据的支撑，提高了管道评价结果的准确性和可靠性，从而能够更好地预防管道安全事故，这对管道的安全管理和日常维护，确保机组的安全稳定运行具有重大的意义。该项技术还可用于检测发电机组各种金属部件（压力容器、焊接件、各类承载/承重部件、阀门、轴类等）材料的力学性能，应用广泛。

### 三、奥氏体不锈钢晶间腐蚀状态的非线性超声检测技术

超超临界锅炉机组的蒸汽温度达到 600℃以上，压力为 27～30MPa，要求相匹配的锅炉用钢具有更好的高温力学性能、组织稳定性、内壁抗蒸汽氧化性以及外壁抗熔盐/熔渣腐蚀性能。工作在这种参数下的锅炉过热器、再热器高温段的金属材料一般都采用奥氏体耐热钢。

Super304H（18Cr–9Ni–3Cu–Nb–N）奥氏体不锈钢是日本住友金属株式会社和三菱重工开发的一种新型经济型奥氏体耐热钢，它是在 ASME SA–213TP304H 的基础上，增加 C 含量，降低 Mn 含量上限，加入约 3% 的 Cu、0.45% 的 Nb 和微量的 N，通过发挥各元素的固溶、弥散强化等作用，使该钢达到高温强度、高温塑性、抗高温氧化的最佳组合，同时通过发挥 Nb 的固碳作用而降低 Super304H 的晶间腐蚀倾向。在新型奥氏体耐热钢中，Super304H 钢是目前超超临界锅炉中过热器和再热器的首选材料之一。

为适应火力发电锅炉高参数的发展方向，超超临界锅炉机组近年来也在国内开始大量安装并逐渐投入运行，其中 Super304H 奥氏体不锈钢作为过热器和再热器的制造材料，在超超临界锅炉中的用量越来越大。但是由于 Super304H 不锈钢在传统的 18-8 奥氏体不锈钢基础上增加了 C 含量，同时其在高温以及有煤灰等腐蚀介质的环境中长期工作，如果化学成分和制造工艺没有得到很好的控制，极易使其晶界附近析出 $M_{23}C_6$，从而导致晶间腐蚀现象的发生，最终可能导致材料发生脆化进而造成爆管等严重后果，给火力发电厂的经济和环保带来极为不利的影响。

由于 Super304H 在国内电力行业的应用时间不长。所以，关于 Super304H 在高温、高压和腐蚀环境下出现晶间腐蚀现象的原因分析和相关研究很少，本专题尝试通过非线性超声波参数对该奥氏体不锈钢晶间腐蚀状态进行检测评估。

#### （一）奥氏体不锈钢晶间腐蚀的评估技术现状

晶间腐蚀（intergranular corrosion）是指在特定腐蚀介质中，金属材料的晶界受到腐蚀，使晶粒之间丧失结合力的一种局部腐蚀破坏现象。晶间腐蚀通常发生在不锈钢、镍基合金、铝基合金以及铜合金上，并主要在焊接接头或经一定加热过程后使用时发生。

目前，晶间腐蚀的机理主要有"贫铬理论"和"晶间区偏析杂质或第二相选择性溶解理论"，其次，还有"晶界吸附理论""亚稳沉淀相理论"等作为补充。其中贫铬理论存在两种机制：一是由于 $Cr_{23}C_6$ 沿晶析出，导致晶界附近贫铬；二是部分含稳定化元素的不锈钢中游离的 Cr 会在沿晶析出的 MC 型碳化物（NbC 或 TiC）附近偏析，从而导致晶界附近贫铬。Super304H 钢作为一种含稳定化元素的 18-8 型奥氏体不锈钢，其合金元素种类多，含量大，其腐蚀机理也受到研究者的关注。谭舒平对晶界处的析出相类型和晶界附近的 Cr 含量进行验证和测试，发现沿晶析出的析出相为 $M_{23}C_6$（M=Fe，Cr），并且距离晶界越近，Cr 含量越低，这进一步证明了其晶间腐蚀产生的机理与传统的奥氏体不锈钢一致，都是因为 $Cr_{23}C_6$ 型碳化物沿晶析出导致晶界附近形成贫铬区造成的。

为了能定性和定量评定奥氏体不锈钢的晶间腐蚀敏感性，科技人员进行了大量的研究工作。目前，常用的方法主要有化学法和电化学方法两种，化学法采用 GB/T 4334《金属和合金的腐蚀不锈钢晶间腐蚀试验方法》中的方法 E，也即 $H_2SO_4$+$CuSO_4$+Cu 屑法进行评定。电化学法可以采用草酸电解浸蚀法，也可借助双环电化学动电位再活化（Double Loop Electrochemical Polarization Reactivation，DL-EPR）法定量表征不同热处理状态下晶间腐蚀敏感性的差异。

1. $H_2SO_4$+$CuSO_4$+Cu 屑法

根据标准的规定，使用的溶液是将 100g CuSO4·5H2O 溶于 700mL 的去离子水中，并加入 100mL $H_2SO_4$，再稀释至 1000mL 配置而成，其中 $CuSO_4$ 为钝化剂，$H_2SO_4$ 为腐蚀剂，Cu 屑则起了"化学恒电位器"的作用，让试样和试验溶液的氧化电位达到平衡状态。由于不锈钢贫铬区与基体之间电位存在较大的差异，使得在此腐蚀体系中贫铬区易发生溶解，从而使晶粒之间失去连续性。但这种方法实验周期较长、需要实验材料较多且属于破坏性实验。

2. 草酸电解浸蚀法

草酸电解浸蚀法是一种电化学方法。具体过程与工艺如下：将试样作为阳极，不锈钢片作为阴极，并将它们放在 10%草酸溶液中，保持体系温度为（30±1）℃，使试样在 $1A/cm^2$ 的电流密度下电解腐蚀约 90s，然后将试样洗净、吹干后用金相显微镜观察腐蚀形貌，并根据表 12-7 所示的标准判断晶间腐蚀程度。该方法具有简单、快速、无损的优点，但是在金相下难以准确表征腐蚀沟的宽度和深度，不易区分不同试样晶间腐蚀敏感性的细微差异。

表 12-7　　草酸浸蚀金相组织与晶间腐蚀程度之间的关系

| 类别 | 名称 | 浸蚀组织形态 | 晶间腐蚀敏感性 |
|---|---|---|---|
| 一类 | 阶梯组织 | 晶界无腐蚀沟，晶界间呈台阶状 | 无 |
| 二类 | 混合组织 | 晶界有腐蚀沟，无晶粒被腐蚀沟包围 | 无 |
| 三类 | 沟状组织 | 晶界有腐蚀沟，有晶粒被腐蚀沟包围 | 有 |

3. 电化学动电位再活化（DL-EPR）法

DL-EPR 法具有快速、无损、敏感、定量等特点，其主要原理是指在一定介质和外加电位作用下，不锈钢表面将形成一层完整、致密的钝化膜，但经敏化处理后因晶界贫铬而形成不完整的钝化膜，当外加电位回扫到再活化区时，不完整的钝化膜将优先溶解，使得再活

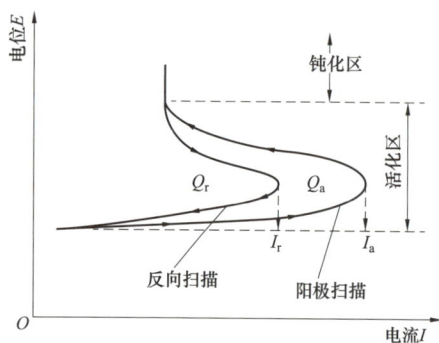

图 12-30　DL-EPR 法的测试原理

化电流升高。利用这一特征可以反映晶间腐蚀的敏感程度，其测量原理曲线如图 12-30 所示，表征活化峰大小的特征参数主要有再活化峰峰值电流 $I_r$、再活化电量 $Q_r$、电量比 $Q_r/Q_a$、电流比 $I_r/I_a$ 等。

**（二）奥氏体不锈钢晶间腐蚀的声振无损评估方法探索**

研究 Super304H 钢圆管的晶间腐蚀状况与其动力学特征之间的关系，探索声振测试法应用于钢管晶间腐蚀测试的可行性。

对圆管用 ANSYS 进行模态分析得到各阶阵型的固有频率，对各阶振型图进行分析，选取振动形式只是圆管截面运动的振型图，如图 12-31 所示。

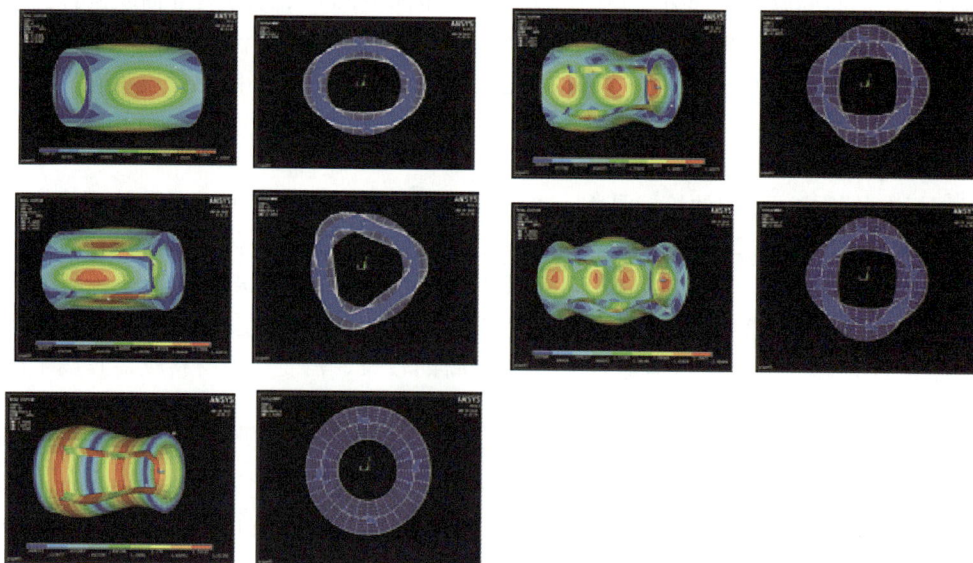

图 12-31　不锈钢管自由振动形式

不锈钢晶间腐蚀试样依晶间腐蚀程度不同，编号为 1～5，如图 12-32 所示。

图 12-32　奥氏体不锈钢管试样

在试样上标记激振点和测点位置，按设备安装要求安装好实验设备。选取合适的质量块安装在摆锤上，将摆锤提升到一定高度后释放，使其从静止状态开始下落，冲击待测钢管。用振动加速度传感器检测钢管振动，振动信号经过信号调理后通过采集卡采样进入计算机。同一位置每次进行五次重复实验。记录待测钢管型号、钢管放置方式、激振点位置、测点位置。测试系统如图 12-33 所示。

对试验所得数据进行时域波形分析，显示振动信号随时间的变化值，获取包括均值、方差、峰峰值等信号，然后利用傅里叶变换，将时域信号变换至频域加以分析。

表 12-8、表 12-9 分别给出了不同测试方法下试样接近自由振动固有频率 13 182Hz 和 23 977Hz 处幅值与频率偏移率，这是各组实验中各试样响应频率偏移固有频率相对较大的两组。

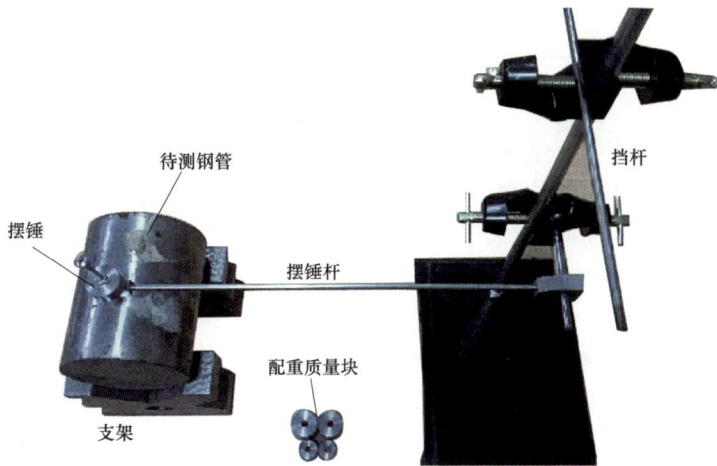

图 12-33　不锈钢管声振测试系统

表 12-8　不同测试方法下管样接近固有频率 13182Hz 处幅值与频率偏移率

| 管号 | 管 1 | | 管 2 | | 管 3 | | 管 4 | | 管 5 | |
|---|---|---|---|---|---|---|---|---|---|---|
| 项目 | 幅值平均值 | 频率偏移率平均值（%） | 幅值平均值 | 频率偏移率平均值（%） | 幅值平均值 | 频率偏移率平均值（%） | 幅值平均值 | 频率偏移率平均值（%） | 幅值平均值 | 频率偏移率平均值（%） |
| 传感器竖直 25mm | 1.576 | -1.186 | 1.632 | 1.766 | 1.332 | 2.932 | 1.403 | 2.572 | 1.276 | 1.312 |
| 传感器竖直中部 | 1.623 | 0.638 | 1.454 | 3.414 | 1.563 | 2.242 | 1.322 | 3.576 | 1.459 | -0.546 |
| 传感器水平 25mm | 1.941 | 0.828 | 1.339 | 0.652 | 1.71 | 1.646 | 1.678 | -1.038 | 1.344 | 0.688 |
| 传感器水平中部 | 1.805 | 0.39 | 1.668 | 0.73 | 1.366 | 2.144 | 1.490 | 1.466 | 1.623 | 2.986 |

表 12-9　不同测试方法下管样接近固有频率 23977Hz 处幅值与频率偏移率

| 管号 | 管 1 | | 管 2 | | 管 3 | | 管 4 | | 管 5 | |
|---|---|---|---|---|---|---|---|---|---|---|
| 项目 | 幅值平均值 | 频率偏移率平均值（%） | 幅值平均值 | 频率偏移率平均值（%） | 幅值平均值 | 频率偏移率平均值（%） | 幅值平均值 | 频率偏移率平均值（%） | 幅值平均值 | 频率偏移率平均值（%） |
| 传感器竖直 25mm | 1.467 | -0.812 | 12.782 | -0.546 | 9.904 | 2.896 | 12.688 | -0.082 | 4.009 | 1.848 |

| 管号 | 管1 | | 管2 | | 管3 | | 管4 | | 管5 | |
|---|---|---|---|---|---|---|---|---|---|---|
| 项目 | 幅值平均值 | 频率偏移率平均值(%) | 幅值平均值 | 频率偏移率平均值(%) | 幅值平均值 | 频率偏移率平均值(%) | 幅值平均值 | 频率偏移率平均值(%) | 幅值平均值 | 频率偏移率平均值(%) |
| 传感器竖直中部 | 1.154 | −0.952 | 3.838 | 6.906 | 10.933 | 2.724 | 2.987 | −0.182 | 2.088 | 0.404 |
| 传感器水平25mm | 1.045 | −2.618 | 12.317 | −0.62 | 11.081 | 2.834 | 16.100 | −0.042 | 10.842 | 1.95 |
| 传感器水平中部 | 1.973 | −1.122 | 1.554 | −1.392 | 6.895 | 2.664 | 2.990 | −0.19 | 7.408 | 2.516 |

结果表明，上述两组实验中，试样的频率偏移率平均值并没有规律，无法检测出钢管腐蚀程度，而其余各组实验中各试样响应频率偏移固有频率的量较小，并且有些实验中各试样响应频率有重叠，均不能作为检测钢管腐蚀程度的科学依据。综上所述，声振测试法暂时不能检测出 Super304H 钢的晶间腐蚀状态。

### （三）奥氏体不锈钢晶间腐蚀的非线性超声评估方法

国内外科技人员尝试了多种无损检测手段对奥氏体不锈钢的晶间腐蚀敏感性进行评定。L.Babout 用 X 射线成像观测晶间应力腐蚀裂纹，N.Jothilakshmi 用超声纵波波速、纵波横波波速比、衰减、频谱分析等参数分析不同晶间腐蚀深度的 304L 不锈钢试样。随着 304L 不锈钢晶间腐蚀深度增加，纵波速度和波速比降低，衰减增加。波速比是表征晶间腐蚀的实用参数，但是奥氏体不锈钢晶粒粗大，超声衰减严重，且晶间腐蚀不像裂纹等宏观缺陷，常规的超声没有反射回波，难以检测。传统的超声波声速、衰减等参数也难以表征 Super304H 管的晶间腐蚀状态。

非线性超声是从 20 世纪末发展起来的。传统线性超声观察时域信号，受波长等因素所限，对于微缺陷、微裂纹、疲劳等缺陷不敏感。非线性超声检测利用有限振幅声波在材料中传播时介质或微小缺陷与其相互作用的非线性效应，实现材料性能评估和微小缺陷的检测。基于超声的非线性效应，非线性超声无损检测和评价方法主要从频域分析信号特征，进行缺陷判别。非线性超声已经用于应力腐蚀裂纹的检测和成像，以及高温构件早期损伤、材料力学性能退化、镁合金早期疲劳的评估。用非线性超声评价超级不锈钢晶间腐蚀性能，目前国内外还没有相关报道。因此，开展超级不锈钢耐晶间腐蚀性能和相关评价标准的研究具有较高的工程应用价值。

对于各向同性的均质材料，不存在损伤等因素，非线性声学效应仅为材料本身所致，反应出被测材料的本质特征。当不锈钢材料内部存在晶间腐蚀时，超声波在其中传播时也会表现出一定的非线性特征，下面介绍一种利用超声波与晶间腐蚀缺陷相互作用产生的非线性特征的效应对晶间腐蚀进行检测的方法。

1. 非线性超声检测原理

从连续介质出发，Breazeale 等得到了一维纵波非线性波动方程，即

$$\rho_0 \frac{\partial^2 u}{\partial t^2} = K_2 \frac{\partial^2 u}{\partial x^2} + (3K_2 + K_3)\frac{\partial u}{\partial x}\frac{\partial^2 u}{\partial x^2} \tag{12-1}$$

$$K_2 = \rho_0 v^2$$

式中　$\rho_0$ ——介质密度；

　　　$u$ ——函数；

　　　$t$ ——时间；

　　$K_2, K_3$ ——二、三阶弹性系数；

　　　$v$ ——纵波声速；

　　　$x$ ——传播距离。

使用逐级近似微扰的方法，可求得波动方程的近似解为

$$u = A_0 \sin(kx - \omega t) + \frac{1}{8}(A_0^2 k^2 \beta x)\cos 2(kx - \omega t) \qquad （12-2）$$

$$k = \omega / c_p$$

式中　$A_0$ ——基波幅值；

　　　$k$ ——波数；

　　　$\omega$ ——角频率；

　　　$\beta$ ——相位角；

　　　$c_p$ ——相速度；

　　　$x$ ——传播距离。

设基波幅值为 $A_1 = A_0$，二次谐波幅值为 $A_2 = \frac{1}{8}(A_0^2 k^2 \beta x)$，则超声非线性系数可写为

$$\beta = \frac{8}{k^2 x}\left(\frac{A_2}{A_1^2}\right) \qquad （12-3）$$

从式（12-3）可以看出，为了得到材料的超声非线性系数，需要测量超声声波质点振动的绝对幅值 $A_1$ 和 $A_2$。采用有限幅度法原理进行测试，当超声波激励试件并使其幅度不断增强时，介质应力-应变非线性关系的影响增强，超声非线性响应信号幅度变大。接收换能器接收到的时域信号，包含基波和谐波分量。对接收到的信号进行傅里叶变换，把信号转换到频域，最终得到基波和二次谐波的幅值，进而确定评价材料非线性特征的超声非线性系数。

2. 非线性超声检测方案与试样

使用非线性声学测量系统（SNAP 系统）对图 12-32 中 5 根晶间腐蚀程度不同的钢管进行检测，在钢管两侧分别布置激励探头和接收探头（或采用自发自收方式）。SNAP 系统的各项功能由计算机控制，通过探头发射和接收的信号可接入示波器进行显示，非线性声学测量系统如图 12-34 所示。

利用二次谐波法对钢管进行检测，仪器的

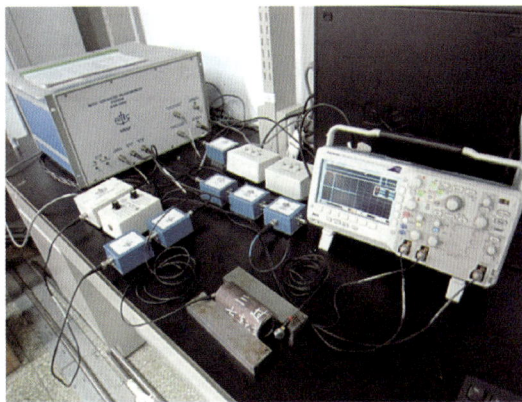

**图 12-34　不锈钢管非线性超声测试系统**

225

连接示意图如图 12–35 所示。激励信号为 20 个周期的频率为 5MHz 的正弦波，对接收到的信号进行扫频，频率下限为 4MHz、上限为 12MHz，步长为 0.008MHz。观察扫频结果中 5MHz 和 10MHz 处的频率分量，并分别计算每根钢管的相对非线性系数。

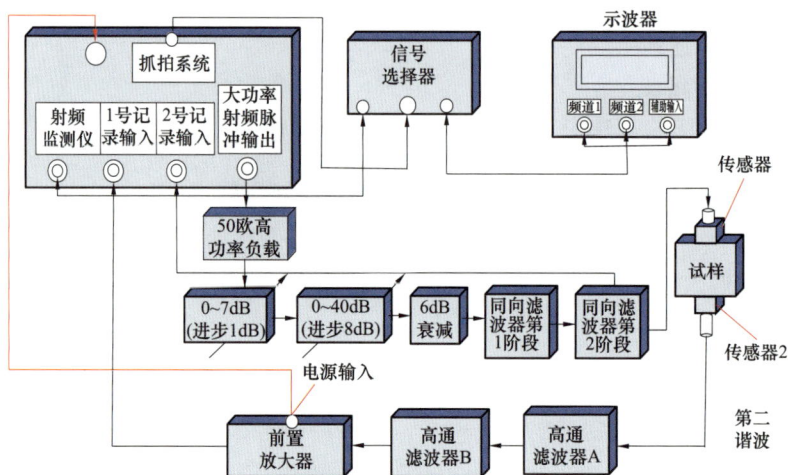

图 12–35　非线性超声仪器连接示意图

非线性超声测试同样采用图 12–32 中的试样管。5 根试样管的晶间腐蚀程度不一样，见表 12–10。

表 12–10　　　　　　　　　　Super304H 管试样的腐蚀状态特征

| 编号 | 压弯试验结果 |
|---|---|
| 管 1 | 除了原始态以外，其余对比试样都有裂纹甚至粉末化 |
| 管 2 | 原始态、热腐蚀态以及敏化+热腐蚀态试样弯曲后表面都有不同程度的裂纹 |
| 管 3 | 原始态和热腐蚀态试样没有裂纹，但在热腐蚀后增加敏化处理后试样出现裂纹 |
| 管 4 | 原始态、热腐蚀态以及敏化+热腐蚀态都没有裂纹 |
| 管 5 | 原始态、热腐蚀态以及敏化+热腐蚀态都没有裂纹 |

### （四）试验结果与分析

对试样进行检测，得到超声波信号在钢管中传播的波形和扫频结果。每根钢管试样分别进行多次检测，以尽量减少实验条件不一致带来的误差。各试样检测时所接收信号的典型时域波形和扫频结果如图 12–36 所示。

表 12–11 给出不同晶间腐蚀程度的钢管多次测量结果及统计分析，图 12–37 给出其统计图形。

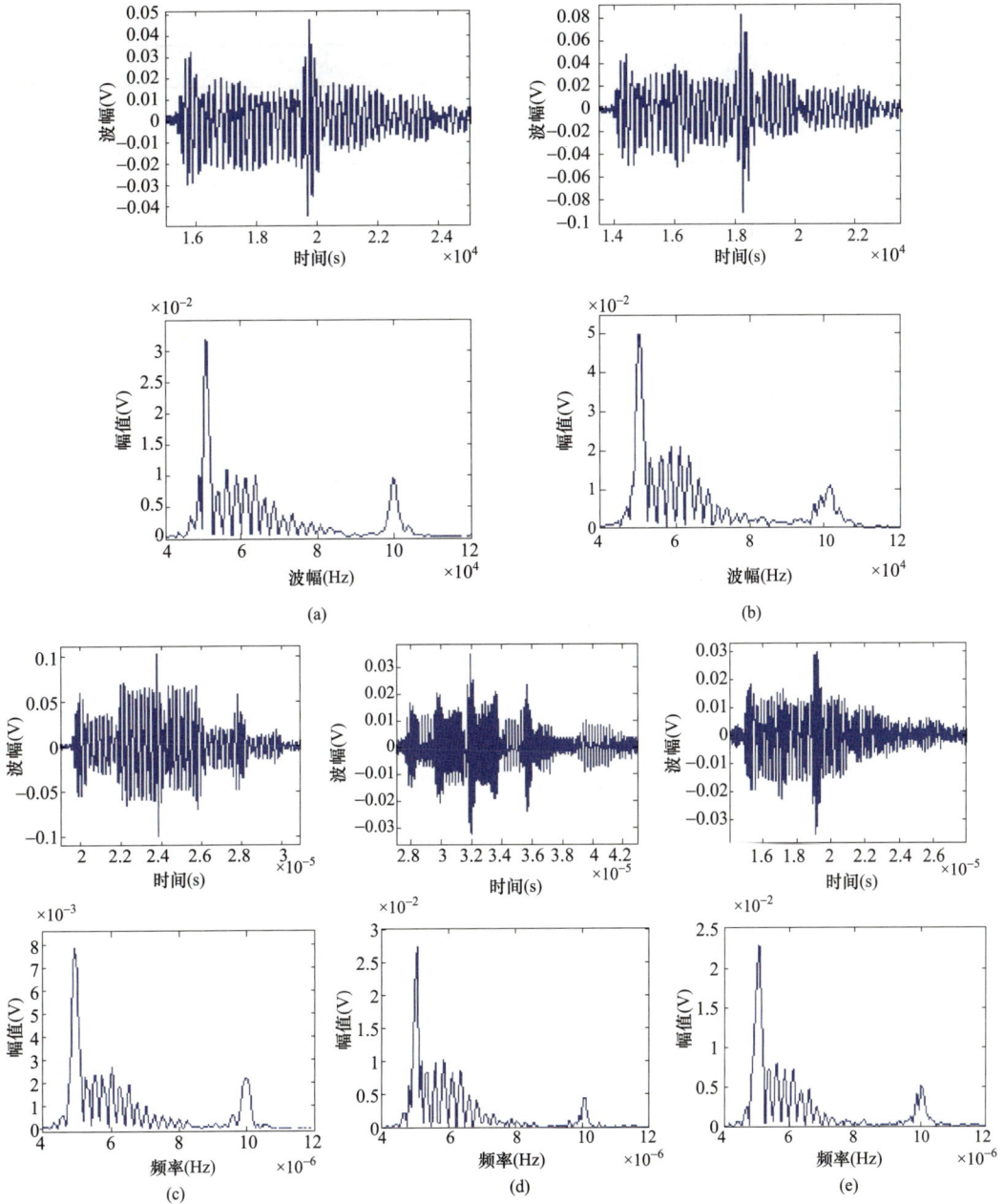

图 12-36　试样的典型时域波形和扫频结果

（a）管 1 时域波形及扫频结果；（b）管 2 时域波形及扫频结果；（c）管 3 时域波形及扫频结果；
（d）管 4 时域波形及扫频结果；（e）管 5 时域波形及扫频结果

表 12-11　　　　　　　　　　Super304H 管样非线性超声测试结果

| 钢管编号 | | 1 | 2 | 3 | 4 | 5 |
|---|---|---|---|---|---|---|
| 各次测量结果 | 1 | 1712.37 | 682.20 | 298.32 | 419.51 | 131.23 |
| | 2 | 1586.95 | 719.56 | 327.92 | 469.05 | 180.65 |
| | 3 | 1468.70 | 659.21 | 311.82 | 439.09 | 151.44 |

227

续表

| 钢管编号 | | 1 | 2 | 3 | 4 | 5 |
|---|---|---|---|---|---|---|
| 各次测量结果 | 4 | 1889.29 | 812.13 | 359.76 | 437.95 | 147.58 |
| | 5 | 1685.88 | 788.85 | 233.21 | 457.42 | 162.37 |
| | 6 | 1529.54 | 677.84 | 216.14 | 401.98 | 120.01 |
| | 7 | 1752.11 | 804.96 | 320.23 | 403.21 | 176.12 |
| | 8 | 1583.13 | 647.62 | 288.13 | 420.33 | 130.6 |
| | 9 | 1480.46 | 750.13 | 266.67 | 405.74 | 147.72 |
| | 10 | 1801.72 | 613.79 | 317.05 | 435.20 | 150.82 |
| $\beta$ 平均值 | | 1649.01 | 715.629 | 293.925 | 428.948 | 149.854 |
| $\beta$ 标准差 | | 134.329 | 66.772 | 41.916 | 21.757 | 18.483 |
| 平均相对误差 | | 7.23% | 8.31% | 11.67% | 4.38% | 9.62% |

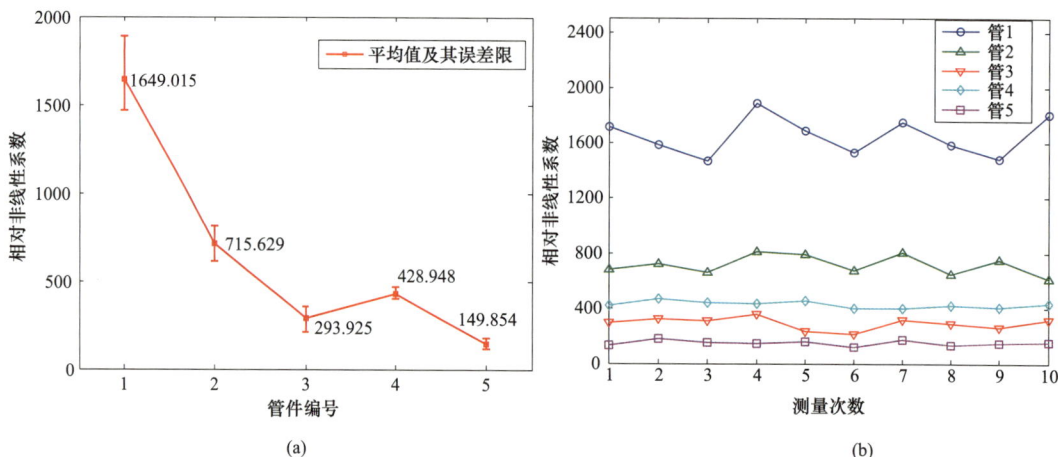

图 12–37

（a）多个管试样测量结果比较；（b）多个管试样单次测量比较

从表 12–11 中可以看出个钢管的晶间腐蚀程度不同，计算所得的相对非线性系数也不相同。整体而言，非线性系数随晶间腐蚀程度增加而增大，与化学法及电化学法检验结果一致。

测试结果表明：不同晶间腐蚀程度的钢管其非线性系数有很大的不同，整体而言，非线性系数随晶间腐蚀程度增加而增大，因此，可以利用非线性系数表征钢管晶间腐蚀程度。对于同一钢管，非线性系数测量结果有一定波动，但总体趋于某一稳定值，因此测量方法具有重复性。

因此，可以利用非线性超声对不同晶间腐蚀状态的 Super304H 不锈钢管进行评估。

## 四、柔性平面阵列涡流检测新技术在电力行业的应用

电涡流传感器是一种基于电涡流效应的无损、非接触式的传感器，以其优良的测试性能，在机械量的测量以及金属材料的无损检测等领域得到广泛应用。电涡流传感器阵列测试技术的研究始于 20 世纪 80 年代中期，在 20 世纪 80 年代末到 90 年代初，出现了一批电涡流阵列

测试方面的文献和专利。近 10 年来，随着传感器技术的发展以及加工工艺技术水平的提高，电涡流传感器阵列测试的研究和应用得到极大的发展，不仅用来测量大面积金属表面的位移，而且由于具有同时检测多个方向缺陷的优点，被广泛应用于金属焊缝的检测，飞行器金属部件的疲劳、老化和腐蚀检测，涡轮机、蒸气发生器、热交换器以及压力容器管道等的无损检测中。

采用阵列式传感器，不需使用机械式探头扫描即可实现大面积范围的高速测量，且能够达到与单个传感器相同的测量精度和分辨率，有效地提高了传感器系统的测试速度、测量精度和可靠性，此外，传感器阵列的结构形式灵活多样，可以非常方便地对复杂表面形状的零件进行检测，因此，阵列式传感器的研究成为当前传感器技术研究中的重要内容和发展方向。

电涡流传感器阵列测试技术，一般采用时分多路的阵列测试方法，实现大面积金属表面的接近式测量。通过对传感器探头的线圈阵列及引线结构形式的合理设计，配合后续的处理电路及计算机控制，完成电涡流传感器阵列的快速、高精度测量及大面积金属曲面部件位置的检测。

### （一）电涡流检测的基本原理

电涡流检测的工作原理是检测激励线圈磁场和感应涡流磁场之间的交互作用。当敏感线圈通入交流电流时，线圈周围就会产生交变磁场，如图 12-38（a）所示，如果此时将金属导体工件移入此交变磁场中，工件表面就会感应出电涡流，而此电涡流又会产生一个磁场，该磁场的方向与原线圈磁场的方向正好相反，从而减弱了原磁场。

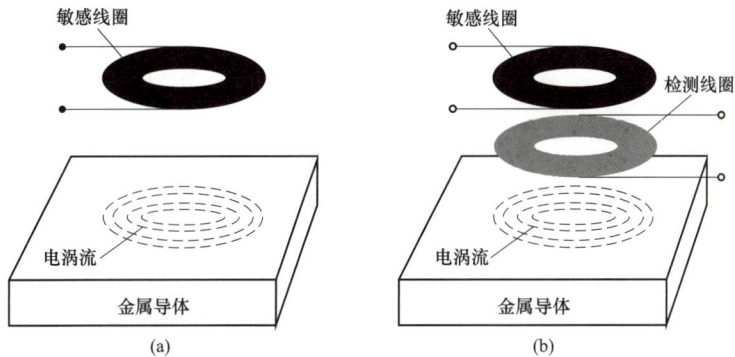

**图 12-38　交变磁场的产生**
（a）单线圈检测；（b）双线圈检测

电涡流传感器通常有两种检测方法。一种是单线圈检测的方法，通过检测敏感线圈阻抗的变化来反映磁场的变化情况。线圈的等效阻抗 $z$ 一般可表示为

$$z=f(\sigma, \mu, f, x, r) \tag{12-4}$$

式中　$\sigma$、$\mu$——被测金属导体的电导率和磁导率；

　　　　$f$——激励信号的频率；

　　　　$x$——线圈与金属导体的距离；

　　　　$r$——线圈的尺寸因子，与线圈的结构、形状以及尺寸相关。

可见，线圈阻抗的变化完整而且唯一地反映了被测金属导体的电涡流效应。实际检测时，对不需要的影响因素加以控制，就可以实现对式（12-6）中某个相关量的检测。作为接近式

传感器，线圈到金属工件之间的距离与线圈的阻抗直接相关，而检测金属表面或近表面的缺陷时，缺陷的存在将引起被测导体电导率和磁导率的变化，进而使线圈的阻抗参数发生改变。

双线圈检测如图 12-38（b）所示，通过使用另外一个线圈作为检测线圈，检测这两个磁场的叠加效果。根据法拉第电磁感应定律，检测线圈中将会产生一个感应电动势。

通过测量检测线圈中产生的电压即可非常容易地得到磁场的变化情况。

### （二）电涡流阵列的形式

与其他一些传感器相比，电涡流传感器具有一个比较突出的优点——探头的结构非常简单。从电涡流检测的基本原理可以看出，电涡流传感器探头的关键部件是敏感线圈，因此，电涡流阵列测试一般都是采用线圈阵列的方法，而不是将多个独立的传感器探头布置成阵列形式来使用。针对不同的测试条件和技术指标要求，线圈阵列可以设计成不同的结构和形式，以实现复杂形面部件的检测，但线圈阵列及其匹配电路的针对性设计也带来了相对昂贵的成本。

虽然电涡流线圈阵列结构形式的设计灵活多变，但仍然可以根据其检测方式的不同，大体归为两种典型的阵列类型。

（1）基于单线圈检测的电涡流阵列，如图 12-39（a）所示，一般是直接在基底材料上制作多个敏感线圈，布置成矩阵形式的阵列，而且为了消除线圈之间的干扰，相邻线圈之间要保留足够的空间。这种电涡流阵列大多用于大面积金属表面的接近式测量，检测部件的位置、表面形貌、涂层厚度以及回转体零件的内外径等，也可以用来检测裂纹等表面缺陷。

（2）基于双线圈方式的电涡流阵列检测，一般设计为一个大的激励线圈加众多小的检测线圈阵列的形式，如图 12-39（b）所示，它能够非常有效地实现大面积金属表面上多个方向的缺陷的检测，在无损检测的应用上具有较大的优势，已基本取代单线圈检测的应用。除此以外，近年还出现了一种基于电涡流效应的环绕线圈磁力计阵列 L1，它实际上是一种基于双线圈检测的阵列类型，通过对激励线圈和检测线圈阵列结构的特殊设计，以取得较好的测试性能。

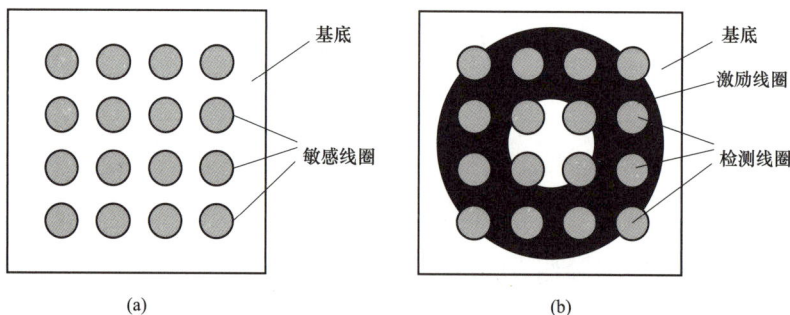

图 12-39 阵列类型

（a）单线圈检测；（b）双线圈检测

### （三）电涡流阵列的测试方法

涡流传感器响应速度快的特点使其能够很好地采用电子扫描测试的方法，通过控制模拟开关，逐个扫描全部的阵列单元，实现传感器阵列中所有敏感单元的检测。采用扫描采样的方法，能够大大简化传感器的后续电路，降低系统的成本，而且有利于传感器系统的小型化，但是由于模拟开关的引入，也导致传感器的测试精度有所下降。

电涡流传感器阵列测试的关键还在于线圈阵列的引线设计，图12-40是几种常用的基于单线圈检测原理的引线设计模式。图12-40（a）是敏感线圈两端分别引线的设计模式，图12-40（b）是行列垂直扫描式的引线设计。采用行列垂直结构形式的目的是为了减少传感器阵列的外接引线数目，这对于传感器的实际应用具有重要意义，但同时又不可避免地带来了各阵列单元间的串扰，降低了测量精度。解决串扰的问题，最简单的方法就是每个阵列单元单独引线（如图12-40所示），另外，也可以将预处理电路与敏感单元集成，做成一体化的集成传感器单元，而其代价将是高昂的制作成本。有时为了提高扫描采样的速度，还会采用一种行扫描采样的方法，即每次扫描一行，从而大大提高传感器阵列的测试速度，但需要增加预处理电路的数量。

电涡流传感器阵列是用来实现金属表面的接近式测量，因此采用单线圈检测的阵列形式。其测试方法是在上述两种设计方案的基础上加以折中，将所有线圈的一端作为公共端并接地，另一端分别引出与模拟开关连接，如图12-40（c）所示。相对于行列垂直引线，这种设计方法虽然引线数目较多，但却能大大减小线圈之间的串扰，提高测量精度，对于阵列数较少的测试系统，优势尤为明显。而且采用这种引线方式，模拟开关便可选用一对多的多路复用器，能够有效地简化控制电路，使后续的处理电路进一步小型化。

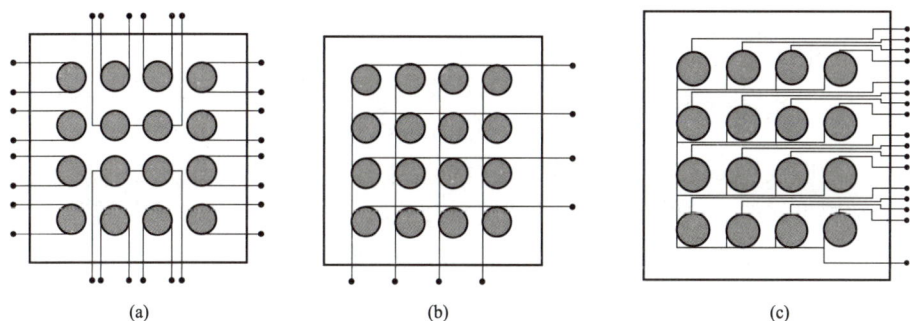

图 12-40　常用的基于单线圈检测原理的引线设计模式
（a）敏感线圈两端分别引线的设计模式；（b）行列垂直扫描式的引线设计；
（c）线圈的一端作为公共端并接地，另一端分别与模拟开关连接

### （四）电涡流阵列的设计和制作

根据上述的测试方法，设计并制作了一种扁平的柔性电涡流传感器阵列，图12-41所示为传感器探头的结构简图。传感器的探头由敏感线圈阵列及线圈引线所形成的一条引线电缆组成。在一般的使用情况下，探头的线圈阵列多设计为与图12-39（a）类似的平面矩形结构［如图12-41（a）所示］，这里为了更加方便、可靠地实现对复杂形状形面的检测，线圈阵列被设计为一种条形分叉式结构［如图12-41（b）所示］，而且根据被测表面形状的不同，线圈阵列的形状还可以有所不同。图12-41（b）中线圈阵列设计为两条平行的条形结构，以实现金属管道的检测。如果被测曲面为一般平滑曲面，还可以考虑设计成垂直条形结构或者6条分叉式结构。线圈阵列中各敏感线圈的引线设计为一条细长的扁平引线电缆，这在大面积曲面间小位移测量的应用中非常重要。引线电缆直接通过插头与处理电路连接，由计算机控制实现传感器阵列的循环扫描测试。

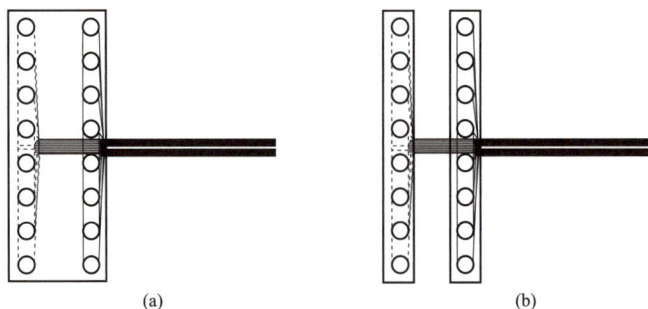

**图 12-41　传感器探头的结构简图**

（a）平面矩形结构；（b）条形分叉式结构

传感器的探头采用柔性印刷电路板（FPCB）工艺在聚酰亚胺薄膜上制作，探头敏感线圈阵列的整体尺寸很大，能达到 200mm×200mm，而厚度却很薄，不超过 0.15mm，且具有良好的柔韧性，几乎能够应用于各种几何形状形面的测量。

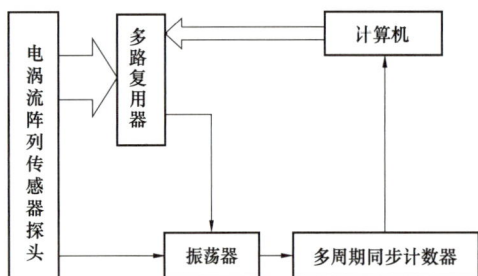

**图 12-42　电涡流信号处理**

通过计算机控制多路复用器，循环扫描采样所有的阵列单元。传感器的变换电路采用调频式振荡电路，电路输出的频率信号由计算机内置的频率数据采集卡来采集，然后将采集到的数据送入计算机进行处理，得到所需的被测曲面的位置，如图 12-42 所示。

采用大面积的铁质平面对传感器阵列进行标定实验，4 条曲线分别是传感器阵列中一条支路上 4 个敏感单元的测试结果，4 条曲线不重合的原因是由于敏感线圈位置和引线的影响，采用软件补偿的方法即能很好地解决。测试结果表明，在 2mm 的测量范围内，传感器阵列的测试精度 -0.25%～+0.25%。采用传感器阵列进行测试时，由于阵列单元间寄生电容的影响，振荡电路的中心频率会有所降低，并导致传感器的灵敏度略有减小。为了提高传感器的灵敏度，对振荡电路进行优化设计和改进，提高振荡电路的中心频率。实验结果显示，在 2mm 的量程范围内，传感器的平均测量灵敏度约为 70Hz/μm，达到了很好的效果。

电涡流传感器阵列具有比传统电涡流传感器更加优越的测试性能和广阔的应用前景。扁平柔性电涡流传感器阵列，实现大面积金属曲面部件位置的实时监测。通过对电涡流阵列测试技术的研究，采用分时复用的扫描检测方法和信号传输方法，将传感器线圈阵列中所有线圈的一端设计为公共接地端，另一端分别接入多路复用器，只用一套信号变换电路和信号调理电路即完成传感器阵列中全部敏感线圈的采样，不仅简化了系统电路，而且减小了各阵列单元间的干扰，提高了传感器系统的性能，实现了电涡流传感器阵列的快速、高精度测量。

## 附录 A 中华人民共和国特种设备安全法

# 中华人民共和国主席令

### 第四号

《中华人民共和国特种设备安全法》已由中华人民共和国第十二届全国人民代表大会常务委员会第三次会议于 2013 年 6 月 29 日通过，现予公布，自 2014 年 1 月 1 日起施行。

中华人民共和国主席 习近平

2013 年 6 月 29 日

## 中华人民共和国特种设备安全法

（2013 年 6 月 29 日第十二届全国人民代表大会常务委员会第 3 次会议通过）

### 第一章 总 则

**第一条** 为了加强特种设备安全工作，预防特种设备事故，保障人身和财产安全，促进经济社会发展，制定本法。

**第二条** 特种设备的生产（包括设计、制造、安装、改造、修理）、经营、使用、检验、检测和特种设备安全的监督管理，适用本法。

本法所称特种设备，是指对人身和财产安全有较大危险性的锅炉、压力容器（含气瓶）、压力管道、电梯、起重机械、客运索道、大型游乐设施、场（厂）内专用机动车辆，以及法律、行政法规规定适用本法的其他特种设备。

国家对特种设备实行目录管理。特种设备目录由国务院负责特种设备安全监督管理的部门制定，报国务院批准后执行。

**第三条** 特种设备安全工作应当坚持安全第一、预防为主、节能环保、综合治理的原则。

**第四条** 国家对特种设备的生产、经营、使用，实施分类的、全过程的安全监督管理。

**第五条** 国务院负责特种设备安全监督管理的部门对全国特种设备安全实施监督管理。县级以上地方各级人民政府负责特种设备安全监督管理的部门对本行政区域内特种设备安全实施监督管理。

**第六条** 国务院和地方各级人民政府应当加强对特种设备安全工作的领导，督促各有关部门依法履行监督管理职责。

县级以上地方各级人民政府应当建立协调机制，及时协调、解决特种设备安全监督管理中存在的问题。

**第七条** 特种设备生产、经营、使用单位应当遵守本法和其他有关法律、法规，建立、健全特种设备安全和节能责任制度，加强特种设备安全和节能管理，确保特种设备生产、经营、使用安全，符合节能要求。

**第八条** 特种设备生产、经营、使用、检验、检测应当遵守有关特种设备安全技术规范及相关标准。

特种设备安全技术规范由国务院负责特种设备安全监督管理的部门制定。

**第九条** 特种设备行业协会应当加强行业自律，推进行业诚信体系建设，提高特种设备安全管理水平。

**第十条** 国家支持有关特种设备安全的科学技术研究，鼓励先进技术和先进管理方法的推广应用，对做出突出贡献的单位和个人给予奖励。

**第十一条** 负责特种设备安全监督管理的部门应当加强特种设备安全宣传教育，普及特种设备安全知识，增强社会公众的特种设备安全意识。

**第十二条** 任何单位和个人有权向负责特种设备安全监督管理的部门和有关部门举报涉及特种设备安全的违法行为，接到举报的部门应当及时处理。

## 第二章　生产、经营、使用

### 第一节　一　般　规　定

**第十三条** 特种设备生产、经营、使用单位及其主要负责人对其生产、经营、使用的特种设备安全负责。

特种设备生产、经营、使用单位应当按照国家有关规定配备特种设备安全管理人员、检测人员和作业人员，并对其进行必要的安全教育和技能培训。

**第十四条** 特种设备安全管理人员、检测人员和作业人员应当按照国家有关规定取得相应资格，方可从事相关工作。特种设备安全管理人员、检测人员和作业人员应当严格执行安全技术规范和管理制度，保证特种设备安全。

**第十五条** 特种设备生产、经营、使用单位对其生产、经营、使用的特种设备应当进行自行检测和维护保养，对国家规定实行检验的特种设备应当及时申报并接受检验。

**第十六条** 特种设备采用新材料、新技术、新工艺，与安全技术规范的要求不一致，或者安全技术规范未作要求、可能对安全性能有重大影响的，应当向国务院负责特种设备安全监督管理的部门申报，由国务院负责特种设备安全监督管理的部门及时委托安全技术咨询机构或者相关专业机构进行技术评审，评审结果经国务院负责特种设备安全监督管理的部门批准，方可投入生产、使用。

国务院负责特种设备安全监督管理的部门应当将允许使用的新材料、新技术、新工艺的有关技术要求，及时纳入安全技术规范。

**第十七条** 国家鼓励投保特种设备安全责任保险。

### 第二节　生　　产

**第十八条** 国家按照分类监督管理的原则对特种设备生产实行许可制度。特种设备生产单位应当具备下列条件，并经负责特种设备安全监督管理的部门许可，方可从事生产活动：

（一）有与生产相适应的专业技术人员；

（二）有与生产相适应的设备、设施和工作场所；

（三）有健全的质量保证、安全管理和岗位责任等制度。

**第十九条** 特种设备生产单位应当保证特种设备生产符合安全技术规范及相关标准的要求，对其生产的特种设备的安全性能负责。不得生产不符合安全性能要求和能效指标以及国家明令淘汰的特种设备。

**第二十条** 锅炉、气瓶、氧舱、客运索道、大型游乐设施的设计文件，应当经负责特种设备安全监督管理的部门核准的检验机构鉴定，方可用于制造。

特种设备产品、部件或者试制的特种设备新产品、新部件以及特种设备采用的新材料，按照安全技术规范的要求需要通过型式试验进行安全性验证的，应当经负责特种设备安全监督管理的部门核准的检验机构进行型式试验。

**第二十一条** 特种设备出厂时，应当随附安全技术规范要求的设计文件、产品质量合格证明、安装及使用维护保养说明、监督检验证明等相关技术资料和文件，并在特种设备显著位置设置产品铭牌、安全警示标志及其说明。

**第二十二条** 电梯的安装、改造、修理，必须由电梯制造单位或者其委托的依照本法取得相应许可的单位进行。电梯制造单位委托其他单位进行电梯安装、改造、修理的，应当对其安装、改造、修理进行安全指导和监控，并按照安全技术规范的要求进行校验和调试。电梯制造单位对电梯安全性能负责。

**第二十三条** 特种设备安装、改造、修理的施工单位应当在施工前将拟进行的特种设备安装、改造、修理情况书面告知直辖市或者设区的市级人民政府负责特种设备安全监督管理的部门。

**第二十四条** 特种设备安装、改造、修理竣工后，安装、改造、修理的施工单位应当在验收后三十日内将相关技术资料和文件移交特种设备使用单位。特种设备使用单位应当将其存入该特种设备的安全技术档案。

**第二十五条** 锅炉、压力容器、压力管道元件等特种设备的制造过程和锅炉、压力容器、压力管道、电梯、起重机械、客运索道、大型游乐设施的安装、改造、重大修理过程，应当经特种设备检验机构按照安全技术规范的要求进行监督检验；未经监督检验或者监督检验不合格的，不得出厂或者交付使用。

**第二十六条** 国家建立缺陷特种设备召回制度。因生产原因造成特种设备存在危及安全的同一性缺陷的，特种设备生产单位应当立即停止生产，主动召回。

国务院负责特种设备安全监督管理的部门发现特种设备存在应当召回而未召回的情形时，应当责令特种设备生产单位召回。

### 第三节 经 营

**第二十七条** 特种设备销售单位销售的特种设备，应当符合安全技术规范及相关标准的要求，其设计文件、产品质量合格证明、安装及使用维护保养说明、监督检验证明等相关技术资料和文件应当齐全。

特种设备销售单位应当建立特种设备检查验收和销售记录制度。

禁止销售未取得许可生产的特种设备，未经检验和检验不合格的特种设备，或者国家明令淘汰和已经报废的特种设备。

第二十八条 特种设备出租单位不得出租未取得许可生产的特种设备或者国家明令淘汰和已经报废的特种设备，以及未按照安全技术规范的要求进行维护保养和未经检验或者检验不合格的特种设备。

第二十九条 特种设备在出租期间的使用管理和维护保养义务由特种设备出租单位承担，法律另有规定或者当事人另有约定的除外。

第三十条 进口的特种设备应当符合我国安全技术规范的要求，并经检验合格；需要取得我国特种设备生产许可的，应当取得许可。

进口特种设备随附的技术资料和文件应当符合本法第二十一条的规定，其安装及使用维护保养说明、产品铭牌、安全警示标志及其说明应当采用中文。

特种设备的进出口检验，应当遵守有关进出口商品检验的法律、行政法规。

第三十一条 进口特种设备，应当向进口地负责特种设备安全监督管理的部门履行提前告知义务。

### 第四节 使 用

第三十二条 特种设备使用单位应当使用取得许可生产并经检验合格的特种设备。禁止使用国家明令淘汰和已经报废的特种设备。

第三十三条 特种设备使用单位应当在特种设备投入使用前或者投入使用后三十日内，向负责特种设备安全监督管理的部门办理使用登记，取得使用登记证书。登记标志应当置于该特种设备的显著位置。

第三十四条 特种设备使用单位应当建立岗位责任、隐患治理、应急救援等安全管理制度，制定操作规程，保证特种设备安全运行。

第三十五条 特种设备使用单位应当建立特种设备安全技术档案。安全技术档案应当包括以下内容：

（一）特种设备的设计文件、产品质量合格证明、安装及使用维护保养说明、监督检验证明等相关技术资料和文件；

（二）特种设备的定期检验和定期自行检查记录；

（三）特种设备的日常使用状况记录；

（四）特种设备及其附属仪器仪表的维护保养记录；

（五）特种设备的运行故障和事故记录。

第三十六条 电梯、客运索道、大型游乐设施等为公众提供服务的特种设备的运营使用单位，应当对特种设备的使用安全负责，设置特种设备安全管理机构或者配备专职的特种设备安全管理人员；其他特种设备使用单位，应当根据情况设置特种设备安全管理机构或者配备专职、兼职的特种设备安全管理人员。

第三十七条 特种设备的使用应当具有规定的安全距离、安全防护措施。与特种设备安全相关的建筑物、附属设施，应当符合有关法律、行政法规的规定。

第三十八条 特种设备属于共有的，共有人可以委托物业服务单位或者其他管理人管理特种设备，受托人履行本法规定的特种设备使用单位的义务，承担相应责任。共有人未委托的，由共有人或者实际管理人履行管理义务，承担相应责任。

第三十九条 特种设备使用单位应当对其使用的特种设备进行经常性维护保养和定期自

行检查，并作出记录。

特种设备使用单位应当对其使用的特种设备的安全附件、安全保护装置进行定期校验、检修，并作出记录。

第四十条 特种设备使用单位应当按照安全技术规范的要求，在检验合格有效期届满前一个月向特种设备检验机构提出定期检验要求。

特种设备检验机构接到定期检验要求后，应当按照安全技术规范的要求及时进行安全性能检验。特种设备使用单位应当将定期检验标志置于该特种设备的显著位置。

未经定期检验或者检验不合格的特种设备，不得继续使用。

第四十一条 特种设备安全管理人员应当对特种设备使用状况进行经常性检查，发现问题应当立即处理；情况紧急时，可以决定停止使用特种设备并及时报告本单位有关负责人。

特种设备作业人员在作业过程中发现事故隐患或者其他不安全因素，应当立即向特种设备安全管理人员和单位有关负责人报告；特种设备运行不正常时，特种设备作业人员应当按照操作规程采取有效措施保证安全。

第四十二条 特种设备出现故障或者发生异常情况，特种设备使用单位应当对其进行全面检查，消除事故隐患，方可继续使用。

第四十三条 客运索道、大型游乐设施在每日投入使用前，其运营使用单位应当进行试运行和例行安全检查，并对安全附件和安全保护装置进行检查确认。

电梯、客运索道、大型游乐设施的运营使用单位应当将电梯、客运索道、大型游乐设施的安全使用说明、安全注意事项和警示标志置于易于为乘客注意的显著位置。

公众乘坐或者操作电梯、客运索道、大型游乐设施，应当遵守安全使用说明和安全注意事项的要求，服从有关工作人员的管理和指挥；遇有运行不正常时，应当按照安全指引，有序撤离。

第四十四条 锅炉使用单位应当按照安全技术规范的要求进行锅炉水（介）质处理，并接受特种设备检验机构的定期检验。

从事锅炉清洗，应当按照安全技术规范的要求进行，并接受特种设备检验机构的监督检验。

第四十五条 电梯的维护保养应当由电梯制造单位或者依照本法取得许可的安装、改造、修理单位进行。

电梯的维护保养单位应当在维护保养中严格执行安全技术规范的要求，保证其维护保养的电梯的安全性能，并负责落实现场安全防护措施，保证施工安全。

电梯的维护保养单位应当对其维护保养的电梯的安全性能负责；接到故障通知后，应当立即赶赴现场，并采取必要的应急救援措施。

第四十六条 电梯投入使用后，电梯制造单位应当对其制造的电梯的安全运行情况进行跟踪调查和了解，对电梯的维护保养单位或者使用单位在维护保养和安全运行方面存在的问题，提出改进建议，并提供必要的技术帮助；发现电梯存在严重事故隐患时，应当及时告知电梯使用单位，并向负责特种设备安全监督管理的部门报告。电梯制造单位对调查和了解的情况，应当作出记录。

第四十七条 特种设备进行改造、修理，按照规定需要变更使用登记的，应当办理变更登记，方可继续使用。

第四十八条 特种设备存在严重事故隐患，无改造、修理价值，或者达到安全技术规范规定的其他报废条件的，特种设备使用单位应当依法履行报废义务，采取必要措施消除该特种设备的使用功能，并向原登记的负责特种设备安全监督管理的部门办理使用登记证书注销手续。

前款规定报废条件以外的特种设备，达到设计使用年限可以继续使用的，应当按照安全技术规范的要求通过检验或者安全评估，并办理使用登记证书变更，方可继续使用。允许继续使用的，应当采取加强检验、检测和维护保养等措施，确保使用安全。

**第四十九条** 移动式压力容器、气瓶充装单位，应当具备下列条件，并经负责特种设备安全监督管理的部门许可，方可从事充装活动：

（一）有与充装和管理相适应的管理人员和技术人员；

（二）有与充装和管理相适应的充装设备、检测手段、场地厂房、器具、安全设施；

（三）有健全的充装管理制度、责任制度、处理措施。

充装单位应当建立充装前后的检查、记录制度，禁止对不符合安全技术规范要求的移动式压力容器和气瓶进行充装。

气瓶充装单位应当向气体使用者提供符合安全技术规范要求的气瓶，对气体使用者进行气瓶安全使用指导，并按照安全技术规范的要求办理气瓶使用登记，及时申报定期检验。

## 第三章 检 验、检 测

**第五十条** 从事本法规定的监督检验、定期检验的特种设备检验机构，以及为特种设备生产、经营、使用提供检测服务的特种设备检测机构，应当具备下列条件，并经负责特种设备安全监督管理的部门核准，方可从事检验、检测工作：

（一）有与检验、检测工作相适应的检验、检测人员；

（二）有与检验、检测工作相适应的检验、检测仪器和设备；

（三）有健全的检验、检测管理制度和责任制度。

**第五十一条** 特种设备检验、检测机构的检验、检测人员应当经考核，取得检验、检测人员资格，方可从事检验、检测工作。

特种设备检验、检测机构的检验、检测人员不得同时在两个以上检验、检测机构中执业；变更执业机构的，应当依法办理变更手续。

**第五十二条** 特种设备检验、检测工作应当遵守法律、行政法规的规定，并按照安全技术规范的要求进行。

特种设备检验、检测机构及其检验、检测人员应当依法为特种设备生产、经营、使用单位提供安全、可靠、便捷、诚信的检验、检测服务。

**第五十三条** 特种设备检验、检测机构及其检验、检测人员应当客观、公正、及时地出具检验、检测报告，并对检验、检测结果和鉴定结论负责。

特种设备检验、检测机构及其检验、检测人员在检验、检测中发现特种设备存在严重事故隐患时，应当及时告知相关单位，并立即向负责特种设备安全监督管理的部门报告。

负责特种设备安全监督管理的部门应当组织对特种设备检验、检测机构的检验、检测结果和鉴定结论进行监督抽查，但应当防止重复抽查。监督抽查结果应当向社会公布。

**第五十四条** 特种设备生产、经营、使用单位应当按照安全技术规范的要求向特种设备检验、检测机构及其检验、检测人员提供特种设备相关资料和必要的检验、检测条件，并对资料的真实性负责。

第五十五条 特种设备检验、检测机构及其检验、检测人员对检验、检测过程中知悉的商业秘密，负有保密义务。

特种设备检验、检测机构及其检验、检测人员不得从事有关特种设备的生产、经营活动，不得推荐或者监制、监销特种设备。

第五十六条 特种设备检验机构及其检验人员利用检验工作故意刁难特种设备生产、经营、使用单位的，特种设备生产、经营、使用单位有权向负责特种设备安全监督管理的部门投诉，接到投诉的部门应当及时进行调查处理。

## 第四章 监 督 管 理

第五十七条 负责特种设备安全监督管理的部门依照本法规定，对特种设备生产、经营、使用单位和检验、检测机构实施监督检查。

负责特种设备安全监督管理的部门应当对学校、幼儿园以及医院、车站、客运码头、商场、体育场馆、展览馆、公园等公众聚集场所的特种设备，实施重点安全监督检查。

第五十八条 负责特种设备安全监督管理的部门实施本法规定的许可工作，应当依照本法和其他有关法律、行政法规规定的条件和程序以及安全技术规范的要求进行审查；不符合规定的，不得许可。

第五十九条 负责特种设备安全监督管理的部门在办理本法规定的许可时，其受理、审查、许可的程序必须公开，并应当自受理申请之日起三十日内，作出许可或者不予许可的决定；不予许可的，应当书面向申请人说明理由。

第六十条 负责特种设备安全监督管理的部门对依法办理使用登记的特种设备应当建立完整的监督管理档案和信息查询系统；对达到报废条件的特种设备，应当及时督促特种设备使用单位依法履行报废义务。

第六十一条 负责特种设备安全监督管理的部门在依法履行监督检查职责时，可以行使下列职权：

（一）进入现场进行检查，向特种设备生产、经营、使用单位和检验、检测机构的主要负责人和其他有关人员调查、了解有关情况；

（二）根据举报或者取得的涉嫌违法证据，查阅、复制特种设备生产、经营、使用单位和检验、检测机构的有关合同、发票、账簿以及其他有关资料；

（三）对有证据表明不符合安全技术规范要求或者存在严重事故隐患的特种设备实施查封、扣押；

（四）对流入市场的达到报废条件或者已经报废的特种设备实施查封、扣押；

（五）对违反本法规定的行为作出行政处罚决定。

第六十二条 负责特种设备安全监督管理的部门在依法履行职责过程中，发现违反本法规定和安全技术规范要求的行为或者特种设备存在事故隐患时，应当以书面形式发出特种设备安全监察指令，责令有关单位及时采取措施予以改正或者消除事故隐患。紧急情况下要求有关单位采取紧急处置措施的，应当随后补发特种设备安全监察指令。

第六十三条 负责特种设备安全监督管理的部门在依法履行职责过程中，发现重大违法行为或者特种设备存在严重事故隐患时，应当责令有关单位立即停止违法行为、采取措施消除事故隐患，并及时向上级负责特种设备安全监督管理的部门报告。接到报告的负责特种设备安全监督管理的部门应当采取必要措施，及时予以处理。

对违法行为、严重事故隐患的处理需要当地人民政府和有关部门的支持、配合时，负责特种设备安全监督管理的部门应当报告当地人民政府，并通知其他有关部门。当地人民政府和其他有关部门应当采取必要措施，及时予以处理。

第六十四条　地方各级人民政府负责特种设备安全监督管理的部门不得要求已经依照本法规定在其他地方取得许可的特种设备生产单位重复取得许可，不得要求对已经依照本法规定在其他地方检验合格的特种设备重复进行检验。

第六十五条　负责特种设备安全监督管理的部门的安全监察人员应当熟悉相关法律、法规，具有相应的专业知识和工作经验，取得特种设备安全行政执法证件。

特种设备安全监察人员应当忠于职守、坚持原则、秉公执法。

负责特种设备安全监督管理的部门实施安全监督检查时，应当有二名以上特种设备安全监察人员参加，并出示有效的特种设备安全行政执法证件。

第六十六条　负责特种设备安全监督管理的部门对特种设备生产、经营、使用单位和检验、检测机构实施监督检查，应当对每次监督检查的内容、发现的问题及处理情况作出记录，并由参加监督检查的特种设备安全监察人员和被检查单位的有关负责人签字后归档。被检查单位的有关负责人拒绝签字的，特种设备安全监察人员应当将情况记录在案。

第六十七条　负责特种设备安全监督管理的部门及其工作人员不得推荐或者监制、监销特种设备；对履行职责过程中知悉的商业秘密负有保密义务。

第六十八条　国务院负责特种设备安全监督管理的部门和省、自治区、直辖市人民政府负责特种设备安全监督管理的部门应当定期向社会公布特种设备安全总体状况。

## 第五章　事故应急救援与调查处理

第六十九条　国务院负责特种设备安全监督管理的部门应当依法组织制定特种设备重特大事故应急预案，报国务院批准后纳入国家突发事件应急预案体系。

县级以上地方各级人民政府及其负责特种设备安全监督管理的部门应依法组织制定本行政区域内特种设备事故应急预案，建立或者纳入相应的应急处置与救援体系。

特种设备使用单位应当制定特种设备事故应急专项预案，并定期进行应急演练。

第七十条　特种设备发生事故后，事故发生单位应当按照应急预案采取措施，组织抢救，防止事故扩大，减少人员伤亡和财产损失，保护事故现场和有关证据，并及时向事故发生地县级以上人民政府负责特种设备安全监督管理的部门和有关部门报告。

县级以上人民政府负责特种设备安全监督管理的部门接到事故报告，应当尽快核实情况，立即向本级人民政府报告，并按照规定逐级上报。必要时，负责特种设备安全监督管理的部门可以越级上报事故情况。对特别重大事故、重大事故，国务院负责特种设备安全监督管理的部门应当立即报告国务院并通报国务院安全生产监督管理部门等有关部门。

与事故相关的单位和人员不得迟报、谎报或者瞒报事故情况，不得隐匿、毁灭有关证据或者故意破坏事故现场。

第七十一条　事故发生地人民政府接到事故报告，应当依法启动应急预案，采取应急处置措施，组织应急救援。

第七十二条 特种设备发生特别重大事故，由国务院或者国务院授权有关部门组织事故调查组进行调查。

发生重大事故，由国务院负责特种设备安全监督管理的部门会同有关部门组织事故调查组进行调查。

发生较大事故，由省、自治区、直辖市人民政府负责特种设备安全监督管理的部门会同有关部门组织事故调查组进行调查。

发生一般事故，由设区的市级人民政府负责特种设备安全监督管理的部门会同有关部门组织事故调查组进行调查。

事故调查组应当依法、独立、公正开展调查，提出事故调查报告。

第七十三条 组织事故调查的部门应当将事故调查报告报本级人民政府，并报上一级人民政府负责特种设备安全监督管理的部门备案。有关部门和单位应当依照法律、行政法规的规定，追究事故责任单位和人员的责任。

事故责任单位应当依法落实整改措施，预防同类事故发生。事故造成损害的，事故责任单位应当依法承担赔偿责任。

## 第六章 法 律 责 任

第七十四条 违反本法规定，未经许可从事特种设备生产活动的，责令停止生产，没收违法制造的特种设备，处十万元以上五十万元以下罚款；有违法所得的，没收违法所得；已经实施安装、改造、修理的，责令恢复原状或者责令限期由取得许可的单位重新安装、改造、修理。

第七十五条 违反本法规定，特种设备的设计文件未经鉴定，擅自用于制造的，责令改正，没收违法制造的特种设备，处五万元以上五十万元以下罚款。

第七十六条 违反本法规定，未进行型式试验的，责令限期改正；逾期未改正的，处三万元以上三十万元以下罚款。

第七十七条 违反本法规定，特种设备出厂时，未按照安全技术规范的要求随附相关技术资料和文件的，责令限期改正；逾期未改正的，责令停止制造、销售，处二万元以上二十万元以下罚款；有违法所得的，没收违法所得。

第七十八条 违反本法规定，特种设备安装、改造、修理的施工单位在施工前未书面告知负责特种设备安全监督管理的部门即行施工的，或者在验收后三十日内未将相关技术资料和文件移交特种设备使用单位的，责令限期改正；逾期未改正的，处一万元以上十万元以下罚款。

第七十九条 违反本法规定，特种设备的制造、安装、改造、重大修理以及锅炉清洗过程，未经监督检验的，责令限期改正；逾期未改正的，处五万元以上二十万元以下罚款；有违法所得的，没收违法所得；情节严重的，吊销生产许可证。

第八十条 违反本法规定，电梯制造单位有下列情形之一的，责令限期改正；逾期未改正的，处一万元以上十万元以下罚款：

（一）未按照安全技术规范的要求对电梯进行校验、调试的；

（二）对电梯的安全运行情况进行跟踪调查和了解时，发现存在严重事故隐患，未及时告知电梯使用单位并向负责特种设备安全监督管理的部门报告的。

**第八十一条** 违反本法规定，特种设备生产单位有下列行为之一的，责令限期改正；逾期未改正的，责令停止生产，处五万元以上五十万元以下罚款；情节严重的，吊销生产许可证：

（一）不再具备生产条件、生产许可证已经过期或者超出许可范围生产的；

（二）明知特种设备存在同一性缺陷，未立即停止生产并召回的。

违反本法规定，特种设备生产单位生产、销售、交付国家明令淘汰的特种设备的，责令停止生产、销售，没收违法生产、销售、交付的特种设备，处三万元以上三十万元以下罚款；有违法所得的，没收违法所得。

特种设备生产单位涂改、倒卖、出租、出借生产许可证的，责令停止生产，处五万元以上五十万元以下罚款；情节严重的，吊销生产许可证。

**第八十二条** 违反本法规定，特种设备经营单位有下列行为之一的，责令停止经营，没收违法经营的特种设备，处三万元以上三十万元以下罚款；有违法所得的，没收违法所得：

（一）销售、出租未取得许可生产，未经检验或者检验不合格的特种设备的；

（二）销售、出租国家明令淘汰、已经报废的特种设备，或者未按照安全技术规范的要求进行维护保养的特种设备的。

违反本法规定，特种设备销售单位未建立检查验收和销售记录制度，或者进口特种设备未履行提前告知义务的，责令改正，处一万元以上十万元以下罚款。

特种设备生产单位销售、交付未经检验或者检验不合格的特种设备的，依照本条第一款规定处罚；情节严重的，吊销生产许可证。

**第八十三条** 违反本法规定，特种设备使用单位有下列行为之一的，责令限期改正；逾期未改正的，责令停止使用有关特种设备，处一万元以上十万元以下罚款：

（一）使用特种设备未按照规定办理使用登记的；

（二）未建立特种设备安全技术档案或者安全技术档案不符合规定要求，或者未依法设置使用登记标志、定期检验标志的；

（三）未对其使用的特种设备进行经常性维护保养和定期自行检查，或者未对其使用的特种设备的安全附件、安全保护装置进行定期校验、检修，并作出记录的；

（四）未按照安全技术规范的要求及时申报并接受检验的；

（五）未按照安全技术规范的要求进行锅炉水（介）质处理的；

（六）未制定特种设备事故应急专项预案的。

**第八十四条** 违反本法规定，特种设备使用单位有下列行为之一的，责令停止使用有关特种设备，处三万元以上三十万元以下罚款：

（一）使用未取得许可生产，未经检验或者检验不合格的特种设备，或者国家明令淘汰、已经报废的特种设备的；

（二）特种设备出现故障或者发生异常情况，未对其进行全面检查、消除事故隐患，继续使用的；

（三）特种设备存在严重事故隐患，无改造、修理价值，或者达到安全技术规范规定的其他报废条件，未依法履行报废义务，并办理使用登记证书注销手续的。

**第八十五条** 违反本法规定，移动式压力容器、气瓶充装单位有下列行为之一的，责令改正，处二万元以上二十万元以下罚款；情节严重的，吊销充装许可证：

（一）未按照规定实施充装前后的检查、记录制度的；

（二）对不符合安全技术规范要求的移动式压力容器和气瓶进行充装的。

违反本法规定，未经许可，擅自从事移动式压力容器或者气瓶充装活动的，予以取缔，没收违法充装的气瓶，处十万元以上五十万元以下罚款；有违法所得的，没收违法所得。

**第八十六条** 违反本法规定，特种设备生产、经营、使用单位有下列情形之一的，责令限期改正；逾期未改正的，责令停止使用有关特种设备或者停产停业整顿，处一万元以上五万元以下罚款：

（一）未配备具有相应资格的特种设备安全管理人员、检测人员和作业人员的；

（二）使用未取得相应资格的人员从事特种设备安全管理、检测和作业的；

（三）未对特种设备安全管理人员、检测人员和作业人员进行安全教育和技能培训的。

**第八十七条** 违反本法规定，电梯、客运索道、大型游乐设施的运营使用单位有下列情形之一的，责令限期改正；逾期未改正的，责令停止使用有关特种设备或者停产停业整顿，处二万元以上十万元以下罚款：

（一）未设置特种设备安全管理机构或者配备专职的特种设备安全管理人员的；

（二）客运索道、大型游乐设施每日投入使用前，未进行试运行和例行安全检查，未对安全附件和安全保护装置进行检查确认的；

（三）未将电梯、客运索道、大型游乐设施的安全使用说明、安全注意事项和警示标志置于易于为乘客注意的显著位置的。

**第八十八条** 违反本法规定，未经许可，擅自从事电梯维护保养，责令停止违法行为，处一万元以上十万元以下罚款；有违法所得的，没收违法所得。

电梯的维护保养单位未按照本法规定以及安全技术规范的要求，进行电梯维护保养的，依照前款规定处罚。

**第八十九条** 发生特种设备事故，有下列情形之一的，对单位处五万元以上二十万元以下罚款；对主要负责人处一万元以上五万元以下罚款；主要负责人属于国家工作人员的，并依法给予处分：

（一）发生特种设备事故时，不立即组织抢救或者在事故调查处理期间擅离职守或者逃匿的；

（二）对特种设备事故迟报、谎报或者瞒报的。

**第九十条** 发生事故，对负有责任的单位除要求其依法承担相应的赔偿等责任外，依照下列规定处以罚款：

（一）发生一般事故，处十万元以上二十万元以下罚款；

（二）发生较大事故，处二十万元以上五十万元以下罚款；

（三）发生重大事故，处五十万元以上二百万元以下罚款。

**第九十一条** 对事故发生负有责任的单位的主要负责人未依法履行职责或者负有领导责任的，依照下列规定处以罚款；属于国家工作人员的，并依法给予处分：

（一）发生一般事故，处上一年年收入百分之三十的罚款；

（二）发生较大事故，处上一年年收入百分之四十的罚款；

（三）发生重大事故，处上一年年收入百分之六十的罚款。

**第九十二条** 违反本法规定，特种设备安全管理人员、检测人员和作业人员不履行岗位职责，违反操作规程和有关安全规章制度，造成事故的，吊销相关人员的资格。

**第九十三条** 违反本法规定，特种设备检验、检测机构及其检验、检测人员有下列行为之一的，责令改正，对机构处五万元以上二十万元以下罚款，对直接负责的主管人员和其他直接责任人员处五千元以上五万元以下罚款；情节严重的，吊销机构资质和有关人员的资格：

（一）未经核准或者超出核准范围、使用未取得相应资格的人员从事检验、检测的；

（二）未按照安全技术规范的要求进行检验、检测的；

（三）出具虚假的检验、检测结果和鉴定结论或者检验、检测结果和鉴定结论严重失实的；

（四）发现特种设备存在严重事故隐患，未及时告知相关单位，并立即向负责特种设备安全监督管理的部门报告的；

（五）泄露检验、检测过程中知悉的商业秘密的；

（六）从事有关特种设备的生产、经营活动的；

（七）推荐或者监制、监销特种设备的；

（八）利用检验工作故意刁难相关单位的。

违反本法规定，特种设备检验、检测机构的检验、检测人员同时在两个以上检验、检测机构中执业的，处五千元以上五万元以下罚款；情节严重的，吊销其资格。

**第九十四条** 违反本法规定，负责特种设备安全监督管理的部门及其工作人员有下列行为之一的，由上级机关责令改正；对直接负责的主管人员和其他直接责任人员，依法给予处分：

（一）未依照法律、行政法规规定的条件、程序实施许可的；

（二）发现未经许可擅自从事特种设备的生产、使用或者检验、检测活动不予取缔或者不依法予以处理的；

（三）发现特种设备生产单位不再具备本法规定的条件而不吊销其许可证，或者发现特种设备生产、经营、使用违法行为不予查处的；

（四）发现特种设备检验、检测机构不再具备本法规定的条件而不撤销其核准，或者对其出具虚假的检验、检测结果和鉴定结论或者检验、检测结果和鉴定结论严重失实的行为不予查处的；

（五）发现违反本法规定和安全技术规范要求的行为或者特种设备存在事故隐患，不立即处理的；

（六）发现重大违法行为或者特种设备存在严重事故隐患，未及时向上级负责特种设备安全监督管理的部门报告，或者接到报告的负责特种设备安全监督管理的部门不立即处理的；

（七）要求已经依照本法规定在其他地方取得许可的特种设备生产单位重复取得许可，或者要求对已经依照本法规定在其他地方检验合格的特种设备重复进行检验的；

（八）推荐或者监制、监销特种设备的；

（九）泄露履行职责过程中知悉的商业秘密的；

（十）接到特种设备事故报告未立即向本级人民政府报告，并按照规定上报的；

（十一）迟报、漏报、谎报或者瞒报事故的；

（十二）妨碍事故救援或者事故调查处理的；

（十三）其他滥用职权、玩忽职守、徇私舞弊的行为。

**第九十五条** 违反本法规定，特种设备生产、经营、使用单位或者检验、检测机构拒不接受负责特种设备安全监督管理的部门依法实施的监督检查的，责令限期改正；逾期未改正的，责令停产停业整顿，处二万元以上二十万元以下罚款。

特种设备生产、经营、使用单位擅自动用、调换、转移、损毁被查封、扣押的特种设备或者其主要部件的，责令改正，处五万元以上二十万元以下罚款；情节严重的，吊销生产许可证，注销特种设备使用登记证书。

第九十六条 违反本法规定，被依法吊销许可证的，自吊销许可证之日起三年内，负责特种设备安全监督管理的部门不予受理其新的许可申请。

第九十七条 违反本法规定，造成人身、财产损害的，依法承担民事责任。

违反本法规定，应当承担民事赔偿责任和缴纳罚款、罚金，其财产不足以同时支付时，先承担民事赔偿责任。

第九十八条 违反本法规定，构成违反治安管理行为的，依法给予治安管理处罚；构成犯罪的，依法追究刑事责任。

## 第七章 附 则

第九十九条 特种设备行政许可、检验的收费，依照法律、行政法规的规定执行。

第一百条 军事装备、核设施、航空航天器使用的特种设备安全的监督管理不适用本法。

铁路机车、海上设施和船舶、矿山井下使用的特种设备以及民用机场专用设备安全的监督管理，房屋建筑工地、市政工程工地用起重机械和场（厂）内专用机动车辆的安装、使用的监督管理，由有关部门依照本法和其他有关法律的规定实施。

第一百零一条 本法自 2014 年 1 月 1 日起施行。

# 附录 B　火力发电厂金属技术监督规程（DL/T 438—2016）

## 1　范围

本标准规定了火力发电厂金属监督的部件范围，检验监督的项目、内容及相应的判据。燃机电厂的余热锅炉、汽轮机和发电机金属部件的检验监督可参照执行。

本标准适用于以下金属部件的监督：

a）工作温度高于等于 400℃的高温承压部件（含主蒸汽管道、高温再热蒸汽管道、过热器管、再热器管、集箱和三通），以及与管道、集箱相联的小管。

b）工作温度高于等于 400℃的导汽管、联络管。

c）工作压力高于等于 3.8MPa 的锅筒和直流锅炉的汽水分离器、储水罐和压力容器。

d）工作压力高于等于 5.9MPa 的承压汽水管道和部件（含水冷壁管、省煤器管、集箱、减温水管道、疏水管道和主给水管道）。

e）汽轮机大轴、叶轮、叶片、拉金、轴瓦和发电机大轴、护环、风扇叶。

f）工作温度高于等于 400℃的螺栓。

g）工作温度高于等于 400℃的汽缸、汽室、主汽门、调节汽门、喷嘴、隔板、隔板套和阀壳。

h）300MW 及以上机组带纵焊缝的低温再热蒸汽管道。

i）锅炉钢结构。

## 2　规范性引用文件

下列文件对于本文件的应用是必不可少的。凡是注日期的引用文件，仅注日期的版本适用于本文件。凡是不注日期的引用文件，其最新版本（包括所有的修改单）适用于本文件。

GB 713　锅炉和压力容器用钢板

GB/T 1591　低合金高强度结构钢

GB/T 3274　碳素结构钢和低合金结构钢热轧厚钢板和钢带

GB 5310　高压锅炉用无缝钢管

GB/T 5677　铸钢件射线照相检测

GB/T 5777　无缝钢管超声波探伤检验方法

GB/T 7233.2　铸钢件　超声检测　第 2 部分：高承压铸钢件

GB/T 8732　汽轮机叶片用钢

GB/T 9443　铸钢件渗透检测

GB/T 9444　铸钢件磁粉检测

GB/T 11263　热轧 H 型钢和剖分 T 型钢

GB/T 16507.2　水管锅炉　第 2 部分：材料

GB/T 16507.4　水管锅炉　第 4 部分：受压元件强度计算

GB/T 16507.5　水管锅炉　第 5 部分：制造

GB/T 16507.6　水管锅炉　第 6 部分：检验、试验和验收

GB/T 17394.1　金属材料　里氏硬度试验　第 1 部分：试验方法

GB/T 19624　在用含缺陷压力容器安全评定

GB/T 20410　涡轮机高温螺栓用钢

GB/T 22395　锅炉钢结构设计规范

GB 50764　电厂动力管道设计规范

TSG G0001　锅炉安全技术监察规程

NB/T 47008　承压设备用碳素钢和合金钢锻件

NB/T 47010　承压设备用不锈钢和耐热钢锻件

NB/T 47013.2　承压设备无损检测　第 2 部分：射线检测

NB/T 47013.3　承压设备无损检测　第 3 部分：超声检测

NB/T 47013.4　承压设备无损检测　第 4 部分：磁粉检测

NB/T 47013.5　承压设备无损检测　第 5 部分：渗透检测

NB/T 47013.6　承压设备无损检测　第 6 部分：涡流检测

NB/T 47014　承压设备焊接工艺评定

NB/T 47015　压力容器焊接规程

NB/T 47018　（所有部分）承压设备用焊接材料订货技术条件

NB/T 47019　（所有部分）锅炉、热交换器用管材订货技术条件

NB/T 47043　锅炉钢结构制造技术规范

NB/T 47044　电站阀门

DL/T 292　火力发电厂汽水管道振动控制导则

DL/T 297　汽轮发电机合金轴瓦超声波检测

DL/T 439　火力发电厂高温紧固件技术导则

DL/T 440　在役电站锅炉汽包的检验及评定规程

DL/T 441　火力发电厂高温高压蒸汽管道蠕变监督规程

DL 473　大直径三通锻件技术条件

DL/T 505　汽轮机主轴焊缝超声波探伤规程

DL/T 515　电站弯管

DL/T 531　电站高温高压截止阀、闸阀技术条件

DL 612　电力工业锅炉压力容器监察规程

DL/T 616　火力发电厂汽水管道与支吊架维修调整导则

DL 647　电站锅炉压力容器检验规程

DL/T 654　火电机组寿命评估技术导则

DL/T 674　火电厂用 20 号钢珠光体球化评级标准

DL/T 678　电力钢结构焊接通用技术条件

DL/T 694　高温紧固螺栓超声检测技术导则

DL/T 695　电站钢制对焊管件

DL/T 714　汽轮机叶片超声波检验技术导则

DL/T 715　火力发电厂金属材料选用导则

DL/T 717　汽轮发电机组转子中心孔检验技术导则

DL/T 718　火力发电厂三通及弯头超声波检测

DL/T 734　火力发电厂锅炉汽包焊接修复技术导则

DL/T 752　火力发电厂异种钢焊接技术规程

DL/T 753　汽轮机铸钢件补焊技术导则

DL/T 773　火电厂用 12Cr1MoV 钢球化评级标准

DL/T 786　碳钢石墨化检验及评级标准

DL/T 787　火力发电厂用 15CrMo 钢珠光体球化评级标准

DL/T 819　火力发电厂焊接热处理技术规程

DL/T 820　管道焊接接头超声波检验技术规程

DL/T 821　钢制承压管道对接焊接接头射线检验技术规程

DL/T 850　电站配管

DL/T 855　电力基本建设火电设备维护保管规程

DL/T 868　焊接工艺评定规程

DL/T 869　火力发电厂焊接技术规程

DL/T 884　火电厂金相组织检验与评定技术导则

DL/T 922　火力发电用钢制通用阀门订货、验收导则

DL/T 925　汽轮机叶片涡流检验技术导则

DL/T 930　整锻式汽轮机实心转子体超声波检验技术导则

DL/T 939　火力发电厂锅炉受热面管监督检验技术导则

DL/T 940　火力发电厂蒸汽管道寿命评估技术导则

DL/T 991　电力设备金属光谱分析技术导则

DL/T 999　电站用 2.25Cr-1Mo 钢球化评级标准

DL/T 1105.2　电站锅炉集箱小口径接管座角焊缝无损检测技术导则　第 2 部分：超声检测

DL/T 1105.3　电站锅炉集箱小口径接管座角焊缝无损检测技术导则　第 3 部分：涡流检测

DL/T 1105.4　电站锅炉集箱小口径接管座角焊缝无损检测技术导则　第 4 部分：磁记忆检测

DL/T 1317　火力发电厂焊接接头超声衍射时差检测技术规程

DL/T 1422　18Cr-8Ni 系列奥氏体不锈钢锅炉管显微组织老化评级标准

DL/T 1423　在役发电机护环超声波检测技术导则

DL/T 1603　奥氏体不锈钢锅炉管内壁喷丸层质量检验及验收技术条件

DL 5190.2　电力建设施工技术规范　第 2 部分：锅炉机组

DL 5190.5　电力建设施工技术规范　第 5 部分：管道及系统

DL/T 5210.2　电力建设施工质量验收及评价规程　第 2 部分：锅炉机组

DL/T 5210.5　电力建设施工质量验收及评价规程　第 5 部分：管道及系统

DL/T 5210.7　电力建设施工质量验收及评价规程　第 7 部分：焊接

JB/T 1265　25MW～200MW 汽轮机转子体和主轴锻件　技术条件

JB/T 1266　25MW～200MW 汽轮机轮盘及叶轮锻件　技术条件

JB/T 1267　50MW～200MW 汽轮发电机转子锻件　技术条件

JB/T 1268　汽轮发电机 M18Cr5 系无磁性护环锻件　技术条件

JB/T 5263　电站阀门铸钢件技术条件

JB/T 6439　阀门受压件磁粉探伤检验

JB/T 6902　阀门液体渗透检测

JB/T 7024　300MW 以上汽轮机缸体铸钢件　技术条件

JB/T 7026　50MW 以下汽轮发电机转子锻件　技术条件

JB/T 7027　300MW 以上汽轮机转子锻件　技术条件

JB/T 7030　汽轮发电机 Mn18Cr18N 无磁性护环锻件　技术条件

JB/T 8705　50MW 以下汽轮发电机无中心孔转子锻件　技术条件

JB/T 8706　50MW～200MW 汽轮发电机无中心孔转子锻件　技术条件

JB/T 8707　300MW 以上汽轮机无中心孔转子锻件　技术条件

JB/T 8708　300MW～600MW 汽轮发电机无中心孔转子锻件　技术条件

JB/T 9625　锅炉管道附件承压铸钢件　技术条件

JB/T 9626　锅炉锻件技术条件

JB/T 10087　汽轮机承压铸钢件技术条件

JB/T 10326　在役发电机护环超声波检验技术标准

JB/T 11017　1000MW 及以上火电机组发电机转子锻件　技术条件

JB/T 11018　超临界及超超临界机组汽轮机用 Cr10 型不锈钢铸件　技术条件

JB/T 11019　超临界及超超临界机组汽轮机高中压转子锻件　技术条件

JB/T 11020　超临界及超超临界机组汽轮机用超纯净钢低压转子锻件　技术条件

JB/T 11030　汽轮机高低压复合转子锻件　技术条件

ASME SA-182/SA-182M　高温用锻制或轧制合金钢和不锈钢管道法兰、锻制管件、阀门和部件　技术条件（Specification for forged or rolled alloy and stainless steel pipe flanges, forged fittings, and valves and parts for high-temperature service）

ASME SA-213/SA-213M　锅炉、过热器和热交换器用无缝铁素体、奥氏体合金钢管　技术条件（Specification for seamless ferritic and austenitic alloy-steel boiler, superheater, and heat-exchanger tubes）

ASME SA-335/AS-182M　高温用无缝铁素体合金钢管　技术条件（Specification for seamless ferriitic alloy-steel pipe for high-temperature service）

ASME-I 锅炉制造规程（Rules for construction of power boilers）

DIN EN 10216-2　承压无缝钢管技术条件　第 2 部分：高温用碳钢和合金钢管（Seamless steel tubes for pressure purposes-Technical delivery conditions-Part 2:Non alloy and alloy steel tubes with specified elevated temperature properties）

DIN EN 10216-5　承压无缝钢管技术条件　第 5 部分：不锈钢管（Seamless steel tubes for pressure purposes-Technical delivery conditions-Part 5:Stainless steel tubes）

BS EN 10246-14 钢管的无损检测　第 14 部分：无缝和焊接（埋弧焊除外）钢管分层缺欠的超声检测［Non-destructive testing of steel tubes-Part 14:Automatic ultrasonic testing of seamless and welded (except submerged arc-welded) steel tubes for the detection of laminar imperfections］

## 3 术语和定义

下列术语和定义适用于本文件。

### 3.1

**高温集箱 High Temperature Headers**
指工作温度高于等于400℃的集箱。

### 3.2

**低温集箱 Low Temperature Headers**
指工作温度低于400℃的集箱。

### 3.3

**监督段 Supervision Section of Pipe**
蒸汽管道上主要用于金相组织和硬度跟踪检验的区段。

### 3.4

**A 级检修 A Class Maintenance**
A 级检修是指对机组进行全面的解体检查和修理，以保持、恢复或提高设备性能。国产机组 A 级检修间隔为 4 年～6 年，进口机组 A 级检修间隔为 6 年～8 年。

### 3.5

**B 级检修 B Class Maintenance**
B 级检修是指针对机组某些设备存在的问题，对机组部分设备进行解体检查和修理。B 级检修可根据机组设备状态评估结果，有针对性地实施部分 A 级检修项目或定期滚动检修项目。

## 4 总则

### 4.1 金属技术监督的目的

通过对受监部件的检验和诊断，及时了解并掌握设备金属部件的质量状况，防止机组设计、制造、安装中出现的与金属材料相关的问题以及运行中材料老化、性能下降等引起的各类事故，从而减少机组非计划停运次数和时间，提高设备安全运行的可靠性，延长设备的使用寿命。

### 4.2 金属技术监督的任务

金属技术监督的任务包括以下内容：
a) 做好受监范围内各种金属部件在设计、制造、安装、运行、检修及机组更新改造中材料质量、焊接质量、部件质量的金属试验检测及监督工作。
b) 对受监金属部件的失效进行调查和原因分析，提出处理对策。

c) 按照相应的技术标准，采用无损检测技术对设备的缺陷及缺陷的发展进行检测和评判，提出相应的技术措施。

d) 按照相应的技术标准，检查和掌握受监部件服役过程中表面状态、几何尺寸的变化、金属组织老化、力学性能劣化，并对材料的损伤状态作出评估，提出相应的技术措施。

e) 对重要的受监金属部件和超期服役机组进行寿命评估，对含超标缺陷的部件进行安全性评估，为机组的寿命管理和预知性检修提供技术依据。

f) 参与焊工培训考核。

g) 建立、健全金属技术监督档案，并进行电子文档管理。

## 4.3　金属技术监督的实施

金属技术监督的实施包括以下内容：

a) 金属技术监督是火力发电厂技术监督的重要组成部分，是保证火电机组安全运行的重要措施，应实现在机组设计、制造、安装（包括工厂化配管）、工程监理、调试、试运行、运行、停用、检修、技术改造各个环节的全过程技术监督和技术管理工作中。

b) 金属技术监督应贯彻"安全第一、预防为主"的方针，实行金属专业监督与其他专业监督相结合，有关电力设计、制造、安装、工程监理、调试、运行、检修、修造、物资供应和试验研究等部门应执行本标准。

c) 火力发电厂和电力建设公司应设金属技术监督专责工程师，金属技术监督专责工程师应有从事金属监督的专业知识和经验，金属技术监督专责工程师职责见本标准附录 A。

d) 火力发电厂和电力建设公司应设相应的金属技术监督网，监督网成员应有金属监督的技术主管，金属检测、焊接、锅炉、汽轮机、电气专业技术人员和金属材料供应部门的主管人员。

e) 火力发电厂和电力建设公司与金属监督相关的人员应熟悉金属监督规程，根据实际情况组织培训学习。

## 5　金属材料的监督

5.1　受监范围的金属材料及其部件应按相应的国家标准、国内外行业标准（若无国家标准、国内外行业标准，可按企业标准）和订货技术条件对其质量进行检验。有关电站金属材料及部件的技术标准见本标准附录 B。

5.2　材料的质量验收应遵照如下规定：

a) 受监的金属材料应符合相关国家标准、国内外行业标准（若无国家标准、国内外行业标准，可按企业标准）或订货技术条件；进口金属材料应符合合同规定的相关国家的技术法规、标准。

b) 受监的钢材、钢管、备品和配件应按质量证明书进行验收。质量证明书中一般应包括材料牌号、炉批号、化学成分、热加工工艺、力学性能及金相（标准或技术条件要求时）、无损探伤、工艺性能试验结果等。数据不全的应进行补检，补检的方法、范围、数量应符合相关国家标准、行业标准或订货技术条件。

c) 重要的金属部件，如锅筒、汽水分离器、集箱、主蒸汽管道、再热蒸汽管道、主给水管道、导汽管、汽轮机大轴、汽缸、叶轮、叶片、高温螺栓、发电机大轴、护环等应有部件质量保证书，质量保证书中的技术指标应符合相关国家标准、行业标准或订货技术条件。

d) 电厂设备更新改造及检修更换材料、备用金属材料的检验按照本标准中相关规定执行，锅炉部件金属材料的复检按照 GB/T 16507.2、TSG G0001 以及订货技术条件执行。

e) 受监金属材料的个别技术指标不满足相应标准的规定或对材料质量发生疑问时，应按相关标准抽样检验。

f) 无论进行复型金相检验或试样的金相组织检验，金相照片均应注明分辨率（标尺）。

5.3 对进口钢材、钢管和备品、配件等，进口单位应在索赔期内，按合同规定进行质量验收。除应符合相关国家标准和合同规定的技术条件外，还应有报关单、商检合格证明书。

5.4 凡是受监范围的合金钢材及部件，在制造、安装或检修中更换时，应验证其材料牌号，防止错用。安装前应进行光谱检验，确认材料无误，方可使用。

5.5 电厂备用金属材料或金属部件不是由材料制造商直接提供时，供货单位应提供材料质量证明书原件或者材料质量证明书复印件并加盖供货单位公章和经办人签章。

5.6 电厂备用的锅炉合金钢管，按 100%进行光谱、硬度检验，特别注意奥氏体耐热钢管的硬度检验。若发现硬度明显高或低，应检查金相组织是否正常，锅炉管和汽水管道材料的金相组织按 GB 5310 执行。

5.7 材料代用原则按下述条款执行：

a) 选用代用材料时，应选化学成分、设计性能和工艺性能相当或略优者，应保证在使用条件下各项性能指标均不低于设计要求；若代用材料工艺性能不同于设计材料，应经工艺评定验证后方可使用。

b) 制造、安装（含工厂化配管）中使用代用材料，应得到设计单位的同意；若涉及现场安装焊接，还需告知使用单位，并由设计单位出具代用通知单。使用单位应予以见证。

c) 机组检修中部件更换使用代用材料时，应征得金属技术监督专责工程师的同意，并经技术主管批准。

d) 合金材料代用前和组装后，应对代用材料进行光谱复查，确认无误后，方可投入运行。

e) 采用代用材料后，应做好记录，同时应修改相应图纸并在图纸上注明。

5.8 受监范围内的钢材、钢管和备品、配件，无论是短期或长期存放，都应挂牌，标明材料牌号和规格，按材料牌号和规格分类存放。

5.9 物资供应部门、各级仓库、车间和工地储存受监范围内的钢材、钢管、焊接材料和备品、配件等，应建立严格的质量验收和领用制度，严防错收错发。

5.10 原材料的存放应根据存放地区的气候条件、周围环境和存放时间的长短，建立严格的保管制度，防止变形、腐蚀和损伤。

5.11 奥氏体钢部件在运输、存放、保管、使用过程中应按下述条款执行：

a) 奥氏体钢应单独存放，严禁与碳钢或其他合金钢混放接触。

b) 奥氏体钢的运输及存放应避免材料受到盐、酸及其他化学物质的腐蚀，且避免雨淋。对于沿海及有此类介质环境的发电厂应特别注意。

c) 奥氏体钢存放应避免接触地面，管子端部应有堵头。其防锈、防蚀应按 DL/T 855 相关规定执行。

d) 奥氏体钢材在吊运过程中不应直接接触钢丝绳，以防止其表面保护膜损坏。

e) 奥氏体钢打磨时，宜采用专用打磨砂轮片。

f) 应定期检查奥氏体钢备件的存放及表面质量状况。

5.12 在火电机组设备招评标过程中，应对部件的选材，特别是超（超）临界机组高温部件的选材进行论证。火电机组设备的选材参照 DL/T 715。

## 6 焊接质量的监督

6.1 凡金属监督范围内的锅炉、汽轮机承压管道和部件的焊接，应由具有相应资质的焊工担任。对有特殊要求的部件焊接，焊工应做焊前模拟性练习，熟悉该部件材料的焊接特性。

6.2 凡焊接受监范围内的各种管道和部件，焊接材料的选择、焊接工艺、焊接质量检验方法、范围和数量，以及质量验收标准，应按 DL/T 869 和相关技术协议的规定执行，焊后热处理按 DL/T 819 执行。

6.3 锅炉产品焊接前，施焊单位应有按 NB/T 47014 或 DL/T 868 的规定进行的、涵盖所承接焊接工程的焊接工艺评定和报告。对不能涵盖的焊接工程，应按 NB/T 47014 或 DL/T 868 进行焊接工艺评定。

6.4 焊接材料（焊条、焊丝、焊剂、钨棒、保护气体、乙炔等）的质量应符合相应的国家标准或行业标准，焊接材料均应有制造厂的质量合格证。承压设备用焊接材料应符合 NB/T 47018。

6.5 焊接材料应设专库储存，保证库房内湿度和温度符合要求，并按相关技术要求进行管理。

6.6 外委工作中凡属受监范围内的部件和设备的焊接，应遵循如下原则：

a) 对承包商施工资质、焊接质量保证体系、焊接技术人员、焊工、热处理工的资质及检验人员资质证书原件进行见证审核，并留复印件备查归档。

b) 承担单位应有按照 NB/T 47014 或 DL/T 868 规定进行的焊接工艺评定，且评定项目能够覆盖承担的焊接工作范围。

c) 承担单位应具有相应的检验试验能力，或委托有资质的检验单位承担其范围内的检验工作。

d) 委托单位方应对焊接过程、焊接质量检验和检验报告进行监督检查。

e) 工程竣工时，承担单位应向委托单位提供完整的技术报告。

6.7 受监范围内部件焊缝外观质量检验不合格时，不允许进行其他项目的检验。

6.8 采用代用材料，除执行本标准 5.7 外，还应做好抢修更换管排时材料变更后的用材及焊缝位置的变化记录。

# 7 主蒸汽管道和再热蒸汽管道及导汽管的金属监督

## 7.1 制造、安装检验

7.1.1 管道材料的监督按本标准 5.1～5.6 相关条款执行。重要的钢管技术标准有 ASME SA-335/SA-335M、DIN EN 10216-2 和 GB 5310。

7.1.2 国产管件及进口管件质量验收标准：

    a) 国产管件应满足以下标准：

        1) 弯管应符合 DL/T 515 的规定。

        2) 弯头、三通和异径管应符合 DL/T 695 的规定。

        3) 锻制大直径三通应符合 DL/T 473 的规定。

    b) 进口管件质量验收可参照 ASME SA-182/SA-182M 执行。

7.1.3 超超临界机组高压旁路用高压旁路阀替代安全阀，低温再热蒸汽进口管道和高压旁路阀减温减压后管道用钢应采用 15CrMoG/P12、SA-691 1-1/4CrCL22 或更高等级的合金钢管。

7.1.4 受监督的管道，在工厂化配管前，应由有资质的检测单位进行如下检验：

    a) 钢管表面上的出厂标记（钢印或漆记）应与该制造商产品标记相符，并应从钢管的标记、表面加工痕迹来初步辨识管道的真伪，以防止出现假冒管道；其次见证有关进口报关单、商检报告，必要时可到到货港口进行拆箱见证。

    b) 100%进行外观质量检验。钢管内外表面不允许有裂纹、折叠、轧折、结疤、离层等缺陷，钢管表面的裂纹、机械划痕、擦伤和凹陷以及深度大于 1.5mm 的缺陷应完全清除，清除处的实际壁厚不应小于壁厚偏差所允许的最小值，且不应小于按 GB 50764 计算的最小需要厚度。对一些可疑缺陷，必要时进行表面探伤。

    c) 热轧（挤）钢管内外表面不允许有尺寸大于壁厚 5%，且最大深度大于 0.4mm 的直道缺陷。

    d) 检查校核钢管的壁厚和管径应符合相关标准的规定。

    e) 对合金钢管逐根进行光谱检验，光谱检验按 DL/T 991 执行。

    f) 合金钢管按同规格根数抽取 30%进行硬度检验，每种规格至少抽查 1 根；在每根钢管的 3 个截面（两端和中间）检验硬度，每一截面上硬度检测尽可能在圆周四等分的位置。若由于场地限制，可不在四等分位置，但至少在圆周测 3 个部位；每个部位至少测量 5 点。

    g) 对合金钢管按同规格根数的 10%进行金相组织检验，每炉批至少抽查 1 根，检验方法和验收分别按 DL/T 884 和 GB 5310 执行。

    h) 对直管按同规格至少抽取 1 根进行以下项目试验，确认下列项目符合国家标准、行业标准或合同规定的技术条件，或国外相应的标准；若同规格钢管为不同制造商生产，则对每一制造商供货的钢管应至少抽取 1 根进行试验。

        1) 化学成分；

        2) 拉伸、冲击、硬度；

        3) 金相组织、晶粒度和非金属夹杂物；

        4) 弯曲试验取样参照 ASME SA-335/SA-335M 执行。

i） 钢管按同规格根数的 20%进行超声波探伤，重点为钢管端部的 0mm～500mm 区段，若发现超标缺陷，则应扩大检查，同时在钢管端部进行表面探伤，超声波探伤按 GB/T 5777 执行，层状缺陷的超声波检测按 BS EN 10246-14 执行。对钢管端部的夹层缺陷，应在钢管端部 0mm～500mm 区段内从内壁进行测厚，周向至少测 5 点，轴向至少测 3 点，一旦发现缺陷，则在缺陷区域增加测点，直至确定缺陷范围。对于钢管 0mm～500mm 区段的夹层类缺陷，按 BS EN 10246-14 中的 U2 级别验收；对于距焊缝坡口 50mm 附近的夹层缺陷，按 U0 级别验收；配管加工的焊接坡口，检查发现夹层缺陷，应予以机械切除。

j） 对带纵焊缝的低温再热蒸汽管道，根据焊缝的外观质量，按同规格根数抽取 20%（至少抽 1 根），对抽取的管道按焊缝长度的 10%依据 NB/T 47013.3、NB/T 47013.4 进行超声、磁粉检测，必要时依据 NB/T 47013.2 进行射线检测，同时对抽取的焊缝进行硬度和壁厚检查。

**7.1.5** 钢管的硬度检验，可采用便携式里氏硬度计按照 GB/T 17394.1 测量；一旦出现硬度偏离本规程的规定值，应在硬度异常点附近扩大检查区域，检查出硬度异常的区域、程度，同时宜采用便携式布氏硬度计测量校核。同一位置 5 个布氏硬度测量点的平均值应处于本标准附录 C 的规定范围，但允许其中一个点超出规定范围 5HB。对于本规程中金属部件焊缝的硬度检验，按照金属母材的方法执行。电站常用金属材料硬度值见本标准附录 C。

**7.1.6** 钢管硬度高于本规程或拉伸强度高于相关标准的上限应进行再次回火；硬度低于本规程或拉伸强度低于相关标准规定的下限，可重新正火（淬火）+回火。重新正火（淬火）+回火不应超过 2 次，重新回火不宜超过 3 次。

**7.1.7** 受监督的弯头/弯管，在工厂化配管前，应由有资质的检测单位进行如下检验：

a） 弯头/弯管表面上的出厂标记（钢印或漆记）应与该制造商产品标记相符。

b） 100%进行外观质量检查。弯头/弯管表面不允许有裂纹、折叠、重皮、凹陷和尖锐划痕等缺陷。对一些可疑缺陷，必要时进行表面探伤。表面缺陷的处理及消缺后的壁厚参照本标准 7.1.4 中 b）执行。

c） 按质量证明书校核弯头/弯管规格并检查以下几何尺寸：

　　1） 逐件检验弯头/弯管的中性面和外/内弧侧壁厚；宏观检查弯头/弯管内弧侧的波纹，对较严重的波纹进行测量；对弯头/弯管的椭圆度按 20%进行抽检，若发现不满足 DL/T 515、DL/T 695 或本规程的规定，应加倍抽查；对弯头的内部几何形状进行宏观检查，若发现有明显扁平现象，应从内部测椭圆度。

　　2） 弯管的椭圆度应满足：热弯弯管椭圆度小于 7%；冷弯弯管椭圆度小于 8%；公称压力大于 8MPa 的弯管，椭圆度小于 5%。

　　3） 弯头的椭圆度应满足：公称压力大于等于 10MPa 时，椭圆度小于 3%；公称压力小于 10MPa 时，椭圆度小于 5%。

注：弯管或弯头的椭圆度为弯曲部分同一圆截面上最大外径与最小外径之差与公称外径之比。

d） 合金钢弯头/弯管应逐件进行光谱检验。

e） 对合金钢弯头/弯管 100%进行硬度检验，在 0°、45°、90°选三个截面，每一截面至少在外弧侧和中性面测 3 个部位，每个部位至少测量 5 点。弯头的硬度测量宜采用便携式里氏硬度计。若发现硬度异常，应在硬度异常点附近扩大检查区域，检查出硬度异常的区域、程度。弯头/弯管的硬度检验按本标准 7.1.5 执行，对于便携式布氏硬度计不易检测的区域，根据同一材料、相近规格、相近硬度范围内便携式里氏硬度计与便携式布氏硬度计测量的对比值，对便携式里氏硬度计测量值予以校核。确认硬度低于或高于规定值，按本标准 7.1.6 处理。

f） 对合金钢弯头/弯管按同规格数量的 10%进行金相组织检验（同规格的不应少于 1 件），检验方法按 DL/T 884 执行，验收参照 GB 5310。

g） 弯头/弯管的外弧面按同规格数量的 10%进行探伤抽查，弯头/弯管探伤按 DL/T 718 执行。对于弯头/弯管的夹层类缺陷，参照本标准 7.1.4 i）执行。

h） 弯头/弯管有下列情况之一时，为不合格：

　　1） 存在晶间裂纹、过烧组织或无损探伤等超标缺陷。

　　2） 弯头/弯管外弧、内弧侧和中性面的最小壁厚小于按 GB/T 16507.4 计算的最小需要厚度。

　　3） 弯头/弯管椭圆度超标。

　　4） 焊接弯管焊缝存在超标缺陷。

7.1.8 受监督的锻制、热压和焊制三通以及异径管，配管前应由有资质的检测单位进行如下检验：

a） 三通和异径管表面上的出厂标记（钢印或漆记）应与该制造商产品标记相符。

b） 100%进行外观质量检验。锻制、热压三通以及异径管表面不允许有裂纹、折叠、重皮、凹陷和尖锐划痕等缺陷。对一些可疑缺陷，必要时进行表面探伤。表面缺陷的处理及消缺后的壁厚若低于名义尺寸，则按本标准 7.1.4 b）进行壁厚校核。

c） 对三通及异径管进行壁厚测量，热压三通应包括肩部的壁厚测量。三通及异径管的壁厚应满足 DL/T 695 的要求。

d） 合金钢三通、异径管应逐件进行光谱检验。

e） 合金钢三通、异径管按 100%进行硬度检验，三通至少在肩部和腹部位置 3 个部位测量，异径管至少在大、小头位置测量，每个部位至少测量 5 点。三通、异径管的硬度检验按本标准 7.1.5 执行，若发现硬度异常，应在硬度异常点附近扩大检查区域，检查出硬度异常的区域、程度。对于便携式布氏硬度计不易检测的区域，根据同一材料、相近规格、相近硬度范围内便携式里氏硬度计与便携式布氏硬度计测量的对比值，对便携式里氏硬度计测量值予以校核。确认硬度低于或高于规定值，按本标准 7.1.6 处理。

f） 对合金钢三通、异径管按 10%进行金相组织检验（不应少于 1 件），检验方法按 DL/T 884 执行，验收参照 GB 5310。

g） 三通、异径管按 10%进行表面探伤和超声波抽查。三通超声波探伤按 DL/T 718 执行。

h） 三通、异径管有下列情况之一时，为不合格：

　　1） 存在晶间裂纹、过烧组织或无损探伤等超标缺陷。

　　2） 焊接三通焊缝存在超标缺陷。

　　3） 几何形状和尺寸不符合 DL/T 695 中有关规定。

　　4） 三通主管/支管壁厚、异径管最小壁厚或三通主管/支管的补强面积小于按 GB 50764 计算的最小需要厚度或补强面积。

7.1.9　对验收合格的直管段与管件，按 DL/T 850 进行组配，组配件应由有资质的检测单位进行如下检验：

a）对管道组配件表面质量 100%进行检查，焊缝质量按 DL/T 869 执行，钢管和管件的表面质量分别按 GB 5310 和 DL/T 695 执行。

b）对配管的长度偏差、法兰形位偏差按同规格数量的 20%进行测量，同规格至少测量 1 个，对环焊缝按焊缝数量的 20%检查错口和壁厚，特别注意焊缝邻近区域的管道壁厚，检查结果应符合 DL/T 850 的规定。

c）对合金钢管焊缝按数量的 20%进行光谱检验，一旦发现用错焊材，则扩大检查。

d）低合金钢管组配件热处理后应按焊接接头数量的 10%进行硬度检验，P91、P92 为 100%；同时，组配件整体热处理后还应对合金钢管、管件按数量的 10%进行硬度抽查，同规格至少抽查 1 根。钢管、弯头/弯管和管件的硬度检查部位分别按本标准 7.1.4 f）、7.1.7e）、7.1.8 e）执行；环焊缝焊接接头硬度检测尽可能在圆周四等分的位置，若由于场地限制，可不在四等分位置，但至少在圆周测 3 个部位，每个部位应包括焊缝、熔合区、热影响区和邻近母材，每个部位至少测量 5 点。硬度检测方法按本标准 7.1.5 执行。

e）组配件对接焊缝、接管座角焊缝按焊缝数量的 10%进行无损检测，表面探伤按 NB/T 47013.4 或 NB/T 47013.5 执行，超声波探伤按 DL/T 820 执行。

f）管段上小口径接管（疏水管、测温管、压力表管、空气管、安全阀、排气阀、充氮、取样管等）应采用与管道相同的材料，按数量的 20%进行形位偏差测量，结果应符合 DL/T 850 中的规定。

g）组配件焊缝硬度高于或低于 DL/T 869 的规定值，应分析原因，确定处理措施。若高于 DL/T 869 的规定值，可再次进行回火，重新回火不宜超过 3 次；若低于 DL/T 869 的规定值，应挖除重新焊接和热处理。同一部位挖补，碳钢不宜超过 3 次，耐热钢不应超过 2 次。

7.1.10　受监督的阀门，安装前应由有资质的检测单位进行如下检验：

a）阀壳表面上的出厂标记（钢印或漆记）应与该制造商产品标记相符。

b）国产阀门的检验按照 NB/T 47044、JB/T 5263、DL/T 531 和 DL/T 922 执行；进口阀门的检验按照相应国家的技术标准执行，并参照上述 4 个标准。

c）校核阀门的规格，并 100%进行外观质量检验。铸造阀壳内外表面应光洁，不应存在裂纹、气孔、毛刺和夹砂及尖锐划痕等缺陷；锻件表面不应存在裂纹、折叠、锻伤、斑痕、重皮、凹陷和尖锐划痕等缺陷；焊缝表面应光滑，不应有裂纹、气孔、咬边、漏焊、焊瘤等缺陷；若存在上述表面缺陷，则应完全清除，清除深度不应超过公称壁厚的负偏差，清除处的实际壁厚不应小于壁厚偏差所允许的最小值。对一些可疑缺陷，必要时进行表面探伤。

d）对合金钢制阀壳逐件进行光谱检验，光谱检验按 DL/T 991 执行。

e）同规格阀壳件按数量的 20%进行无损检测，至少抽查 1 件。重点检验阀壳外表面非圆滑过渡的区域和壁厚变化较大的区域。阀壳的渗透、磁粉和超声波检测分别按 JB/T 6902、JB/T 6439 和 GB/T 7233.2 执行。焊缝区、补焊部位的探伤按 NB/T 47013.2、NB/T 47013.5 执行。

f) 对低合金钢、10%Cr 钢制阀壳分别按数量的 10%、50%进行硬度检验，硬度检验方法按本标准 7.1.5 执行，每个阀门至少测 3 个部位。若发现硬度异常，则扩大检查区域，检查出硬度异常的区域、程度。对于便携式布氏硬度计不易检测的区域，根据同一材料、相近规格、相近硬度范围内便携式里氏硬度计与便携式布氏硬度计测量的对比值，对便携式里氏硬度计测量值予以校核。确认硬度低于或高于规定值，按本标准 7.1.6 处理。

7.1.11　主蒸汽管道、高温再热蒸汽管道上的堵板应采用锻件，安装前应进行光谱检验、强度校核；安装前堵板和安装后的焊缝应进行 100%磁粉和超声波检测。

7.1.12　设计单位应向电厂提供管道立体布置图。图中标明：

　　a)　管道的材料牌号、规格、理论计算壁厚、壁厚偏差。

　　b)　管道的冷紧口位置及冷紧值。

　　c)　管道对设备的推力、力矩。

　　d)　管道最大应力值及其位置。

7.1.13　新建机组主蒸汽管道、高温再热蒸汽管道，可不安装蠕变变形测点；对已安装了蠕变变形测点的蒸汽管道，可继续按照 DL/T 441 进行蠕变变形测量。

7.1.14　服役温度高于等于 450℃的主蒸汽管道、高温再热蒸汽管道，应在直管段上设置监督段（主要用于硬度和金相跟踪检验）；监督段应选择该管系中实际壁厚最薄的同规格钢管，其长度约为 1000mm；监督段应包括锅炉蒸汽出口第一道焊缝后的管段。

7.1.15　在主蒸汽管道、高温再热蒸汽管道以下部位可装设安全状态在线监测装置：

　　a)　管道应力危险区段。

　　b)　管壁较薄、应力较大或运行时间较长，以及经评估后剩余寿命较短的管道。

7.1.16　安装前，安装单位应按 DL 5190.5 对直管段、管件、管道附件和阀门进行相关检验，检验结果应符合 DL 5190.5 及相关标准规定。

7.1.17　安装前，安装单位应对直管段、弯头/弯管、三通进行内外表面检验和几何尺寸抽查：

　　a)　管段按数量的 20%测量直管的外（内）径和壁厚。

　　b)　弯头/弯管按数量的 20%进行椭圆度、壁厚测量，特别是外弧侧的壁厚。

　　c)　测量热压三通肩部、管口区段以及焊制三通管口区段的壁厚。

　　d)　测量异径管的壁厚和直径。

　　e)　测量管道上小接管的形位偏差。

7.1.18　安装前，安装单位应对合金钢管、合金钢制管件（弯头/弯管、三通、异径管）100%进行光谱检验，管段、管件分别按数量的 20%和 10%进行硬度和金相组织检验；每种规格至少抽查 1 个，硬度异常的管件应扩大检查比例且进行金相组织检验。

7.1.19　应对主蒸汽管道、高温再热蒸汽管道上的堵阀/堵板阀体、焊缝按 10%进行无损探伤抽查。

7.1.20　主蒸汽管道、高温再热蒸汽管道和高温导汽管的安装焊接应采取氩弧焊打底。焊接接头在热处理后或焊后（不需热处理的焊接接头）应进行 100%无损探伤，特别注意与三通、阀门相邻焊缝的无损探伤。管道焊接接头的超声波探伤按 DL/T 820 执行，射线探伤按 DL/T 821 执行，质量评定按 DL/T 5210.7、DL/T 869 执行。对虽未超标但记录的缺陷，应确定位置、尺寸和性质，并记入技术档案。

7.1.21 安装焊缝的外观、光谱、硬度、金相组织检验和无损探伤的比例、质量要求按 DL/T 869、DL/T 5210.5 中的规定执行，对 9%～12%Cr 类钢制管道的有关检验监督项目按本标准 7.3 执行。

7.1.22 管道安装完应对监督段进行硬度和金相组织检验。

7.1.23 管道保温层表面应有焊缝位置的标志。

7.1.24 安装单位应向电厂提供与实际管道和部件相对应的以下资料：

    a）安装焊缝坡口形式、焊缝位置、焊接及热处理工艺及各项检验结果。

    b）直管的外观、几何尺寸和硬度检查结果，合金钢直管应有金相组织检验结果。

    c）弯头/弯管的外观、椭圆度、壁厚等检验结果。

    d）合金钢制弯头/弯管的硬度和金相组织检验结果。

    e）管道系统合金钢部件的光谱检验记录。

    f）代用材料记录。

    g）安装过程中异常情况及处理记录。

7.1.25 主蒸汽管道、高温再热蒸汽管道露天布置的区段，以及与油管平行、交叉和可能滴水的区段，应加包金属薄板保护层，露天吊架处应有防雨水渗入保护层的措施。

7.1.26 主蒸汽管道、高温再热蒸汽管道要保温良好，严禁裸露运行，保温材料应符合设计要求；运行中严防水、油渗入管道保温层。保温层破裂或脱落时，应及时修补；更换容重相差较大的保温材料时，应考虑对支吊架的影响；严禁在管道上焊接保温拉钩，严禁借助管道起吊重物。

7.1.27 服役温度高于等于 450℃的锅炉出口、汽轮机进口的导汽管，参照主蒸汽管道、高温再热蒸汽管道的监督检验规定执行。

7.1.28 监理单位应向电厂提供钢管、管件原材料检验、焊接工艺执行监督以及安装质量检验监督等相应的监理资料。

### 7.2 在役机组的检验监督

#### 7.2.1 管件及阀门的检验监督

7.2.1.1 机组第一次 A 级检修或 B 级检修，应查阅管件及阀门的质保书、安装前检验记录，根据安装前对管件、阀壳的检验结果，重点检查缺陷相对严重、受力较大部位以及壁厚较薄的部位。检查项目包括外观、光谱、硬度、壁厚、椭圆度检验和无损探伤。若发现硬度异常，宜进行金相组织检查。对安装前检验正常的管件、阀壳，根据设备的运行工况，按大于等于管件、阀壳数量的 10%进行以上项目检查，后次 A 级检修或 B 级检修的抽查部件为前次未检部件。

7.2.1.2 每次 A 级检修，应对以下管件进行硬度、金相组织检验，硬度、金相组织检验点应在前次检验点处或附近区域：

    a）安装前硬度、金相组织异常的管件。

    b）安装前椭圆度较大、外弧侧壁厚较薄的弯头/弯管。

    c）锅炉出口第一个弯头/弯管、汽轮机入口邻近的弯头/弯管。

7.2.1.3 机组每次 A 级检修，应对安装前椭圆度较大、外弧侧壁厚较薄的弯头/弯管进行椭圆度和壁厚测量；对存在较严重缺陷的阀门、管件，每次 A 级检修或 B 级检修应进行无损探伤。

7.2.1.4 服役温度高于等于 450℃的导汽管弯管，参照主蒸汽管道、高温再热蒸汽管道弯管监督检验规定执行。

7.2.1.5 服役温度在 400℃～450℃范围内的管件及阀壳，运行 8 万 h 后根据设备运行状态，随机对硬度和金相组织进行抽查，下次抽查时间和比例根据上次检查结果确定。

7.2.1.6 弯头/弯管、三通和异径管发现下列情况时，应及时处理或更换：

   a) 弯头/弯管发现本标准 7.1.7 h）所列情况之一时，三通和异径管发现 7.1.8 h）所列情况之一时。

   b) 产生蠕变裂纹或严重的蠕变损伤（蠕变损伤 4 级及以上）时。蠕变损伤评级按本标准附录 D 执行。

   c) 碳钢、钼钢弯头、三通和焊接接头石墨化达 4 级时。石墨化评级按 DL/T 786 规定执行。

   d) 已运行 20 万 h 的铸造弯头、三通，检验周期应缩短到 2 万 h，根据检验结果决定是否更换。

   e) 对需更换的三通和异径管，推荐选用锻造、热挤压、带有加强的焊制三通。

7.2.1.7 铸钢阀壳存在裂纹、铸造缺陷，经打磨消缺后的实际壁厚小于 NB/T 47044 中规定的最小壁厚时，应及时处理或更换。

7.2.1.8 累计运行时间达到或超过 10 万 h 的主蒸汽管道和高温再热蒸汽管道，其弯管为非中频弯制的应予更换。若不具备更换条件，应予以重点监督，监督的内容主要有：

   a) 弯管外弧侧、中性面的壁厚和椭圆度。

   b) 弯管外弧侧、中性面的硬度。

   c) 弯管外弧侧的金相组织。

   d) 外弧表面磁粉检测和中性面内壁超声波检测。

### 7.2.2 支吊架的检验监督

7.2.2.1 支吊架的检验监督主要涉及主蒸汽管道、高温再热蒸汽管道、低温再热蒸汽管道、主给水管道、高压旁路管道，低压旁路管道、给水再循环管道。

7.2.2.2 应定期检查管道支吊架和位移指示器的状况，特别要注意机组启停前后的检查，发现支吊架松脱、偏斜、卡死或损坏等现象时，及时调整修复并做好记录。

7.2.2.3 管道安装完毕和机组每次 A 级检修，应对管道支吊架进行检验。根据检查结果，在第一次或第二次 A 级检修期间，对管道支吊架进行调整；此后根据每次 A 级检修检验结果，确定是否再次调整。管道支吊架检查与调整按 DL/T 616 执行。

7.2.2.4 机组运行期间检查管系的振动情况，分析振动原因，对其危害性进行评估。管系振动的治理按 DL/T 292 执行。

### 7.2.3 低合金耐热钢及碳钢管道的检验监督

7.2.3.1 机组第一次 A 级检修或 B 级检修，应查阅直段的质保书、安装前直段的检验记录，根据安装前及安装过程中对直段的检验结果，对受力较大部位、壁厚较薄的部位以及检查焊缝拆除保温的邻近直段进行外观检查，所查管段的表面质量应符合 GB 5310 规定，焊缝表面质量应符合 DL/T 869 规定；对存在超标的表面缺陷应予以磨除，磨除要求按本标准 7.1.4 b）执行；同时检查直管段有无直观可视的胀粗。此后的检查除上述区段外，根据机组运行情况选择检查区段。

7.2.3.2  机组每次 A 级检修，应对以下管段和焊缝进行硬度和金相组织检验，硬度和金相组织检验点应在前次检验点处或附近区域：

a)  监督段直管。

b)  安装前硬度、金相组织异常的直段和焊缝。

c)  正常区段的直段、焊缝，按数量的 10%进行硬度抽检，硬度检验部位、检验方法按本标准 7.1.4 f)、7.1.5 执行。

7.2.3.3  管道焊缝的检验如下：

a)  机组第一次 A 级检修或 B 级检修，应查阅环焊缝的制造、安装检验记录，根据安装前及安装过程中对环焊缝（无损检测、硬度、金相组织以及壁厚、外观等）的检测结果，检查质量相对较差、返修过的焊缝；对正常焊缝，按不低于焊缝数量的 10%进行无损探伤。以后的检查重点为质量较差、返修、受力较大部位以及壁厚较薄部位的焊缝，特别注意与三通、阀门相邻焊缝的无损探伤；逐步扩大对正常焊缝的抽查，后次 A 级检修或 B 级检修的抽查为前次未检的焊缝，至 3 个～4 个 A 级检修完成全部焊缝的检验。焊缝表面探伤按 NB/T 47013.5 执行，超声波探伤按 DL/T 820 规定执行。

b)  机组第一次 A 级检修或 B 级检修，对再热冷段蒸汽管道，应根据安装前对焊缝质量（外观、无损检测、硬度以及壁厚等）的检测评估结果，检测质量相对较差、返修过的焊缝区段；对正常焊缝，按同规格根数抽取 20%（至少抽 1 根），对抽取的管道按焊缝长度的 10%进行无损检测，同时对抽取的焊缝进行硬度、壁厚检查；若硬度异常，进行金相组织检查。后次 A 级检修或 B 级检修的抽查为前次未检的焊缝，焊缝表面探伤按 NB/T 47013.5 执行，超声波探伤按 DL/T 820 规定执行。

7.2.3.4  与管道相联的小口径管（外径小于 89mm），应进行如下检验：

a)  机组每次 A 级检修或 B 级检修，对与管道相联的小口径管（测温管、压力表管、安全阀、排气阀、充氮等）管座角焊缝按不少于 20%的比例进行检验，至少应抽检 5 个。检验内容主要为角焊缝外观和表面探伤，必要时进行超声波、涡流或磁记忆检测。后次抽查部位为前次未检部位，至 10 万 h 完成 100%检验。运行 10 万 h 的小口径管，根据此前的检查结果，重点检查缺陷较严重的管座角焊缝，必要时割取管座进行管孔检查。表面、超声波、涡流或磁记忆检测分别按 NB/T 47013.5、DL/T 1105.2、DL/T 1105.3 和 DL/T 1105.4 执行。

b)  小口径管道上的管件和阀壳的检验与处理参照本标准 7.2.1 执行。

c)  对联络管（旁通管）、高压门杆漏气管道、疏水管等小口径管道的管段、管件和阀壳，运行 10 万 h 以后，根据检查情况，宜全部更换。

7.2.3.5  若高压旁路阀门后的低温再热蒸汽管道为碳钢管，应更换为合金钢管。

7.2.3.6  工作温度高于等于 450℃、运行时间较长和受力复杂的碳钢、钼钢制蒸汽管道，重点检验石墨化和珠光体球化；对石墨化倾向日趋严重的管道，应按规定做好管道运行、维修，防止超温、水冲击等；碳钢的石墨化和珠光体球化评级按 DL/T 786 和 DL/T 674 执行，钼钢的石墨化和珠光体球化评级可参考 DL/T 786 和 DL/T 674。

7.2.3.7  服役温度在 400℃～450℃范围内的管道，运行 8 万 h 后根据设备运行状态，随机抽查硬度和金相组织，下次抽查时间和比例根据上次检查结果确定。同时参照本标准 7.2.3.1、7.2.3.2、7.2.3.3 进行直管段表面质量和焊缝探伤检验。

7.2.3.8　对运行时间达到或超过 20 万 h、工作温度高于等于 450℃的主蒸汽管道、高温再热蒸汽管道，根据检测的金相组织、硬度状况宜割管进行材质评定，割管部位应包括焊接接头。当割管试验表明材质损伤严重时（材质损伤程度根据割管试验的各项力学性能指标和微观金相组织的老化程度由金属监督人员确定），应进行寿命评估；管道寿命评估按 DL/T 940 执行。

7.2.3.9　已运行 20 万 h 的 12CrMoG、15CrMoG、12Cr1MoVG、12Cr2MoG（2.25Cr-1Mo、P22、10CrMo910）钢制蒸汽管道，经检验符合下列条件，直管段一般可继续运行至 30 万 h：

    a）　实测最大蠕变应变小于 0.75%或最大蠕变速度小于 0.35×10⁻⁵%/h。

    b）　监督段金相组织未严重球化（即未达到 5 级）。12CrMoG、15CrMoG 钢的珠光体球化评级按 DL/T 787 执行，12Cr1MoVG 钢的珠光体球化评级按 DL/T 773 执行，12Cr2MoG、2.25Cr-1Mo、P22 和 10CrMo910 钢的珠光体球化评级按 DL/T 999 执行。

    c）　未发现严重的蠕变损伤。

7.2.3.10　12CrMoG、15CrMoG、12Cr1MoVG、12Cr2MoG 和 15Cr1Mo1V 钢制蒸汽管道，当蠕变应变达到 0.75%或蠕变速度大于 0.35×10⁻⁵%/h，应割管进行材质评定和寿命评估。

7.2.3.11　运行 20 万 h 的主蒸汽管道、再热蒸汽管道，经检验发现下列情况之一时，应及时处理或更换：

    a）　自机组投运以后，一直提供蠕变测量数据，其蠕变应变达 1.5%。

    b）　一个或多个晶粒长的蠕变微裂纹。

7.2.3.12　对 15Cr1Mo1V 钢制管道每次 A 级检修，焊缝应按数量的 50%进行磁粉、超声波检测；对焊缝裂纹的挖补，宜采用 R317 或 R317L 焊条，或采用去 Nb 的 337 焊条进行焊接。

7.2.3.13　工作温度高于等于 450℃的锅炉出口、汽轮机进口的导汽管，根据不同的机组型号在运行 5 万 h～10 万 h 范围内，进行外观和无损检验，以后检验周期约为 5 万 h。对启停次数较多、原始椭圆度较大和运行后有明显复圆的弯管，特别注意，发现超标缺陷或裂纹时，应及时更换。

## 7.3　9%～12%Cr 系列钢制管道、管件的检验监督

7.3.1　9%～12%Cr 系列钢包括 10Cr9Mo1VNbN/P91、10Cr9MoW2VNbBN/P92、10Cr11MoW2VNb-Cu1BN/P122、X20CrMoV121、X20CrMoWV121、CSN41 7134 等。

7.3.2　管道、管件制造前对其管材的检验参照本标准 7.1.4 中相关条款执行，并按以下条款进行检验：

    a）　对管材应进行 100%硬度检验，直管段母材的硬度应均匀，硬度控制在 185HB～250HB。硬度检验按本标准 7.1.5 执行，若硬度低于或高于规定值，按本标准 7.1.6 处理。

    b）　对管材按管道段数的 20%进行金相组织检验。δ-铁素体含量的检验用金相显微镜在 100 倍下检查，取 10 个视场的平均值，金相组织中的 δ-铁素体含量不超过 5%。

    c）　对 P92 钢管端部（0mm～500mm 区段）100%进行超声波检测，重点检查夹层类缺陷。夹层检验按 BS EN 10246-14 执行并按本标准 7.1.4 i）中的规定检验验收。P91 钢管端部夹层类缺陷检查按钢管数量的 30%进行，若发现超标夹层缺陷，应扩大检

查范围。

7.3.3　热推、热压和锻造管件的硬度应均匀，且控制在 180HB～250HB；F92 锻件的硬度控制在 180HB～269HB。管道、管件的硬度检验按本标准 7.1.5 执行，若硬度低于或高于规定值，按本标准 7.1.6 执行。

7.3.4　对于公称直径大于 150mm 或壁厚大于 20mm 的管道，100%进行焊接接头硬度检验；其余规格管道的焊接接头按 5%抽检；焊后热处理记录显示异常的焊接接头应进行硬度检验；焊缝硬度应控制在 185HB～270HB，热影响区的硬度应高于等于 175HB。

7.3.5　硬度检验的打磨深度通常为 0.5mm～1.0mm，并以 120 号或更细的砂轮、砂纸精磨。表面粗糙度 $Ra$＜1.6μm；硬度检验部位包括焊缝和近缝区的母材，同一部位至少测量 5 点。

7.3.6　母材、焊缝硬度超出控制范围，首先在原测点附近两处和原测点 180°位置再次进行测量；其次在原测点可适当打磨较深位置，打磨后的管道壁厚不应小于按 GB 50764 计算的最小需要厚度。

7.3.7　对于公称直径大于 150mm 或壁厚大于 20mm 的管道，按 20%进行焊接接头金相组织检验。焊缝组织中的 δ-铁素体含量不超过 5%，最严重视场中不超过 10%；熔合区金相组织中的 δ-铁素体含量不超过 10%，最严重视场中不超过 20%。观察整个检验面，100 倍下取 10 个视场的平均值。

7.3.8　对制造、安装焊接接头按 20%进行无损检测抽查，表面探伤按 NB/T 47013.5 执行，超声波探伤按 DL/T 820 执行。根据缺陷情况，必要时采用超声衍射时差法（TOFD）对可疑的小缺陷进行跟踪检查并记录。TOFD 检测按 DL/T 1317 执行。

7.3.9　机组服役期间管道、管件的监督检验参照本标准 7.2.3.1～7.2.3.4 执行。

7.3.10　机组服役 3 个～4 个 A 级检修时，根据机组运行情况、历次检测结果以及国内其他机组 9%～12%Cr 系列钢制管道的运行/检验情况，宜在主蒸汽管道监督段、高温再热蒸汽管道割管进行以下试验：

　　a）　化学成分分析。

　　b）　硬度检验，并与每次检修现场检测的硬度值进行比较。

　　c）　拉伸性能（室温、服役温度）。

　　d）　室温冲击性能。

　　e）　微观组织的检验与分析（光学金相显微镜、透射电子显微镜检验）。

　　f）　依据试验结果，对管道的材质状态作出评估，由金属专责工程师确定下次割管时间。

　　g）　第 2 次割管除进行本标准 7.3.10 中 a）～e）试验外，还应进行持久断裂试验。

　　h）　第 2 次割管试验后，依据试验结果，对管道的材质状态和剩余寿命作出评估。

7.3.11　对服役温度高于 600℃的 9%～12%Cr 钢制高温再热蒸汽管道、管件，机组每次 A 级检修或 B 级检修，应对外壁氧化情况进行检查，宜对内壁氧化层进行测量；运行 2 个～3 个 A 级检修，宜割管进行本标准 7.3.10 中 a）～e）规定的试验；其焊缝检验参照本标准 7.2.3.3 执行。

7.3.12　对安装期间来源不清或有疑虑的管材，首先应对管材进行鉴定性检验，检验项目包括：

　　a）　直管段和管件的光谱、硬度检查。

　　b）　直管段和管件的壁厚、外径检查。

c）按 10%对直管段和管件进行超声波探伤。

d）割管取样进行本标准 7.3.10 中的 a）～e）试验项目。

e）依据试验结果，对管道的材质状态作出评估。

## 8 高温集箱的金属监督

### 8.1 制造、安装检验

8.1.1 对集箱制造质量的技术文件进行见证，内容应符合国家标准、行业标准、企业标准：

a）母材和焊接材料的化学成分、力学性能、工艺性能。管材技术条件应符合 GB 5310、GB/T 16507.2 中相关条款的规定及合同规定的技术条件，进口管材应符合相应国家的标准及合同规定的技术条件，高温集箱材料及制造有关技术条件见本标准附录 B。

b）制造商对集箱材料进行的理化性能复验报告，或制造商验收人员按照采购技术要求在材料制造单位进行验收，并签字确认的质量证明书。

c）制造商提供的集箱图纸、强度计算书。

d）制造商提供的焊接及焊后热处理资料。对于首次使用的集箱材料，制造商应提供焊接工艺评定报告。

e）制造商提供的焊接接头探伤资料。

f）在制造厂进行的水压试验资料。

g）设计修改资料，制造缺陷的返修处理记录。

8.1.2 集箱安装前，电力安装单位应按 DL 5190.2 进行相关检验，同时应由有资质的检测单位进行如下检验：

a）对母材和焊缝表面进行 100%宏观检验，重点检验焊缝的外观质量。母材不允许有裂纹、尖锐划痕、重皮、腐蚀坑等缺陷；筒体焊缝和管座角焊缝不允许存在裂纹、未熔合以及气孔、夹渣、咬边、根部凸出和内凹等超标缺陷，管座角焊缝应圆滑过渡。对一些可疑缺陷，必要时进行表面探伤。表面缺陷的处理及消缺后的壁厚参照本标准 7.1.4 b）执行。

b）对合金钢制高温集箱每个筒节、封头和每道焊缝进行光谱检验，每种规格的管接头按 20%进行光谱抽查，但不应少于 1 个。

c）对高温集箱筒体、封头进行壁厚测量，每个筒体、封头至少测 2 个部位，特别注意环焊缝邻近区段的壁厚。对不同规格的管接头按 20%测量壁厚，但不应少于 1 个。壁厚应满足设计要求，不应小于壁厚偏差所允许的最小值且不应小于制造商提供的最小需要厚度。

d）对集箱制造环焊缝按 10%进行表面探伤和超声波检测；筒体壁厚小于 80mm 的管座角焊缝和手孔管座角焊缝按 30%进行表面探伤复查，筒体壁厚大于等于 80mm 的管座角焊缝和手孔管座角焊缝按 50%进行表面探伤复查。一旦发现裂纹，应扩大检查比例，必要时对管座角焊缝进行超声波、涡流和磁记忆检测。环焊缝超声波探伤按 DL/T 820 执行，表面探伤按 NB/T 47013.5 执行，管座角焊缝超声波、涡流和磁记忆检测按 DL/T 1105.2、DL/T 1105.3、DL/T 1105.4 执行。

e) 检验集箱上接管的形位偏差应符合设计规定。

f) 对存在内隔板的集箱，应对内隔板与筒体的角焊缝进行内窥镜检测。

g) 用内窥镜检查减温器喷孔、内套筒表面情况及焊接质量，内套筒分段焊接时，焊接接口应开坡口。

h) 对合金钢制集箱，按筒体段数和制造焊缝的 20% 进行硬度检验，所查集箱的母材及焊缝至少各选 1 处；对集箱过渡段 100% 进行硬度检验。硬度检测方法按本标准 7.1.5 执行，若硬度低于或高于规定值，按本标准 7.1.6 执行。

i) 用于制作集箱的 9%～12%Cr 钢管硬度应控制在 185HB～250HB，集箱的母材硬度应控制在 180HB～250HB，焊缝的硬度应控制在 185HB～270HB，热影响区的硬度应高于等于 175HB，母材和焊缝的金相组织按照本标准的 7.3.2 b）和 7.3.7 执行。

**8.1.3** 集箱筒体、焊缝有下列情况时，应予返修或判不合格：

a) 母材存在裂纹或无损探伤等超标缺陷。

b) 焊缝存在裂纹、未熔合以及超标的气孔、夹渣、咬边等超标缺陷。

c) 筒体和管座的壁厚小于按 GB/T 16507.4 计算的最小需要厚度。

d) 筒体与管座形式、规格、材料牌号不匹配。

e) 筒体或焊缝的硬度不满足本规程的规定。

**8.1.4** 安装焊缝的外观、光谱、硬度、金相和无损探伤的比例、质量要求由安装单位按 DL/T 5210.2、DL/T 5210.7 和 DL/T 869 中的规定执行。对 9%～12%Cr 类钢制集箱安装焊缝的母材、焊缝的硬度和金相组织按照本标准 8.1.2 i）执行。

**8.1.5** 对超（超）临界锅炉，安装前和安装后应重点进行以下检查：

a) 集箱、减温器等应进行 100% 内窥镜检查，发现异物应清理，重点检查集箱内部孔缘倒角、接管座角焊缝根部未熔合、未焊透、超标焊瘤等缺陷，异物以及水冷壁或集箱节流圈。

b) 锅炉冲管后及整套启动前应对屏式过热器、高温过热器、高温再热器进口集箱以及减温器的内套筒衬垫部位进行内窥镜检查，重点检查有无异物堵塞。

c) 集箱水压试验后临时封堵口的割除，检修管子及手孔的切割应采用机械切割，不应采用火焰切割；返修焊缝、焊缝根部缺陷应采用机械方法消缺。

**8.1.6** 集箱要保温良好，严禁裸露运行，保温材料应符合设计要求。运行中严防水、油渗入集箱保温层；保温层破裂或脱落时，应及时修补；更换的保温材料不应对管道金属有腐蚀作用；严禁在集箱筒体上焊接保温拉钩。

**8.1.7** 安装单位应向电厂提供与实际集箱相对应的以下资料：

a) 安装焊缝坡口形式、焊接及热处理工艺和各项检验结果。

b) 筒体的外观、壁厚检验结果。

c) 合金钢制集箱筒体、焊缝的硬度和金相组织检验结果。

d) 合金钢制集箱筒体、焊缝及接管的光谱检验记录。

e) 安装过程中异常情况及处理记录。

**8.1.8** 监理单位应向电厂提供集箱筒体、接管原材料检验、焊接工艺执行监督以及安装质量检验监督等相应的监理资料。

## 8.2 在役机组的检验监督

8.2.1 机组每次 A 级检修或 B 级检修，应对集箱进行以下项目和内容的检验：

a) 对安装前发现的硬度、金相组织异常的集箱筒体部位、焊缝进行硬度和金相组织检验。

b) 对缺陷较严重的焊缝进行无损探伤复查。

c) 机组每次 A 级检修，应查阅集箱筒体、封头环焊缝的制造、安装检验记录，根据安装前及安装过程中对焊缝质量（无损检测、硬度、金相组织以及壁厚、外观等）的检测评估，对质量相对较差、返修过的焊缝进行外观、无损探伤、硬度及壁厚检测；对正常焊缝，每个集箱宜抽查 1 道焊缝。以后的检验重点为质量较差、返修、受力较大部位以及壁厚较薄部位的焊缝；逐步扩大对正常焊缝的抽查，后次 A 级检修的抽查为前次未检的焊缝，至 3 个～4 个 A 级检修完成全部焊缝的检验。对一些缺陷较严重的焊缝，无论机组 A 级检修或 B 级检修，均应复查。焊缝表面探伤按 NB/T 47013.5 执行，超声波探伤按 DL/T 820 规定执行。

d) 机组每次 A 级检修或 B 级检修，按 20%对集箱管座角焊缝进行抽查外观检验和表面探伤，必要时进行超声波、涡流或磁记忆检测，重点检查定位管及其附近接管座焊缝、制造质量检查中缺陷较严重的角焊缝。后次抽查部位为前次未检部位，至 3 个～4 个 A 级检修完成 100%检验。表面、超声波、涡流或磁记忆检测分别按 NB/T 47013.5、DL/T 1105.2、DL/T 1105.3 和 DL/T 1105.4 执行。

e) 机组每次 A 级检修或 B 级检修，应宏观检查与集箱相连的接管的氧化、腐蚀、胀粗等；环形集箱弯头/弯管外观应无裂纹、重皮和损伤，外形尺寸符合设计要求。

f) 根据集箱的运行参数，按筒节、焊缝数量的 10%（选温度最高的部位，至少选 1 个筒节、1 道焊缝）对筒节、焊缝及邻近母材进行硬度和金相组织检验，后次的检查部位为首次检查部位或其邻近区域；对集箱过渡段 100%进行硬度检验。硬度检验按本标准 7.1.5 执行，若硬度低于或高于规定值，应分析原因，并提出监督运行措施。

g) 对集箱的 T23 钢制接管座角焊缝应进行外观检验和表面探伤，抽查重点为外侧第 1、2 排管座。

h) 对过热器、再热器集箱排空管接管座焊缝应进行外观检验和表面探伤，对排空管座内壁、管孔进行超声波检验，必要时进行内窥镜检查；应对排空用一次门和取样用三通之间管道内表面进行超声波检验。

i) 机组每次 A 级检修或 B 级检修，应检查与集箱相联的小口径管（疏水管、测温管、压力表管、空气管、安全阀、排气阀、充氮、取样、压力信号等）管座角焊缝，检查数量、方法按照本标准 7.2.3.4 a）执行。

j) 机组每次 A 级检修对集汽集箱的安全门管座角焊缝进行无损探伤。

k) 机组每次 A 级检修对吊耳与集箱焊缝进行外观检验和表面探伤，必要时进行超声波探伤。

l) 对存在内隔板的集箱，运行 10 万 h 后用内窥镜对内隔板位置及焊缝进行全面检查。

m) 顶棚过热器管发生下陷时，应检查下垂部位集箱的弯曲度及其连接管道的位移情况。

8.2.2 服役温度在 400℃～450℃范围内的集箱，运行 8 万 h 后根据设备运行状态，随机对筒体、焊缝的硬度和金相组织进行抽查，下次抽查时间和比例根据上次检查结果确定。同时参照本标准 8.2.1 对集箱表面质量、管座角焊缝和环焊缝进行检查。

8.2.3　根据设备状况，结合机组检修，对减温器集箱进行以下检查：

a)　对混合式（文丘里式）减温器集箱用内窥镜检查内壁、内衬套、喷嘴，应无裂纹、磨损、腐蚀脱落等情况，对安装内套管的管段进行胀粗检查。

b)　对内套筒定位螺栓封口焊缝和喷水管角焊缝进行表面探伤。

c)　表面式减温器运行 2 万 h～3 万 h 后进行抽芯，检查冷却管板变形、内壁裂纹、腐蚀情况及冷却管水压检查泄漏情况，以后每隔约 5 万 h 检查 1 次。

d)　减温器集箱对接焊缝按本标准 8.2.1c）的规定进行无损探伤。

8.2.4　工作温度高于等于 400℃的碳钢、钼钢制集箱，当运行至 10 万 h 时，应进行石墨化检查，以后的检查周期约为 5 万 h；运行至 20 万 h 时，每次机组 A 级检修或 B 级检修按本标准 8.2.1 中有关条款执行。

8.2.5　已运行 20 万 h 的 12CrMoG、15CrMoG、12Cr2MoG（2.25Cr-1Mo、P22、10CrMo910）、12Cr1MoVG 钢制集箱，经检查符合下列条件，筒体一般可继续运行至 30 万 h：

a)　金相组织未严重球化（即未达到 5 级）。

b)　未发现严重的蠕变损伤。

c)　筒体未见明显胀粗。

8.2.6　对珠光体球化达到 5 级、硬度下降明显的集箱，应进行寿命评估。集箱寿命评估参照 DL/T 940 执行。

8.2.7　集箱发现下列情况时，应及时处理或更换：

a)　当发现本标准 8.1.3 所列规定之一时。

b)　筒体产生蠕变裂纹或严重的蠕变损伤（蠕变损伤 4 级及以上）时。

c)　碳钢和钼钢制集箱，当石墨化达 4 级时，应予更换；石墨化评级按 DL/T 786 规定执行。

d)　集箱筒体周向胀粗超过公称直径的 1%时。

8.2.8　9%～12%Cr 钢制集箱运行期间的监督检验按照本标准 8.2.1 中有关条款执行，并参照本标准 7.3 中有关条款执行。

8.2.9　对服役温度高于 600℃的 9%～12%Cr 钢制集箱，机组每次 A 级检修或 B 级检修，应对外壁氧化情况进行检查，宜对内壁氧化层进行测量；特别关注高温再热蒸汽集箱接管外壁氧化情况和内壁氧化层的测量。

# 9　受热面管的金属监督

## 9.1　制造、安装前检验

9.1.1　受热面管屏制造、安装前，应检查见证管材质保书，其内容应符合本标准第 5 章中相关条款；检查见证焊材质保书，其内容应符合本标准第 6 章中相关条款。

9.1.2　受热面管材主要见证以下内容：

a)　管材制造商的质保书，进口管材的报关单和商检报告。

b)　国产锅炉受热面用无缝钢管的质量应符合 GB 5310、GB/T 16507.2 的规定及订货技术条件，同时参照 NB/T 47019 的规定；进口钢管的质量应符合相应的国外标准（若无相应国内外标准，可按企业标准）及订货技术条件，重要的钢管技术标准有 ASME SA-213/SA-213M、DIN EN 10216-2、DIN EN 10216-5，同时对比 NB/T 47019 补齐缺少的检验项目。

c） 管子内外表面不允许有大于以下尺寸的直道及芯棒擦伤缺陷：热轧（挤）管，大于壁厚的 5%，且最大深度为 0.4mm；冷拔（轧）钢管，大于公称壁厚的 4%，且最大深度为 0.2mm。对发现可能超标的直道及芯棒擦伤缺陷的管子，应取样用金相法判断深度。

d） 管材入厂复检报告或制造商验收人员按照采购技术要求在材料制造单位进行验收，并签字确认。

e） 细晶粒奥氏体耐热钢管晶粒度检验报告。

f） 内壁喷丸的奥氏体耐热钢管的喷丸层检验报告，并对喷丸表面进行宏观检验。

　　1） 喷丸表面应洁净，无锈蚀或残留附着物，不应存在目视可见的漏喷区域，也不应存在喷丸过程中附加产生的机械损伤等宏观缺陷。

　　2） 有效喷丸层深度的测量可采用金相法或显微硬度曲线法。若采用金相法，有效喷丸层深度应不小于 70μm；若采用硬度曲线法，有效喷丸层深度应不小于 60μm。

　　3） 在喷丸管同一横截面距内壁面 60μm 处，沿时钟方向 3 点、6 点、9 点、12 点 4 个位置测得的硬度值应高于基体硬度 100HV，且 4 个位置硬度值的差值不宜大于 50HV。

　　4） 喷丸管的质量验收按 DL/T 1603 执行。

9.1.3　受热面安装前，应见证设计、制作工艺和检验等资料，内容应符合国家、行业标准，包括：

a） 受热面管屏图纸、管子强度计算书和过热器、再热器壁温计算书，设计修改等资料。

b） 对于首次用于锅炉受热面的管材和异种钢焊接，锅炉制造商应提供焊接工艺评定报告。

c） 管屏的焊接、焊后热处理报告。

d） 制造缺陷的返修处理报告。

e） 管子（管屏）焊缝的无损检测报告应符合 GB/T 16507.6 的规定。

f） 管屏的几何尺寸检验报告应符合 GB/T 16507.6 的规定。

g） 合金钢管屏管材及焊缝的光谱检验报告。

h） 管子的对接接头或弯管的通球检验记录，通球球径应符合 GB/T 16507.6 的规定。

i） 锅炉的水压试验报告应符合 GB/T 16507.6 的规定。

9.1.4　膜式水冷壁鳍片应选与管子同类的材料。

9.1.5　弯曲半径小于 1.5 倍管子公称外径的小半径弯管宜采用热弯；若采用冷弯，当外弧伸长率超过工艺要求的规定值时，弯制后应进行回火处理。

9.1.6　奥氏体耐热钢管冷弯后是否进行固溶处理参照 ASME-I 中 PG19 执行。弯心半径小于 2.5$D$ 或接近 2.5$D$（$D$ 为钢管直径）的奥氏体不锈钢管冷弯后宜进行固溶处理，热弯温度应控制在要求的温度范围内，否则热弯后也应重新进行固溶处理。

9.1.7　受热面安装前，应进行以下检验：

a）　对受热面管屏、管排的平整度和部件外形尺寸进行 100%的检查，管排的平整度和部件外形尺寸应符合图纸要求；吊卡结构、防磨装置、密封部件质量良好；螺旋管圈水冷壁悬吊装置与水冷壁管的连接焊缝应无漏焊、裂纹及咬边等超标缺陷；液态排渣炉水冷壁的销钉高度和密度应符合图纸要求，销钉焊缝无裂纹和咬边等超标缺陷。

b）　应检查管内有无杂物、积水及锈蚀。

c）　对管屏表面质量进行检查。管子的表面质量应符合 GB 5310，对一些可疑缺陷，必要时进行表面探伤；焊缝与母材应平滑过渡，焊缝应无表面裂纹、夹渣、弧坑等超标缺陷。焊缝咬边深度不超过 0.5mm，两侧咬边总长度不超过管子周长的 20%，且不超过 40mm。

d）　对超（超）临界锅炉水冷壁用的管径较小、壁厚较大的 15CrMoG 钢制水冷壁管，壁厚较大的 T91 钢制过热器管，要特别注意管端 0mm～300mm 内外表面的宏观裂纹检查，监造宜按 10%对管端 0mm～300mm 内外表面进行表面探伤。

e）　同一材料制作的不同规格、不同弯曲半径的弯管各抽查 10 根，测量圆度、外弧侧壁厚减薄率和内弧侧表面轮廓度，应符合 GB/T 16507.5 的规定。

f）　膜式水冷壁的鳍片焊缝质量控制按 GB/T 16507.5 执行，重点检查人孔门、喷燃器、三叉管等附近的手工焊缝，同时要检查鳍片管的扁钢熔深。

g）　随机抽查受热面管子的外径和壁厚，不同材料牌号和不同规格的直段各抽查 10 根，每根测 2 点，管子壁厚不应小于制造商强度计算书中提供的最小需要厚度。

h）　不同规格、不同弯曲半径的弯管各抽查 10 根，检查弯管的圆度、压缩面的皱褶波纹、弯管外弧侧的壁厚减薄率和内弧的壁厚，应符合 GB/T 16507.5 的规定。

i）　对合金钢管及焊缝按数量的 10%进行光谱抽查。

j）　抽查合金钢管及其焊缝硬度。不同规格、材料的管子各抽查 10 根，每根管子的焊缝母材各抽查 1 组。9%～12%Cr 钢制受热面管屏硬度控制在 180HB～250HB，焊缝的硬度控制在 185HB～290HB；硬度检验方法按本标准 7.1.5 执行。若母材、焊缝硬度高于或低于本标准规定，应扩大检查，必要时割管进行相关检验。其他钢制受热面管屏焊缝硬度按 DL/T 869 执行。

　　1）　若母材整体硬度偏低，割管样品应选硬度较低的管子，若割取的低硬度管子在实验室测量的硬度、拉伸性能和金相组织满足相关标准规定，则该部件性能满足要求；若母材整体硬度偏高，割管样品应选硬度较高的管子，除在实验室进行硬度、拉伸试验和金相组织检验外，还应进行压扁试验。若割取的高硬度管子在实验室测量的硬度、拉伸、压扁试验和金相组织满足标准规定，则该部件性能满足要求。

　　2）　若焊缝硬度整体偏低，割管样品应选硬度较低的焊接接头，若割取的低硬度管子焊接接头在实验室测量的硬度、拉伸性能和金相组织满足标准规定，则该部件性能满足要求；若焊缝整体硬度偏高，割管样品应选硬度较高的焊接接头，除在实验室进行硬度、拉伸试验和金相组织检验外，还应进行弯曲试验。若割取的高硬度管子焊缝在实验室测量的硬度、拉伸、弯曲试验和金相组织满足标准规定，则该部件性能满足要求。

k）　若对钢管厂、锅炉制造厂奥氏体耐热钢管的晶粒度、内壁喷丸层的检验有疑，可对奥氏体耐热钢管的晶粒度、内壁喷丸层随机进行抽检。

l) 对管子（管屏）按不同受热面焊缝数量的 5/1000 进行无损探伤抽查。

m）用内窥镜对超（超）临界锅炉管子节流孔板进行检查，确定是否存在异物或加工遗留物。

## 9.2 受热面的安装质量检验

9.2.1 锅炉受热面安装后提供的资料应符合 DL/T 939 中相关条款，监理公司应提供相应的监理资料。

9.2.2 锅炉受热面的安装质量检验验收按 DL/T 939 和 DL/T 5210.2 中的相关条款执行。

9.2.3 安装焊缝的外观质量、无损探伤、光谱检验、硬度和金相组织检验以及不合格焊缝的处理按 DL/T 869、DL/T 5210.2、DL/T 5210.7 中相关条款执行。

9.2.4 低合金、奥氏体耐热钢和异种钢焊缝的硬度分别按 DL/T 869 和 DL/T 752 中的相关条款执行；9%～12%Cr 钢焊缝的硬度控制在 185HB～290HB。

9.2.5 对 T23 钢制水冷壁定位块焊缝应进行 100%宏观检查和 50%表面探伤。

## 9.3 在役机组的检验监督

9.3.1 锅炉检修期间，应对受热面管进行外观质量检验，包括管子外表面的磨损、腐蚀、刮伤、鼓包、变形（含蠕变变形）、氧化及表面裂纹等情况，视检验情况确定采取措施。

9.3.2 锅炉受热面管壁厚应无明显减薄。对于水冷壁、省煤器、低温段过热器和再热器管，壁厚减薄量不应超过设计壁厚的 30%；对于高温段过热器管，壁厚减薄量不应超过设计壁厚的 20%。同时，壁厚应满足按 GB/T 16507.4 计算的管子最小需要厚度。

9.3.3 冷灰斗区域水冷壁管应无落焦造成的严重碰伤及磨损，必要时进行测厚，严重碰伤部位可进行修磨圆滑过渡或修补，修磨后的壁厚应满足按 GB/T 16507.4 计算的最小需要厚度。

9.3.4 水冷壁背火面与刚性梁、限位及止晃装置、支吊架等相配合的拉钩等焊件应完好，无损坏和脱落。

9.3.5 在役水冷壁管的金属检验监督按 DL/T 939 中的相关条款执行；直流锅炉蒸发段水冷壁管，运行约 5 万 h 后每次大修在温度较高的区域分段割管进行硬度、拉伸性能和金相组织检验。

9.3.6 锅炉每次检修，应尽可能多地对锅炉四角部位和拘束应力较高区域的 T23 钢制水冷壁焊缝进行无损检测。

9.3.7 检修中应对内螺纹垂直管圈膜式水冷壁节流孔圈进行射线检测，对 T23 钢制水冷壁热负荷较高区域的对接焊缝应进行 100%射线检验，对焊缝上下 300mm 区域的鳍片进行 100%磁粉检验。

9.3.8 检修中应重点对膜式水冷壁的人孔门、喷燃器、三叉管等附近的手工焊缝、鳍片进行宏观检查，对可疑裂纹应进行表面探伤。

9.3.9 在役省煤器管的金属检验监督按 DL/T 939 中的相关条款执行。

9.3.10 在役过热器管的金属检验监督按 DL/T 939 中的相关条款执行，特别注意夹持管与管屏管的磨损。

9.3.11　过热器、再热器管穿炉顶部位或塔式炉过热器穿膜式壁部位密封焊缝应无裂纹等超标缺陷，必要时进行无损探伤。

9.3.12　在役再热器管的金属检验监督按 DL/T 939 中的相关条款执行。

9.3.13　低温再热器管排间距应均匀，不存在烟气走廊；重点检查后部弯头、上部管子表面及烟气流速较快部位的管子有无明显磨损，必要时进行测厚。

9.3.14　锅炉运行 5 万 h 后，检修时应对与奥氏体耐热钢相连的异种钢焊缝按 10%进行无损检测。

9.3.15　锅炉运行 5 万 h 后，对壁温高于等于 450℃的过热器管和再热器管应取样检测管子的壁厚、管径、硬度、内壁氧化层厚度、拉伸性能、金相组织及脱碳层。取样在管子壁温较高区域，割取 2 根～3 根管样。10 万 h 后每次 A 级检修取样，后次的割管尽量在前次割管的附近管段或具有相近温度的区段。

9.3.16　锅炉运行 5 万 h 后，应对过热器管、再热器管及与奥氏体耐热钢相连的异种钢焊接接头取样检测管子的壁厚、管径、焊缝质量、内壁氧化层厚度、拉伸性能、金相组织。取样在管子壁温较高区域，割取 2 根～3 根管样。10 万 h 后每次 A 级检修取样检验，后次割管尽量在前次割管的附近管段或具有相近温度的区段。

9.3.17　对于奥氏体耐热钢制高温过热器和高温再热器管，根据运行状况对管子内壁氧化层进行检测，特别注意下弯头内壁的氧化层剥落堆积情况，依据检验结果，决定是否进行割管处理。

9.3.18　当发现下列情况之一时，应对过热器和再热器管进行材质评定和寿命评估：

a）碳钢和钼钢管石墨化达到 4 级；20 钢、15CrMoG、12Cr1MoVG 和 12Cr2MoG（2.25Cr-1Mo、T22、10CrMo910）的珠光体球化达到 5 级；T91、T92、T122 钢管的组织老化达到 5 级；12Cr2MoWVTiB（钢 102）钢管碳化物明显聚集长大（3μm～4μm）；18Cr-8Ni 系列奥氏体耐热钢管老化达到 4 级；T91 钢管的组织老化评级按 DL/T 884 执行，T92、T122 钢管的组织老化评级参照 DL/T 884；18Cr-8Ni 系列奥氏体耐热钢的组织老化评级按 DL/T 1422 执行。

b）管材的拉伸性能低于相关标准要求。钢管的组织老化评级按 DL/T 884 执行。

9.3.19　当发现下列情况之一时，应及时更换管段：

a）管子外表面有宏观裂纹和明显鼓包。

b）高温过热器管和再热器管外表面氧化皮厚度超过 0.6mm。

c）低合金钢管外径蠕变应变大于 2.5%，碳素钢管外径蠕变应变大于 3.5%，T91、T122 类管子外径蠕变应变大于 1.2%，奥氏体耐热钢管子蠕变应变大于 4.5%。

d）管子腐蚀减薄后的壁厚小于按 GB/T 16507.4 计算的管子最小需要厚度。

e）金相组织检验发现晶界氧化裂纹深度超过 5 个晶粒或晶界出现蠕变裂纹。

f）奥氏体耐热钢管及焊缝产生沿晶、穿晶裂纹，特别要注意焊缝的检验。

9.3.20　锅炉受热面管在运行过程中失效时，应查明失效原因，提出应对措施。

9.3.21　受热面管子更换时，在焊缝外观检查合格后对焊缝进行 100%的射线或超声波探伤，并做好记录。

## 10 锅筒、汽水分离器的金属监督

### 10.1 制造、安装检验

10.1.1 锅筒、汽水分离器的监督检验参照 DL 612、DL 647 和 DL/T 440 中相关条款执行。

10.1.2 锅筒、汽水分离器安装前,应检查见证制造商的质量保证书是否齐全。质量保证书中应包括以下内容:

a) 锅筒、汽水分离器材料;母材和焊接材料的化学成分、力学性能、制作工艺。板材技术条件应符合 GB 713 中相关条款的规定;进口板材应符合相应国家的标准及合同规定的技术条件;锻件应符合 NB/T 47008、NB/T 47010、JB/T 9626 中相关条款。汽水分离器、锅筒材料及制造有关技术标准见本标准附录 B。

b) 制造商对每块钢板或整个筒体或锻件进行的理化性能复验报告,或制造商验收人员按照采购技术要求在材料制造单位进行验收,并签字确认的质保书。

c) 制造商提供的汽水分离器、锅筒图纸、强度计算书。

d) 制造商提供的焊接及热处理工艺资料。对于首次使用的材料,制造商应提供焊接工艺评定报告。

e) 制造商提供的焊缝探伤及焊缝返修资料。

f) 在制造厂进行的水压试验资料。

10.1.3 锅筒、汽水分离器安装前,电力安装单位应按 DL 5190.2 进行相关检验。同时应由有资质的检测单位进行以下检验:

a) 对母材和焊缝内外表面进行 100%宏观检验,重点检验焊缝的外观质量。不允许有裂纹、重皮、腐蚀坑等缺陷。对一些可疑缺陷,必要时进行表面探伤。深度为 3mm～4mm 凹陷、疤痕、划痕应修磨成圆滑过渡,修磨后实际壁厚不应小于按 GB/T 16507.4 计算的最小需要厚度;深度大于 4mm 的宜补焊,补焊按 DL/T 734、NB/T 47015 执行。人孔门及人孔盖密封面应无径向刻痕。

b) 对合金钢制锅筒、汽水分离器的每块钢板、每个管接头、锻件和每道焊缝进行光谱检验。

c) 对锅筒、汽水分离器筒体、封头进行壁厚测量,每节筒体、封头至少测 2 个部位。对不同规格的管接头按 30%测量壁厚,每种规格不少于 1 个,每个至少测 2 个部位。筒体、封头和管接头壁厚应满足设计要求,不应小于壁厚偏差所允许的最小值且不应小于制造商提供的最小需要厚度。

d) 锅筒纵、环焊缝和集中下降管管座角焊缝分别按 25%、10% 和 50%进行表面探伤和超声波探伤,检验中应包括纵向、环向焊缝的"T"形接头;分散下降管、给水管、饱和蒸汽引出管等管座角焊缝按 10%进行表面探伤;安全阀及向空排汽阀管座角焊缝进行 100%表面探伤。抽检焊缝的选取应参考制造商的焊缝探伤结果,焊缝无损探伤按照 NB/T 47013 执行。

e) 汽水分离器封头环焊缝按 10%进行表面探伤和超声波探伤,接管座角焊缝按 20%进行表面探伤。焊缝的射线、超声波和表面探伤按照 NB/T 47013.2、NB/T 47013.3、NB/T 47013.4、NB/T 47013.5 执行。

f) 对锅筒、汽水分离器纵向、环向焊接接头 100%进行硬度检查，每条焊缝至少测 2 个部位；焊接接头硬度检查按本标准 7.1.5 执行，若焊接接头硬度低于或高于规定值，按 DL/T 869 的规定处理，同时进行金相组织检验。

10.1.4 锅筒、汽水分离器的安装焊接和焊缝热处理应有完整的记录，安装和检修中严禁在筒身焊接拉钩及其他附件。所有的安装焊缝应 100%进行无损探伤，对焊接接头和邻近母材进行硬度检验；焊接接头硬度检查按本标准 7.1.5 执行，若焊接接头硬度低于或高于规定值，按 DL/T 869 的规定处理，同时进行金相组织检验。

10.1.5 锅筒、汽水分离器的安装质量验收按 DL 612、DL 647 和 DL/T 5210.2 中的相关条款执行。

## 10.2 在役机组的检验监督

10.2.1 机组每次 A 级检修，应对锅筒、汽水分离器做以下检验：

a) 对筒体和封头内表面（尤其是水线附近和底部）和焊缝的可见部位 100%进行表面质量检验，特别注意管孔和预埋件角焊缝是否有裂纹、咬边、凹坑、未熔合和未焊满等缺陷，并评估其严重程度，必要时进行表面除锈。对一些可疑缺陷，必要时进行表面探伤。

b) 对安装前检验发现缺陷相对较严重的锅筒、汽水分离器的纵向、环向焊缝和锅筒的集中下降管管座角焊缝应进行无损探伤复查；同时对偏离硬度正常范围的区域和焊缝应进行表面探伤；至少抽查 1 个纵向、环向焊缝的"T"形接头（若有）进行无损探伤；检查内壁面，特别是管孔周围有无疲劳裂纹，若发现疲劳裂纹，应清除并进行表面探伤。

c) 锅筒的分散下降管、给水管、饱和蒸汽引出管等管座角焊缝按 10%抽查进行表面检查和无损探伤，汽水分离器接管座角焊缝按 20%抽查进行表面检查和无损探伤，在锅炉运行至 3 个～4 个 A 级检修期时，完成 100%检验；对锅筒、汽水分离器缺陷较少、质量较好的纵向、环向焊缝每次 A 级检修至少抽查 1 条焊缝，抽查焊缝的部位和长度根据制造检验质量确定。

10.2.2 根据检验结果采取以下处理措施：

a) 若发现锅筒、汽水分离器筒体或焊缝有表面裂纹，首先应分析裂纹性质及产生原因，根据裂纹的性质和产生原因采取相应的措施；表面裂纹和其他表面缺陷可磨除，磨除后对该部位进行探伤以确认裂纹消除，同时对壁厚进行测量，必要时按 GB/T 16507.4 进行壁厚校核，依据磨除深度和校核结果决定是否进行补焊或监督运行。

b) 锅筒的补焊按 DL/T 734 执行，汽水分离器的补焊按 DL/T 869 执行。

c) 对超标缺陷较多，超标幅度较大，暂时又不具备条件处理，或采用一般方法难以确定裂纹等超标缺陷严重程度和发展趋势时，按 GB/T 19624 进行安全性和剩余寿命评估；若评定结果为不可接受的缺陷，则应进行挖补，或降参数运行，并加强运行监督措施。

10.2.3 对按基本负荷设计的频繁启停的机组，应按 GB/T 16507.4 对锅筒的低周疲劳寿命进行校核；国外引进的锅炉，可按生产国规定的锅筒疲劳寿命计算方法进行。

10.2.4 对已投入运行的含较严重超标缺陷的锅筒、汽水分离器，应尽量降低锅炉启停过程中的温升、温降速度，尽量减少启停次数，必要时可视具体情况，缩短检查的间隔时间或降参数运行。

## 11　给水管道和低温集箱的金属监督

### 11.1　制造、安装检验

11.1.1　给水管道材料、制造和安装检验按照本标准 7.1 中的相关条款执行。

11.1.2　低温集箱材料、制造和安装检验按照本标准 8.1 中的相关条款执行。

### 11.2　在役机组的检验监督

11.2.1　机组每次 A 级检修，应对拆除保温层的管道、集箱部位进行筒体、焊接接头和弯头/弯管的外观质量检查，一旦发现表面裂纹、严重划痕、重皮和严重碰磨等缺陷，应予以消除。管道、集箱缺陷清除处的实际壁厚分别不应小于按 GB 50764、GB/T 16507.4 计算的最小需要厚度。首次检验应对主给水管道调整阀门后的管段和第一个弯头进行检验。对一些可疑缺陷，必要时进行表面探伤。

11.2.2　机组每次 A 级检修或 B 级检修，应检查与集箱相联的小口径管（疏水管、测温管、压力表管、空气管、安全阀、排气阀、充氮、取样、压力信号等）管座角焊缝，检查数量、方法按照本标准 7.2.3.4 a）执行。

11.2.3　机组每次 A 级检修，应对集箱筒体、封头环焊缝进行检查，检查数量、项目和方法按照本标准 8.2.1c）执行。

11.2.4　机组每次 A 级检修或 B 级检修，按 20%对集箱管座角焊缝进行抽查外观检验和表面探伤，必要时进行超声波、涡流或磁记忆检测，重点检查制造质量检查中缺陷较严重的角焊缝。后次抽查部位为前次未检部位，至 3 个～4 个 A 级检修期完成 100%检验。表面、超声波、涡流或磁记忆检测分别按 NB/T 47013.5、DL/T 1105.2、DL/T 1105.3 和 DL/T 1105.4 执行。

11.2.5　机组每次 A 级检修，应对吊耳与集箱焊缝进行外观质量检验和表面探伤，必要时进行超声波探伤。

11.2.6　机组每次 A 级检修，应查阅主给水管道焊缝的制造、安装检验记录，根据安装前及安装过程中对焊缝质量（无损检测、硬度、金相组织以及壁厚、外观等）的检测评估，对质量相对较差、返修过的焊缝进行外观、无损探伤、硬度及壁厚检测；对正常焊缝，按不少于 10%进行无损探伤。以后的检验重点为质量较差、返修、受力较大部位以及壁厚较薄部位的焊缝；逐步扩大对正常焊缝的抽查，后次抽查为前次未检的焊缝，至 3 个～4 个 A 级检修期完成全部焊缝的检验。焊缝表面探伤按 NB/T 47013.5 执行，超声波探伤按 DL/T 820 规定执行。

11.2.7　机组每次 A 级检修或 B 级检修，应对主给水管道的三通、阀门进行外表面检验，特别注意与三通、阀门相邻的焊缝，一旦发现可疑缺陷，应进行表面探伤，必要时进行超声波探伤。

11.2.8　机组每次 A 级检修或 B 级检修，应对主给水管道、集箱焊缝上相对较严重的缺陷进行复查；对偏离硬度正常值的区段和焊缝进行跟踪检验。

11.2.9　机组每次 A 级检修或 B 级检修，应对主给水管道、集箱筒体、焊缝在制造、安装中发现的硬度较低或较高的区域进行硬度抽查，以与原测量数值进行比较。若无制造、安装中的测量数值，首次 A 级检修或 B 级检修按集箱数量和主给水管段数量的 20%对母材进行硬度检测，按焊缝数量的 20%进行硬度检测。若发现硬度偏离正常值，应分析原因，提出处理措施。此后的监督主要为硬度异常的区段和焊缝。硬度检测按本标准 7.1.5 执行。

## 12　汽轮机部件的金属监督

### 12.1　制造、安装前质量检验

12.1.1　对汽轮机转子大轴、轮盘及叶轮、叶片、喷嘴、隔板和隔板套等部件，出厂前应进行以下资料检查见证：

　　a）　制造商提供的部件质量证明书，质量证明书中有关技术指标应符合现行国家标准、国内外行业标准（若无国家标准、国内外行业标准，可按企业标准）和合同规定的技术条件；对进口锻件，除应符合有关国家的技术标准和合同规定的技术条件外，还应有商检合格证明单。

　　b）　转子大轴、轮盘及叶轮见证的技术内容包括：

　　　　1）　部件图纸。

　　　　2）　材料牌号。

　　　　3）　部件制造商。

　　　　4）　大轴、轮盘及叶轮、叶片坯料的冶炼、锻造及热处理工艺。

　　　　5）　化学成分。

　　　　6）　力学性能：拉伸、硬度、冲击、脆性形貌转变温度 $FATT_{50}$（若标准中规定）或 $FATT_{20}$。

　　　　7）　金相组织、晶粒度。

　　　　8）　残余应力。

　　　　9）　无损探伤结果。

　　　　10）　几何尺寸。

　　　　11）　转子热稳定性试验结果。

　　c）　叶片、喷嘴、隔板和隔板套等部件的技术指标根据部件质量证明书可增减。

12.1.2　国产汽轮机转子体、轮盘及叶轮、叶片的验收，应满足以下规定：

　　a）　超（超）临界机组汽轮机高中压转子体锻件技术要求和质量检验，应符合 JB/T 11019 或制造企业相关标准的要求。

　　b）　300MW 及以上汽轮机转子体锻件技术要求和质量检验应符合 JB/T 7027 的要求。

　　c）　300MW 及以上汽轮机无中心孔转子锻件技术要求和质量检验应符合 JB/T 8707 的要求。

　　d）　25MW～200MW 汽轮机转子体和主轴锻件技术要求和质量检验应符合 JB/T 1265 的要求。

　　e）　25MW～200MW 汽轮机轮盘及叶轮锻件的技术要求和质量检验应符合 JB/T 1266 的要求。

　　f）　超（超）临界机组汽轮机低压转子体锻件技术要求和质量检验应符合 JB/T 11020 的要求。

g） 汽轮机高低压复合转子体锻件技术要求和质量检验应符合 JB/T 11030 或制造企业相关标准的要求。

h） 汽轮机叶片用钢的技术要求和质量检验应符合 GB/T 8732。

12.1.3 汽轮机安装前，应由有资质的检测单位进行如下检验：

a） 对汽轮机转子、叶轮、叶片、喷嘴、隔板和隔板套等部件进行外观检验，对易出现缺陷的部位进行重点检查，应无裂纹、严重划痕、碰撞痕印，依据检验结果作出处理措施。对一些可疑缺陷，必要时进行表面探伤。

b） 对汽轮机转子进行硬度检验，圆周不少于 4 个截面，且应包括转子两个端面，高中压转子有一个截面应选在调速级轮盘侧面；每一截面周向间隔 90° 进行硬度检验，同一圆周线上的硬度值偏差不应超过 30HB，同一母线的硬度值偏差不应超过 40HB。硬度检查按本标准 7.1.5 执行，若硬度偏离正常值幅度较多，应分析原因，同时进行金相组织检验。

c） 若质量证明书中未提供转子探伤报告或对其提供的报告有疑问时，应进行无损探伤。转子中心孔无损探伤按 DL/T 717 执行，焊接转子无损探伤按 DL/T 505 执行，实心转子探伤按 DL/T 930 执行。

d） 各级推力瓦和轴瓦应按 DL/T 297 进行超声波探伤，检查是否有脱胎或其他缺陷。

e） 镶焊有司太立合金的叶片，应对焊缝进行无损探伤。叶片无损探伤按 DL/T 714、DL/T 925 执行。

f） 对隔板进行外观质量检验和表面探伤。

## 12.2 在役机组的检验监督

12.2.1 机组投运后每次 A 级检修，应对转子大轴轴颈，特别是高中压转子调速级叶轮根部的变截面处和前汽封槽等部位，叶轮、轮缘小角及叶轮平衡孔部位，叶片、叶片拉金、拉金孔和围带等部位，喷嘴、隔板、隔板套等部件进行表面检验，应无裂纹、严重划痕、碰撞痕印。有疑问时进行表面探伤。

12.2.2 机组投运后首次 A 级检修，应对高、中压转子大轴进行硬度检验。硬度检验部位为大轴端面和调速级轮盘平面（标记记录检验点位置），此后每次 A 级检修在调速级叶轮侧平面首次检验点邻近区域进行硬度检验。若硬度相对前次检验有较明显变化，应进行金相组织检验。

12.2.3 机组每次 A 级检修，应对低压转子末三级叶片和叶根、高中压转子末一级叶片和叶根进行无损探伤；对高、中、低压转子末级套装叶轮轴向键槽部位应进行超声波探伤，叶片探伤按 DL/T 714、DL/T 925 执行。

12.2.4 机组运行 10 万 h 后的第一次 A 级检修，视设备状况对转子大轴进行无损探伤；带中心孔的汽轮机转子，可采用内窥镜、超声波、涡流等方法对转子进行检验；若为实心转子，则对转子进行表面探伤和超声波探伤。下次检验为 2 个 A 级检修期后。转子中心孔无损探伤按 DL/T 717 执行。焊接转子无损探伤按 DL/T 505 执行，实心转子探伤按 DL/T 930 执行。

12.2.5 运行 20 万 h 的机组，每次 A 级检修应对转子大轴进行无损探伤。

12.2.6 "反 T 形"结构的叶根轮缘槽，运行 10 万 h 后的每次 A 级检修，应首选相控阵技术或超声波技术对轮缘槽 90° 角等易产生裂纹部位进行检查。

12.2.7　600MW 机组或超临界及以上机组，一旦发现高中压隔板累计变形超过 1mm，应对静叶与外环的焊接部位进行相控阵检查，结构条件允许时静叶与内环的焊接部位也应进行相控阵检查。

12.2.8　对存在超标缺陷的转子，按照 DL/T 654 用断裂力学的方法进行安全性评定和缺陷扩展寿命估算；同时根据缺陷性质、严重程度制定相应的安全运行监督措施。

12.2.9　机组运行中出现异常工况，如严重超速、超温、转子水激弯曲等，应视损伤情况对转子进行硬度、无损探伤等。

12.2.10　根据设备状况，结合机组 A 级检修或 B 级检修，对各级推力瓦和轴瓦进行外观质量检验和无损探伤。

12.2.11　根据检验结果可采取以下处理措施：

a）　对表面较浅缺陷应磨除。

b）　叶片产生裂纹时应更换；或割除开裂叶片和位向相对应的叶片（180°），必要时进行动平衡试验。

c）　叶片产生严重冲蚀时，应修补或更换。

d）　高、中压转子调速级叶轮根部的变截面处和汽封槽等部位产生裂纹后，应对裂纹进行车削，车削后应进行表面探伤以保证裂纹完全消除，且应在消除裂纹后再车削约 1mm 以消除疲劳硬化层，然后进行轴径强度校核，同时进行疲劳寿命估算。转子疲劳寿命估算按照 DL/T 654 执行。

12.2.12　机组进行超速试验时，转子大轴的温度不应低于转子材料的脆性转变温度。

## 13　发电机部件的金属监督

### 13.1　制造、安装前的检验

13.1.1　发电机转子大轴、护环等部件，出厂前应进行以下资料检查见证：

a）　制造商提供的部件质量证明书，质量证明书中有关技术指标应符合现行国家标准、国内外行业标准（若无国家标准、国内外行业标准，可按企业标准）和合同规定的技术条件；对进口锻件，除应符合有关国家的技术标准和合同规定的技术条件外，还应有商检合格证明单。

b）　转子大轴和护环的技术指标包括：

1）　部件图纸。

2）　材料牌号。

3）　锻件制造商。

4）　坯料的冶炼、锻造及热处理工艺。

5）　化学成分。

6）　力学性能：拉伸、硬度、冲击、脆性形貌转变温度 $FATT_{50}$（若标准中规定）或 $FATT_{20}$。

7）　金相组织、晶粒度。

8）　残余应力测量结果。

9）　无损探伤结果。

10）发电机转子、护环电磁特性检验结果。

11）几何尺寸。

13.1.2　国产汽轮发电机转子、护环锻件验收，应满足以下规定：

a）　1000MW 及以上汽轮发电机转子锻件技术要求和质量检验应符合 JB/T 11017 的要求。

b）　300MW～600MW 汽轮发电机转子锻件技术要求和质量检验应符合 JB/T 8708 的要求。

c）　50MW～200MW 汽轮发电机转子锻件技术要求和质量检验应符合 JB/T 1267 的要求。

d）　50MW～200MW 汽轮发电机无中心孔转子锻件技术要求和质量检验应符合 JB/T 8706 的要求。

e）　50MW 以下汽轮发电机转子锻件技术要求和质量检验应符合 JB/T 7026 的要求。

f）　50MW 以下汽轮发电机无中心孔转子锻件技术要求和质量检验应符合 JB/T 8705 的要求。

g）　300MW～600MW 汽轮发电机无磁性护环锻件技术要求和质量检验应符合 JB/T 7030 的要求。

h）　50MW～200MW 汽轮发电机无磁性护环锻件技术要求和质量检验应符合 JB/T 1268 的要求。

13.1.3　发电机转子安装前应进行以下检验：

a）　对发电机转子大轴、护环等部件进行外观检验，对易出现缺陷的部位重点检查，应无裂纹、严重划痕，依据检验结果作出处理措施。对一些可疑缺陷，必要时进行表面探伤。对表面较浅的缺陷应磨除，转子若经磁粉探伤应进行退磁。

b）　若制造商未提供转子、护环探伤报告或对其提供的报告有疑问时，应对转子、护环进行无损探伤。

c）　对转子大轴进行硬度检验，圆周不少于 4 个截面且应包括转子两个端面，每一截面周向间隔 90°进行硬度检验。同一圆周的硬度值偏差不应超过 30HB，同一母线的硬度值偏差不应超过 40HB。硬度检查按本标准 7.1.5 执行，若硬度偏离正常值幅度较多，应分析原因，同时进行金相组织检验。

## 13.2　在役机组的检验监督

13.2.1　机组每次 A 级检修，应对转子大轴（特别注意变截面位置）、护环、风冷扇叶等部件进行表面检验，应无裂纹、严重划痕、碰撞痕印，有疑问时进行无损探伤；对表面较浅的缺陷应磨除；转子若经磁粉探伤应进行退磁。

13.2.2　护环拆卸时应对内表面进行渗透检测，应无表面裂纹类缺陷；护环不拆卸时应按 DL/T 1423 或 JB/T 10326 进行超声波检测。

13.2.3　机组每次 A 级检修，应对转子滑环进行表面质量检测，应无表面裂纹类缺陷。

13.2.4　机组运行 10 万 h 后的第一次 A 级检修，应视设备状况对转子大轴的可检测部位进行无损探伤。以后的检验为 2 个 A 级检修周期。

13.2.5　对存在超标缺陷的转子，按照 DL/T 654 用断裂力学方法进行安全性评定和缺陷扩展寿命估算；同时根据缺陷性质和严重程度，制定相应的安全运行监督措施。

13.2.6　机组运行 10 万 h 后的第一次 A 级检修，对护环进行无损探伤。以后的检验为 2 个 A 级检修周期。

13.2.7 对 Mn18Cr18 系钢制护环，在机组第三次 A 级检修时开始进行无损检测和晶间裂纹检查（通过金相检查），此后每次 A 级检修进行无损检测和晶间裂纹检验，金相组织检验完后应对检查点进行多次清洗；对 18Mn5Cr 系钢制护环，在机组每次 A 级检修时，应进行无损检测和晶间裂纹检查（通过金相检查）；对存在晶间裂纹的护环，应作较详细的检查，根据缺陷情况，确定消缺方案或更换。

13.2.8 机组超速试验时，转子大轴的温度不应低于材料的脆性转变温度。

## 14 紧固件的金属监督

14.1 大于等于 M32 的高温紧固件的质量检验按 DL/T 439、GB/T 20410 相关条款执行。

14.2 高温紧固件的选材原则、安装前和运行期间的检验、更换及报废按 DL/T 439 中的相关条款执行。紧固件的超声波检测按 DL/T 694 执行。

14.3 高温紧固件材料的非金属夹杂物、低倍组织和 δ-铁素体含量按 GB/T 20410 相关条款执行。

14.4 机组每次 A 级检修，应对 20CrlMolVNbTiB（争气 1 号）、20CrlMolVTiB（争气 2 号）钢制螺栓进行 100% 的硬度检查、20% 的金相组织抽查；同时对硬度高于 DL/T 439 中规定上限的螺栓也应进行金相检查，一旦发现晶粒度粗于 5 级，应予以更换。

14.5 凡在安装或拆卸过程中，使用加热棒对螺栓中心孔加热的螺栓，应对其中心孔进行宏观检查，必要时使用内窥镜检查中心孔内壁是否存在过热和烧伤。

14.6 汽轮机/发电机大轴联轴器螺栓安装前应进行外观质量、光谱、硬度检验和表面探伤，机组每次检修应进行外观质量检验，按数量的 20% 进行无损探伤抽查。

14.7 锅筒人孔门、导汽管法兰、主汽门、调节汽门螺栓，安装前应进行硬度检验，机组运行检修期间应进行外观质量检验，按数量的 20% 进行无损探伤抽查。

14.8 IN783、GH4169 合金制螺栓，安装前应按数量的 10% 进行无损检测，光杆部位进行超声波检测，螺纹部位进行渗透检测；安装前应按 100% 进行硬度检测，若硬度超过 370HB，应对光杆部位进行超声波检测，螺纹部位渗透检测；安装前对螺栓表面进行宏观检验，特别注意检查中心孔表面的加工粗糙度。

14.9 对国外引进材料制造的螺栓，若无国家或行业标准，应见证制造厂企业标准，明确螺栓强度等级。

## 15 大型铸件的金属监督

### 15.1 制造、安装前检验

15.1.1 大型铸件如汽缸、汽室、主汽门、调节汽门、平衡环、阀门等部件，安装前应进行以下资料检查见证：

    a）制造商提供的部件质量证明书，质量证明书中有关技术指标应符合现行国家标准、国内外行业标准（若无国家标准、国内外行业标准，可按企业标准）和合同规定的技术条件；对进口部件，除应符合有关国家的技术标准和合同规定的技术条件外，还应有商检合格证明单。汽缸、汽室、主汽门、阀门等材料及制造有关技术条件见本标准附录 B。

  b） 部件的技术资料包括：
  1） 部件图纸。
  2） 材料牌号。
  3） 坯料制造商。
  4） 化学成分。
  5） 坯料的冶炼、铸造和热处理工艺。
  6） 力学性能：拉伸、硬度、冲击、脆性形貌转变温度 $FATT_{50}$（若标准中规定）或 $FATT_{20}$。
  7） 金相组织。
  8） 射线或超声波探伤结果，特别注意铸钢件的关键部位：包括铸件的所有浇口、冒口与铸件的相接处、截面突变处以及焊缝端头的预加工处。
  9） 汽缸坯料补焊的焊接资料和热处理记录。

15.1.2　汽轮机、锅炉用铸钢件的验收，应满足以下规定：
  a） 汽轮机承压铸钢件的技术指标和质量检验应符合 JB/T 10087 的规定。
  b） 超临界及超超临界机组汽轮机用 10%Cr 钢铸件技术指标和质量检验应符合 JB/T 11018 的规定。
  c） 300MW 及以上汽轮机缸体铸钢件的技术指标和质量检验应符合 JB/T 7024 的规定。
  d） 锅炉管道附件承压铸钢件的技术指标和质量检验，应符合 JB/T 9625 的规定。

15.1.3　部件安装前，应由有资质的检测单位进行以下检验：
  a） 铸钢件 100%进行外表面和内表面可视部位的检查，内外表面应光洁，不应有裂纹、缩孔、粘砂、冷隔、漏焊、砂眼、疏松及尖锐划痕等缺陷。对一些可疑缺陷，必要时进行表面探伤；若存在超标缺陷，则应完全清除，清理处的实际壁厚不应小于壁厚偏差所允许的最小值且应圆滑过渡；若清除处的实际壁厚小于壁厚的最小值，则应进行补焊。对挖补部位应进行无损探伤和金相、硬度检验。汽缸补焊参照 DL/T 753 执行。
  b） 若汽缸坯料补焊区硬度偏高，补焊区出现淬硬马氏体组织，应重新挖补并进行硬度、无损检测。
  c） 若汽缸坯料补焊区发现裂纹，应打磨消除并进行无损检测；若打磨后的壁厚小于壁厚的最小值，应重新补焊。
  d） 对汽缸的螺栓孔进行无损探伤。
  e） 若制造厂未提供部件探伤报告或对其提供的报告有疑问时，应进行无损探伤；若含有超标缺陷，应加倍复查。铸钢件的超声波检测、渗透检测、磁粉检测和射线检测分别按 GB/T 7233.2、GB/T 9443、GB/T 9444 和 GB/T 5677 执行。
  f） 对铸件进行硬度检验，特别要注意部件的高温区段。硬度检查按本标准 7.1.5 执行，若硬度偏离正常值幅度较多，应分析原因，同时进行金相组织检验。

## 15.2　在役机组的检验监督

15.2.1　机组每次 A 级检修，应对受监的大型铸件进行表面检验，有疑问时进行无损探伤，特别要注意高压汽缸高温区段的变截面拐角、结合面和螺栓孔部位以及主汽门内表面。

**15.2.2**　大型铸件发现表面裂纹后，应分析原因，进行打磨或打止裂孔，若打磨处的实际壁厚小于壁厚的最小值，根据打磨深度由金属监督专责工程师提出是否挖补。对挖补部位修复前、后应进行无损探伤、硬度和金相组织检验。

**15.2.3**　根据部件的表面质量状况，确定是否对部件进行超声波探伤。

## 16　锅炉钢结构金属监督

**16.1**　锅炉钢结构的设计选材参照 GB/T 22395，制造、安装前对板材、型材应进行以下资料检查见证：

  a）　制造商提供的板材、型材质量证明书，质量证明书中有关技术指标应符合现行国家或行业标准和合同规定的技术条件；对进口部件，除应符合有关国家的技术标准和合同规定的技术条件外，还应有商检合格证明单。

  b）　板材、型材的技术资料包括：

   1）　材料牌号。

   2）　制造商。

   3）　材的化学成分。

   4）　材料的拉伸、弯曲、冲击性能。

   5）　材料的金相组织。

   6）　材料无损检测结果，厚度大于 60mm 的板材应进行超声波检测复查。

  c）　锅炉钢结构板材、型材的质量验收按 GB/T 3274、GB/T 11263、GB/T 1591 执行。

  d）　锅炉钢结构制造质量应符合 NB/T 47043。

**16.2**　对锅炉钢结构板材、型材应进行外观检验，表面不应有裂纹、结疤、折叠、夹杂、分层和氧化铁皮压入。表面缺陷允许打磨，打磨处应平滑、无棱角，打磨后的板材、型材厚度应符合图纸要求。

**16.3**　若板材、型材打磨后的厚度不符合图纸要求，可进行补焊。板材、型材的补焊按 DL/T 678 执行，并参照 GB/T 11263、GB/T 3274 中关于补焊的条款。

**16.4**　对制作的锅炉大板梁、立柱、主要横梁进行外观检查，特别注意焊缝质量的检验，应无裂纹、咬边、凹坑、未填满、气孔、漏焊等缺陷。焊缝缺陷允许打磨、补焊，补焊工艺参照 DL/T 678 执行。

**16.5**　见证锅炉大板梁、立柱、主要横梁焊缝的无损检测报告。

**16.6**　对制作的锅炉大板梁、立柱、主要横梁进行尺寸检查，柱、板、梁的弯曲、波浪度应符合设计规定。

**16.7**　对螺栓孔连接摩擦面和防腐漆层进行检查，应符合设计规定。

## 17　金属技术监督管理

**17.1**　根据本标准，各电力集团（公司）可制订本企业相应的金属技术监督细则。

**17.2**　各电力集团（公司）每年宜召开一次金属监督工作会，交流开展金属技术监督的经验，了解国内外关于火力发电厂金属监督的最新动态、最新技术、总结经验，制定本企业金属监督的计划及规程的制修订，宣贯有关金属监督的标准、规程等。

**17.3**　各火力发电厂、电力建设公司、电力修造企业可不定期召开金属监督工作会，交流本企业金属技术监督的情况、总结经验，宣贯有关金属监督的标准、规程等。

**17.4** 金属技术监督专责（或兼职）工程师具体负责本企业的金属技术监督工作，制定本企业金属技术监督工作计划，编写年度工作总结和有关专题报告，建立金属监督技术档案。

**17.5** 受监部件检验应出具检验报告，报告中应注明被检部件名称、材料牌号、部件服役条件、检验方法、项目、内容、日期、结果，以及需要说明的问题。报告由检验人员签字，并经相关人员审核批准。

**17.6** 各级企业应建立健全金属技术监督数据库，实行定期报表制度，使金属技术监督规范化、科学化、数字化、信息化。

**17.7** 修造企业制作的产品，其技术档案包括产品的设计、制造、改型和产品质量证明书和质量检验报告等技术资料，应建立档案。

**17.8** 电力建设安装单位应按部件根据本标准所规定的检验内容，建立健全金属技术监督档案。

**17.9** 火力发电厂应建立健全机组金属监督的原始资料、运行和检修检验、技术管理三种类型的金属技术监督档案。

**17.9.1** 原始资料档案包括：

a) 受监金属部件的制造资料：包括部件的质量保证书或产品质保书，通常应包括部件材料牌号、化学成分、热加工工艺、力学性能、结构几何尺寸、强度计算书等。

b) 受监金属部件的监造、安装前检验技术报告和资料。

c) 四大管道设计图、安装技术资料等。

d) 安装、监理单位移交的有关技术报告和资料。

**17.9.2** 运行和检修检验技术档案包括：

a) 机组投运时间，累计运行小时数。

b) 机组或部件的设计、实际运行参数。

c) 受监部件是否有过长时间的偏离设计参数（温度、压力等）运行。

d) 检修检验技术档案应按机组号、部件类别建立档案。应包括部件的运行参数（压力、温度、转速等）、累计运行小时数、维修与更换记录、事故记录和事故分析报告、历次检修的检验记录或报告等。主要部件的档案有：

    1) 四大管道检验监督档案；

    2) 受热面管子检验监督档案；

    3) 锅筒/汽水分离器检验监督档案；

    4) 各类集箱的检验监督档案；

    5) 汽轮机部件检验监督档案；

    6) 发电机部件检验监督档案；

    7) 高温紧固件检验监督档案；

    8) 大型铸件检验监督档案；

    9) 各类压力容器检验监督档案；

    10) 锅炉钢结构检验监督档案。

**17.9.3** 技术管理档案包括：

a) 不同类别的金属技术监督规程、导则。

b) 金属技术监督网的组织机构和职责条例。

c) 金属技术监督工作计划、总结等档案。

d) 焊工技术管理档案。

e) 专项检验试验报告。

f) 仪器设备档案。

## 附 录 A

### （规范性附录）

### 金属技术监督工程师职责

**A.1　火力发电厂金属技术监督专责（或兼职）工程师职责**

**A.1.1**　协助技术主管组织贯彻上级有关金属技术监督标准、规程、条例和制度，督促检查金属技术监督实施情况。

**A.1.2**　组织制定本单位的金属技术监督规章制度和实施细则，负责编写金属技术监督工作计划和工作总结。

**A.1.3**　审定机组安装前、安装过程和检修中金属技术监督检验项目。

**A.1.4**　及时向厂有关领导和上级主管（公司）呈报金属监督报表、大修工作总结、事故分析报告和其他专题报告。

**A.1.5**　参与有关金属技术监督部件的事故调查以及反事故措施的制定。

**A.1.6**　参与机组安装前、安装过程和检修中金属技术监督中出现问题的处理。

**A.1.7**　负责组织金属技术监督工作的实施。

**A.1.8**　组织建立健全金属技术监督档案。

**A.2　电力建设工程公司金属技术监督专责（或兼职）工程师职责**

电力建设工程公司金属技术监督专责（或兼职）工程师除做好 A.1 中相关条款规定的职责外，还应重点做好以下工作：

**A.2.1**　审定机组安装前和安装过程中金属技术监督检验项目。

**A.2.2**　在受监金属部件的组装、安装过程中，对金属技术监督的实施进行监督和指导；参与机组安装前和安装过程中金属技术监督中出现问题的处理。

**A.2.3**　检验控制机组安装过程中的材料质量，防止错材、不合格的钢材和部件的使用。

**A.2.4**　检验控制焊接质量。

**A.3　修造单位金属技术监督专责（或兼职）工程师职责**

修造单位金属技术监督专责（或兼职）工程师除做好 A.1 中相关条款规定的职责外，还应重点做好以下工作：

**A.3.1**　制造属于受监范围内的备品、配件时，应监督检查把好"三关"，即把好防止错用钢材、焊接质量和热处理关，以保证产品质量。

**A.3.2**　受监范围内的产品出厂时，监督审定产品质保书中与金属材料有关的内容。

**A.4　物资供应单位金属技术监督专责（或兼职）工程师职责**

物资供应单位金属技术监督专责（或兼职）工程师除做好 A.1 中相关条款规定的职责外，

还应重点做好以下工作：

**A.4.1** 监督检查受监范围内的钢材、备品和配件所附的质量保证书、合格证是否齐全或有误。

**A.4.2** 督促做好钢材和备品、配件的质量验收、保管和发放工作，严防错收、错发。

## 附　录　B

### （资料性附录）

### 电站常用金属材料和重要部件国内外技术标准

#### B.1　国内标准

1．GB 713—2014　锅炉和压力容器用钢板

2．GB/T 1220—2007　不锈钢棒

3．GB/T 1221—2007　耐热钢棒

4．GB/T 1591—2008　低合金高强度结构钢

5．GB /T 3077—2015　合金结构钢

6．GB/T 3274—2007　碳素结构钢和低合金结构钢热轧厚钢板和钢带

7．GB 5310—2008　高压锅炉用无缝钢管

8．GB/T 5677—2007　铸钢件射线照相检测

9．GB/T 5777—2008　无缝钢管超声波探伤检验方法

10．GB/T 7233.2—2010　铸钢件　超声检测　第 2 部分：高承压铸钢件

11．GB/T 8732—2014　汽轮机叶片用钢

12．GB/T 9443—2007　铸钢件渗透检测

13．GB/T 9444—2007　铸钢件磁粉检测

14．GB/T 11263—2005　热轧 H 型钢和剖分 T 型钢

15．GB/T 12459—2005　钢制对焊无缝管件

16．GB 13296—2013　锅炉、热交换器用不锈钢无缝钢管

17．GB/T 16507—2013　（所有部分）水管锅炉

18．GB/T 17394.1—2014　金属材料　里氏硬度试验　第 1 部分：试验方法

19．GB/T 19624—2004　在用含缺陷压力容器安全评定

20．GB/T 20410—2006　涡轮机高温螺栓用钢

21．GB/T 20490—2006　承压无缝和焊接（埋弧焊除外）钢管分层的超声检测

22．GB/T 22395—2008　锅炉钢结构设计规范

23．GB 50764—2012　电厂动力管道设计规范

24．TSG G0001—2012　锅炉安全技术监察规程

25．NB/T 47008—2010　承压设备用碳素钢和合金钢锻件

26．NB/T 47010—2010　承压设备用不锈钢和耐热钢锻件

27．NB/T 47013—2015　（所有部分）承压设备无损检测

28．NB/T 47014—2011　承压设备焊接工艺评定

29．NB/T 47015—2011　压力容器焊接规程

30．NB/T 47018—2011　（所有部分）承压设备用焊接材料订货技术条件

31．NB/T 47019—2011　（所有部分）锅炉、热交换器用管材订货技术条件

32．NB/T 47027—2012　压力容器法兰用紧固件

33．NB/T 47032—2013　余热锅炉用小半径弯管技术条件

34．NB/T 47043—2014　锅炉钢结构制造技术规范

35．NB/T 47044—2014　电站阀门

36．DL/T 292—2011　火力发电厂汽水管道振动控制导则

37．DL/T 297—2011　汽轮发电机合金轴瓦超声波检测

38．DL/T 370—2010　承压设备焊接接头金属磁记忆检测

39．DL/T 439—2006　火力发电厂高温紧固件技术导则

40．DL/T 440—2004　在役电站锅炉汽包的检验及评定规程

41．DL/T 441—2004　火力发电厂高温高压蒸汽管道蠕变监督规程

42．DL 473—1992　大直径三通锻件技术条件

43．DL/T 505—2016　汽轮机主轴焊缝超声波检测规程

44．DL/T 515—2004　电站弯管

45．DL/T 531—1994　电站高温高压截止阀、闸阀技术条件

46．DL/T 561—2013　火力发电厂水汽化学监督导则

47．DL/T 586—2008　电力设备监造技术导则

48．DL 612—1996　电力工业锅炉压力容器监察规程

49．DL/T 616—2006　火力发电厂汽水管道与支吊架维修调整导则

50．DL 647—2004　电站锅炉压力容器检验规程

51．DL/T 654—2009　火电机组寿命评估技术导则

52．DL/T 674—1999　火电厂用 20 号钢珠光体球化评级标准

53．DL/T 678—2013　电力钢结构焊接通用技术条件

54．DL/T 679—2012　焊工技术考核规程

55．DL/T 681—2012　燃煤电厂磨煤机耐磨件技术条件

56．DL/T 694—2012　高温紧固螺栓超声检测技术导则

57．DL/T 695—2014　电站钢制对焊管件

58．DL/T 714—2011　汽轮机叶片超声波检验技术导则

59．DL/T 715—2015　火力发电厂金属材料选用导则

60．DL/T 717—2013　汽轮发电机组转子中心孔检验技术导则

61．DL/T 718—2014　火力发电厂三通及弯头超声波检测

62．DL/T 734—2000　火力发电厂锅炉汽包焊接修复技术导则

63．DL/T 748.1—2001　火力发电厂锅炉机组检修导则　第 1 部分：总则

64．DL/T 752—2010　火力发电厂异种钢焊接技术规程

65．DL/T 753—2015　汽轮机铸钢件补焊技术导则

66．DL/T 773—2016　火电厂用 12CrMoV 钢球化评级标准

67．DL/T 785—2001　火力发电厂中温中压管道（件）安全技术导则

68．DL/T 786—2001　碳钢石墨化检验及评级标准

69．DL/T 787—2001　火力发电厂用 15CrMo 钢珠光体球化评级标准

70．DL/T 819—2010　火力发电厂焊接热处理技术规程

71．DL/T 820—2002 管道焊接接头超声波检验技术规程

72．DL/T 821—2002 钢制承压管道对接焊接接头射线检验技术规程

73．DL/T 850—2004 电站配管

74．DL/T 855—2004 电力基本建设火电设备维护保管规程

75．DL/T 868—2014 焊接工艺评定规程

76．DL/T 869—2012 火力发电厂焊接技术规程

77．DL/T 874—2004 电力工业锅炉压力容器安全监督管理（检验）工程师资格考试规则

78．DL/T 882—2004 火力发电厂金属专业名词术语

79．DL/T 884—2004 火电厂金相检验与评定技术导则

80．DL/T 905—2016 汽轮机叶片、水轮机转轮焊接修复技术规程

81．DL/T 922—2005 火力发电用钢制通用阀门订货、验收导则

82．DL/T 925—2005 汽轮机叶片涡流检验技术导则

83．DL/T 930—2005 整锻式汽轮机实心转子体超声波检验技术导则

84．DL/T 939—2016 火力发电厂锅炉受热面管监督检验技术导则

85．DL/T 940—2005 火力发电厂蒸汽管道寿命评估技术导则

86．DL/T 991—2006 电力设备金属光谱分析技术导则

87．DL/T 999—2006 电站用 2.25Cr-1Mo 钢球化评级标准

88．DL/T 1105.1—2009 电站锅炉集箱小口径接管座角焊缝无损检测技术导则 第1部分：通用要求

89．DL/T 1105.2—2010 电站锅炉集箱小口径接管座角焊缝无损检测技术导则 第2部分：超声检测

90．DL/T 1105.3—2010 电站锅炉集箱小口径接管座角焊缝无损检测技术导则 第3部分：涡流检测

91．DL/T 1105.4—2009 电站锅炉集箱小口径接管座角焊缝无损检测技术导则 第4部分：磁记忆检测

92．DL/T 1113—2009 火力发电厂管道支吊架验收规程

93．DL/T 1114—2009 钢结构腐蚀防护热喷涂（锌、铝及合金涂层）及其试验方法

94．DL/T 1317—2014 火力发电厂焊接接头超声衍射时差检测技术规程

95．DL/T 1324—2014 锅炉奥氏体不锈钢内壁氧化物堆积检测技术导则

96．DL/T 1422—2015 18Cr-8Ni 系列奥氏体不锈钢锅炉管显微组织老化评级标准

97．DL/T 1423—2015 在役发电机护环超声波检测技术导则

98．DL/T 1603—2016 奥氏体不锈钢锅炉管内壁喷丸层质量检验及验收技术条件

99．DL/T 1621—2016 发电厂轴瓦巴氏合金焊接结束导则

100．DL/T 5054—2006 火力发电厂汽水管道设计规范

101．DL 5190.2—2012 电力建设施工技术规范 第2部分：锅炉机组

102．DL 5190.5—2012 电力建设施工技术规范 第5部分：管道及系统

103．DL/T 5210.2—2009 电力建设施工质量验收及评价规程 第2部分：锅炉机组

104．DL/T 5210.5—2009 电力建设施工质量验收及评价规程 第5部分：管道及系统

105．DL/T 5210.7—2010 电力建设施工质量验收及评价规程 第7部分：焊接

106. DL/T 5366—2014　火力发电厂汽水管道应力计算技术规程
107. JB/T 1265—2014　25MW～200MW 汽轮机转子体和主轴锻件　技术条件
108. JB/T 1266—2014　25MW～200MW 汽轮机轮盘及叶轮锻件　技术条件
109. JB/T 1267—2014　50MW～200MW 汽轮发电机转子锻件　技术条件
110. JB/T 1268—2014　汽轮发电机 M18Cr5 系无磁性护环锻件　技术条件
111. JB/T 1269—2014　汽轮发电机磁性环锻件　技术条件
112. JB/T 1581—2014　汽轮机、汽轮发电机转子和主轴锻件超声检测方法
113. JB/T 1582—2014　汽轮机叶轮锻件超声检测方法
114. JB/T 3073.5—1993　汽轮机用铸造静叶片　技术条件
115. JB/T 3375—2002　锅炉用材料入厂验收规则
116. JB/T 4010—2006　汽轮发电机钢质护环超声波探伤
117. JB/T 5263—2005　电站阀门铸钢件技术条件
118. JB/T 6315—1992　汽轮机焊接工艺评定
119. JB/T 6439—2008　阀门受压件磁粉探伤检验
120. JB/T 6440—2008　阀门受压铸钢件射线照相检验
121. JB/T 6902—2008　阀门液体渗透检测
122. JB/T 7024—2014　300MW 以上汽轮机缸体铸钢件技术条件
123. JB/T 7025—2004　25MW 以下汽轮机转子体和主轴锻件　技术条件
124. JB/T 7026—2004　50MW 以下汽轮发电机　转子锻件　技术条件
125. JB/T 7027—2014　300MW 以上汽轮机转子体锻件　技术条件
126. JB/T 7028—2004　25MW 以下汽轮机轮盘及叶轮锻件　技术条件
127. JB/T 7029—2004　50MW 以下汽轮发电机无磁性护环锻件　技术条件
128. JB/T 7030—2014　汽轮发电机 Mn18Cr18N 无磁性护环锻件　技术条件
129. JB/T 8705—2014　50MW 以下汽轮发电机无中心孔转子锻件　技术条件
130. JB/T 8706—2014　50MW～200MW 汽轮发电机无中心孔转子锻件　技术条件
131. JB/T 8707—2014　300MW 以上汽轮机无中心孔转子锻件　技术条件
132. JB/T 8708—2014　300MW～600MW 汽轮发电机无中心孔转子锻件　技术条件
133. JB/T 9625—1999　锅炉管道附件承压铸钢件　技术条件
134. JB/T 9626—1999　锅炉锻件　技术条件
135. JB/T 9628—1999　汽轮机叶片　磁粉探伤方法
136. JB/T 9630.1—1999　汽轮机铸钢件　磁粉探伤及质量分级方法
137. JB/T 9630.2—1999　汽轮机铸钢件超声波探伤及质量分级方法
138. JB/T 9632—1999　汽轮机主汽管和再热汽管的弯管　技术条件
139. JB/T 10087—2001　汽轮机承压铸钢件技术条件
140. JB/T 10326—2002　在役发电机护环超声波检验技术标准
141. JB/T 11017—2010　1000MW 及以上火电机组发电机转子锻件　技术条件
142. JB/T 11018—2010　超临界及超超临界机组汽轮机用 Cr10 型不锈钢铸件　技术条件
143. JB/T 11019—2010　超临界及超超临界机组汽轮机高中压转子锻件　技术条件
144. JB/T 11020—2010　超临界及超超临界机组汽轮机用超纯净钢低压转子锻件　技术条件

145．JB/T 11030—2010　汽轮机高低压复合转子锻件　技术条件

146．YB/T 2008—2007　不锈钢无缝钢管圆管坯

147．YB/T 4173—2008　高温用锻造镗孔厚壁无缝钢管

148．YB/T 5137—2007　高压用热轧和锻制无缝钢管圆管坯

149．YB/T 5222—2014　优质碳素结构钢热轧和锻制圆管坯

## B.2　国外标准

1．ASME SA-20/SA-20M　压力容器用钢板通用技术条件

2．ASME SA-106/SA-106M　高温用无缝碳钢公称管

3．ASME SA-182/SA-182M　高温用锻制或轧制合金钢和不锈钢法兰、锻制管件、阀门和部件

4．ASME SA-209/SA-209M　锅炉和过热器用无缝碳钼合金钢管子

5．ASME SA-210/SA-210M　锅炉和过热器用无缝中碳钢管子

6．ASME SA-213/SA-213M　锅炉、过热器和换热器用无缝铁素体和奥氏体合金钢管子

7．ASME SA-234/SA-234M　中温与高温下使用的锻制碳素钢及合金钢管配件

8．ASME SA-299/SA-299M　压力容器用碳锰硅钢板

9．ASME SA-302/SA-302M　压力容器用合金钢、锰-钼和锰-钼-镍钢板技术条件

10．ASME SA-335/SA-335M　高温用无缝铁素体合金钢公称管

11．ASME SA-387/SA-387M　压力容器用合金钢板、铬-钼钢板技术条件

12．ASME SA-450/SA-450M　碳钢、铁素体合金钢和奥氏体合金钢管子通用技术条件

13．ASME SA-515/SA-515M　中、高温压力容器用碳素钢板

14．ASME SA-516/SA-516M　中、低温压力容器用碳素钢板

15．ASME SA-672/SA-672M　中温高压用电熔化焊钢管

16．ASME SA-691/SA-691M　高温、高压用碳素钢和合金钢电熔化焊钢管

17．ASME SA-960/SA-960M　锻制钢管管件通用技术条件

18．ASME SA-999/SA-999M　合金钢和不锈钢公称管通用技术条件

19．ASME B31.1　动力管道

20．ASME-I　锅炉制造规程

21．BS EN 10028　压力容器用钢板

22．BS EN 10095　耐热钢和镍合金

23．BS EN 10222　承压用钢制锻件

24．BS EN 10246　钢管无损检测

25．BS EN 10295　耐热钢铸件

26．BS EN10246-14　钢管的无损检测　第 14 部分：无缝和焊接（埋弧焊除外）钢管分层缺欠的超声检测

27．DIN EN 10216-2　承压无缝钢管技术条件　第 2 部分：高温用碳钢和合金钢管

28．DIN EN 10216-5　承压无缝钢管技术条件　第 5 部分：不锈钢管

29．EN ISO10893-8　钢管的无损检测　第 8 部分：无缝钢管和焊接钢管层状缺陷的超声波检测

30. JIS G3203　高温压力容器用合金钢锻件

31. JIS G3463　锅炉、热交换器用不锈钢管

32. JIS G4107　高温用合金钢螺栓材料

33. JIS G5151　高温高压装置用铸钢件

34. ГОСТ 5520　锅炉和压力容器用碳素钢、低合金钢和合金钢板技术条件

35. ГОСТ 5632　耐蚀、耐热及热强合金钢牌号和技术条件

36. ГОСТ 18968　汽轮机叶片用耐蚀及热强钢棒材和扁钢

37. ГОСТ 20072　耐热钢技术条件

附 录 C

（规范性附录）

电站常用金属材料硬度值

| 序号 | 材 料 牌 号 | 硬度（HB） | 产品类别 |
|---|---|---|---|
| 1 | 20G | 120～160 | 钢管 |
| 2 | 25MnG、SA-106B、SA-106C、SA210-C | 130～180 | |
| 3 | 20MoG、STBA12、16Mo3 | 125～160 | |
| 4 | 12CrMoG、15CrMoG、T2/P2、T11/P11、T12/P12 | 125～170 | |
| 5 | 12Cr2MoG、T22/P22、10CrMo910 | 125～180 | |
| 6 | 12Cr1MoVG | 135～195 | |
| 7 | 15Cr1Mo1V | 145～200 | |
| 8 | T23、07 Cr2MoW2VNbB | 150～220 | |
| 9 | 12Cr2MoWVTiB(G102） | 160～220 | |
| 10 | WB36、15NiCuMoNb5-6-4、15NiCuMoNb5、15Ni1MnMoNbCu、P36 | 185～255 | |
| 11 | SA672 B70CL22、SA672 B70CL32 | 130～185 | |
| 12 | SA691 1-1/4CrCL22、SA691 1-1/4CrCL32 | 150～200 | |
| 13 | 10Cr9Mo1VNbN、T91、P91、10Cr9MoW2VNbBN、T92、P92、10Cr11MoW2VNbCu1BN、T122、P122、X20CrMoV121、X20CrMoWV121、CSN41 7134 等 | 185～250 | |
| 14 | 07Cr19Ni10、TP304H、07Cr18Ni11Nb、TP347H、TP347HFG、07Cr19Ni11Ti、TP321H | 140～192 | |
| 15 | 10Cr18Ni9NbCu3BN/S30432 | 150～219 | |
| 16 | 07Cr25Ni21NbN/HR3C | 175～256 | |
| 17 | T91、T92、P122、管屏 | 180～250 | 管屏 |
| 18 | P91、P92、P122、组配件、集箱 | 180～250 | 组配件、集箱 |
| 19 | T23 焊缝 | 150～260 | 焊缝 |
| 20 | P91、P92、P122 焊缝 | 185～270 | |
| 21 | T91、T92、T122 焊缝 | 185～290 | |
| 22 | 20G | 106～160 | 管件 |

表（续）

| 序号 | 材 料 牌 号 | 硬度（HB） | 产品类别 |
|---|---|---|---|
| 23 | A105 | 137～187 | 管件、阀门 |
| 24 | A106B、A106C、A672 B70 CL22/32 | 130～197 | 管件 |
| 25 | P2、P11、P12、P21、P22/10CrMo910、12Cr1MoVG、12CrMoG、15CrMoG | 130～197 | |
| 26 | A691 Gr.1-1/4 Cr、A691 Gr.2-1/4 Cr | 130～197 | |
| 27 | P91、P92、P122、X11CrMoWVNb9-1-1、X20CrMoV11-1 | 180～250 | |
| 28 | F11、CL1、F12、CL1 | 121～174 | |
| 29 | F11、CL2、F12、CL2 | 143～207 | |
| 30 | F22、CL1 | 130～170 | |
| 31 | F22、CL3 | 156～207 | |
| 32 | F91 | 175～248 | |
| 33 | F92 | 180～269 | |
| 34 | 20、Q245R | 110～160 | 锻件 |
| 35 | 35 | 136～192 | |
| 36 | 16Mn、Q345R | 121～178 | |
| 37 | 15CrMo | 118～180（壁厚 ≤300mm） | |
| 38 | | 115～178（壁厚 300mm～500mm） | |
| 39 | 20MnMo | 156～208（壁厚 ≤300mm） | |
| 40 | | 136～201（壁厚 300mm～500mm） | |
| 41 | | 130～196（壁厚 500mm～700mm） | |
| 42 | 35CrMo | 185～235（壁厚 ≤300mm） | |
| 43 | | 180～223（壁厚 300mm～500mm） | |

表（续）

| 序号 | 材 料 牌 号 | 硬度（HB） | 产品类别 |
|---|---|---|---|
| 44 | 12Cr1MoV | 118～195（壁厚≤300mm） | 锻件 |
| 45 | | 115～195（壁厚300mm～500mm） | |
| 46 | 0Cr18Ni9、0Cr17Ni12Mo2 | 139～192（壁厚≤150mm） | |
| 47 | | 130～187（壁厚150mm～300mm） | |
| 48 | 00Cr19Ni10、00Cr17Ni14Mo2 | 128～187（壁厚≤100mm） | |
| 49 | | 121～187（壁厚100mm～200mm） | |
| 50 | 0Cr18Ni10Ti、0Cr18Ni12Mo2Ti | 139～187（壁厚≤100mm） | |
| 51 | | 131～187（壁厚100mm～200mm） | |
| 52 | 00Cr18Ni5Mo3Si2 | 175～235（壁厚≤100mm） | |
| 53 | 06Cr17Ni12Mo2 | 139～192 | |
| 54 | 12Cr13（1Cr13） | 192～211 | 动叶片 |
| 55 | 20Cr13（2Cr13）、14Cr11MoV（1Cr11MoV） | 212～277 | |
| 56 | 15Cr12MoWV（1 Cr12MoWV） | 229～311 | |
| 57 | 35 | 146～196 | 螺栓 |
| 58 | 45 | 187～229 | |
| 59 | 20CrMo | 197～241 | |
| 60 | 35CrMo | 255～311（直径<50mm） | |
| 61 | | 241～285（直径≥50mm） | |

表（续）

| 序号 | 材 料 牌 号 | 硬度（HB） | 产品类别 |
|------|-----------|-----------|----------|
| 62 | 42CrMo | 255～321（直径＜65mm） | 螺栓 |
| 63 | | 248～311（直径≥65mm） | |
| 64 | 25Cr2MoV、25Cr2Mo1V、20Cr1Mo1V1 | 248～293 | |
| 65 | 20Cr1Mo1VTiB | 255～293 | |
| 66 | 20Cr1Mo1VNbTiB | 252～302 | |
| 67 | 20Cr12NiMoWV(C422)、1Cr11MoNiW1VNbN、2Cr11NiMoNbVN | 277～331 | |
| 68 | 2Cr11Mo1VNbN 、2Cr12NiW1Mo1V、2Cr11Mo1NiWVNbN | 290～321 | |
| 69 | 45Cr1MoV | 248～293 | |
| 70 | R-26(Ni-Cr-Co 合金)、GH445 | 262～331 | |
| 71 | ZG20CrMo | 135～180 | 铸钢 |
| 72 | ZG15Cr1Mo、ZG15Cr2Mo1、ZG20CrMoV、 ZG15Cr1Mo1V | 140～220 | |
| 73 | ZG10Cr9Mo1VNbN | 185～250 | |
| 74 | ZG12Cr9Mo1VNbN | 190～250 | |
| 75 | ZG11Cr10MoVNbN、ZG13Cr11MoVNbN、ZG14Cr10Mo1VNbN、ZG11Cr10Mo1NiWVNbN、ZG12Cr10Mo1W1VNbN-1、ZG12Cr10Mo1-W1VNbN-2、ZG12Cr10Mo1W1VNbN-3 | 210～260 | |

注：因为奥氏体耐热钢管的管屏制管及矫直工序，钢管表面易形成加工硬化层，造成表层硬度高于心部，所以表面硬度上限允许至202HB。

附　录　D

（规范性附录）

低合金耐热钢蠕变损伤评级

**D.1**　蠕变损伤检查方法按 DL/T 884 执行。

**D.2**　蠕变损伤评级见表 D.1。

表 D.1　低合金耐热钢蠕变损伤评级

| 评级 | 微观组织形貌 |
|---|---|
| 1 | 新材料，正常金相组织 |
| 2 | 珠光体或贝氏体已经分散，晶界有碳化物析出，碳化物球化达到 2 级～3 级 |
| 3 | 珠光体或贝氏体基本分散完毕，略见其痕迹，碳化物球化达到 4 级 |
| 4 | 珠光体或贝氏体完全分散，碳化物球化达到 5 级，碳化物颗粒明显长大且在晶界呈具有方向性（与最大应力垂直）的链状析出 |
| 5 | 晶界上出现一个或多个晶粒长度的裂纹 |

# 参 考 文 献

[1] [日] 无损检测学. 无损检测概论. 戴端松, 译. 北京: 机械工业出版社, 1981.

[2] 郑文仪. 渗透检测. 北京: 国防工业出版社, 1981.

[3] 顾朴, 郑芳怀, 谢惠玲, 等. 材料力学. 北京: 高等教育出版社, 1985.

[4] 袁振明, 马羽宽, 何泽云, 等. 声发射技术及其应用. 北京: 机械工业出版社, 1985.

[5] 钱逸, 吕忠良. 压力容器安全技术基础. 北京: 中国劳动出版社, 1990.

[6] 胡天明. 超声检测. 武汉测绘科技大学出版社, 1994.

[7] 陶旺斌, 周在杞. 电磁检测. 北京: 航空工业出版社, 1995.

[8] 赵忠. 金属材料与热处理. 北京: 机械工业出版社, 1997.

[9] 安询. 焊接技术手册. 太原: 山西科技出版社, 1999.

[10] 强天鹏. 射线检测. 昆明: 云南科技出版社, 1999.

[11] 杨富, 章应霖, 任永宁, 等. 新型耐热钢焊接. 北京: 中国电力出版社, 2000.

[12] 中国动力工程学会. 火力发电设备技术手册: 第二卷 汽轮机. 北京: 机械工业出版社, 2002.

[13] 中国动力工程学会. 火力发电设备技术手册: 第一卷 锅炉. 北京: 机械工业出版社, 2002.

[14] 廖景娱. 金属构件失效分析. 北京: 化学工业出版社, 2003.

[15] 湖南省电机工程学会. 火力发电厂锅炉受热面失效分析与防护. 北京: 中国电力出版社, 2004.

[16] 陈炳光, 陈昆. 连铸连锻技术. 北京: 机械工业出版社, 2004.

[17] 何业东, 齐慧滨. 材料腐蚀与防护概论. 北京: 机械工业出版社, 2005.

[18] 孙智, 江利, 应鹏展. 失效分析-基础与应用. 北京: 机械工业出版社, 2005.

[19] 超超临界机组技术资料汇编 金属专业. 北京: 中国电力出版社, 2006.

[20] 宋琳生. 电厂金属材料. 北京: 中国电力出版社, 2006.

[21] 代云修, 张灿勇. 汽轮机设备及系统. 北京: 中国电力出版社, 2006.

[22] 何方. 600MW 火电机组培训教材: 锅炉分册. 北京: 中国电力出版社, 2006.

[23] 蔡文河, 严苏星. 电站重要金属部件的失效及其监督. 北京: 中国电力出版社, 2009.

[24] 李益民, 范长信, 杨百勋, 等. 大型火电机组用新型耐热钢. 北京: 中国电力出版社, 2013.

[25] 蒋云, 孙延松, 许学龙, 等. 压痕法技术在电站设备材料力学性能检测中的应用. 锅炉技术, 2015, 10 (2): 6-11.

[26] 钟群鹏. 失效分析与安全. 理化检验: 物理分册. 2005, 41 (5): 217-221.

[27] 张显. 超临界/超超临界锅炉选材用材. 发电设备, 2004, 18 (5): 307-312.

[28] 胡平. 超超临界火电机组锅炉材料的发展. 电力建设, 2005 (6): 26-29.

[29] 钟群鹏, 赵子华, 张峥. 断口学的发展及微观断裂机理研究. 机械强度, 2005, 27 (3): 358-370.

[30] 刘建忠. 不锈钢管道的应力腐蚀开裂及对策. 腐蚀与防护, 2002 (2): 76-78.

[31] 蒋玉琴. 电厂金属实用技术问答. 北京: 中国水利水电出版社, 2000.

[32] 国家电力公司热工研究院. 火电厂关键部件失效分析及全过程寿命管理论文集. 北京: 中国电力出版社, 2000.